10～66kV 变电站倒闸操作标准化作业指导书及示例

主　编　赵文庆　张慧琳
副主编　王学超　韩继明　王朕伟

中国电力出版社
CHINA ELECTRIC POWER PRESS

内 容 提 要

　　运维倒闸操作是变电运维日常工作中最为常见和普遍的一项基本工作，同时又是一项重要和非常复杂的工作。操作的规范性和正确性是确保电网安全和稳定的重要基础，也关系着工作人员的生命安全。因此，编制有针对性的操作指导书，有效解决现场实际操作中的薄弱环节，不仅能强化操作安全水平、提高操作效率，在新员工培养业务能力方面也有极大的帮助。

图书在版编目（CIP）数据

10～66kV 变电站倒闸操作标准化作业指导书及示例／赵文庆，张慧琳主编． —北京：中国电力出版社，2022.1
ISBN 978-7-5198-4873-6

Ⅰ．①1… Ⅱ．①赵…②张… Ⅲ．①变电所–倒闸操作–标准化 Ⅳ．①TM63-65

中国版本图书馆 CIP 数据核字（2022）第 011590 号

出版发行：中国电力出版社
地　　址：北京市东城区北京站西街 19 号（邮政编码 100005）
网　　址：http://www.cepp.sgcc.com.cn
责任编辑：孙世通（010-63412326）
责任校对：黄　蓓　李　楠
装帧设计：张俊霞
责任印制：钱兴根
印　　刷：北京天宇星印刷厂
版　　次：2022 年 1 月第一版
印　　次：2022 年 1 月北京第一次印刷
开　　本：787 毫米×1092 毫米　16 开本
印　　张：25.75
字　　数：516 千字
定　　价：149.00 元（含 U 盘）

编　委　会

目 录

第一部分

10～66kV 变电站倒闸操作标准化作业指导方法

1　66kV GIS 设备操作方法

1.1　66kV 汇控屏各设备功能

1.1.1　66kV 各汇控屏"远方/就地"切换把手操作方法

（1）当 66kV 设备使用后台机遥控操作时，"远方/就地"切换把手应该切至"远方"位置（如图 1-1 所示），允许操作的设备包括：66kV 巨宝分甲线 2311 断路器；66kV 巨宝分乙线 2312 断路器；66kV 分段 2350 断路器，66kV 其他设备的隔离开关、接地开关严禁进行后台机遥控操作。

（2）当 66kV 设备不使用后台机遥控操作，需要进行就地操作时，"远方/就地"切换把手应该切至"就地"位置（如图 1-2 所示），允许操作的设备包括：66kV 巨宝分甲线 2311 断路器；66kV 巨宝分乙线 2312 断路器；66kV 分段 2350 断路器，及 66kV 其他设备的隔离开关、接地开关等。

图 1-1　"远方/就地"切换把手切至"远方"位置　　图 1-2　"远方/就地"切换把手切至"就地"位置

（3）66kV 各汇控屏"远方/就地"切换把手，正常运行时，均应切至"远方"位置。

1.1.2　66kV 各汇控屏"DS 手动/电动/ES 手动"切换把手操作方法

（1）66kV 各汇控屏"DS 手动/电动/ES 手动"切换把手，只控制 66kV 各隔离开关、接地开关的电动和手动的切换，"DS"表示为"隔离开关"，"ES"表示为"接地开关"。

（2）当 66kV 隔离开关设备，需要进行机构手动摇把合闸、分闸时，应将"DS 手动/电动/ES 手动"切换把手切至"DS 手动"位置（如图 1-3 所示），闭锁隔离开关的电动回路。

（3）当 66kV 接地开关设备，需要进行机构手动摇把合闸、分闸时，应将"DS 手动/电动/ES 手动"切换把手切至"ES 手动"位置（如图 1-4 所示），闭锁接地开关的电动回路。

图 1-3 "DS 手动/电动/ES 手动"切换把手切至"DS 手动"位置

图 1-4 "DS 手动/电动/ES 手动"切换把手切至"ES 手动"位置

（4）66kV 各汇控屏"DS 手动/电动/ES 手动"切换把手，正常运行时，应切至"电动"位置（如图 1-5 所示）。

（5）当 66kV 隔离开关、接地开关的直流电机电源消失时，66kV 隔离开关、接地开关必须进行操作时，则需要进行机构手动摇把合闸、分闸，"DS 手动/电动/ES 手动"切换把手相应切至"DS 手动"或"ES 手动"位置。

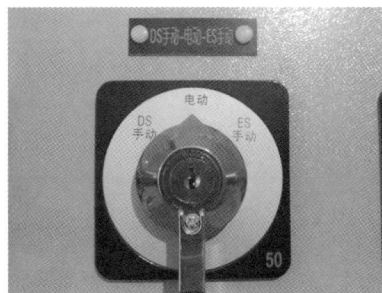

图 1-5 "DS 手动/电动/ES 手动"切换把手切至"电动"位置

1.1.3 66kV 各汇控屏"联锁/释放"切换把手操作方法

（1）66kV 各汇控屏"联锁/释放"切换把手，具备厂家设备出厂时为本汇控屏的一次设备联锁逻辑关系的"投入"和"退出"功能，正常时，"联锁/释放"切换把手，应切至"联锁"位置（如图 1-6 所示）。特殊情况需解除联锁逻辑关系时，才切至"释放"位置（如图 1-7 所示）。

图 1-6 "联锁/释放"切换把手切至"联锁"位置　图 1-7 "联锁/释放"切换把手切至"释放"位置

3

（2）四方公司在 66kV 各汇控屏的断路器、隔离开关、接地开关，分别加装五防锁具，具备了五防逻辑功能，在 66kV 各汇控屏操作断路器、隔离开关、接地开关等一次设备时，必须使用五防锁具进行解锁，否则各一次设备，无法进行就地操作。

1.1.4　66kV 各汇控屏内各空气断路器说明

（1）66kV 各汇控屏内空气断路器如图 1–8、图 1–9 所示，66kV 各汇控屏光子牌如图 1–10 所示。66kV 各汇控屏内空气断路器含义及空气断路器断开相应光字牌对照表（以 66kV 巨宝分甲线 2311 汇控屏为例，见表 1–1）。

图 1–8　66kV 各汇控屏内空气断路器 1

图 1–9　66kV 各汇控屏内空气断路器 2

图 1–10　66kV 各汇控屏光子牌

表 1–1　　　66kV 巨宝分甲线 2311 汇控屏空气断路器含义及空气断路器

断开相应光字牌对照表

序号	空气断路器厂家名称	空气断路器含义	空气断路器断开相应光字牌
1	信号电源	机构信号指示灯直流电源开关 QF1	该汇控屏所有机构电源指示灯熄灭
2	三工位隔离开关及快速接地开关回路	电机直流电源总开关 QF2	"直流电源微断跳闸"光字牌亮
3	DS1号&ES1号电机电源回路	甲隔离开关、甲接地开关电机电源开关 QF3	"直流电源微断跳闸"光字牌亮
4	CB1号电机电源回路	断路器电机电源开关 QF4	"直流电源微断跳闸"光字牌亮

续表

序号	空气断路器厂家名称	空气断路器含义	空气断路器断开相应光字牌
5	DS2 号&ES2 号电机电源回路	乙隔离开关、乙接地开关电机电源开关 QF5	"直流电源微断跳闸"光字牌亮
6	FES1 号电机电源回路	线路侧接地开关电机电源开关 QF6	"直流电源微断跳闸"光字牌亮
7	电机长时间运转切断回路	电机保护直流电源开关 QF11	"DS、ES、FES 电机长时间运转"光字牌亮
8	照明及插座回路电源	照明及插座交流电源开关 QF8	"交流电源微断跳闸"光字牌亮
9	加热回路电源	加热交流电源开关 QF9	"交流电源微断跳闸"光字牌亮

（2）当"短路器储能电机长时间运转"光字牌亮时，应此时应立即拉开"断路器电机电源开关 QF4"空气断路器防止电机烧损。

（3）当某个空气断路器跳闸，恢复后，各光字牌依然亮，此时必须手动按汇控屏上的"光字牌复位"按钮，否则光字牌常亮。

（4）"DS、ES、FES"含义，DS：隔离开关；ES：接地开关；FES：线路侧接地开关。

（5）当"短路器储能电机长时间运转"或"DS、ES、FES 电机长时间运转"需要复归光字牌时，应按下"电机长时间运转复位"按钮。

1.1.5 66kV 巨宝分甲线、66kV 巨宝分乙线高压带电显示闭锁装置操作方法

（1）高压带电显示闭锁装置（如图 1-11 所示）是指示 66kV 巨宝分甲线、66kV 巨宝分乙线线路侧是含带电的显示装置，需要合线路侧接地开关时，可作为验电器使用。

（2）高压带电显示闭锁装置电源取自该汇控屏的"机构信号指示灯直流电源开关 QF1"。

（3）高压带电显示闭锁装置，正常线路带电时"电源""正常"灯亮，且"L1、L2、L3"常亮，当"故障"灯亮时，说明该装置发生故障，需报检修处理。

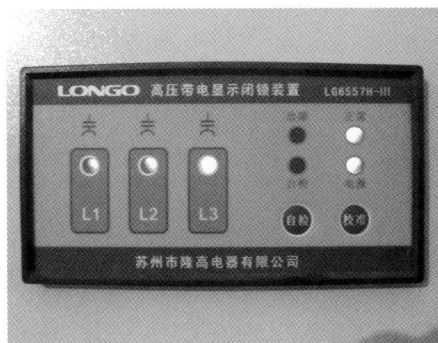

图 1-11 高压带电显示闭锁装置

（4）高压带电显示闭锁装置，按下"自检"键时，"故障""自检""电源"灯亮，且"L1、L2、L3"短闪 5 次后，恢复正常，若自检后"故障"灯亮，说明该装置发生故障，需报检修处理。

（5）高压带电显示闭锁装置，按下"校准"键时，"正常""自检""电源"灯亮，且"L1、L2、L3"长闪 5 次后，恢复正常，该装置"校准"结束。

1.1.6　66kV 断路器的操作方式

66kV 巨宝分甲线 2311 断路器、66kV 巨宝分乙线 2312 断路器、66kV 分段 2350 断路器可实现后台机遥控操作、保护测控屏操作、就地操作三种方式。

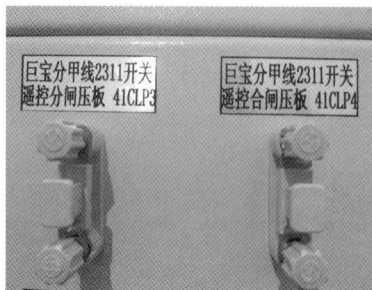

图 1-12　保护测控屏的
断路器分、合闸遥控压板

（1）在后台机遥控操作时，进行五防判断，后台机对断路器进行分、合闸操作，且该设备的保护测控屏的断路器分、合闸遥控压板（如图 1-12 所示）必须投入。

（2）在保护测控屏操作时，必须将汇控屏的"远方/就地"切换把手应该切至"远方"位置（如图 1-13 所示），保护测控屏的"远方/就地"切换把手切至"就地"位置（如图 1-14 所示），五防钥匙插入汇控屏中部的断路器五防锁具孔内（如图 1-15 所示），旋动"断路器远方控制把手"（如图 1-16 所示）对断路器进行分、合闸操作。

图 1-13　汇控屏的"远方/就地"
切换把手切至"就地"位置

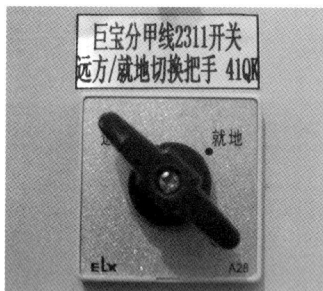

图 1-14　保护测控屏的"远方/就地"
切换把手切至"就地"位置

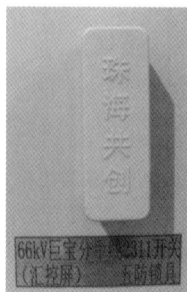

图 1-15　汇控屏中部的断路器五防锁具孔

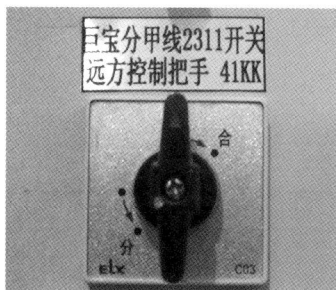

图 1-16　断路器远方控制把手

（3）在汇控屏进行就地操作时，必须将汇控屏的"远方/就地"切换把手应该切至"就地"位置（如图 1-17 所示），五防钥匙插入汇控屏中部的断路器五防锁具孔内（如图 1-18 所示），旋动"断路器远方控制把手"（如图 1-19 所示）对断路器进行分、合闸操作。

图 1-17　汇控屏的"远方/就地"切换把手切至"就地"位置

图 1-18　汇控屏中部的断路器五防锁具孔

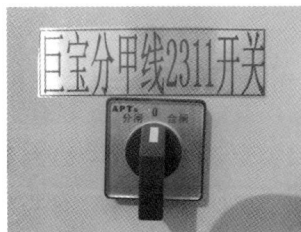

图 1-19　断路器远方控制把手

1.1.7　巨宝分甲线保护测控屏的保护电压并列的操作方法

（1）当 66kV Ⅰ、Ⅱ 段母线正常运行时，"66kV 保护电压并列把手"（如图 1-20 所示）切至"自动"位置。

图 1-20　66kV 保护电压并列把手

（2）当 66kV 任意一段母线电压互感器故障，66kV 保护电压并列装置自动将故障电压互感器的保护电压并列到非故障的电压互感器上运行，保证 66kV Ⅰ、Ⅱ 段母线的保护电压不丢失，但是要实现保护电压自动切换，必须满足 66kV 分段 2350 断路器和 66kV 分段 2350 Ⅰ、Ⅱ 隔离开关在合位的条件。

（3）当 66kV Ⅰ 段电压互感器检修时，手动将"66kV 保护电压并列把手"切至"Ⅰ 母强制Ⅱ母"位置，使 66kV Ⅰ 段母线的保护电压由 Ⅱ 段电压互感器的二次侧提供，此时不用考虑 66kV 分段 2350 断路器和 66kV 分段 2350 Ⅰ、Ⅱ 段隔离开关分、合位置。

（4）当 66kV Ⅱ 段电压互感器检修时，手动将"66kV 保护电压并列把手"切至"Ⅱ 母强制Ⅰ母"位置，使 66kV Ⅱ 段母线的保护电压由 Ⅰ 段电压互感器的二次侧提供，此时不用考虑 66kV 分段 2350 断路器和 66kV 分段 2350 Ⅰ、Ⅱ 段隔离开关分、合位置。

1.1.8　66kV 分段保护测控屏的计量电压并列的操作方法

（1）"计量电压并列装置远方/就地切换把手"（如图 1-21 所示）切至"就地"位

置不动。

（2）当 66kV 任意一段电压互感器故障退出运行时，需要将"计量电压并列装置控制把手"（如图 1-22 所示）切至"投入"位置，实现计量电压的二次并列。

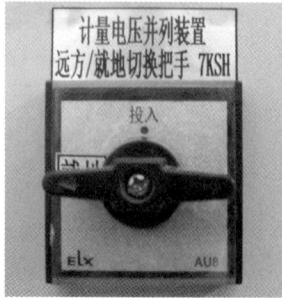

图 1-21　计量电压并列装置远方/就地切换把手　　图 1-22　计量电压并列装置控制把手

1.1.9　66kV 各保护测控屏的"信号复归"按钮

当 66kV 某保护测控屏（如图 1-23 所示）发信号，相应指示灯亮，需要复归时，需按住"复归"按钮 1min（如图 1-24 所示）。

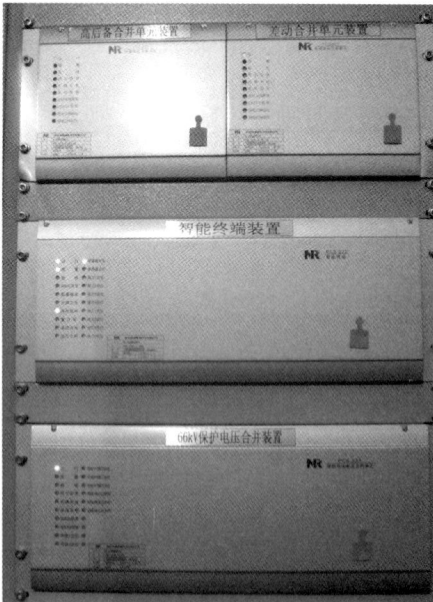

图 1-23　66kV 某保护测控屏　　　　　图 1-24　"复归"按钮

1.1.10　66kV 各汇控屏的智能温湿度控制器的操作方法

（1）66kV 各汇控屏的智能温湿度控制器正常显示（如图 1-25 所示），该汇控屏实时的温度和湿度。

（2）该智能温湿度控制器可实现温控、湿控、混控三种控制模式，正常时，使用混控模式。

（3）该智能温湿度控制器，温度设定为+40、+5℃；湿度设定为90%、0%，当温湿度达到设定范围时，将启动加热驱潮或风机。

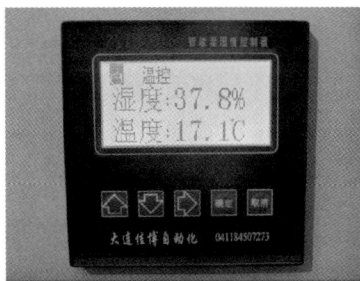

图 1-25 66kV 各汇控屏的智能温湿度控制器

1.2 66kV 保护测控屏各设备功能

66kV 分段保护测控屏内计量电压继电器操作方法如下：

（1）计量电压继电器正常显示 66kV Ⅰ、Ⅱ 段计量电压值，U_1、U_2、U_3 分别对应 A、B、C 三相电压值，轮流显示三相电压值（如图 1-26 所示）。

图 1-26 计量电压继电器

（2）面板指示灯含义："RUN"运行灯；"ALARP"报警灯；"TRIP"错误灯；"SELECT"设置键；"UP"向上调节键；"DOWN" 向下调节键；"ENTER"确定键。

（3）正常时，"RUN"运行灯亮，当 66kV Ⅰ、Ⅱ 段计量电压消失时，"TRIP"错误灯亮，当电压低于设定值（70）时，"ALARP"报警灯，同时后台机显示"66kV 计量电压低"告警。

（4）需要更改设定值时，应按下"SELECT"设置键，按下"UP"向上调节键；"DOWN"向下调节键更改设定值，按下 "ENTER"确定键进行确认。设定值为70，运维人员禁止进行修改设定值。

1.3 66kV 组合电器机构的操作方法

（1）66kV 巨宝分甲线 2311 断路器、66kV 巨宝分乙线 2312 断路器、66kV 分段 2350 断路器的紧急分闸拉杆的操作方法。

当 66kV 巨宝分甲线 2311 断路器、66kV 巨宝分乙线 2312 断路器、66kV 分段 2350 断路器需要紧急分闸时（断路器拒动时），需手动向外拉动"手动分闸拉杆"进行分闸，正常时，严禁使用该"手动分闸拉杆"进行分闸操作。"手动分闸拉杆"操作位置如图 1-27、图 1-28 所示。

图 1-27 "手动分闸拉杆"位置封盖　　图 1-28 "手动分闸拉杆"位置封盖开启

（2）66kV 组合电器各乙隔离开关、乙接地开关（三工位隔离开关）手动操动机构方法。

1）66kV 巨宝分甲线 2311、66kV 巨宝分乙线 2312 的乙隔离开关、乙接地开关（三工位隔离开关）手动操作孔门正常关闭时（如图 1-29 所示），该门压住微动开关接触器（如图 1-30 所示），乙隔离开关、乙接地开关（三工位隔离开关）的电动控制回路接通，在汇控屏上可进行电动操作。

图 1-29 三工位隔离开关手动操作孔门　　图 1-30 三工位隔离开关手动操作
孔门后微动开关接触器

2）66kV 巨宝分甲线 2311、66kV 巨宝分乙线 2312 的乙隔离开关、乙接地开关（三工位隔离开关）手动操作孔门打开时，微动开关接触器弹开，乙隔离开关、乙接地开关（三工位隔离开关）的电动控制回路切断，可就地手动使用摇把进行操作。

3）66kV 巨宝分甲线 2311、66kV 巨宝分乙线 2312 的乙隔离开关、乙接地开关（三工位隔离开关）就地手动使用摇把进行乙隔离开关分、合操作方法：逆时针旋转 22 圈合乙隔离开关，机构"咔"发出声响，乙隔离开关合位；继续逆时针旋转 22 圈，机构"咔"发出声响，乙隔离开关分位；三工位隔离开关就地手动操作位置如图 1-31 所示。

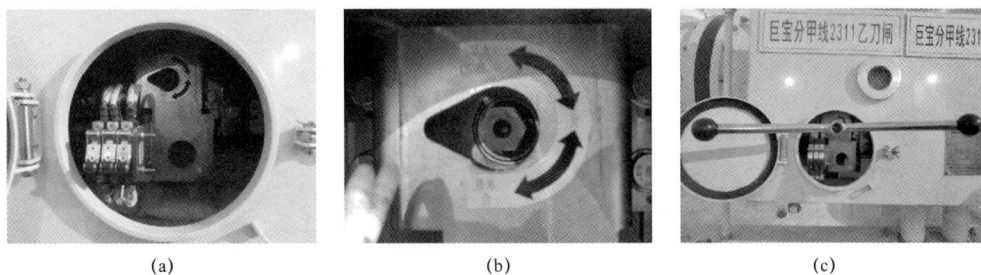

(a)　　　　　　　　　　　(b)　　　　　　　　　　　(c)

图1-31　三工位隔离开关就地手动操作位置
(a)位置图；(b)位置近景图；(c)位置远景图

4）66kV巨宝分甲线2311、66kV巨宝分乙线2312的乙隔离开关、乙接地开关（三工位隔离开关）就地手动使用摇把进行乙接地开关分、合操作方法：顺时针旋转22圈合乙接地开关，机构"咔"发出声响，乙接地开关合位；继续逆时针旋转22圈，机构"咔"发出声响，乙接地开关分位。

（3）66kV组合电器电压互感器隔离开关、电压互感器侧接地开关（三工位隔离开关）手动操动机构方法与乙隔离开关、乙接地开关（三工位隔离开关）手动操动机构方法相同。

（4）66kV组合电器主变压器66kV侧隔离开关、主变压器侧接地开关（三工位隔离开关）手动操动机构方法与乙隔离开关、乙接地开关（三工位隔离开关）手动操动机构方法相同。

（5）66kV组合电器各甲隔离开关、甲接地开关（二工位隔离开关）手动操动机构方法与乙隔离开关、乙接地开关（三工位隔离开关）手动操动机构方法相同。

（6）66kV组合电器66kV分段Ⅰ隔离开关、Ⅰ接地隔离开关（三工位隔离开关）、Ⅱ隔离开关、Ⅱ接地开关（三工位隔离开关）手动操动机构方法与乙隔离开关、乙接地开关（三工位隔离开关）手动操动机构方法相同。

（7）66kV组合电器各线路侧接地开关手动操动机构方法。

1）66kV巨宝分甲线2311、66kV巨宝分乙线2312的线路侧接地开关手动操作孔门正常关闭时，该门压住微动开关接触器，线路侧接地开关的电动控制回路接通，在汇控屏上可进行电动操作。

2）66kV巨宝分甲线2311、66kV巨宝分乙线2312的线路侧接地开关手动操作孔门打开时，微动开关接触器弹开，线路侧接地开关的电动控制回路切断，可就地手动使用摇把进行操作。线路侧接地开关就地手动操作位置如图1-32所示。

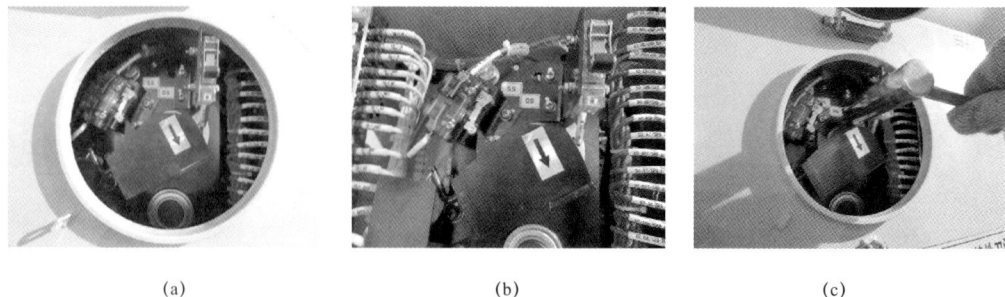

(a)　　　　　　　　　　(b)　　　　　　　　　　(c)

图 1－32　线路侧接地隔离开关就地手动操作位置
（a）位置图；（b）位置近景图；（c）位置远景图

3）66kV 巨宝分甲线 2311、66kV 巨宝分乙线 2312 的线路侧接地开关就地手动使用摇把进行操作时，必须确认线路侧确实无电压，按下电机线圈衔铁，向下打开手动摇把操作挡板，插入手动摇把，就地手动使用摇把进行线路侧接地开关分、合操作方法：逆时针旋转 22 圈合线路侧接地开关，机构"咔"发出声响，线路侧接地开关合位；继续逆时针旋转 22 圈，机构"咔"发出声响，线路侧接地开关分位。

（8）66kV 组合电器各母线侧接地开关手动操动机构方法与各线路侧接地开关手动操动机构方法相同。

1.4　66kV 组合电器各气室

（1）66kV 组合电器各气室压力表定值，见表 1－2。

表 1－2　　　　　　　66kV 组合电器各气室压力表定值

项　　目	压力（MPa）	
	CB	其他（DS、ES 等）
额定 SF$_6$ GAS 压力（20℃）	0.6	0.4
第一报警压力（20℃）	0.55	0.37
第二报警压力（20℃）	0.5	0.35

注　精确范围：±1% AT 20℃，±2.5% AT－20～60℃。

（2）66kV 组合电器各气室间隔分布图，如图 1－33 所示。

（3）66kV 组合电器各气室间隔与实际设备对照表，见表 1－3。

符 号 表

符号	名 称
⌁	自封阀（动断）
⌁	自封阀（动合）
⊙	气体压力控制器
◆	盆式绝缘子（不通气）
◇	盆式绝缘子（通气）
⊠	吸附剂装置
▬	防爆膜装置

巨宝分甲线　　　　　　巨宝分乙线

G04-4　G01-4
G04-3　G01-3
G04-1　G01-1
G05-1　66kV分段　G02-1　G01-2
G04-2
G03-3　G03-1　G03-2
G05-4　G02-4
G05-2　G02-2
G05-3　G02-3

1号主变压器　　　　　　2号主变压器

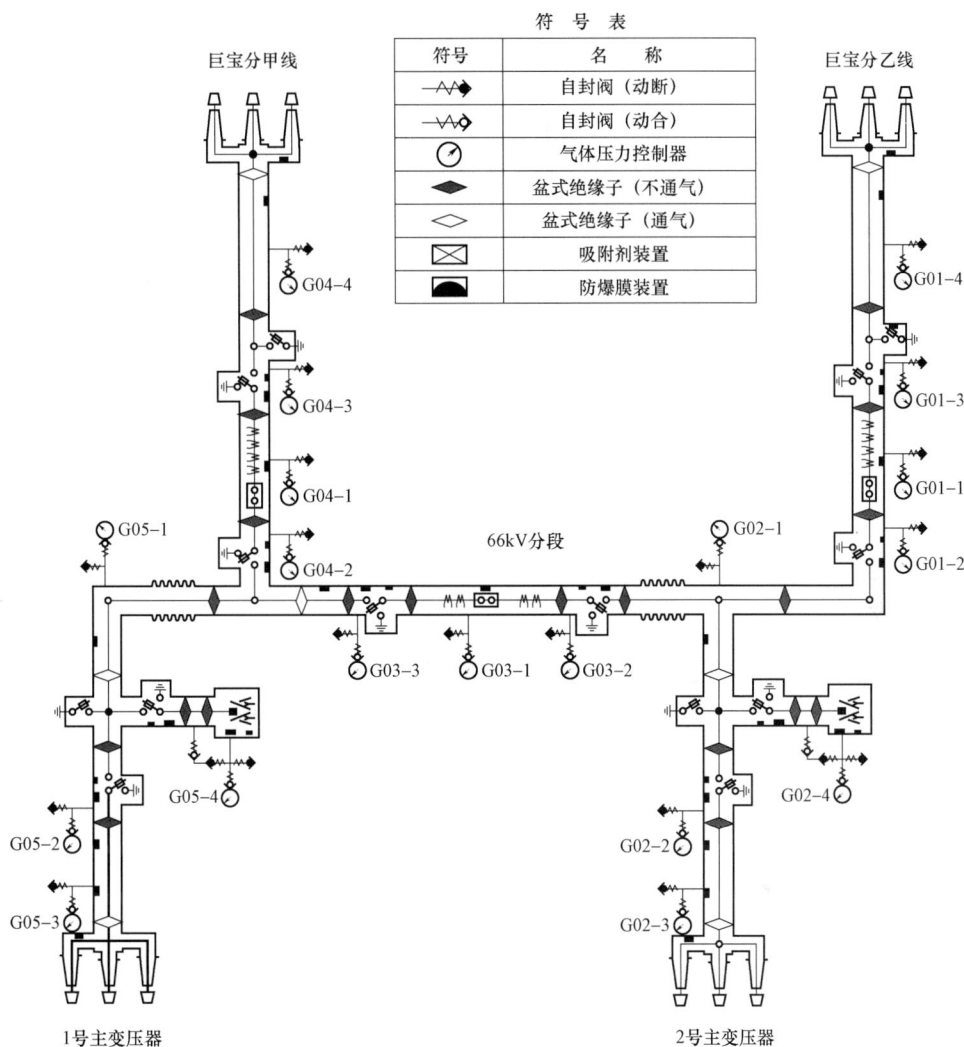

图 1-33　66kV 组合电器各气室间隔分布图

表 1-3　　　　　　66kV 组合电器各气室间隔与实际设备对照表

编号	名　称
G01-4	巨宝分乙线 2312 进线仓
G01-3	巨宝分乙线 2312 乙隔离开关、乙接地开关、线路侧接地开关仓
G01-1	巨宝分乙线 2312 断路器、TA 仓
G01-2	巨宝分乙线 2312 甲隔离开关、甲接地开关仓
G01-1	Ⅱ段 TV　2322 隔离开关、母线侧接地开关、TV 侧接地开关仓
G02-4	Ⅱ段 TV 仓
G02-3	2 号主变压器 66kV 侧进线仓

编号	名　称
G02－2	2 号主变压器 66kV 侧 2302 隔离开关、主变压器侧接地开关仓
G04－4	巨宝分甲线 2311 进线仓
G04－3	巨宝分甲线 2311 乙隔离开关、乙接地开关、线路侧接地开关仓
G04－1	巨宝分甲线 2311 断路器、TA 仓
G04－2	巨宝分甲线 2311 甲隔离开关、甲接地开关仓
G05－1	Ⅰ 段 TV 2321 隔离开关、母线侧接地开关、TV 侧接地开关仓
G05－4	Ⅰ 段 TV 仓
G05－3	1 号主变压器 66kV 侧进线仓
G05－2	1 号主变压器 66kV 侧 2301 隔离开关、主变压器侧接地开关仓
G03－3	66kV 分段 2350 Ⅰ 段隔离开关、接地开关仓
G03－2	66kV 分段 2350 Ⅱ 段隔离开关、接地开关仓
G03－1	66kV 分段 2350 断器、TA 仓

2 10kV 高压柜设备操作方法

2.1 10kV 高压柜各信号灯、把手、按钮的作用

10kV 高压柜各信号灯、把手、按钮的作用对照表，见表 2-1。

表 2-1　　　　　　　　10kV 高压柜各信号灯、把手、按钮的作用对照表

序号	实物照片	名称	作　用
1		"储能开关"把手	向左旋动时，断路器不储能，向右旋动时，断路器储能，正常情况下，10kV 断路器储能把手向右旋动，断路器储能
2		"接地开关合闸指示"灯	当线路侧接地开关合位时，该灯点亮，当线路侧接地开关分位时，该灯熄灭
3		"储能指示"灯	当断路器已储能时，该灯点亮，当断路器未储能时，该灯熄灭
4		"—试验位|工作位"灯	当小车隔离开关推至合位时，该灯显示为"|"接通灯亮，当小车隔离开关拉至开位时，该灯显示为"—"接通灯亮，"—试验位|工作位"可以时刻监视小车隔离开关实际位置
5		"合闸指示"灯	当断路器在合位时，"合闸指示灯"亮，"分闸指示灯"灭
6		"分闸指示"灯	当断路器在分位时，"分闸指示灯"亮，"合闸指示灯"灭

序号	实物照片	名称	作　用
7		"信号复归"按钮	当保护装置发生信号，记录无误后，需要复归时，按此按钮
8		"远方/就地切换"把手	正常时，切至远方位置，需要就地分、合断路器时，切至就地位置
9		"断路器分/合闸控制"把手	断路器进行就地分合闸时使用，必须进行五防解锁

2.2　10kV 高压设备平台车的操作方法

（1）用摇把将平台车调整至适当高度，操作时注意方向：顺时针摇动平台车升高，逆时针摇动平台车下降（如图 2-1 所示）。

（2）一手将平台车拉杆向后拉，另一手将平台车推向柜内（如图 2-2 所示），使平台车两侧导向板插入两侧导轨内，然后放开拉杆，拉杆复位，平台车上的钩钩住柜体托板（如图 2-3 所示）。

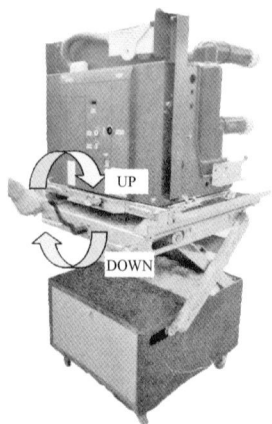

图 2-1　利用摇把调整平台车高度

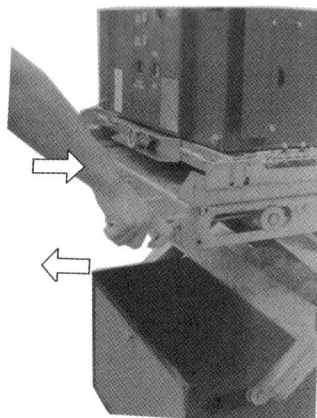

图 2-2　一手将平台车拉杆向后拉，
另一手将平台车推向柜内

（3）用脚将平台车后轮锁定板向下压，以锁定轮子，限制平台车活动（如图 2-4 所示）。

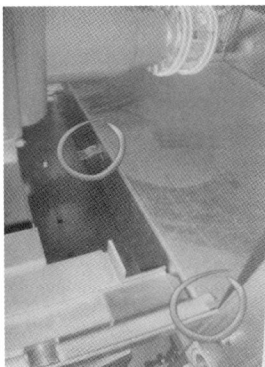

图 2-3　使平台车两侧导向板插入两侧导轨内，然后放开拉杆，平台车上的钩钩住柜体托板

图 2-4　用脚将平台车后轮锁定板向下压，以锁定轮子，限制平台车活动

（4）用双手握住断路器底盘上的把手，用力将把手向内拉，使断路器解锁后，把断路器由平台车推至柜内，当断路器推至实验位置时，把手会自动复位（如图 2-5 所示）。

（5）断路器由高压柜内放到平台车上的顺序与此相反。

（6）当断路器推进过程中，遇到卡滞现象时，应先把断路器退出来，检查：平台车是否对准柜体、活动部件是否能灵活运动等。

（7）断路器的二次线插头把手顺时针扳动，使二次线插头与断路器分离。

图 2-5　用双手握住断路器底盘上的把手，用力将把手向内拉，使断路器解锁后，把断路器由平台车推至柜内，当断路器推至实验位置时，把手会自动复位

（8）将断路器的二次线插头插到高压柜二次插座内（如图 2-6 所示），二次线插头逆时针扳动，使二次线插头锁定（如图 2-7 所示）。

图 2-6　断路器的二次线插头插到高压柜二次插座内

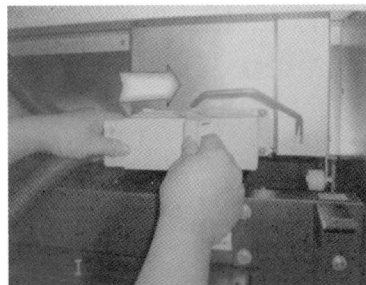

图 2-7　二次线插头逆时针扳动锁定二次线插头

2.3 10kV 高压柜关/开后柜门的操作方法

（1）先关 10kV 高压柜的后上门，再关后下门（如图 2-8 所示），关后下门时要检查后门联锁板是否压平，如果没往下压或压不平时，需要检查后门联锁（如图 2-9 所示）是否灵活无卡滞。

图 2-8　10kV 高压柜的后下门

图 2-9　10kV 高压柜后门联锁

（2）关 10kV 高压柜的后门，再用六角螺栓将后门紧固（如图 2-10 所示）。

图 2-10　10kV 高压柜的后门六角螺栓孔

（3）开后柜门的操作方法与关后柜门的操作方法相反。

（4）在接地隔离开关未合闸时，后柜门打不开。

2.4 10kV 高压柜关/开前柜门的操作方法

（1）先把前中门滑板把手往上提（如图 2-11 所示），再把门关紧，放开把手，把手自然落下，把门锁住。

（2）用摇把将前中门防爆锁顺时针拧紧，如图 2-12 所示。

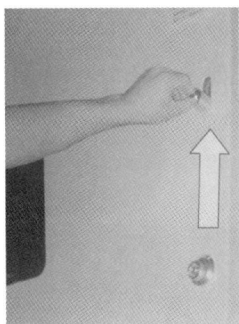

图 2-11　前中门滑板把手往上提

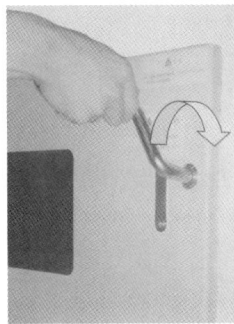

图 2-12　用摇把将前中门防爆锁顺时针拧紧

（3）开前门的操作方法与关前门的操作方法相反。

2.5　10kV 高压柜合/分接地开关的操作方法

（1）10kV 高压柜合接地开关的操作方法。

1）先将接地开关操作孔挡板往下压，再将接地开关操作手柄出入操纵孔内，如图 2-13 所示。

2）按接地开关操作指示逆时针转动把手拉开接地开关，如图 2-14 所示。

3）如果接地开关操作孔挡板往下压有卡涩现象时，应对接地传动装置采取润滑措施。

（2）10kV 高压柜分接地开关的操作方法。

将接地开关操作手柄插入操作孔内，按接地开关指示顺时针转动手柄合接地隔离开关（如图 2-15所示）。

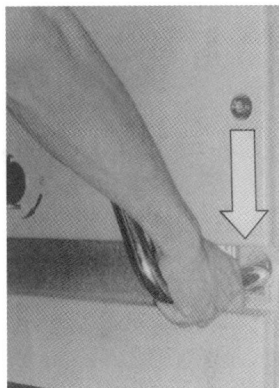

图 2-13　先将接地隔离开关操作孔挡板往下压，再将接地隔离开关操作手柄出入操纵孔内

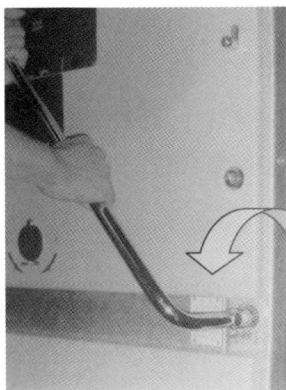

图 2-14　接地开关操作指示逆时针转动把手拉开接地开关

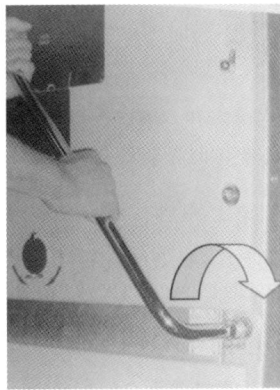

图 2-15　按接地开关指示顺时针转动手柄合接地开关

（3）在合接地隔离开关前必须对线路侧进行验电，通过检查 10kV 高压柜前、后的带电显示器（如图 2-16 所示）验证线路侧却无电压后，才能进行合接地开关的操作。

(a)　　　　　　　　　　　　(b)

图 2-16　10kV 高压柜前、后带电显示器

（a）10kV 高压柜前的带电显示器；（b）10kV 高压柜后的带电显示器

（4）小车隔离开关处于工作位置时，严禁操作接地开关。

2.6　10kV 高压柜小车隔离开关推至合位、拉至开位的操作方法

（1）当断路器在分位时，可进行小车隔离开关推至合位的操作，进行五防解锁后，插入摇把顺时针旋转 22 圈（如图 2-17 所示），听到"咔"的声音，同时"—试验位|工作位"灯，"|工作位"接通时，小车隔离开关合到位。

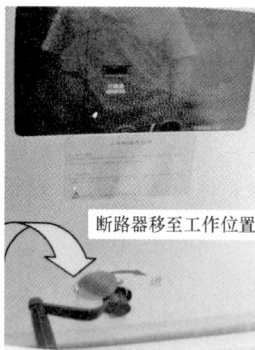

（2）小车隔离开关推至合位过程中出现卡涩现象时，应先退出检查：① 断路器位置是否正确；② 接地开关是否处于分闸状态；③ 活动部件是否灵活；④ 柜门机构是否出现异常现象；⑤ 动静触头是否对齐等。

图 2-17　小车隔离开关推至合位的操作，插入摇把顺时针旋转 22 圈

（3）进行小车隔离开关拉至开位的操作方法，与进行小车隔离开关推至合位的操作相反。

（4）如果小车隔离开关拉至开位的操作未到位时，会出现：① 前门打不开；② 接地开关不能合闸；③ 断路器不能拉出柜外等问题。

2.7　10kV 高压柜断路器分/合闸的操作方法

（1）10kV 高压柜断路器分/合闸可实现两种操作方式：① 后台机遥控操作；② 就地操作。两种操作方式都必须经五防程序逻辑判断。

（2）10kV 高压柜断路器就地操作时，进行五防解锁，将"远方/就地切换"把手切至"就地"位置，旋动"断路器分/合闸控制"把手，进行断路器的分/合闸操作。

（3）断路器在合闸状态时，严禁操作小车隔离开关。

2.8　10kV 高压柜前后柜门紧急解锁的操作方法

（1）在使用紧急解锁装置时，属于非正常操作，具有相当大的危险性，设备正常运行时，严禁使用紧急解锁装置，特殊情况时，才可进行紧急解锁操作。

（2）前中门紧急解锁装置的操作方法。

1）先将中门塞子取出，如图 2-18 所示。

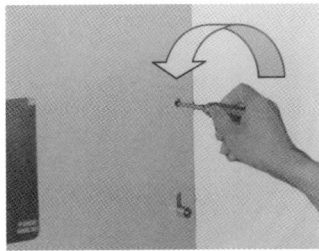

2）用平口螺丝刀将联锁销子逆时针旋出（如图 2-19 所示），此时前中门处于解锁状态，便可以在设备运行的情况下打开前中门。

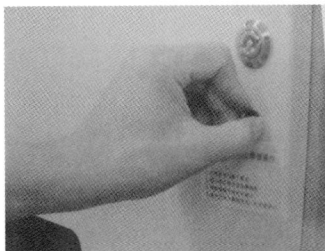

图 2-18　将中门塞子取出　　　　图 2-19　用平口螺丝刀将联锁销子逆时针旋出

（3）前下门、后下门紧急解锁装置的操作方法。

1）先用十字花螺丝刀把解锁孔盖板松开（如图 2-20 所示）。

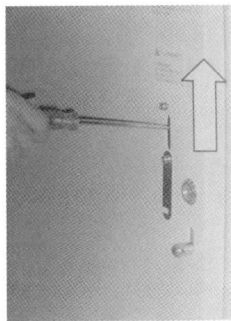

2）再将十字花螺丝刀插入解锁杆的孔内，再往上扳，此时门处于解锁状态，便可以在设备运行的情况下打开前下门或后下门（如图 2-21 所示）。

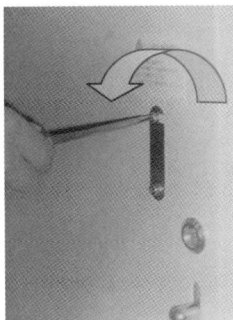

图 2-20　用十字花螺丝刀把解锁孔盖板松开　　　　图 2-21　十字花螺丝刀插入解锁杆的孔内，再往上扳

2.9 10kV 分段 50 断路器、50 隔离开关的操作顺序

（1）10kV 分段 50 断路器合闸的顺序：先检查 50 断路器在分位，将 10kV 分段 50 隔离开关的小车推至合位，再将 10kV 分段 50 断路器的小车推至合位，合上 10kV 分段 50 断路器。

（2）10kV 分段 50 断路器分闸的顺序与 10kV 分段 50 断路器合闸的顺序相反。

3 1、2号主变压器设备操作方法

（1）1、2号主变压器油枕油位对照图，实际油位（如图3-1所示）要与油位曲线（如图3-2所示）相符。

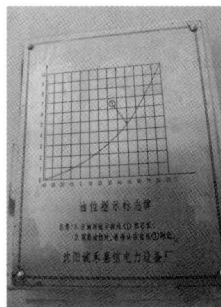

图3-1 1、2号主变压器油枕油位计（实际油位）　　图3-2 1、2号主变压器油枕油位曲线

（2）1、2号主变压器有载调压开关油枕油位表（如图3-3所示），须与环境温度相符。

（3）1、2号主变压器有载调压开关的操作方法。

1）主变压器本体保护屏内CZK-1008有载调压开关智能控制器（如图3-4所示）可实现远动、电动机构、本地三种操作模式。

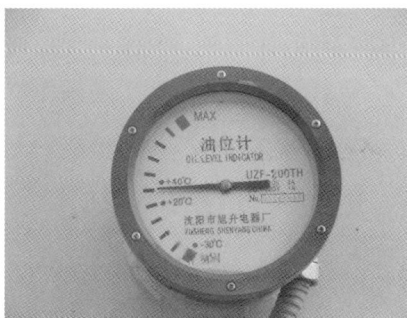

图3-3 1、2号主变压器有载调压　　　图3-4 CZK-1008有载调压开关
开关油枕油位表　　　　　　　　智能控制器

2）当指令选择方式为"远动"时，可实现后台机遥控操作调整挡位。

3）当指令选择方式为"电动机构"时，可实现使用有载调压开关的电动机构（如图3-5所示）进行电动操作调整挡位，需要升挡时，按下"N→1"按钮，需要降挡时，按下"1→N"按钮，当电机转动不停时，需要按下"停"按钮。

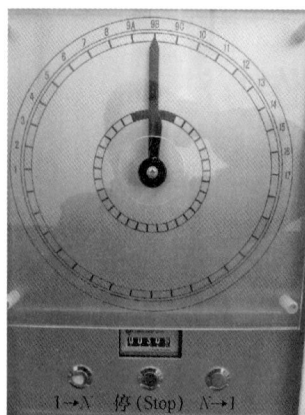

图 3-5 有载调压开关的电动机构

4）当指令选择方式为"本地"时，可实现使用 CZK-1008 有载调压开关智能控制器进行电动操作调整挡位，需要升挡时，按下"N→1"按钮，需要降挡时，按下"1→N"按钮，当电机转动不停时，需要按下"停"按钮。

5）有载调压开关进行手动操作方法。

a. 当有载调压开关电动机构操作失灵，需要进行手动操作时，首先拉开 380V 交流屏 1 号或 2 号主变压器有载调压开关电源开关（如图 3-6 和图 3-7 所示），切断电动回路。

图 3-6　1 号主变压器有载调压开关电源开关

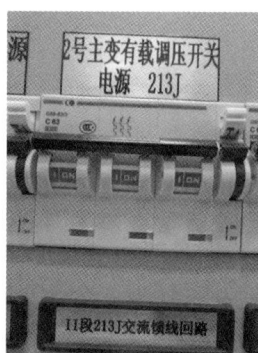

图 3-7　2 号主变压器有载调压开关电源开关

b. 插入摇把，压住微动开关，装置闭锁电动回路，顺时针旋转 33 圈，有载调压开关升一挡；逆时针旋转 33 圈，有载调压开关降一挡。有载调压开关进行手动操作位置如图 3-8 所示。

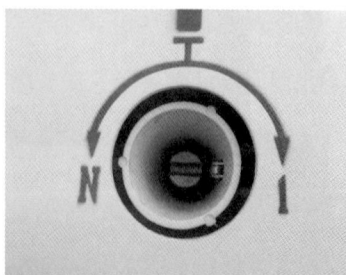

(a)

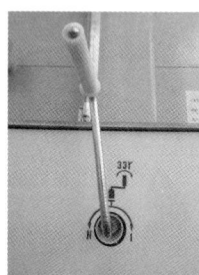

(b)

图 3-8　有载调压开关手动操作位置图

（a）位置近景图；（b）位置远景图

（4）1、2 号主变压器铁芯接地电流的测量方法。

1、2 号主变压器铁芯接地电流的测量位置如图 3–9 所示，测量方法如图 3–10 所示。

图 3–9 1、2 号主变压器铁芯接地 电流的测量位置

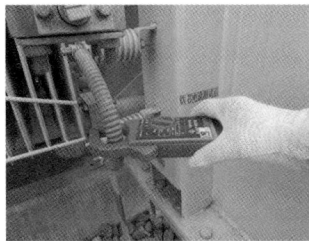

图 3–10 1、2 号主变压器铁芯接地 电流的测量方法

（5）1、2 号主变压器取油样的操作方法。

逆时针打开油门阀门盖，油样瓶对准放油口，用扳手顺时针阀门放油，油样取完后，及时拧紧阀门，防止渗油，并用抹布擦净多余油污。1、2 号主变压器取油样位置如图 3–11 所示。

（6）1、2 号主变压器压力释放阀动作后的检查方法。

1）当主变压器内部故障，压力增大至 0.055MPa 时，压力释放阀（如图 3–12 所示）动作，进行泄压，同时发出信号。

图 3–11 1、2 号主变压器取油样位置

图 3–12 1、2 号主变压器压力释放阀

2）当压力释放至低于 0.055MPa 时，压力释放阀动作返回，但信号不返回，需手动复归。

（7）1、2 号主变压器气体继电器取气操作方法。

1）将针管推至底部，管内空气排尽。

2）将橡胶导管一端安装在针管上，另一端用止血钳夹住 [如图 3–13（a）所示]，将橡胶导管内的空气用针管抽出，此时用另一把止血钳将橡胶导管靠近针管头部夹住 [如图 3–13（b）所示]，保持橡胶导管内处于无空气状态 [如图 3–13（c）所示]，拔出针管针头，排净针管内的空气。

3）将橡胶导管一端安装在针管上，另一端插入气体继电器上部排气孔处 [如图 3–13（d）

所示]；送开两把止血钳，打开气体继电器排气孔放气旋钮，拉动针管，将气体吸入管内。

4）关闭气体继电器排气孔放气旋钮，用止血钳夹住橡胶导管 [如图 3-13（e）所示]，拔除橡胶导管与气体继电器排气孔的一端，取气完毕。

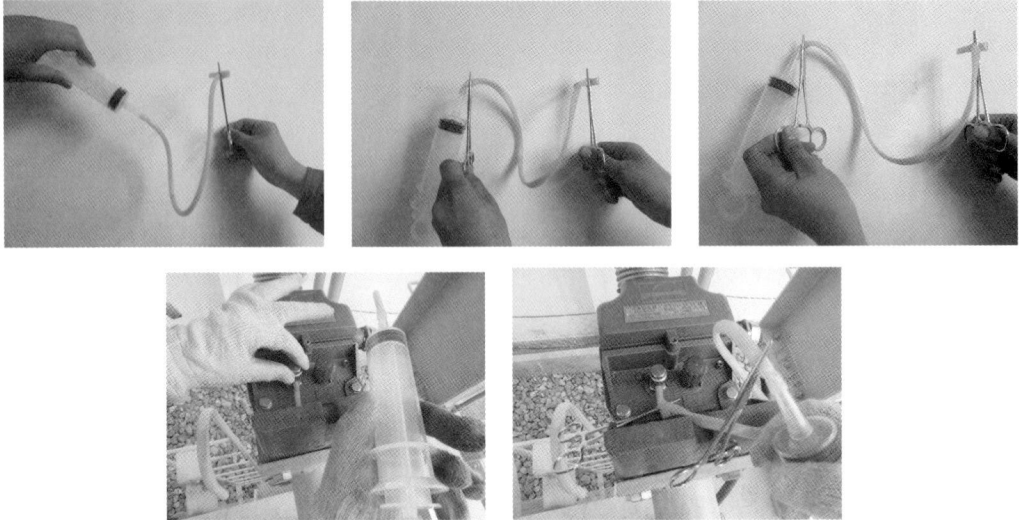

图 3-13　主变压器气体继电器取气操作方法

5）变压器内部故障将产生一定量气体，根据气体的颜色和是否可燃判明故障性质，具体鉴别方法见表 3-1。

表 3-1　　　　　　　　　　气体继电器取气试验故障性质对照表

气体颜色	故障性质	结论
微黄色	木质故障，内部绝缘过热	可燃
灰白色	绝缘纸、纱等绝缘物质故障，接触不良，放电打火	可燃
灰或黑色	绝缘油由于闪络或过热分解故障，铁芯接地	可燃
无色无味	空气	不可燃

6）在取气过程中，严禁碰触探针（如图 3-14 所示）。

图 3-14　主变压器探针

4　10kVⅠ、Ⅱ段电容器操作方法

（1）10kVⅠ、Ⅱ电容器的电容器隔离开关与接地开关（如图 4-1 所示）为联动隔离开关，即拉开电容器隔离开关时，电容器接地开关（如图 4-2 所示）随即合上。

图 4-1　电容器隔离开关

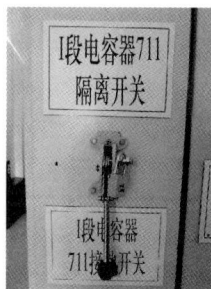

图 4-2　电容器接地开关

（2）电容器常见故障的分析与排除见表 4-1。

表 4-1　　　　　　　　　　　　电容器常见故障的分析与排除

序号	故障现象	故障分析	处理方法
1	电容量显著减小	可能是熔丝动作数量过多	应停止运行，更换电容器
2	电容量显著增大	可能是元件击穿	应停止运行，更换电容器
3	损耗增大	电容质量恶化	应停止运行，更换电容器
4	外壳鼓肚	（1）正常的热胀冷缩； （2）元件击穿或极对壳击穿	应停止运行，并测量电容，并用红外测量温度，对此绝缘，如正常可不更换电容器
5	轻微漏油	（1）产品质量问题； （2）温度变化剧烈； （3）漆层脱落，箱壳锈蚀	（1）更换电容器； （2）控制温度，通风等； （3）检修时及时补漆

（3）10kV 高压并联电容器各部件的作用如下：

1）高压并联电容器成套装置可以起到无功补偿和谐波吸收的作用，高压并联电容器是并联补偿的主要部件，产生容性无功电流。

2）串联电抗器与电容器串联，可抑制投切涌流和谐波放大。

3）放电线圈直接与并联电容器使用，在电容器从电网断开后，在 5s 内将电容器端子间的电压降至 50V 以下。放电线圈还可为并联电容器提供二次保护信号。

4）氧化锌避雷器主要用来限制电容器投切断路器的过电压。

5 10kV Ⅰ、Ⅱ段接地变压器操作方法

（1）10kV Ⅰ、Ⅱ段接地变压器为五载调压干式变压器，在调节分接头时，必须在接地变压器停电后进行调整，正常时，连接额定电压2～5挡（如图5-1所示）。接地变压器各分接头对应电压见表5-1。

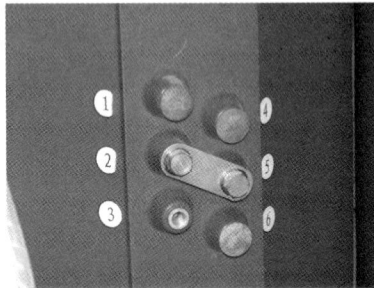

图5-1 10kV Ⅰ、Ⅱ段接地变压器分接头位置

表5-1   接地变压器各分接头对应电压表

分接头位置	对应电压（V）	分接头位置	对应电压（V）
1-4	11 000	3-5	10 250
2-4	10 750	3-6	10 000
2-5	10 500	7-4（C相）	10 605

（2）10kV Ⅰ、Ⅱ段接地变压器配备环氧树脂浇注干式的消弧线圈，消弧线圈配备复合式空气有载分接开关。

（3）10kV 消弧线圈的复合式空气有载分接开关可实现两种调整模式：① 自动调整分接头位置；② 手动调节分接头位置。

（4）ZGML-K自动跟踪补偿及选线装置的操作方法。

1）ZGML-K自动跟踪补偿及选线装置面板如图5-2所示，此装置正常显示：线圈挡位、接地电容电流、接地电感电流、接地残流、脱谐度、中性点位移电压、系统电压、回路电流等信息。

2）此装置由"自动"改为"手动"调整分接头的方法：同时按住"确认"和"退出"键，进行切换，当改为"手动"调整分接头时，同时按住"退出"和"向上"键为升挡操作，同时按住"退出"和"向下"键为降挡操作。

3）复合式空气有载分接开关的调挡电源由380V 交流屏配出，如图5-3所示。

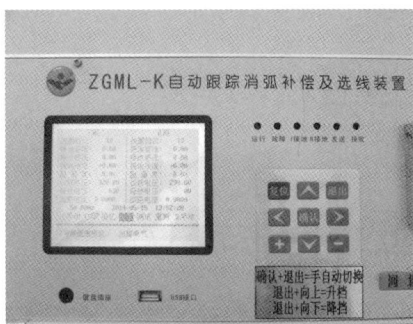

图 5-2　ZGML-K 自动跟踪补偿及选线装置面板　图 5-3　复合式空气有载分接开关的调挡电源

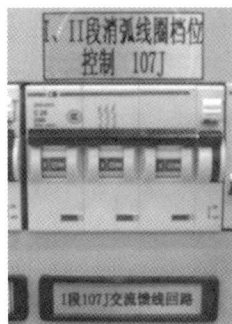

（5）10kVⅠ、Ⅱ段接地变压器温度控制装置的操作方法。

1）XMT 数字温度指示调节仪（如图 5-4 所示），正常时，指示接地变压器柜体内的温度，该装置可调节上、下限温度，上限温度设定为85℃，下限温度设定为35℃。

2）HY-BWD3K130B 型干式变压器电脑温度控制器（如图 5-5 所示）与 XMT 数字温度指示调节仪配合使用。

图 5-4　XMT 数字温度指示调节仪　　图 5-5　HY-BWD3K130B 型干式变压器电脑温度控制器

3）HY-BWD3K130B 型干式变压器电脑温度控制器正常显示：A 相、B 相、C 相：显示为三相绕组的温度，D 路：显示为接地变压器箱体的温度，当任何一项温度达到下限温度设定为35℃时，装置将自动启动风机，该装置手动启动风机等其他功能不使用。

6 一体化电源装置操作方法

6.1 一体化电源装置集中显示器

（1）MCGS 一体化电源装置集中器（如图 6-1 所示）可以显示交流 380V 系统状态、直流系统状态、UPS 系统状态、直流 48V 电源系统状态，显示信息包括：各开关的分合闸位置（开关红色：合位；开关绿色：分位）以及系统的各相电压、电流的参数值等信息，该装置只显示信息，不能控制。

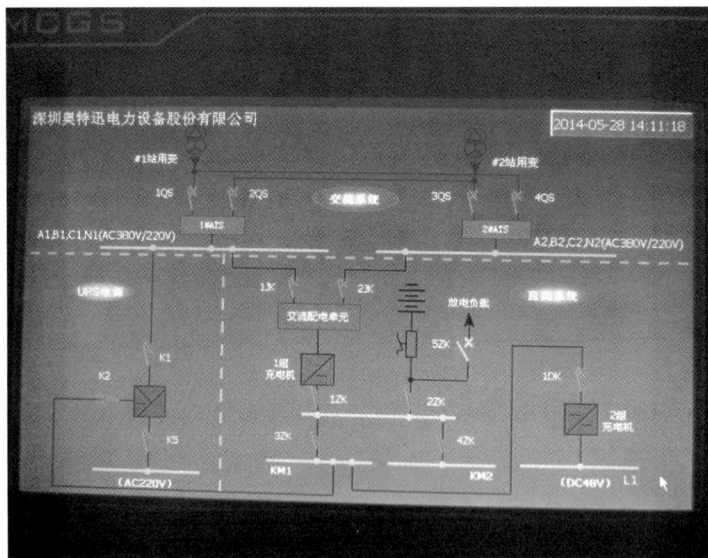

图 6-1 MCGS 一体化电源装置集中器

（2）交流系统：可以显示 1QS（Ⅰ段接地变压器 380V 侧 401 主路开关）、2QS（Ⅰ段接地变压器 380V 侧 401 备路开关）、3QS（Ⅱ段接地变压器 380V 侧 402 主路开关）、4QS（Ⅱ段接地变压器 380V 侧 402 备路开关）各开关实际位置；380V 系统的相、线实时电压、电流值；380V Ⅰ、Ⅱ段各负荷开关的分、合位置指示。一体化电源装置交流系统显示如图 6-2 所示，1 号交流电源柜显示如图 6-3 所示。

（3）直流系统：可以显示直流系统各空开状态及负荷情况，单击"蓄电池巡检"时，可以显示各节蓄电池的电压值。一体化电源装置直流系统显示如图 6-4 所示。

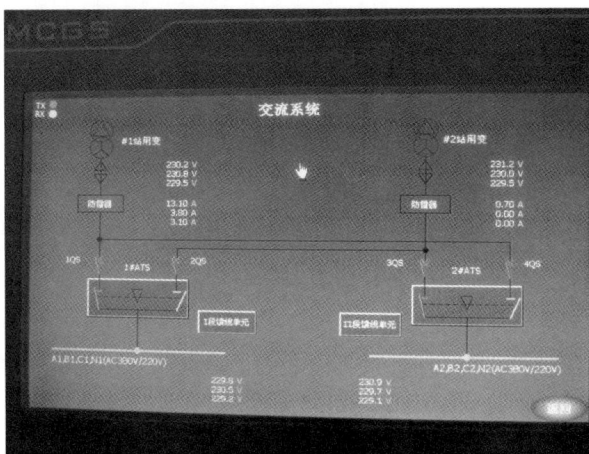

图 6-2　一体化电源装置交流系统显示

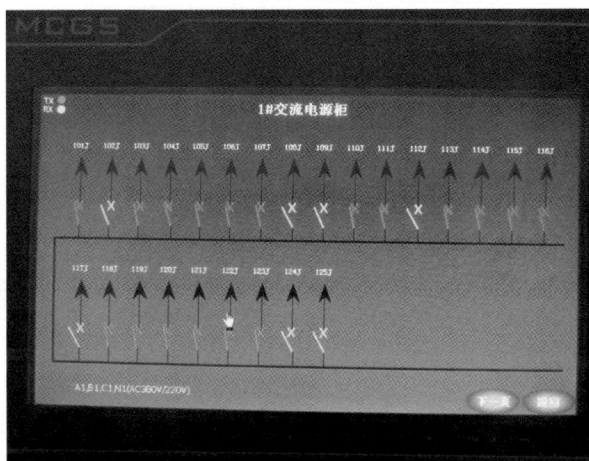

图 6-3　一体化电源装置 1 号交流电源柜显示

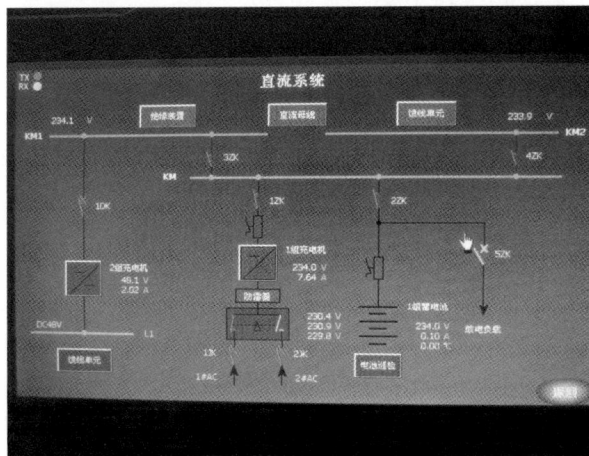

图 6-4　一体化电源装置直流系统显示

6.2 380V 交流系统操作方法

（1）380V 交流一屏进线开关分为"Ⅰ段接地变压器 380V 侧 401 主路开关"和"Ⅰ段接地变压器 380V 侧 401 备路开关"（如图 6-5 所示）由 10kV Ⅰ段接地变压器供电；380V 交流二屏的进线开关分为"Ⅱ段接地变压器 380V 侧 401 主路开关"和"Ⅱ段接地变压器 380V 侧 401 备路开关"由 10kV Ⅱ段接地变压器供电。

（2）380V 自动投切装置如图 6-6 所示。正常运行时，380V 交流一屏进线开关"Ⅰ段接地变压器 380V 侧 401 主路开关""Ⅰ段接地变压器 380V 侧 401 备路开关"；380V 交流二屏的进线开关"Ⅱ段接地变压器 380V 侧 401 主路开关"和"Ⅱ段接地变压器 380V 侧 401 备路开关"必须同时合上，才能满足主路电源消失，备路电源自动投入的功能。且"Ⅰ段接地变压器 380V 侧主、备路切换把手"和"Ⅱ段接地变压器 380V 侧主、备路切换把手"的"A"路在"ON"位置，代表由各自的接地变压器提供电源，即由"401 主路开关"或"402 主路开关"供电，"B"路在"OFF"位置，代表本侧备路电源没有运行。

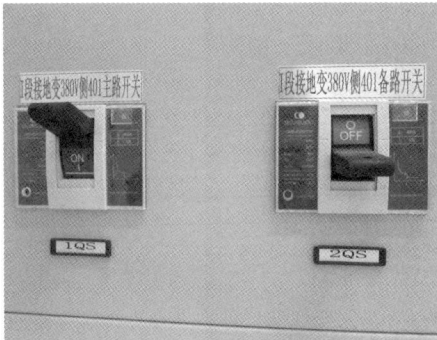

图 6-5　Ⅰ段接地变压器 380V 侧 401 主路开关和　　　图 6-6　380V 自动投切装置
Ⅰ段接地变压器 380V 侧 401 备路开关

（3）当 10kV Ⅰ段接地变压器故障跳闸，Ⅰ段接地变压器 380V 侧 401 主路电源消失，380V Ⅰ段交流负荷失电，此时 380V 备自投装置启动，主、备路电源自动切换，由正常运行方式的"Ⅰ段接地变压器 380V 侧主、备路切换把手"的"A"路在"ON"位置，"B"路在"OFF"位置，切换为"A"路在"OFF"位置，"B"路在"ON"位置，380V Ⅰ段交流负荷恢复供电，此时电源由 380V Ⅱ段交流电源供电。

（4）当 10kV Ⅰ段接地变压器故障消失恢复供电时，380V Ⅰ段交流负荷恢复为 10kV Ⅰ段接地变压器供电时，380V 备自投装置不能自动切换，需要手动切至Ⅰ段接地变压器 380V 侧 401 主路供电，即切换"Ⅰ段接地变压器 380V 侧主、备路切换把手"由 401 备路供电的"A"路在"OFF"位置，"B"路在"ON"位置，切换为"A"路在"ON"位置，"B"路在"OFF"位置，此时恢复正常供电方式。

（5）10kV Ⅱ段接地变压器故障跳闸，380V Ⅱ段交流负荷失电，380V 备自投装置动作方式与 10kV Ⅰ段接地变压器故障跳闸，380V Ⅰ段交流负荷失电，380V 备自投装置动作方式相同。恢复供电时，"Ⅱ段接地变压器 380V 侧主、备路切换把手"的操作方法与"Ⅰ段接地变压器 380V 侧主、备路切换把手"操作方法一致。

（6）380V 侧的"401 主路开关""402 主路开关"在合位；"401 备路开关""402 备路开关"在分位时，380V 备自投功能退出。

6.3　380V 交流一屏的 ACJK-3000A 集中控制器操作方法

（1）ACJK-3000A 集中控制器（如图 6-7 所示）正常显示：Ⅰ、Ⅱ段母线的"A 相、B 相、C 相"电压值，"系统正常""表计正常"，380V Ⅰ、Ⅱ段进线开关（即 Ⅰ、Ⅱ段接地变压器 380V 侧）的电压、电流值。

（2）ACJK-3000A 集中控制器各功能键：①"椭圆"键，进入菜单，翻页等操作；②"数字"键，菜单内的选项确认键，"1"参数浏览，"2"参数设置，"3"状态信息，"4"配置浏览，"5"配置设置，"6"电能表；③"方向"箭头调整数值用，例如调整时间等。

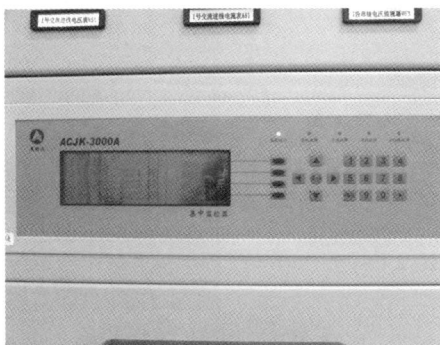

图 6-7　ACJK-3000A 集中控制器面板

1）"1"参数浏览：显示 380V Ⅰ、Ⅱ段母线电压，各馈线出线的电流值，过电压保护定值，欠电压保护定值，系统时间等信息。

2）"2"参数设置：可进行 Ⅰ、Ⅱ段母线电压保护值，各馈线出线的电流值，过电压保护定值，欠电压保护定值，系统时间，密码修改等信息的修改，正常时严禁进行修改定值。

3）"3"状态信息：母线、交流、馈线、历史记录、其他等状态，分别显示正常和历史记录，包括分合开关等信息。

4）"4"配置浏览、"5"配置设置、"6"电能表：此三项功能不使用。

（3）ACJK-3000A 集中控制器各信号灯指示及异常处理对照表，见表 6-1。

表 6-1　　　　　　　　　　　ACJK-3000A 集中控制器

序号	信号灯	故 障 情 况
1	"监控运行"灯	正常时绿光灯常亮
2	"系统故障"灯亮时	表明该装置出现异常，在检查交流系统无异常时应上报，联系厂家处理
3	"交流故障"灯亮时	表明交流系统进线故障，例如某段接地变压器跳闸事故时

序号	信号灯	故　障　情　况
4	"母线故障"灯亮时	表明 380V 系统出现故障，或交流屏后侧某熔断器熔断
5	"主回路故障"灯亮时	表明 380V 系统由任意一条主路或支路开关跳闸

（4） 380V 系统屏后侧的防雷保护装置的空开应始终在合闸位置（如图 6－8 所示）。

图 6－8　380V 系统屏后侧的防雷保护装置的空气断路器

（5）380V 系统屏后侧电能表不使用，当记录接地变压器使用电量时，应记录 10kV 高压室的 Ⅰ、Ⅱ 段接地变压器电能表的电量。

6.4　380V 系统负荷一览表

380V 系统负荷一览表见表 6－2。

表 6－2　　　　　　　　　　380V 系统负荷一览表

380V Ⅰ 段交流负荷		380V Ⅱ 段交流负荷	
序号	配出负荷	序号	配出负荷
1	10kV Ⅰ 段交流电源　101J	1	GPS 对时屏　201J
2	备用　102J	2	电采暖电源控制箱　202J
3	一层照明电源控制箱　103J	3	消防水泵　203J
4	二层照明电源控制箱　104J	4	备用　204J
5	一层双电源事故照明电源箱　105J	5	备用　205J
6	1 号主变压器本体有载调压开关　106J	6	备用　206J

续表

380V Ⅰ段交流负荷		380V Ⅱ段交流负荷	
序号	配出负荷	序号	配出负荷
7	Ⅰ段消弧线圈控制　107J	7	二层双电源事故照明电源箱及 66kV 卷帘门电 207J
8	备用　108J	8	保护室空调　208J
9	备用　109J	9	室外照明电源　209J
10	备用　110J	10	备用　210J
11	电能表屏　111J	11	直流充电屏Ⅱ段交流电源 211J
12	备用　112J	12	10kV Ⅱ段交流电源 212J
13	Ⅰ区数据通信网关机屏　113J	13	2 号主变压器本体保护屏　213J
14	备用　114J	14	66、10kV 高压室风机控制箱　214J
15	备用　115J	15	备用　215J
16	备用　116J	16	Ⅰ段消弧线圈控制　216J
17	备用　117J	17	2 号主变压器 66kV 侧汇控屏　217J
18	66kV 巨宝分乙线汇控屏、保护测控屏 118J	18	1 号主变压器 66kV 侧汇控屏　218J
19	66kV 巨宝分甲线汇控屏、保护测控屏119J	19	66kV Ⅱ段电压互感器汇控屏　219J
20	66kV 分段汇控屏、保护测控屏　120J	20	66kV Ⅰ段电压互感器汇控屏　220J
21	1 号主变压器本体保护屏　121J	21	2 号主变压器本体有载调压开关 221J
22	Ⅰ段接地变压器照明　122J	22	图形网关机屏　222J
23	监控主机屏　123J	23	66kV 故障录波器屏　223J
24	10kV 高压室动力电源箱　124J	24	备用　224J
25	66kV 高压室动力电源箱　125J	25	备用　225J

6.5　直流系统操作方法

直流系统的交流电源由 380V 交流Ⅰ屏（直流充电屏Ⅰ段交流电源 110J）和 380V 交流Ⅱ屏（直流充电屏Ⅱ段交流电源 211J）各提供一路交流电源，正常运行时由两路交流电源均在合位，交流电源送至直流充电屏后侧的"Ⅰ段交流进线开关 1JK"和"Ⅱ段交流进线开关 2JK"（两路空开均在合位）（如图 6-9 所示），通过交流配电单元，交/直逆变转换器（0.1.2.3.4 共五组），送至直流充电母线，"充电机输出开关 1ZK"在合位，为直流馈电屏提供直流电源，送出直流Ⅰ、Ⅱ负荷，"蓄电池进线开关 2ZK"在合位（如图 6-10 所示），为蓄电池充电，直流充电屏后侧的防雷保护装置的空气断路器应始终在合闸位置。

图 6-9 交流电源送至直流充电屏后侧的"Ⅰ段交流进线开关 1JK"和"Ⅱ段交流进线开关 2JK"

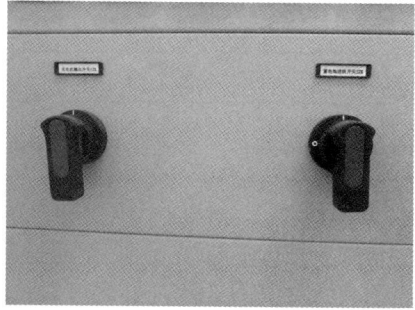

图 6-10 充电机输出开关 1ZK、蓄电池进线开关 2ZK

6.6 交流配电单元装置的操作方法

（1）正常运行时，交流进线控制把手应切至"互投"位置，交流Ⅰ、Ⅱ段进线红灯亮。交流配电单元装置如图 6-11 所示。

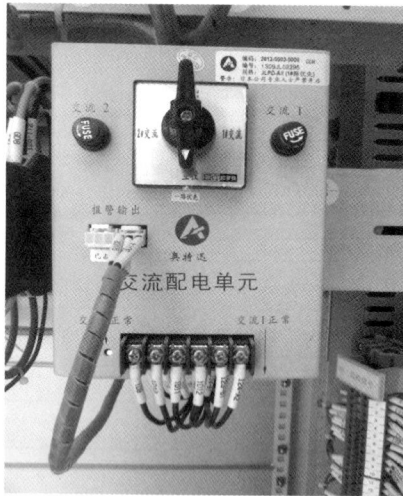

图 6-11 交流配电单元装置

（2）交流进线控制把手位置说明见表 6-3。

表 6-3　　　　　　　　　交流进线控制把手位置说明表

序号	把手位置	作　　用
1	1 号交流	当把手切至此位置时，交流系统只使用 380V Ⅰ段交流电源
2	2 号交流	当把手切至此位置时，交流系统只使用 380V Ⅱ段交流电源
3	互投	当把手切至此位置时，可实现交流备自投
4	退出	当把手切至此位置时，该装置退出运行

（3）交流配电单元的异常处理方法：正常使用两路交流电源且交流进线控制把手切至"互投"时，"交流Ⅰ正常""交流Ⅱ正常"红灯亮，当后台机交流部分及一体化电源监控装置告警时，同时"交流Ⅰ正常""交流Ⅱ正常"红灯任意一个或两个灯亮，应进行：① 检查交流进线是否正常；② 交流进线熔断器是否熔断；③ 重新启动该装置运行。若异常现象依然存在，则应上报处理。

6.7 直流充电屏的JQK-3000A集中控制器操作方法

（1）JQK-3000A集中控制器（如图6-12所示）正常显示：Ⅰ、Ⅱ段直流母线电压值，蓄电池组电压、输出电流值，蓄电池组充电状态"浮充"，220V直流系统充电机电压、输出电流值，48V通信电源屏电压、输出电流值，直流系统绝缘状态，交流系统输入"A相、B相、C相"电压值等信息。

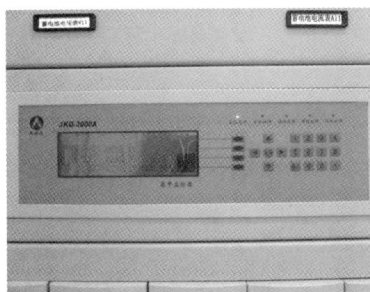

图6-12 JQK-3000A集中控制器面板

（2）JQK-3000A集中控制器各功能键：①"椭圆"键，进入菜单，翻页等操作；②"数字"键，菜单内的选项确认键，"1"参数浏览，"2"参数设置，"3"状态信息，"4"充电机控制，"5"配置浏览，"6"配置设置；③"方向"箭头调整数值用，例如调整时间等。

（3）"1"参数浏览：显示Ⅰ、Ⅱ段直流母线电压等值，输入保护（过电压定值：264V；欠电压定值：176V），蓄电池组运行参数，充电机工作状态，直流系统绝缘状态，其他包括时钟、通信状态。

（4）"2"参数设置：可进行Ⅰ、Ⅱ段直流母线电压保护值、各馈线出线的电流值、过电压保护定值、欠电压保护定值、系统时间、密码修改等信息的修改，正常时严禁进行修改定值。

（5）"2"参数设置：当蓄电池组浮充电压过高时，选择"充电机"，选择"一组"，选择"浮充电压"，按控制面板的"▲"向左箭头，降低电压值，在按"确认"键。

（6）"3"状态信息：母线、直流、馈线、历史记录、其他等状态，分别显示正常和历史记录，包括分合开关等信息。

（7）"4"充电机控制：选择一组蓄电池组，按控制面板的"▲"向左箭头，在按"确认"键，可实现蓄电池组的"浮充"和"均充"切换，由"浮充"切至"均充"时，直流充电机5个模块"均充"灯亮，选择一组充电机，按控制面板的"▲"向左箭头，在按"确认"键，可实现直流充电机整组（0.1.2.3.4共五组）的"关机"和"开机"集体控制。

（8）"5"配置浏览、"6"配置设置：此两项功能不使用。

（9）JQK－3000A 集中控制器各信号灯指示及异常处理对照表见表 6－4。

表 6－4　　　　JQK－3000A 集中控制器各信号灯指示及异常处理对照表

序号	信号灯	故 障 情 况
1	"监控运行"灯	正常时绿光灯常亮
2	"系统故障"灯亮时	表明该装置出现异常，在检查直流系统无异常时应上报，联系厂家处理
3	"模块故障"灯亮时	表明某块充电机模块故障，同时该模块"故障"灯亮
4	"母线故障"灯亮时	表明直流系统交流进线或直流母线故障
5	"熔丝故障"灯亮时	表明直流屏后侧蓄电池组或Ⅰ、Ⅱ交流进线某熔断器熔断

（10）直流屏后侧熔断器说明：200A 的熔断器为蓄电池总熔断器（如图 6－13 所示），63A 熔断器为Ⅰ、Ⅱ段交流进线熔断器（如图 6－14 所示）。

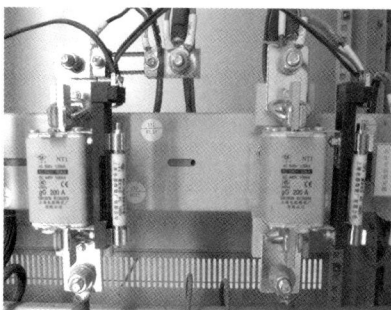

图 6－13　蓄电池总熔断器

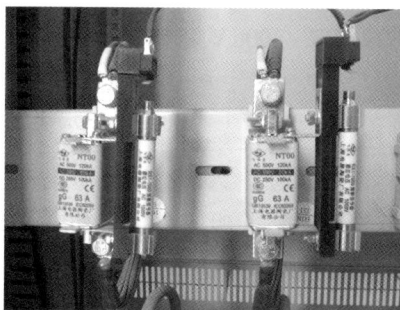

图 6－14　Ⅰ、Ⅱ段交流进线熔断器

6.8　直流充电屏 ATC230M10Ⅲ型充电机模块的操作方法

（1）直流充电屏 ATC230M10Ⅲ型充电机模块共配备 5 块充电机模块（如图 6-15 所示），其中 4 块运行，1 块备用（至少 4 块运行，少于 4 块运行时，应及时上报，处理）。

（2）每块模块可实现单块的开、关机操作，按"↑""↓"箭头，选择"OFF"，按"回车"键，进行关机操作；选择"ON"，按"回车"键，进行开机操作。

（3）ATC230M10Ⅲ型充电机模块信号灯指示及异常处理对照表见表 6-5。

图 6-15　5 块充电机模块

表 6-5　　　　　ATC230M10Ⅲ型充电机模块信号灯指示及异常处理对照表

序号	信号灯	故　障　情　况
1	"运行"灯	绿光常亮
2	"均充"灯	当通过集中控制器调整为均充时亮
3	"故障"灯	模块故障时亮，同时 JQK-3000A 集中控制器的"模块故障"灯亮
4	"通信"灯	绿光闪烁

6.9　直流馈电屏的 WJY3000A 微机绝缘检监测仪操作方法

（1）直流馈电屏的 WJY3000A 微机绝缘检监测仪（如图 6-16 所示）正常显示：直流Ⅰ、Ⅱ段母线电压值，直流正负极母线电压值及母线绝缘状态，999.99K。

（2）WJY3000A 微机绝缘检监测仪各功能键：①"椭圆"键，进入菜单，翻页等操作；②"数字"键，菜单内的选项确认键，"1"系统配置，"2"参数浏览，"3"参数设置，"4"状态信息，"5"串口测试，"6"支路查找；③"方向"箭头调整数值用，例如调整时间等。

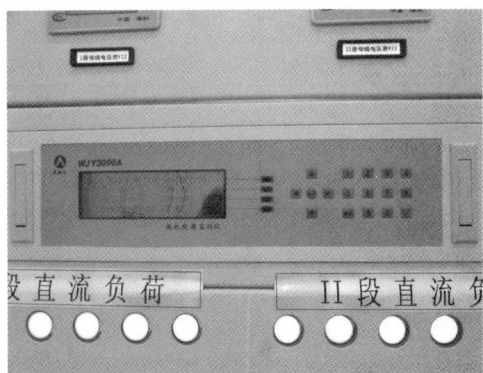

图 6-16　直流馈电屏的 WJY3000A
微机绝缘检监测仪面板

（3）"1"系统配置：显示直流系统共有 48 条支路。

（4）"2"参数浏览：显示系统设置、报警电压值、报警电阻值、通信设置情况、支路设置、版本信息等。

（5）"3"参数设置：可以进行调整报警电压值、报警电阻值等参数，及调整系统时间、密码修改等信息的修改，正常时严禁进行修改定值。

（6）"4"状态信息：母线绝缘状态、母线电压、支路绝缘、接地曲线、装置状态、历史记录、母线运行方式等信息。当直流系统有接地现象时，在此功能键内进行查找接地信息。

（7）"5"串口测试：此项功能可以不使用。

（8）"6"支路查找：当有直流系统接地时，此功能可以显示接地支路，当直流系统无接地时，不显示信息。

6.10 直流系统负荷一览表

直流系统负荷一览表见表 6–6。

表 6–6 　　　　　　　　　　　　直流系统负荷一览表

Ⅰ 段直流负荷		Ⅱ 段直流负荷	
序号	配出负荷	序号	配出负荷
1	1 号主变压器保护屏　101Z	1	Ⅱ/Ⅲ/Ⅳ 区数据网关机屏　201Z
2	2 号主变压器保护屏　102Z	2	66kV 故障录波器屏　202Z
3	66kV 巨宝分甲线、巨宝分乙线保护屏　103Z	3	10kV 消弧线圈控制及接地选线装置屏　203Z
4	66kV 分段保护及备自投屏　104Z	4	电能表屏　204Z
5	公用测控屏　105Z	5	GPS 对时屏　205Z
6	Ⅰ 区数据通信网关机屏　106Z	6	备用　206Z
7	备用　107Z	7	备用　207Z
8	备用　108Z	8	备用　208Z
9	66kV 巨宝分乙线保护及储能　109Z	9	1 号主变压器本体保护屏　209Z
10	66kV 巨宝分甲线保护及储能　110Z	10	2 号主变压器本体保护屏　210Z
11	66kV 分段保护及储能　111Z	11	备用　211Z
12	66kV 电压并列装置电源　112Z	12	备用　212Z
13	备用　113Z	13	备用　213Z
14	备用　114Z	14	备用　214Z
15	备用　115Z	15	备用　215Z
16	66kV 巨宝分乙线汇控屏控制　116Z	16	10kV Ⅱ 段负荷及分段保护及控制　216Z
17	66kV 巨宝分甲线汇控屏控制　117Z	17	1 号主变压器 66kV 侧汇控屏控制　217Z
18	66kV 分段汇控屏控制　118Z	18	66kV Ⅱ 段电压互感器汇控屏控　218Z
19	10kV Ⅱ 段负荷及分段储能　119Z	19	66kV Ⅰ 段电压互感器汇控屏控制　219Z
20	2 号主变压器 66kV 侧汇控屏控制　120Z	20	10kV Ⅰ 段负荷储能　220Z
21	备用　121Z	21	10kV Ⅰ 段负荷保护及控制　221Z
22	备用　122Z	22	二层双电源事故照明电源箱　222Z
23	通信电源屏　123Z	23	一层双电源事故照明电源箱　223Z
24	UPS 电源屏　124Z	24	保护室事故照明　224Z

6.11 直流系统接地查找方法

（1）直流系统接地时的现象：后台机显示直流系统接地，同时 WJY3000A 微机绝缘检监测仪显示：①（一段或二段）（正或负）母线绝缘能力降低（包括月/日，时间，电阻值：一般小于 20kΩ；母线绝缘正常值为 999.99kΩ）；②（一段或二段）（正或负）母线欠压（包括月/日，时间，电压值：一般小于 35V；母线电压正常值为 ±110V，当正极接地时，正极电压 0V，负极电压 220V）；③ 支路接地（包括月/日，时间，××号：OK），其中××号为直流负荷支路号。

（2）××号直流负荷支路号的确定方法：直流系统共有两段直流母线，每段直流母线有 24 条支路，共计 48 条支路，一段直流负荷的 101Z 支路为 01 号支路，102Z 为 02 号支路……124Z 为 24 号支路，即一段直流负荷由上到下，由左到右，24 条支路依次排列；同理二段直流负荷 201Z 支路为 25 号支路，202Z 支路为 26 号支路……224Z 为 48 号支路。

（3）当接地支路确定后，应试拉该直流空开，保护直流应先联系调度后再试拉空开，接地现象消失后，再合上该支路空开，在该支路下级负荷进行查找。

6.12 UJK2003B1 型 UPS 监控器操作方法

（1）UJK2003B1 型 UPS 监控器（如图 6-17 所示）正常显示：交流输入电压、电流值，旁路输入电压、电流值，直流输入电压、电流值，交流输出电压、电流值。

（2）UJK2003B1 型 UPS 监控器各功能键："回车"键，"三角"上下选择键，"圆点"退出键。菜单内容有参数浏览、参数设置、状态信息、报警查询、声音报警。

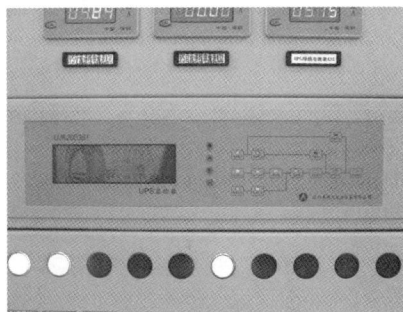

图 6-17 UJK2003B1 型 UPS 监控器面板

（3）参数设置：可以进行运行、保护定值、系统时间的修改，正常时严禁进行修改定值。

6.13 UPS 系统运行时注意事项

（1）UPS 正常工作时由 380V 交流系统供电，经整流—逆变—静态开关输出，向负荷供电；当交流电源消失时，由站用直流（蓄电池组）向 UPS 供电；当 UPS 逆变部件故障时，由 UPS 内部静态开关自动切换至由旁路供电，以保证交流母线不失电。UPS 装置指示灯如图 6-18 所示。

（2）维修旁路开关 K4 正常运行时处于断开位置，只有当 UPS 故障需退出系统进行维修时才

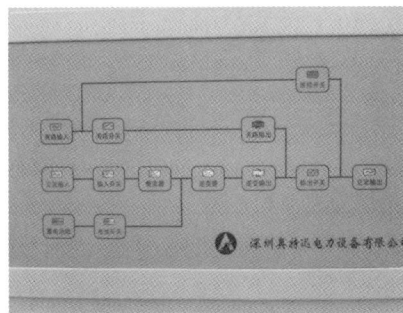

图 6-18 UPS 装置指示灯

合上，合 K4 前应确保 K1 和 K2 同时处于断开状态，K4 合闸后，在断开 K3 和 K5，按此顺序可保证退出 UPS 的操作过程中不影响母线的连续供电，旁路总开关 K6 在旁路隔离逆变器正常运行时均应合上。复归顺序：合 K5，合 K3，拉开 K4，合上 K1、K2（如图 6-19 所示）。

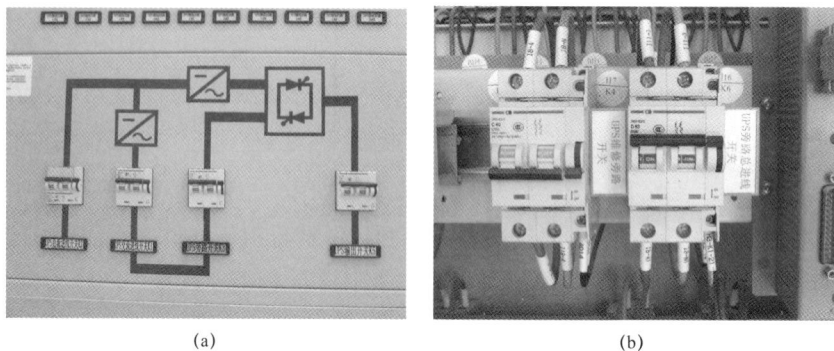

(a)	(b)

图 6-19 UPS 系统开关的操作顺序
（a）UPS 系统空开 K1、K2、K3、K5；（b）UPS 系统空开 K4、K6

（3）逆变电源的交流、直流输入开关（如图 6-20 所示），防雷器开关（如图 6-21 所示）运行时始终在合位。

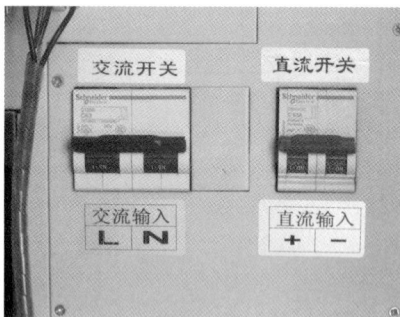

图 6-20 逆变电源的交流、直流输入开关　　　　图 6-21 逆变电源的防雷器开关

（4）UJK2003B1 型 UPS 监控器指示灯颜色的含义见表 6-7。

表 6-7　　　　　　　　　　　UJK2003B1 型 UPS 监控器指示灯含义表

序号	颜色	作　用
1	红色	不允许操作
2	黄色	主供电通道
3	绿色	备用供电通道
4	闪烁	单元报警

6.14 ATCDU-Ⅱ型 UPS 逆变器的操作方法

正常运行时，"逆变"灯，绿光常亮；"报警"灯亮时，应检查处理；"通信"灯亮时，表明信号传输中断；"旁路"灯亮时，表明由旁路供电。ATCDU-Ⅱ型 UPS 逆变器面板如图 6-22 所示。

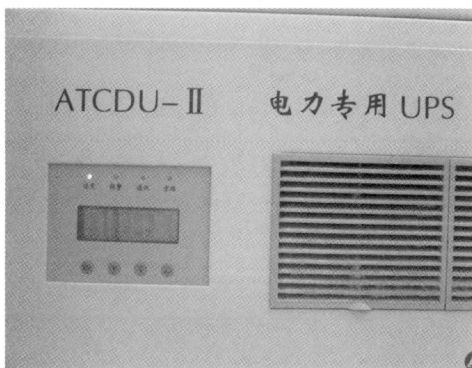

图 6-22 ATCDU-Ⅱ型 UPS 逆变器面板

6.15 UPS 负 荷 一 览 表

UPS 负荷一览表见表 6-8。

表 6-8 UPS 负 荷 一 览 表

序号	配 出 负 荷	序号	配 出 负 荷
1	监控主机屏 1KK	5	调度数据网络屏 5KK
2	Ⅰ区数据通信网关机屏 2KK	6	视频监控屏 6KK
3	图形网关机屏 3KK	7	备用 6KK-20KK
4	Ⅱ/Ⅲ/Ⅳ区数据网关机屏 4KK		

6.16 通信电源屏 ATC48MD30Ⅲ型充电机模块的操作方法

（1）通信电源屏 ATC48MD30Ⅲ型充电机模块共配备 3 块充电机模块（如图 6-23 所示），其中 2 块运行，1 块备用（至少 2 块运行，少于 2 块运行时，应及时上报，处理）。

（2）每块模块可实现单块的开、关机操作，按"↑""↓"箭头，选择"OFF"，按"回车"键，进行关机操作；选择"ON"，按"回车"键，进行开机操作。

（3）ATC48MD30Ⅲ型充电机模块信号灯指示及异常处理对照表，见表 6-9。

图 6-23　3 块充电机模块

表 6-9　　　　　ATC48MD30Ⅲ型充电机模块信号灯指示及异常处理对照表

序号	信号灯	故　障　情　况
1	"运行"灯	绿光常亮
2	"均充"灯	当通过集中控制器调整为均充时亮
3	"故障"灯	模块故障时亮
4	"通信"灯	绿光闪烁

6.17　通信电源负荷一览表

通信电源负荷一览表见表 6-10。

表 6-10　　　　　　　　　通信电源负荷一览表

序号	配　出　负　荷
1	备用　311Z-314Z
2	光端机屏　315Z
3	PCM 复接设备屏　316Z

6.18　蓄　电　池　组

蓄电池组采用 104 节 GFMD-200C 固定型阀控密封式铅酸蓄电池组成（如图 6-24 所示）。蓄电池组总容量为 2V 200Ah。

图 6-24　GFMD-200C 固定型阀控密封式铅酸蓄电池

7 继电保护及自动装置操作方法

7.1 巨宝变继电保护运行说明

7.1.1 1、2 号主变压器

（1）正常运行方式下，不允许 1、2 号主变压器并列运行。

（2）1、2 号主变压器差动、高压侧后备保护动作跳进线、桥断路器及主变压器低压侧三侧断路器；低后备保护动作切本侧断路器同时闭锁 10kV 分段备自投。

7.1.2 66kV 巨宝分甲、乙线

本侧保护停用，不允许巨宝分甲、乙线双回线并列运行。

7.1.3 66kV 进线及桥断路器备自投

（1）动作原理均为：反应工作电源电流、电压消失，且备用电源电压正常时启动备自投。

（2）进线备自投。

1）仅在一条工作进线代 66kV 两段母线运行，另一条备用进线断路器在热备用状态时投入。

2）进线备自投动作先切工作进线断路器，然后合备用进线断路器。

（3）桥断路器备自投。

1）仅在两条进线分别代 1、2 号主变压器运行且 66kV 桥断路器热备用时投入。

2）桥断路器备自投动作先切失电进线的断路器，然后合 66kV 桥断路器。

7.1.4 66kV 桥断路器

（1）短充过电流保护仅在通过 66kV 桥断路器给母线充电时投入，其他方式下停用。

（2）长充过电流保护只要 66kV 桥断路器投入则保护投入。

7.1.5 10kV 分段备自投

（1）动作原理：反应工作电源电流、电压消失，且备用电源有电压时启动备自投。

（2）分段备自投仅在 1、2 号主变压器分别代 10kV 两段母线，且 10kV 分段断路器

热备用时投入，其他方式下停用。

（3）分段备自投动作先切失电主变压器低压侧断路器，然后合 10kV 分段断路器。

（4）过电流Ⅰ段保护仅在通过分段断路器给母线充电时投入，其他方式下停用；过电流Ⅱ段保护只要分段断路器投入则保护投入。

7.2 "1、2号主变压器保护屏"操作

（1）"1、2 号主变压器保护屏"包括差动保护装置、高后备保护装置、低后备保护装置。

（2）正常运行时，"高压侧电压投入压板 31QLP1"不投入，66kV 侧电压取自 10kV 侧 TV，"低压侧电压投入压板 21QLP1""复压启动压板 21CLP"投入，当主变压器差动保护装置退出运行，需要检修时"差动保护置检修状态压板 1QLP" 投入。

（3）差动保护装置、高后备保护装置、低后备保护装置检查软压板投/退状态的操作方法：按方向"上"键，选择"定值设置""软压板"，按"确定"键，正常时严禁在保护装置内更改软压板状态，需要投退软压板时，应在后台机操作，后台机操作后，应该立即在相应保护装置内检查软压板投/退是否正确。

（4）1、2 号主变压器"差动保护装置"与后台机软压板对照表，见表 7-1。

表 7-1　　　　　　1、2号主变压器"差动保护装置"与后台机软压板对照表

序号	后台机软压板名称	对应差动保护装置软压板名称	保护装置菜单位置
1	差动保护软压板	差动保护软压板	功能软压板
2	过电流保护软压板	过电流保护软压板	功能软压板
3	跳巨宝分甲线软压板	跳 1 号线智能终端软压板	GOOSE 发送软压板
4	跳 66kV 分段软压板	跳桥智能终端软压板	GOOSE 发送软压板
5	跳 1 号主变压器 10kV 侧软压板	跳主二次智能终端软压板	GOOSE 发送软压板
6	闭锁备自投软压板	闭锁备自投软压板	GOOSE 发送软压板
7	1 号主变压器 10kV 侧电流、电压软压板	主二次合并单元 SV 软压板	SV 接收软压板
8	66kV 分段电流、电压软压板	内桥合并单元 SV 软压板	SV 接收软压板
9	巨宝分甲线电流、电压软压板	本侧合并单元 SV 软压板	SV 接收软压板
10	保护装置置检修状态软压板	无	无

（5）1、2 号主变压器"高后备保护装置"与后台机软压板对照表，见表 7-2。

表 7-2　　　1、2 号主变压器"高后备保护装置"与后台机软压板对照表

序号	后台机软压板名称	对应高后备保护装置软压板名称	保护装置菜单位置
1	过电流保护软压板	过电流保护软压板	功能软压板
2	接地保护软压板	接地保护软压板	功能软压板
3	不接地保护软压板	不接地保护软压板	功能软压板
4	本侧电压投入软压板	本侧电压投入软压板	功能软压板
5	跳巨宝分甲线软压板	跳 1 号出现软压板	GOOSE 发送软压板
6	跳 66kV 分段软压板	跳桥断路器软压板	GOOSE 发送软压板
7	保护装置置检修状态软压板	无	无
8	跳 1 主变压器 10kV 侧软压板	跳主二次软压板	GOOSE 发送软压板
9	闭锁备自投软压板	闭锁备自投软压板	GOOSE 发送软压板
10	接收巨宝分甲线信号 0 软压板	1 号出线 GOOSE0 GOOSE 软压板	GOOSE 接收软压板
11	接收巨宝分甲线信号 1 软压板	1 号出线 GOOSE1 GOOSE 软压板	GOOSE 接收软压板
12	巨宝分甲线电流、电压软压板	本侧合并单元 SV 软压板	SV 接收软压板
13	66kV 分段电流、电压软压板	桥侧合并单元 SV 软压板	SV 接收软压板

（6）1、2 号主变压器"低后备保护装置"与后台机软压板对照表，见表 7-3。

表 7-3　　　1、2 号主变压器"低后备保护装置"与后台机软压板对照表

序号	后台机软压板名称	对应低后备保护装置软压板名称	保护装置菜单位置
1	过电流保护软压板	过电流保护软压板	功能软压板
2	接地保护软压板	接地保护软压板	功能软压板
3	不接地保护软压板	不接地保护软压板	功能软压板
4	本侧电压投入软压板	本侧电压投入软压板	功能软压板
5	保护装置置检修状态软压板	无	GOOSE 发送软压板
6	跳 1 号主变压器 10kV 侧软压板	跳主二次软压板	GOOSE 发送软压板
7	闭锁备自投软压板	闭锁备自投软压板	无
8	接收 1 号主变压器 10kV 侧信号软压板	本侧智能终端 GOOSE 软压板	GOOSE 接收软压板
9	1 号主变压器 10kV 侧电流电压软压板	本侧合并单元 SV 软压板	SV 接收软压板

7.3 "1、2 号主变压器本体保护屏"操作

"遥控压板 8QLP1"始终在投入位置，当该压板在退出位置时，"1、2 号主变压器本体保护屏"所有信号不能传到后台机，远方调整有载调压分接头也会失灵。

7.4 "66kV 巨宝分甲线、巨宝分乙线保护屏"操作

66kV 巨宝分甲线、巨宝分乙线无保护装置，当线路发生故障时，靠江北变 66kV 北园甲、乙线保护动作跳闸。

7.5 "66kV 分段保护及备自投屏"操作

（1）"闭锁备自投压板 51LP2"正常时在退出位置，66kV 分段备自投功能正常，当该压板投入时，将闭锁备自投功能。

（2）进线备自投功能：当巨宝分乙线运行，巨宝分甲线作备用时，投入"巨宝分甲线保护测控屏"的"保护跳闸压板"（始终在投入状态）、"重合闸压板"；当巨宝分甲运行，巨宝分乙线作备用时，投入"巨宝分乙线保护测控屏"的"保护跳闸压板"（始终在投入状态）、"重合闸压板"；当不使用进线备自投功能时，退出相应线路"重合闸压板"即可。

（3）进线备自投动作过程：当巨宝分乙线运行，巨宝分甲线作备用时，巨宝分乙线线路故障，通过上级电源江北变 66kV 北园乙线保护动作，跳开北园乙线断路器，此时，巨宝分乙线断路器在合位，由于巨宝分乙线无保护装置，巨宝分乙线断路器不跳闸，66kV 进线备自投装置检测到巨宝分乙线无压、无流，进线备自投装置动作，跳开巨宝分乙线，通过巨宝分甲线"重合闸压板"出口动作，合上巨宝分甲线断路器，进线备自投动作成功。

（4）66kV 分段备自投功能：当巨宝分甲线和巨宝分乙线同时运行，66kV 分段断路器作为备用时，此时"巨宝分甲线保护测控屏"和"巨宝分乙线保护测控屏"的"跳闸压板"在投入位置，（正常时此压板在投入位置），投入"66kV 分段保护测控屏"的"合 66kV 分段断路器压板 L1CLP2"压板，即可实现 66kV 分段备自投功能。

（5）66kV 分段备自投动作过程：当巨宝分甲线和巨宝分乙线同时运行，巨宝分甲线或巨宝分乙线某一条线路故障失压时，通过上级电源江北变 66kV 北园甲线或北园乙线保护动作，跳开相应断路器，此时，巨宝变 66kV 分段断路器备自投装置监测到巨宝分甲线和巨宝分乙线某一条断路器无压、无流，66kV 分段备自投动作，通过该线路断路器的"跳闸压板"，将失压的线路断路器跳闸一次，合上 66kV 分段断路器，66kV 分段备自投动作成功。

（6）"66kV 分段保护装置"与后台机软压板对照表，见表 7-4。

表 7-4　　　"66kV 分段保护装置"与后台机软压板对照表

序号	后台机软压板名称	对应分段保护装置软压板名称	保护装置菜单位置
1	短充过电流Ⅰ段软压板	短充过电流Ⅰ段软压板	功能软压板
2	短充过电流Ⅱ段软压板	短充过电流Ⅱ段软压板	功能软压板
3	短充零序软压板	短充零序软压板	功能软压板

续表

序号	后台机软压板名称	对应分段保护装置软压板名称	保护装置菜单位置
4	长充过电流Ⅰ段软压板	长充过电流Ⅰ段软压板	功能软压板
5	长充过电流Ⅱ段软压板	长充过电流Ⅱ段软压板	功能软压板
6	长充零序Ⅰ段软压板	长充零序Ⅰ段软压板	功能软压板
7	长充零序Ⅱ段软压板	长充零序Ⅱ段软压板	功能软压板
8	保护装置置检修状态软压板	无	无
9	跳66kV分段软压板	跳桥智能终端软压板	GOOSE发送软压板
10	接收66kV分段信号0软压板	接收内桥GOOSE0BO2G00…	GOOSE接收软压板
11	接收66kV分段信号1软压板	接收内桥GOOSE1BO2G00…	GOOSE接收软压板
12	接收测量电流电压软压板	接收测量电流SV软压板	SV接收软压板
13	接收保护电流电压软压板	接收保护电流SV软压板	SV接收软压板

（7）"66kV分段备自投保护装置"与后台机软压板对照表，见表7-5。

表7-5　　　　　"66kV分段备自投保护装置"与后台机软压板对照表

序号	后台机软压板名称	对应备自投保护装置软压板名称	保护装置菜单位置
1	备自投软压板	备自投软压板	功能软压板
2	自投方式1软压板	自投方式1软压板	功能软压板
3	自投方式2软压板	自投方式2软压板	功能软压板
4	自投方式3软压板	自投方式3软压板	功能软压板
5	自投方式4软压板	自投方式4软压板	功能软压板
6	过电流Ⅰ段软压板	过电流Ⅰ段软压板	功能软压板
7	过电流Ⅱ段软压板	过电流Ⅱ段软压板	功能软压板
8	零序过电流软压板	零序过电流软压板	功能软压板
9	过电流加速段软压板	过电流加速段软压板	功能软压板
10	零序过电流加速段软压板	零序过电流加速段软压板	功能软压板
11	巨宝分甲线接收软压板	进线1断路器位置BO2GOOS…	GOOSE发送软压板
12	巨宝分乙线接收软压板	进线2断路器位置BO2GOOS…	GOOSE接收软压板
13	66kV分段接收软压板	分段断路器位置BO2GOOSE…	GOOSE接收软压板
14	1号主变压器高后备闭锁软压板	1号主变压器高后备闭锁B05G…	GOOSE接收软压板
15	2号主变压器高后备闭锁软压板	2号主变压器高后备闭锁B05G…	GOOSE接收软压板
16	1号主变压器差动闭锁软压板	1号主变压器差动闭锁B05G00…	GOOSE接收软压板
17	2号主变压器差动闭锁软压板	2号主变压器差动闭锁B05G00…	GOOSE接收软压板
18	1号主变压器非电量闭锁软压板	1号主变压器非电量B05G00SE…	GOOSE接收软压板
19	2号主变压器非电量闭锁软压板	2号主变压器非电量B05G00SE…	GOOSE接收软压板

续表

序号	后台机软压板名称	对应备自投保护装置软压板名称	保护装置菜单位置
20	跳巨宝分甲线软压板	跳电源 1 软压板	GOOSE 接收软压板
21	跳巨宝分乙线软压板	跳电源 2 软压板	GOOSE 接收软压板
22	合巨宝分甲线软压板	合电源 1－1 软压板	GOOSE 接收软压板
23	合巨宝分乙线软压板	合电源 2－1 软压板	GOOSE 接收软压板
24	合 66kV 分段软压板	合分段软压板	GOOSE 接收软压板
25	巨宝分甲线电流、电压软压板	电源 1 电压电流 SV 软压板	SV 接收软压板
26	巨宝分乙线电流、电压软压板	电源 2 电压电流 SV 软压板	SV 接收软压板

8 后台机操作方法

8.1 后台机功能

（1）后台机功能介绍：站控层通信、66kV 母线测控、10kV 公用测控、一体化电源、消弧线圈、小电流选线、电压棒图、全站地线、全站网门、报表、历史告警、音响复归、全站清闪、电笛测试、电铃测试、五防开票、操作灯功能。后台机主接线图如图 8-1 所示。

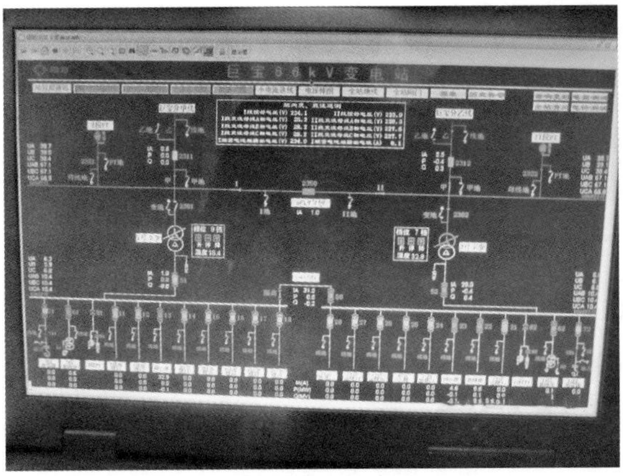

图 8-1 后台机主接线图画面

（2）后台机站控层通信画面（如图 8-2 所示）：绿色代表通信联通；红色代表通信中断，当通信中断时，后台机报警，并显示相应信息，同时对应保护装置"通信告警"，此时应检查处理。

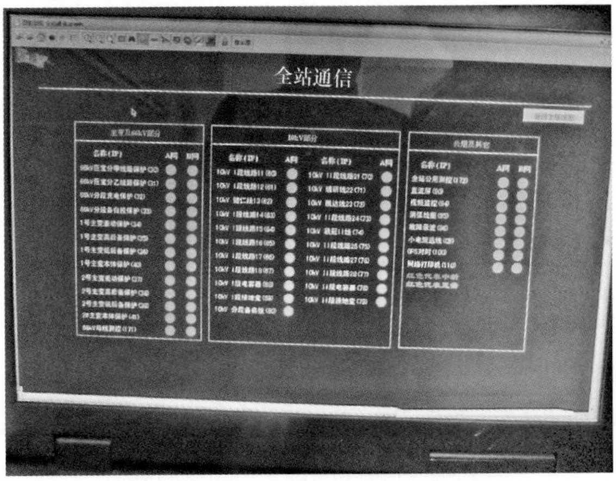

图 8-2 后台机站控层通信画面

（3）后台机 66kV 母线测控画面（如图 8-3 所示）：66kV 系统信号显示集中汇总，红色显示"动作""异常"或"正常投入"等信息。

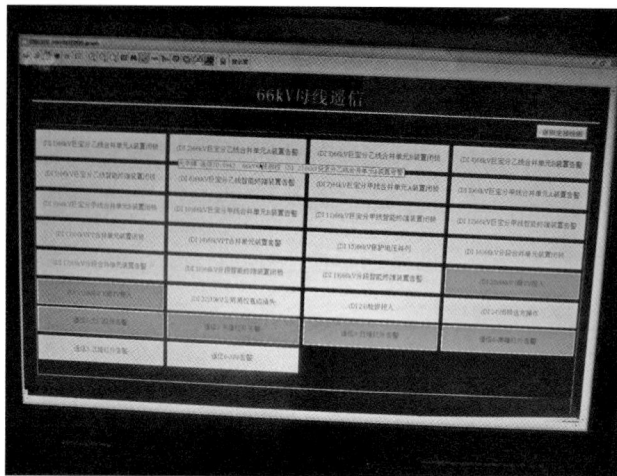

图 8-3　后台机 66kV 母线测控画面

（4）后台机 10kV 公用测控画面（如图 8-4 所示）：10kV 系统信号显示集中汇总，红色显示"动作""异常"或"正常投入"等信息。

（5）后台机一体化电源画面（如图 8-5 所示）：交、直流系统信号显示集中汇总，红色显示"动作""异常"或"正常投入"等信息。

（6）后台机消弧线圈画面（如图 8-6 所示）：10kV Ⅰ、Ⅱ段消弧线圈信号显示集中汇总，并显示挡位、电容电流、运行状态等信息。

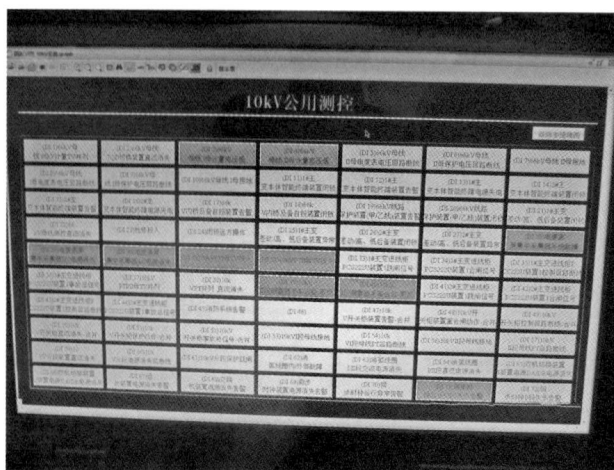

图 8-4　后台机 10kV 公用测控画面

图 8-5 后台机一体化电源画面

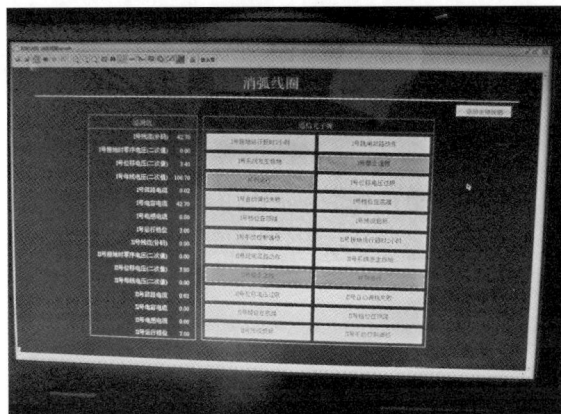

图 8-6 后台机消弧线圈画面

（7）后台机小电流选线、电压棒图画面（如图 8-7 和图 8-8 所示）：可显示 10kV Ⅰ 段或Ⅱ段接地，并显示某条线路接地，同时检查电压棒图，可显示某相接地。

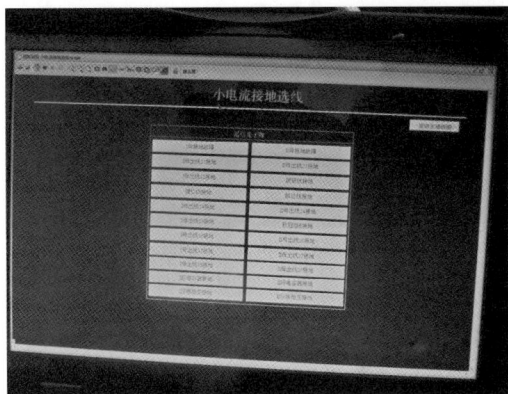

图 8-7 后台机小电流选线画面

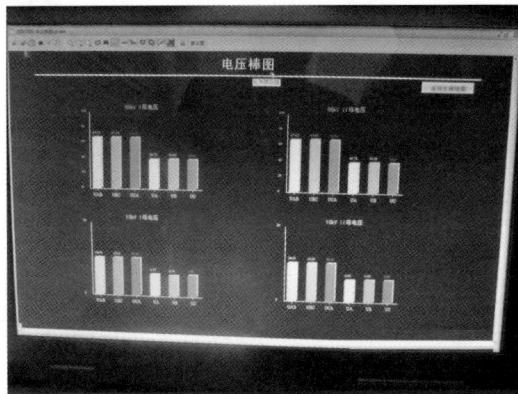

图 8-8 后台机电压棒图画面

（8）后台机全站地线、全站网门画面（如图8-9和图8-10所示）：不能随设备实际位置变位，必须进行手动单击操作变位，对现场起到提示作用。

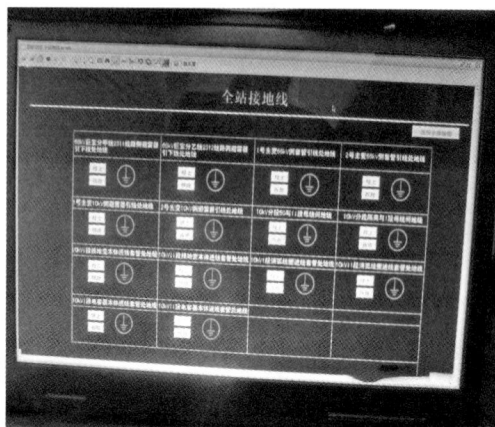

图8-9　后台机全站地线画面

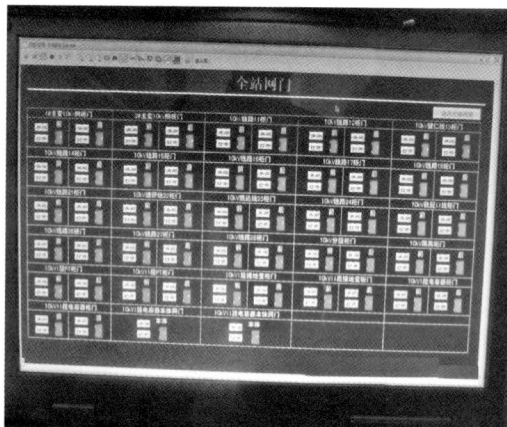

图8-10　后台机全站网门画面

（9）后台机报表调取画面和显示画面（如图8-11和图8-12所示）：可显示日报表、周报表、月报表等内容。单击"设置""日期选择"选定日期，选择报表类型，即可显示报表内容。

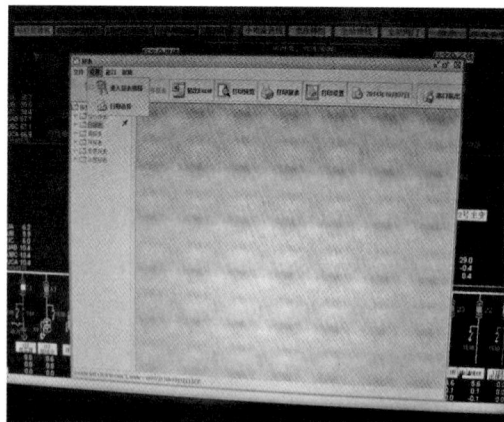

图8-11　后台机报表调取画面

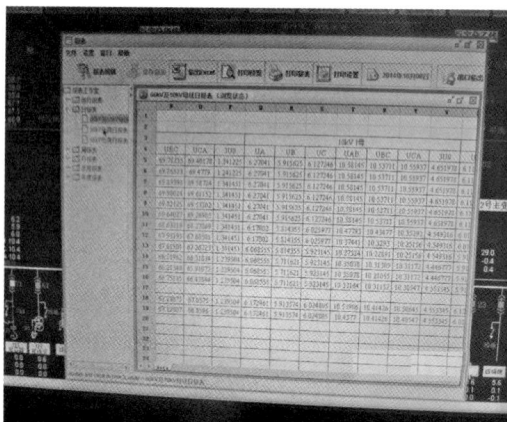

图8-12　后台机报表显示画面

（10）后台机历史告警画面（如图8-13所示）：可选定时间段、间隔等选项，显示历史告警信息。

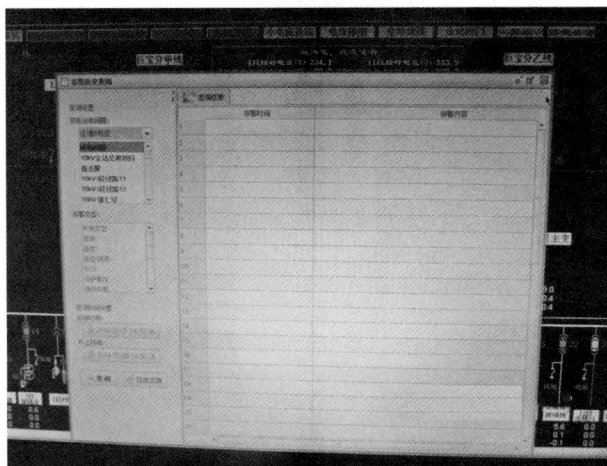

图 8-13 后台机历史告警画面

8.2 后台机五防开票

（1）单击"锁头"标志，显示"用户验证"，输入密码，"确定"，进入五防开票系统（如图 8-14 和图 8-15 所示）。

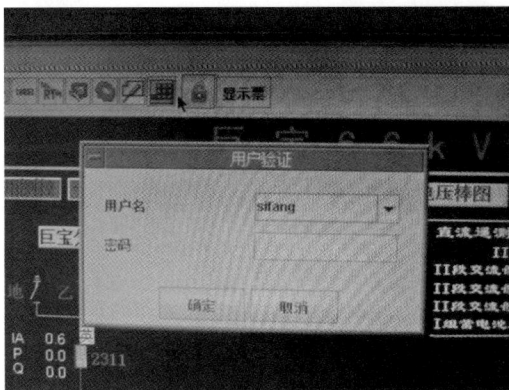

图 8-14 后台机五防开票密码输入画面

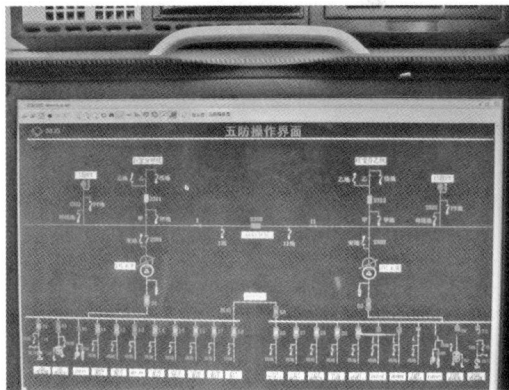

图 8-15 后台机五房开票登录后画面

（2）单击"图形开票"，显示操作界面，单击五防图形进行开票，开票后，单击"传到钥匙"，即可进行五防操作（如图 8-16 所示）。主页面和间隔页面均可实现后台机遥控操作。

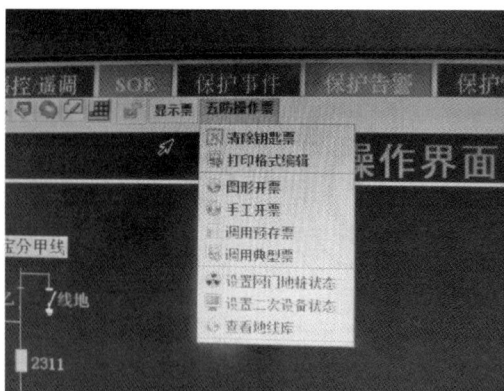

图 8-16　后台机图形开票画面

8.3　后台机其他功能

（1）间隔页面显示信息（如图 8-17 所示）：电流、电压、有功、无功、功率因数等运行数据，分间隔主接线图，软压板，本间隔光字牌等信息。

（2）在分间隔主接线图的一次设备上单击鼠标左键，显示该设备的逻辑关系（如图 8-18所示）。

图 8-17　后台机间隔页面显示信息画面

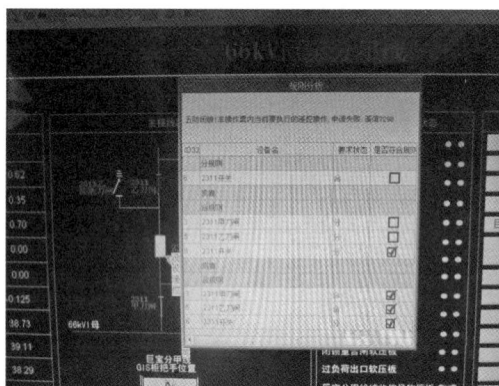

图 8-18　后台机显示设备逻辑关系画面

（3）在分间隔主接线图的一次设备上单击鼠标右键，显示"强分""设备挂牌""遥信位置""间隔解锁"等功能（如图 8-19 所示）。

（4）"远方、就地"把手图像，只显示相应位置，图像位置所设备实际"远方、就地"把手进行切换而改变（如图 8-20 所示）。

（5）软压板投退操作，在相应软压板上，单击左键，显示操作界面，进行相应操作，不经过五防判断（如图 8-21 所示）。

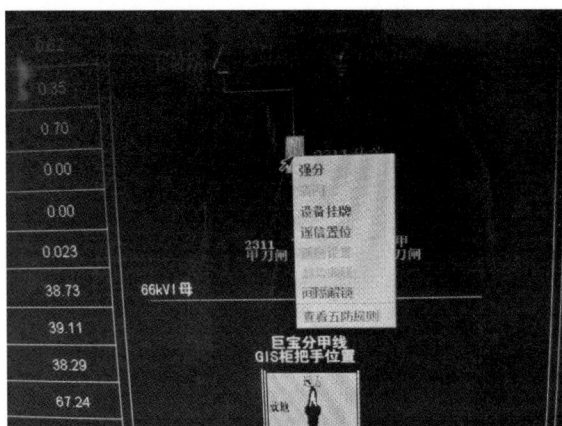

图 8-19　后台机鼠标右键菜单画面

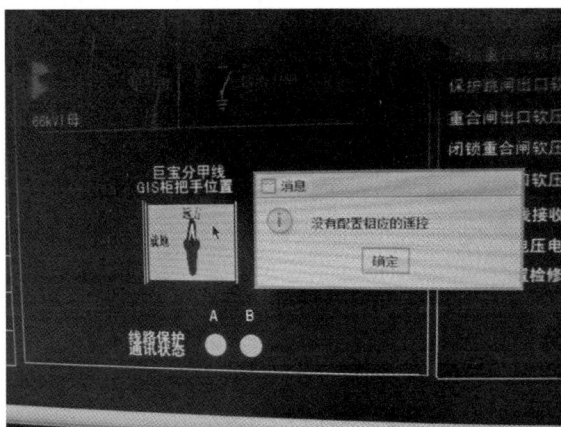

图 8-20　后台机"远方、就地"把手图像画面

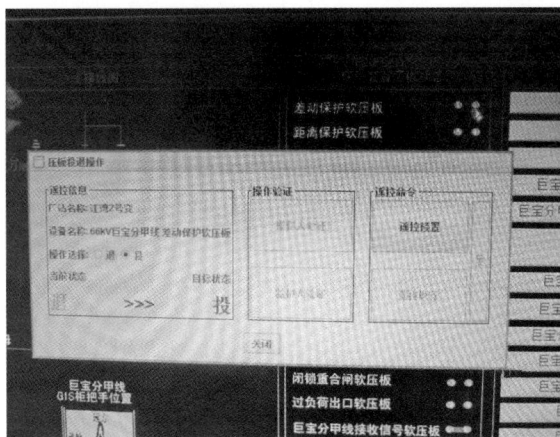

图 8-21　后台机软压板投退操作画面

9　其 他 设 备 操 作 方 法

消防装置使用说明内容如下。

（1）感烟探头编号明细：①　10kV 高压室：001、002、003；②　电容器走廊：004；③　电容器室：005；④　接地变室：006；⑤　保护室：007、008；⑥　66kV 高压室：009、010、011；⑦　二层手动报警器：012；⑧　一层手动报警器：013；⑨　主机模块：014。

（2）消防装置使用说明：

1）烟感报警：按"F3 查询"中的 2"火警记录"，按编号检查报警处。

2）复位：按"消音"键解除音响，然后按"复位"（密码：119），重启装置。

3）主电：使用 220V 交流电，接线于右侧墙壁插座。

4）备电：使用 2 节"12V"蓄电池，接线于主机柜内。

5）主电消失时：备电启动，并启动报警音响，按"消音"键解除音响。

6）联动装置正常时，在"允许"位置（自动发音响信号）。

7）联动装置："禁止"位置（不发音响信号）。

8）烟感报警时，手动报警器和报警控制器均发音响信号。

第二部分

10～66kV 变电站倒闸操作
标准化作业指导示例

1 10kV 1 号接地变压器由运行转检修

操作票顺序	安规要求	其他相关规定	图片指示	操作位置及注意事项	风险分析	风险预控
1 拉开 1 号接地变压器 380V 侧断路器	—	《变电专业电气操作票技术规范》1.12.1 所用变停电时，先停低压侧，再停高压侧。送电时与此相反。必须执行逐级停送电的原则，即停电时先停负荷，最后停所用变；送电时，先送所用变，后逐一送出负荷		交流进线屏：向下拉开断路器	（1）经人工操作的断路器由分闸位置转为分闸位置，未拉开，断路器操作把手失灵。（2）传动机构故障，造成回路实际未拉开。（3）误运行的断路器，误操作	（1）拉控制开关，不得用力过猛或拉控制不开，以免拉不开。（2）扳动控制开关过快，不得用力猛或操作器分，以免断路器分、合位置指示器分、合位置指示失灵。（3）操作正确，指示正确，指示灯亮。断路器控制把手切换至分闸位置，瞬间分闸回路，该断路器所控制的电流应降至零、绿灯亮，现场检查断路器机构应处在分闸位置。（5）断路器经分闸位置，检查其实际位置，以免传动机构故障，造成回路实际未拉开
2 检查 1 号接地变压器 380V 侧表计无指示	—	《变电专业电气操作票技术规范》1.4 断路器停、送电和并、解列操作前后，必须检查断路器实际位置和表计指示		交流进线屏：电流指示为零	操作断路器分闸后，做出良好的正确判断	（1）断路器分闸后，应立即检查有关信号和测量仪表。（2）操作过程中，应同时监视有关电压、电流、功率表计（安时表计）显示：以及断路器控制把手指示。（3）断路器控制把手切换至分闸位置，瞬间分闸回路应降至零、绿灯亮，该断路器所控制的电流应降至零。（4）操作分闸后对实际位置和信号指示：电力表的指示，分闸位置的指示等，从而做出正确的判断
3 检查 380V I 段母线电压表 I 段指示正确	2.3.4.3（4）在进行倒负荷或解、并列操作前后，检查相关电源运行及负荷分配情况	《变电专业电气操作票技术规范》1.4 断路器停、送电和并、解列操作前后，必须检查断路器实际位置和表计指示		交流进线屏：电压指示数值	—	

续表

操作票顺序	安规要求	其他相关规定	图片指示	操作位置及注意事项	风险分析	风险预控
4 将1号接地变压器断路器控制方式开关由远方位置切至就地位置	—	《66kV 变电站现场运行通用规程》5.3.13 遥控操作 c）正常运行时，受控站所有运行或热备用状态的断路器选择方式切换把手应置于"远方"位置		控保室：10kV 控保 V 柜。顺时针旋转把手至就地位置	（1）经人工操作的断路器由合闸位置转为分闸位置，断路器操作把手失开，断	（1）拉控制开关，不得用力过猛或操作过快，以免拉不开。（2）拧动控制开关，不得用力过猛或操作失灵。（3）操作前、断路器分、合位置，合位置灯亮指示正确。操作后，分、合位置灯指示灯的变化。（4）断路器控制把手切至就地位置后，该断路器所控制的回路电流应降至零，现场检查机构应处在分闸位置
5 拉开1号接地变压器断路器 05	2.3.6.1 停电拉闸操作应按照断路器—负荷侧隔离开关—电源侧隔离开关的顺序依次进行，送电合闸操作应按与上述相反的顺序进行。禁止带负荷拉合隔离开关	《国家电网公司变电运维管理规定（五）》第六十七条（五）3.远方操作前，应对现场一次设备发出提示信号，提醒现场人员远离操作设备		控保室：10kV 控保 I 柜。逆时针将把手预拧到分闸位置后，再将把手拧到分闸，待绿灯终点亮后，待绿灯亮再松开，把手自动归复到分后位置	（1）经人工操作的断路器。（2）传动机构故障，造成回路断开。（3）误拉运行断路器误操作	（4）断路器经就地位置后，应到现场检查其实际位置，以免自动机构故障，造成回复实际未拉开
6 检查05 表计确无指示	—	《变电专业电气操作票技术规范》1.4 断路器停、送电和并、解列操作前后，必须检查断路器实际位置和表计指示		控保室：后台机电流指示为零	操作断路器分闸后，做出正确判断	（1）断路器分闸后，应立即检查有关信号和测量仪表。（2）操作过程中，应同时监视有关信号、电流、电压、功率等计（实时电力监测仪表）显示正常。（3）断路器控制把手切至就地位置后，该断路器所控制的回路电流应降至零，绿灯亮。（4）操作分闸后，机构位置指示正确，分闸位置指示灯亮，从而做出正确判断
7 将1号接地变压器断路器控制方式开关由远方位置切至就地位置	—	《66kV 变电站现场运行通用规程》5.3.13 遥控操作 c）正常运行时，受控站所有运行或热备用状态的断路器选择方式切换把手应置于"远方"位置		控保室：10kV 控保 V 柜。逆时针旋转把手至远方位置		

续表

操作票顺序	安规要求	其他相关规定	图片指示	操作位置及注意事项	风险分析	风险预控
8 检查 05 断路器在分位	2.3.4.3（3）进行停、送电操作时，在拉合隔离开关、手车式开关推入、推出前，必须检查断路器确在分闸位置	《变电专业电气操作票技术规范》1.4 断路器停、送电和并、解列操作前后，必须检查断路器实际位置和表计指示		10kV 高压室：合闸红灯亮、分闸绿灯灭，操动机构的分合闸指示器在分闸位置	（1）断路器未拉开。（2）防止带负荷拉合隔离开关。（3）操作人、监护人不进行检查断路器实际位置，导致检查不到位，与实际位置不对应	（1）此项是操作隔离开关前的检查项，防止出现断路器尚未拉开，先拉合隔离开关造成带负荷拉隔离开关。（2）首先检查相应回路的断路器在断开位置，防止带负荷拉隔离开关（规程规定的情况下除外）
9 将 1 号接地变压器 05 小车隔离开关拉至开位	2.3.6.1 停电拉闸操作应按照断路器—负荷侧隔离开关—电源侧隔离开关的顺序依次进行，送电合闸操作应按与上述相反的顺序进行。禁止带负荷拉合隔离开关	《国家电网公司变电运维管理规定 第 5 分册 开关柜运维细则》2.2.3 操作车前，应将车体位置摆正，认真检查机械联锁位置正确方可进行操作；禁止强行操作	小车摇把插孔	10kV 高压室：将摇把完全插入插孔，逆时针旋转摇把，直至试验位置绿灯亮	（1）带负荷拉合隔离开关。（2）走错间隔而误拉不应停电的隔离开关。（3）传动机构故障出现拒分。（4）隔离开关不到位。（5）隔离开关合闸卡证时强行强合环设备。（6）防误装置失灵	（1）首先检查相应回路的断路器在断开位置，合隔离开关，防止带负荷拉、合隔离开关，要将隔离开关锁好（规程规定的停电的情况下除外）。（2）在停电操作时，可能出现的误操作有：断路器尚未拉开，先拉隔离开关时，但因走错间隔而误拉不应停电的隔离开关。（3）操作隔离开关时，要检查隔离开关好，以防止发生误操作。（4）手动拉合隔离开关时，先检查隔离开关操作把手，看有无连杆松动的作是否正确。（5）拉合隔离开关时，先经慢慢拉合隔离开关，当触头刚离开时，应迅速果断。（6）当防误闭锁程序装置失灵时，应查明原因，并经逐级上报后处理，不得自行解锁。（7）使检修设备有明显的断开点。（8）操作时，操作人、监护人应选择适合的站位

续表

操作票顺序	安规要求	其他相关规定	图片指示	操作位置及注意事项	风险分析	风险预控
10 检查 05 带电指示器确无指示	4.3.3 对无法进行直接验电的设备，高压直流输电设备和雨雪天气时的户外设备，可以进行间接验电	《国家电网公司变电运维管理规定 第 5 分册》2.2.10 全封闭式开关柜无法进行直接验电的部分，应采取间接验电的方法进行判断		10kV 高压室：带电指示灯不亮	带电指示器有指示	(1) 对操作过的全部设备进行全面检查，确认设备已操作到位 (2) 联系调度，确认该线路已停电
11 合上 1 号接地变压器 05 接地开关	4.4.2 当验明设备确已无电压后，应立即将检修设备接地并三相短路	《国家电网公司变电运维管理规定 第 5 分册》2.2.9 在确认配电线路上线路无电后，该开关柜侧接地电缆仓门才能打开		10kV 高压室：按下插孔挡板，将把手完全插入插孔，顺时针转动把手，合上隔离开关	(1) 合接地开关不戴绝缘手套 (2) 带电合接地开关	(1) 合接地开关均应使用专用操作手柄和戴绝缘手套 (2) 为检修工作提供安全保证
12 检查 05 接地开关在合位	2.3.6.5 电气设备操作后的位置检查应以设备实际位置为准	《变电专业电气操作票技术规范》5.8.4 在操作点看不见接地开关的实际位置时，要检查接地开关实际操作后的位置		10kV 高压室小窗：屏柜后侧接地开关，检查接地开关机械位置	接地开关合不到位	(1) 在手动操作小车隔离开关后，应通过检查其传动机构、接地开关分合指示器等，确认其操作到位。(2) 接地开关失灵，应查明原因，汇报调度及检修人员处理，不得自行处理。(3) 条件允许的改为装设接地线

续表

操作票顺序	安规要求	其他相关规定	图片指示	操作位置及注意事项	风险分析	风险预控
13 在1号接地变压器 380V 侧套管引线上验电，确认三相确无电压	4.3.1 验电时，应使用相应电压等级、合格的接触式验电器，在装设接地线或合接地刀闸（装置）处对各相分别验电	《66kV变电站现场运行通用规程》5.3.12 验电前，应先在有电设备上进行试验，确认验电器良好；无法在有电设备上进行试验时，可用工频高压发生器等确认验电器良好		1号接地变压器室：确认验电器良好，然后分别在三相上验电	(1) 不验电，装地线。 (2) 不在带电设备上验证验电器是否良好。 (3) 验电时，操作人不戴绝缘手套，造成人身触电。 (4) 操作人员不与被保护的设备保持安全距离。 (5) 伸缩式绝缘棒的长度不合格。 (6) 操作人使用与电压等级不相符的验电器，在带电设备上试验，造成人身触电。 (7) 验电时，操作人使用验电器的绝缘长度不够，手握的绝缘棒有效长度不够造成人身触电。 (8) 雨天操作室外高压设备时，绝缘棒没有防雨罩，不戴绝缘靴。 (9) 雷电时，进行倒闸操作	(1) 线路地线由调度指令掌握，现场必须按调度指令掌握或装设拆除。 (2) 现场自行掌握的地线由现场人员在得到调度员允许装设。检修工作结束后，另行开操作票，自行拆除现场地线。 (3) 装设接地线前要先验电，验电前应在带电设备上验证验电器是否良好。 (4) 验明设备无电压与被设地线操作必须连续进行，中间不得有其他操作项目。地线接地端必须接牢固。 (5) 设备验电时，应使用相应电压等级而且合格的接触式验电器，在装设接地线或合接地刀闸开关处对各相分别验电。 (6) 高压验电必须戴绝缘手套，验电时手必须握在手柄处不得超过护环，人体必须与验电设备保持安全距离。 (7) 雨雪天气不得进行室外直接验电。 (8) 雨天操作室外高压设备时，还应穿绝缘靴，接地网电阻不符合要求的，晴天也应穿绝缘靴。 (9) 雷电时，一般不得就地进行倒闸操作，禁止在就地进行倒闸操作

续表

操作票顺序	安规要求	其他相关规定	图片指示	操作位置及注意事项	风险分析	风险预控
14 在 1 号接地变压器 380V 侧套管引线上装设 1 号接地线一组	4.4.2 当验明设备确已无电压后,应立即装设接地线,不得同时悬挂检修设备接地并三相短路	《变电专业电气操作票技术规范》1.15.1 装设接地线时,验电后立即装设接地线,不得同时悬挂同一回路。装设接地端,后接导体端,接地线应接触良好,连接可靠		1 号接地变压器室:先接接地体端,后接导体端	(1)装设接地线不使用绝缘棒和戴绝缘手套。(2)带电合(挂)接地开关(接地线)。(3)装设接地线必须先接接地端,后接导体端,程序错。(4)拆接地线时,线夹脱落到带电设备一侧。(5)接地线缠绕或接地点不牢。(6)地线未装设良好。(7)装接地线失去监护,导致人身触电,造成人身灼伤	(1)装设接地线必须先接接地端,后接地线必须接触良好,连接可靠。拆接地线的顺序与此相反。(2)装、拆接地线均应使用绝缘棒和戴绝缘手套。(3)人体不得触碰接地线,以防止感应电触电。(4)为检修工作提供安全保证。
15 拉开 1 号接地变压器控制直流空气断路器	4.2.3 检修设备和可能来电侧的断路器、隔离开关和合闸电源、隔离开关操作把手应锁住,确保不会误送电	《变电专业电气操作票技术规范》1.17 设备检修时,要拉开其操作直流、信号直流、动力电源、隔离开关、熔断器或空气断路器。1.18 停电时最后一项操作直流空气断路器		控保室:10kV 控保 V 柜,向下拉开空气断路器	(1)误触直流电源,误拉带电设备,造成伤害。(2)造成直流接地、短路。(3)未戴好线手套,不穿长袖衣	(1)电气设备检修前,为防止误合断路器和对检修人员的伤害及直流接地、短路,使断路器失去操作电源以免误送电和误合断路器的操作失误应按要求及时拉开。因此其直流要求,动力电源应及时拉开。(2)如果不拉开操作直流,可以不拉开操作直流。(3)必须由两人一起进行,一人工作,另一人监护,戴好手套,且穿长袖衣,防止低压触电

2 10kV 1 号接地变压器站内拆除安全措施

操作票顺序	安规要求	其他相关规定	图片指示	操作位置及注意事项	风险分析	风险预控
1 拉开 1 号接地变压器 05 接地开关	—	《变电专业电气操作票技术规范》5.8.1 接地开关每拉开一组检查一组		10kV 高压室：按下插孔挡板，将把手完全插入插孔，逆时针转动把手，拉开隔离开关	不按调度指令拉开接地开关	（1）地线由调度指令掌握，现场必须按调度指令掌握、现场自行装设或拆除。（2）现场人员在未得到值班调度员允许拆设的指令前可自行装设，检修工作结束后，另行开操作票，自行拆除现场自行掌握的地线
2 检查 05 接地开关确已拉开	—	《变电专业电气操作票技术规范》5.8.4 在操作接地开关不见接地开关的实际位置时，要检查接地开关操作后的实际位置		10kV 高压室：屏柜后侧小窗，检查接地开关机械位置	接地开关分不到位	接地开关关不灵，应查找原因，汇报调度及检修人员处理，不得自行处理
3 拆除 1 号接地变压器 1 号 380V 侧套管引线上 1 号接地线一组	4.4.9 装设接地线先接接地端，后接导体端，接接地线应接触良好，连接应可靠。拆接地线的顺序与此相反	《变电专业电气操作票技术规范》1.15.1 装设接地线时，验电后立即装设接地线，不得同断。后接导线应先接接地端，拆除接地线时体端，连接可靠。拆除接地线顺序与此相反		1 号接地变压器 C 室：先拆导体端，后拆接地端	（1）拆接地线时，线夹脱落到有电设备一侧。（2）不按调度指令拆除地线	（1）地线由调度掌握，现场必须按调度指令掌握、现场自行装设或拆除。（2）现场自行得到值班调度员允许拆设的地线由现场自行装设，检修工作结束后，另行开操作票，自行拆除现场自行掌握的地线
4 检查 1 号接地线共 1 组接地线确已拆除	4.4.12 每组接地线均应编号，并存放在固定地点。接地线号码与位置编号应一致。装、拆接地线，应做好记录，交接班时应交代清楚	《变电专业电气操作票技术规范》5.8.2 接地线拆除后可为一项总的接地检查项目，也可拆除每组接地线要每组检查。在该接地线号上用红笔打"√"	—	核对地线编号，检查确已拆出	（1）带接地开关或接接地线合闸。（2）不认真核对地线	临时地线全部拆除后，一并检查确已拆除

3 10kV 1号接地变压器由检修转运行

操作票顺序	安规要求	其他相关规定	图片指示	操作位置及注意事项	风险分析	风险预控
1 合上1号接地变压器控制直流空气断路器	—	《变电专业电气操作票技术规范》1.18 送电合闸时,第一项操作必须合上操作直流空气断路器		控保室:10kV 控保V柜上合上气合断路器	(1) 断路器(或保护)无操作电源,故障不能及时跳开断路器。(2) 误触带电设备,误操作直流设备,造成伤害。(3) 造成直流接地、短路。(4) 不戴好袖衣手套、不穿长袖衣	(1) 电气设备操作过程中,因发生事故时能及时将开断路器,因此其事故由跳开断路器应按要求投入。(2) 必须由两人一起进行,一人监护,另一人操作,且穿长袖衣,戴好线手套,防止低压触电
2 检查送电设备范围内设备无异常,接地线(接地开关)已拉开,接地线已拆除	2.3.4.3 (5) 设备检修后合闸送电范围内接地开关(装置)已拉开,接地线已拆除	《变电专业电气操作票技术规范》5.7.2 检查送电范围内接地开关)确已拆除,可列为一项总的检查项目。术语:检查送电范围内设备无异常,接地线(接地开关)已拆除	—	—	(1) 带接地线或接地开关合闸。(2) 不认真核对地线	(1) 操作中,各级运维人员要密配合,凡所有作业终组,必须确认现场,地线全部撤离后方可进行送电操作。(2) 检查送电范围内设备无异常,地线(接地开关)已拆除,防止带地合闸事故的发生
3 检查 05 断路器在开位,送电操作时,在拉合隔离开关、手车式开关推入前,检查断路器确在分闸位置	2.3.4.3 (3) 进行停、送电操作时,在拉合隔离开关、手车式开关拉出、推入前,检查断路器确在分闸位置	《国家电网公司变电运维管理规定》第5分册 开关柜运维细则 2.2.7 拉出、推入检查车之前应检查断路器在分闸位置	1号接地变 05	10kV 高压室:合闸红灯灭,分闸绿灯亮,操动机构的分合闸指示器在分闸位置	(1) 断路器未拉开。(2) 防止带负荷拉合隔离开关。(3) 操作人、监护人不进行检查断路器实际位置或检查不到位,导致断路器与实际位置不对应	(1) 此项是操作隔离开关前的检查项,先拉断路器尚未拉开,防止出现隔离开关负荷拉隔离开关。(2) 首先检查断路器实际位置,防止带负荷回路的断路器在断路器后负荷隔离开关(规程规定下情况外)

续表

操作票顺序	安规要求	其他相关规定	图片指示	操作位置及注意事项	风险分析	风险预控
4 将1号接地变压器05小车隔离开关推至合位	2.3.6.1 停电拉闸操作应按照断路器—负荷侧隔离开关—电源侧隔离开关的顺序依次进行，送电合闸操作应按与上述相反的顺序进行。禁止带负荷拉合隔离开关	《国家电网公司变电运维管理规定 第5分册 开关柜运维细则》2.2.3 操作前，应将车体位置摆正，认真检查机械闭锁位置正确方可进行操作；禁止强行操作	小车摇把插孔	10kV 高压室：将摇把完全插入插孔，顺时针旋转摇把，直至工作位置红灯亮	（1）带负荷合隔离开关。 （2）传动机构故障出现拒合。 （3）小车隔离开关触头合闸不到位。 （4）隔离开关卡涩时强行合闸。 （5）防误闭锁环装置失灵	（1）错合隔离开关时，不准再拉开隔离开关，因为带负荷拉隔离开关时，将会造成三相弧光短路。万一发生了错合隔离开关的情况，也应立即操作断路器来切断负荷。 （2）合闸时，确保隔离开关动作正确。 （3）操作隔离开关后，要将防误闭锁装置锁好，以防止发生误操作。 （4）合小车隔离开关后，断路器应在断开位置，方可操作。 （5）手动合小车隔离开关时，应先经看动操作指示手把，看机构和连杆动作是否正确。 （6）合闸操作时，都必须迅速果断，在合闸终了时不可用力过猛。 （7）合闸后应检查隔离开关的触头是否完全合上，接触是否严密。 （8）在手动或电动合闸（或合接地隔离开关）前，应先检查其机械闭锁装置的良好，防止带电合接地隔离开关，拧电动机构的传动杆及合不上闸。 （9）合闸，应迅速果断，但在合闸终了时不得有冲击，即使合入接地或短路回路也不得再拉开。 （10）当终了回路时，应查明原因，并经逐级上报后处理，不得自行解锁。 （11）操作时，操作人、监护人应选择适当的站位。 （12）戴护目镜，监护人应站在能够充分观察隔离开关活动的位置

续表

操作票顺序	安规要求	其他相关规定	图片指示	操作位置及注意事项	风险分析	风险预控
5 将1号接地变压器断路器控制把手由远方式切至就地位置	—	《66kV变电站现场运行通用规程》5.3.13 遥控操作 c)正常运行时，受控站所有的断路器应选择用备用状态的断路器应选择用方式切换把手应置于"远方"位置		控保室：10kV 控保V柜：顺时针旋转把手至就地位置	（1）经人工操作的断路器由合闸位置转为分闸位置，未合上，断路器操作把手失灵。（2）传动机构故障，造成回路实际未合上。（3）误合检修、误操作中的断路器。（4）带接地线合闸或带接地开关合闸	（1）合控制开关，不得用力过猛或操作过快，以免合不上闸。（2）拧动控制开关，不得用力过猛或操作过快，以免操作失灵。（3）操作前、断路器分合位置指示正确。操作后、合位置指示正确、断路器控制把手切至远方跳闸。（4）远方操作合闸，不允许带电手动合闸，以免合入故障回路，使断路器损坏或考虑意外。（5）断路器合闸应尽量远方合闸，避免就地合闸操作。送电时，人员应尽量远离现场，避免因带电合闸故障或人员入冷备用
6 合上1号接地变压器05断路器	2.3.6.1停电拉闸操作应按断路器—负荷侧隔离开关—电源侧隔离开关的顺序依次进行，送电合闸操作按与上述相反的顺序进行。禁止带负荷拉合隔离开关	《国家电网公司变电运维管理规定》第六十七条（五）3.送方操作现场一次设备，应对现场人员发出提示信号，提醒现场人员远离操作设备		控保室：10kV 控保I柜：顺时针将把手拧到预合位置后，再将把手拧到合闸终点位置，待红灯亮后再松开，把手自动复归到合闸位置		（6）操作之前应检查该用冷备用状态。它包括：断路器在好位置，断路器控制各继电保护装置已按规定投入，合闸电源和操作电源均已投入，各位置信号指示正确。（7）断路器在合闸位置，红灯亮，指示器应在合闸位置。（8）合闸操作之前，首先要检查进入到热备用状态：断路器的小车隔离开关均在合好位置，断路器控制把手切至合闸位置，现场检查机构位置。（9）操作用力适度，控制把手切至合闸瞬间冲击注意用力适度，控制把手切至合闸位置，观察仪表有无出现异常变化。（空充电和轻负荷合闸无故障，等待红灯亮后即可返回，待合闸过快而导致合闸瞬间失败，也不能因合闸时间过长而烧毁合闸线圈

续表

操作票顺序	安规要求	其他相关规定	图片指示	操作位置及注意事项	风险分析	风险预控
7 检查 05 表计指示正确	—	《变电专业电气操作票技术规范》1.4 断路器操作、送电和并、解列后，操作前后，必须检查断路器实际位置和表计指示		控保室：后台机。电流指示数值	操作断路器合闸后，做出良好的正确判断	（1）断路器合闸后，应立即检查有关信号和测量仪表。（2）操作过程中，应同时监视有关电压、电流、功率等表计（实时显示）正常，以及断路器合闸后电力表显示的变化。（3）断路器送电操作后电力表指示灯亮。（4）断路器实际未合闸至合闸位置红灯亮
8 将 1 号接地变压器控制方式开关由就地位置切至远方位置	—	《66kV 变电站现场运行通用规程》5.3.13 遥控操作 c）正常运行时，受控站所有设备由状态控制的断路器选择方式切换把手应置于"远方"位置		控保室：10kV 控保 V 柜。逆时针旋转把手至远方位置	操作断路器合闸后，做出良好的正确判断	操作断路器合闸后，做出良好的正确判断
9 检查 05 1 号接地变压器断路器在合位	2.3.6.5 电气设备操作后的位置检查应以设备实际位置为准	《变电专业电气操作票技术规范》1.4 断路器操作、送电和并、解列后，操作前后，必须检查断路器实际位置和表计指示		10kV 高压室：分闸绿灯灭，合闸红灯亮，操动机构的分合闸指示器在合闸位置	（1）断路器未合上。（2）操作人、监护人不进行检查断路器实际位置或检查不到位，导致断路器位置与实际位置不对应	（1）断路器经合闸后，检查其实际位置，避免传动机构故障，造成回路未上而引起的误操作。（2）现场检查机构位置指示器应处在合闸位置
10 合上 1 号接地变压器 380V 侧断路器	—	《变电专业电气操作票技术规范》1.12.1 所用变停电时，先停低压侧，再停高压侧。送电时与此相反。必要时应执行逐级停送电的原则，即停电时先停负荷，最后停所用变；送电时，先送所用变，后送电，逐一送出负荷		交流进线屏：向上合上断路器	经人工操作的断路器由分闸位置转为合闸位置，未合上，断路器操作把手失灵 同第 6 项	（1）合控制开关，不得用过猛或操作过快，以免合不上闸。（2）拧动控制开关，不得用力过猛或操作过快，以免操作失灵。（3）操作前，断路器分位置指示正确，合上后，断路器控制把手指示正确。操作后，合闸指示正确。同第 6 项

续表

操作票顺序	安规要求	其他相关规定	图片指示	操作位置及注意事项	风险分析	风险预控
11 检查 1 号接地变压器 380V 侧断路器在合位	—	《变电专业电气操作票技术规范》1.4 断路器停、送电和并，操作前后，必须检查断路器实际位置和表计指示		交流进线屏：红色指示灯亮起	操作断路器合闸后，做出良好的正确判断	（1）断路器合闸后，应立即检查有关信号和测量仪表。 （2）操作过程中，应同时监视有关电压、电流、功率等表计（实时显示）正常，以及断路器控制把手指示灯的变化。 （3）断路器送电操作后电力表应有指示。 （4）断路器控制把手切至合闸位置红灯亮
12 检查 1 号接地变压器 380V 侧表计指示正确	—	《变电专业电气操作票技术规范》1.4 断路器停、送电和并，操作前后，必须检查断路器实际位置和表计指示		交流进线屏：电流指示数值		
13 检查 380V I 段母线电压表指示正确	2.3.4.3（4）在进行倒负荷或解、并列操作前后，检查相关电源运行及负荷分配情况	《变电专业电气操作票技术规范》1.4 断路器停、送电和并，操作前后，必须检查断路器实际位置和表计指示		交流进线屏：电压指示数值		

4 10kV Ⅰ段计量电压互感器 91 由运行转检修

操作票顺序	安规要求	其他相关规定	图片指示	操作位置及注意事项	风险分析	风险预控
1 停用 10kV 分段备自投跳 1 号主变压器 10kV 侧断路器压板 31CLP1	—	《国家电网公司变电运维通用管理规定 第7分册 电压互感器运维细则》2.2.2 电压互感器停用前，按继电保护和自动装置有关规定要求变更运行方式，防止继电保护误动和拒动		控保室：－10kV 控保Ⅴ柜，拧松上下端螺栓，将垫片从槽中取出，拧紧下螺栓固定	(1) 误停保护。(2) 不停保护，保护误动作后，引起运行设备误跳闸。(3) 不停保护，保护误动作后造成人员伤害	(1) 在倒闸操作过程中，如果可能引起某些保护失去自动装置误动或某些保护正确配合，要提前采取措施或将其停用。(2) 为避免因公共保护动作，正赶上检修断路器在合位，而造成检修断路器同时跳位，影响检修人员的人身安全，公共保护跳检修断路器时，应停用断路器的压板。(3) 设备虽已停电，如果该设备的保护动作（包括误、传动）后，仍会引起运行设备断路器跳闸时，也应将有关保护停用，压板断开。例如：启动失灵保护等。(4) 电气设备停电后，应将有关保护停用，特别是在进行保护的维护和校验时，失去灵敏保护一定要停用。(5) 检修或停电的设备因保护动作后，引起运行设备跳闸的相关各保护应停用。如 220kV 断路器跳闸的各个保护屏的启动失灵保护应在断路器压板开后停用
2 停用 10kV 分段备自投跳 2 号主变压器 10kV 侧断路器压板 31CLP3	—	《国家电网公司变电运维通用管理规定 第7分册 电压互感器运维细则》2.2.2 电压互感器停用前，按继电保护和自动装置有关规定要求变更运行方式，防止继电保护误动和拒动		控保室：10kV 控保Ⅴ柜，拧松上下端螺栓，将上端片中取出，拧紧下螺栓固定		
3 停用 10kV 分段备自投合 10kV Ⅰ、Ⅱ段分段断路器压板 31CLP5	—	《国家电网公司变电运维通用管理规定 第7分册 电压互感器运维细则》2.2.2 电压互感器停用前，按继电保护和自动装置有关规定要求变更运行方式，防止继电保护误动和拒动		控保室：10kV 控保Ⅴ柜，拧松上下端螺栓，将垫片从槽中取出，拧紧下螺栓固定		

续表

操作票顺序	安规要求	其他相关规定	图片指示	操作位置及注意事项	风险分析	风险预控
4 停用 10kV 分段备自投联切中龙甲线压板 31LP1	—	《国家电网公司变电运维通用管理规定》第 7 分册 电压互感器停用前，按继电保护和自动装置有关方式要求变更运行方式，防止继电保护误动和拒动		控保室：10kV 控保 V 柜上松上端螺栓，将压片从中取出，垫片中龙下螺栓拧紧固定		（1）在倒闸操作过程中，如果预料有可能引起某些保护去动动作，正确或失去正确配合，由于检修操作在合位，而造成检修人员的人身安全，赶上检修断路器操作直流为配合断路器同时停用，应停用公共保护在合位，影响检修断路器的压板。
5 停用 10kV 分段备自投联切中龙乙线压板 31LP2	—	《国家电网公司变电运维通用管理规定》第 7 分册 电压互感器停用前，按继电保护和自动装置有关方式要求变更运行方式，防止继电保护误动和拒动		控保室：10kV 控保 V 柜上松上端螺栓，将压片从中取出，垫片中龙下螺栓拧紧固定	（1）误停保护。（2）不停保护，引起保护误动作后，保护误动，引起运行设备误跳闸。（3）不停保护动作后造成人员伤害。	（2）为避免公共保护直流失去，赶上检修在合位置，误停或失去正确停用，要提前采取措施或采取其他用。 （3）设备虽已停电，如果该设备的保护误校验（包括传动、传动）后，仍会引起运行设备断路器跳闸，也应将有关保护停用，例如：启动失灵保护等。 （4）电气设备停电后，应将有关的保护和校验时，其失灵保护一定要停用。 （5）检修或停电的设备跳闸的相关各保护动作后，引起运行设备跳闸的各保护应停用。如 220kV 断路器的个保护屏的启动失灵保护屏应在断路器拉开后停用。
6 停用 10kV 分段备自投投入压板 31KLP2	—	《国家电网公司变电运维通用管理规定》第 7 分册 电压互感器停用前，按继电保护和自动装置有关方式要求变更运行方式，防止继电保护误动和拒动		控保室：10kV 控保 V 柜上松上端螺丝，将压片从中取出，垫片中龙下螺栓拧紧固定		

续表

操作票顺序	安规要求	其他相关规定	图片指示	操作位置及注意事项	风险分析	风险预控
7 将1、2号主变压器有载调压分接头位置均调至位置，使其变比相同	一	《66kV变电站现场运行通用规程》5.3.13 主变压器并列运行a）变压器并列运行的基本条件：并列运行时电压比应相同		控保室：66kV 1、2号主变压器测控柜。先将把手打到就地位置，然后进行升降挡操作	不满足两台主变压器并列运行条件	（1）两台主变压器需要并列运行，并列前调整有载分接开关，以使其变比相同。（2）变压器并列条件：a）相位相同，结线组别相同；b）电压比相等；c）短路阻抗相等或相近，允许差值不超过10%。如果变压器并列将产生环流，影响变压器的出力。如果变压器所带的负荷成比例分配，阻抗小的变压器带的负荷成反比而大，阻抗大的变压器带的负荷成反比而小，也影响变压器的出力。变压器并列运行常常遇到电压比（变比）、百分阻抗不完全相同的情况，可以采用改变变压器分接头的方法来调整变压器阻抗值
8 将10kV分段断路器控制方式开关由远方就地位置切换至就地位置	一	《66kV变电站现场运行通用规程》5.3.13 遥控操作c）正常运行时，受控站所有运行或热备用状态的断路器选择把手切换开关应置于"远方"位置		控保室：10kV控保V柜。逆时针旋转把手至就地位置	（1）经人工操作的断路器由合闸位置转为合闸位置，未合上，断路器操作把手操作失灵。	（1）合控制开关，以免合不上。（2）拧动控制开关，不得用力过猛或操作过快，以免操作失灵。（3）操作前、操作后，断路器控制把手指示位置正确，断路器合闸位置指示的变化。（4）远方手动合闸，以免入故障回路，不允许带电带故障频繁合闸或故障入故障回路。（5）断路器合闸送电时，人员应尽量远离现场，避免因带故障合闸或故障入故障回路造成断路器损坏，人员发生意外。

续表

操作票顺序	安规要求	其他相关规定	图片指示	操作位置及注意事项	风险分析	风险预控
9 合上10kV分段50断路器	2.3.6.1 停电拉闸操作应按照断路器（开关）—负荷侧隔离开关（刀闸）—电源侧隔离开关（刀闸）的顺序依次进行，送电合闸操作应按与上述相反的顺序进行。禁止带负荷拉合隔离开关（刀闸）	《国家电网公司变电运维管理规定》第六十七条（五）3.远方操作前，应对现场一次设备进行，送电人员发出提示信号，提醒现场人员远离操作设备		控保室：10kV控保V柜。顺序时针将把手拧到合上预合位置后，再将把手拧到合闸终点位置，待红灯亮后再松开，把手自动复归合闸后位置	（2）传动机构故障，造成回路未合上。（3）误合断路器，误合点中的断路器操作。（4）带接地开关或接地线合闸	（6）操作之前应检查和考虑保护投入情况。（7）断路器控制把手切至合闸位置，红灯亮，现场检查机构位置处在合闸位置。（8）合闸操作之前，首先要检查断路器是否已完备地从冷备用位置入到断路器的各绕热保护装置小车隔离手车开关护热投入，断路器的各绕电源位置均投入，各位置信号指示正确。（9）注意合闸控制把手切至合闸位置，观察仪表指示出现瞬间冲击（空无电和轻负荷电线路无此变化），等待红灯亮后即可返回。既不能因返回过快而导致合闸失败，也不能因合闸时间过长而烧毁合闸线圈
10 检查50表计指示正确 A	2.3.4.3（4）在进行倒负荷或解、并列操作前，送电和并、解列操作前后，必须检查断路器实际位置及负荷分配情况	《变电专业电气操作票技术规范》1.4 断路器停、送电和并、解列操作前后，必须检查断路器实际位置指示		控保室：后台机。电流指示数值	操作断路器合闸后，做出正确判断	（1）断路器合闸后，应立即检查有关信号和测量仪表。（2）操作过程中，应同时监视有关电压、电流，功率等表计（实时显示）正常。（3）断路器送电操作后电力表应有指示。（4）断路器合闸位置红灯亮
11 检查51表计指示正确 A	2.3.4.3（4）在进行倒负荷或解、并列操作前，送电和并、解列操作前后，必须检查断路器实际位置及负荷分配情况	《变电专业电气操作票技术规范》1.4 断路器停、送电和并、解列操作前后，必须检查断路器实际位置指示		控保室：后台机。电流指示数值		

续表

操作票顺序	安规要求	其他相关规定	图片指示	操作位置及注意事项	风险分析	风险预控
12 检查 52 表计指示正确 A	2.3.4.3（4）在进行倒负荷或解、并列操作前后，检查相关电源站及负荷分配情况	《变电专业电气操作票通用规范》1.4 断路器操作前后，必须检查断路器实际位置和表计指示		控保室：后台机，电流指示数值	操作断路器合闸后，做出良好的正确判断	（1）断路器合闸后，应立即检查有关信号和测量仪表。（2）操作过程中，应同时监视有关电压、电流、功率等表计（实时显示）正常，以及断路器控制把手显示的变化。（3）断路器送电操作后电力合闸应有指示。（4）断路器控制把手切合闸位置红灯亮
13 将 10kV 分段断路器控制方式开关由就地方位位置切换至远方位置	—	《66kV 变电站现场运行通用规程》5.3.13 遥控操作时，受控站所有运行或热备用方式选择站状态切换把手应置于"远方"位置		控保室：10kV 控保 V 柜，顺时针旋转把手至远方位置	（1）断路器未合闸上。（2）操作人、监护人不进行检查断路器实际位、或断路器实际位置与实际位置不对应	（1）断路器经合闸后，应到现场检查其实际位置，以免传动机构故障，造成回路实际合上而引起的误操作。（2）现场检查机构位置指示应处在合闸位置
14 检查 50 断路器在合位	2.3.6.5 电气设备操作后的位置检查应以设备实际位置为准	《变电专业电气操作票通用规范》1.4 断路器操作前后，必须检查断路器实际位置和表计指示		10kV 高压室，合闸绿灯灭、合闸红灯亮，操作机构的分合闸指示器在合闸位置		

续表

操作票顺序	安规要求	其他相关规定	图片指示	操作位置及注意事项	风险分析	风险预控
15　将 10kV I、II 段计量电压互感器代位把手由分位置切至并列位置	—	《变电专业电气操作票技术规范》1.11.2 电压互感器二次并列时，必须一次先并列，二次后并列，防止电压二次对一次进行反充电，造成二次熔断器或二次开关跳闸。		控保室：电压并列柜。把手顺时针旋转至并列位置	(1) 没有先并列一次，就并列二次。(2) 并列装置二次接线失灵或二次接线无法并列	(1) 二次并列前，即检查一次联络断路器已并列，即检查分段或母联断路器确在合位。(2) 检查并列装置指示灯。如电压并列已亮起，电压并列并未有明确指示，需停止操作，检查二次接线等，以免造成保护装置失去电压量
16　检查 10kV 计量电压并列装置正常	—	《66kV 变电站运行通用规程》5.3.7 电压互感器二次并列的操作原则：(1) 检查母联断路器在运行状态。(2) 合上电压互感器二次并列开关。(3) 拉开停用电压互感器的二次空气断路器或熔断器。(4) 拉开停用电压互感器的高压侧隔离断路器。		控保室：电压并列柜。电压并列灯亮起		
17　拉开 10kV I 段计量电压互感器二次开关	—			10kV 高压室：10kV I 段计量电压互感器 91 开关柜。向下拉开空开	(1) 误触交流电源，误碰带电设备，造成交流短路。(2) 造成交流短路。(3) 不戴好绝缘手套，不穿长袖衣。(4) 母线 TV 停电顺序错，反充电。(5) 二次保护失压	(1) 停电母线的 TV 一次隔离断路器或二次空气断路器必须拉开。(2) 应防止保护电压回路的隔离断路器二次辅助开关切换接点切换不良失压，或通过电压互感器二次向停电母线反充电，引起运行母线电压互感器二次熔断器熔断（或空气断路器跳闸）。(3) 双母线或单母线分段接线时，某一母线停电，应先将电压互感器合闸运行的侧停电前，方可断开（或取下）待停电压互感器的一次熔断器（或空气断路器）。(4) 母线路或熔断器，后停气断路器、先停二次断路器，后停气隔离开关的顺序
18　检查 10kV I 段电压表指示正确	—	(5) 合上停用电压互感器的接地开关或装设接地线		控保室：电压并列柜后柜门内。电压指示为零		

续表

操作票顺序	安规要求	其他相关规定	图片指示	操作位置及注意事项	风险分析	风险预控
19 将10kV I 段计量电压互感器91小车隔离开关拉至开位	—	《变电专业电气操作票技术规范》1.11.2 电压互感器二次并列时，二次互感器必须一次先并列、二次后并列，防止二次进行反充电，造成二次熔断器或二次熔断路器跳闸。《66kV变电站运行通用规程》5.3.7 电压互感器操作 (b) 电压互感器二次并列的操作原则：(1) 检查母联断路器在运行状态。(2) 合上电压互感器二次并列开关。(3) 拉开停用电压互感器二次空气熔断器开关。(4) 拉开停用电压互感器的高压侧隔离开关或熔断器。(5) 合上停用电压侧的压互感器或装设的接地开关装设接地线。	小车摇把插孔	10kV高压室。将摇把完全插入插孔，逆时针旋转摇把，直至位置试验位置绿灯亮	(1) 带负荷拉合隔离开关。(2) 走错间隔而误拉不应停电的隔离开关。(3) 传动机构故障出现拒分。(4) 隔离开关分不到位。(5) 隔离开关合损坏设备。(6) 防误闭锁程序装置失灵	(1) 首先检查相应回路的断路器在断开位置，合隔离开关（规程规定的情况下除外）。(2) 在停电操作时，先拉隔离开关，可能出现有：断路器尚未拉开，但当拉带负荷隔离开关，另一种情况是隔离开关虽已拉开，因走错间隔而误拉不应停电的隔离开关。(3) 操作装置锁闭好，以防止发生误操作，应先慢操作。(4) 手动拉隔离开关时，应先慢而后再快，先轻轻晃动隔离开关把手，看动静机构连杆动作是否正常。(5) 拉闸操作时，开始应慢，当触头刚离开时，应迅速果断能迅速消弧。(6) 当发现误拉时，应查明原因，并经逐级上报后处理，不得自行解锁。(7) 检修设备时，操作人、监护人应使设备有明显的断开点。(8) 操作时，操作人、监护人应选择合适的站位
20 拉开10kV I 段电压互感器一次熔断器	—	《66kV变电站现场运行通用规程》5.3.7 电压互感器操作 (a) 电压互感器操作注意事项 (4) 高压电压互感器侧装有其高压熔断器，停电并须采取安全措施后才能取下，装上。		10kV高压室。先拉正板，后拉负板	(1) 误触交流电源，误触带电设备，造成伤害。(2) 造成交流短路。(3) 不戴好绝缘手套，不穿长袖衣。(4) 母线TV停电顺序错，反充电	同操作票顺序17项的风险预控

78

5 10kV Ⅰ段计量电压互感器 91 由检修转运行

操作票顺序	实现要求	其他相关规定	图片指示	操作位置及注意事项	风险分析	风险预控
1 检查送电范围内设备无异常，接地线（接地开关）已拆除	2.3.4.3（5）设备检修后合闸送电前，送电范围内接地开关、接地线（接地装置）已拆除	《变电专业电气操作票技术规范》5.7.2 检查送电范围内接地线（接地开关）确已拆除，可列为一项总的检查项目。术语：检查送电范围内设备无异常，接地线（接地开关）已拆除	—	—	（1）带接地线合闸或合接地开关。（2）不认真核对地线	（1）操作中，各级运维人员要素密配合，凡停电设备恢复送电时，必须确认所有作业组，作业人员全部撤离现场，地线全部拆除后方可进行送电操作。（2）检查送电范围内设备无异常，地线（接地开关）已拆除，防止带地线合闸事故的发生
2 合上10kV Ⅰ段计量电压互感器一次熔断器	—	《变电专业电气操作票技术规范》1.11.2 电压互感器一次并列时，二次必须一次并列，防止电压互感器二次向一次反充电，造成二次熔断器或一次熔断路器跳闸间。《66kV变电站现场运行通用规程》5.3.7 电压互感器二次并列的操作原则：（1）检查互感器在运行状态。（2）合上电压互感器二次并列开关。（3）拉开停用电压互感器或熔断器。（4）拉开停用高压侧隔离开关。（5）合上停用电压互感器的接地开关或装设接地线		10kV 高压室，先合负荷板，后合正板	（1）误触交流电源、误触带电设备，造成伤害、短路。（2）造成交流短路。（3）不戴好线手套、不穿长袖衣。（4）母线 TV 停电顺序错，反充电。（5）二次保护失压	（1）停电母线的 TV 一次隔离开关、二次空气断路器或熔断器必须拉开。（2）应防止保护回路的电压切换接点接触不良引起电压互感器二次向停运母线失压，或通过电压互感器二次母线向停运行母线反充电，引起熔断器熔断（或空气断路器跳闸）。（3）双母线或单母线分段接线时，某一母线停电停运前，应在母联（分段）断路器合闸运行的前提下，先将电压互感器二次断开（或取下），方可断开（或停）停运母线的二次熔断器（或空气隔离器）。（4）母线 TV 停电，先停二次空气断路器或二次熔断器，后停一次隔离开关的顺序

续表

操作票顺序	安规要求	其他相关规定	图片指示	操作位置及注意事项	风险分析	风险预控
3 将 10kV I 段计量电压互感器 91 小车隔离开关推至合位	一	《变电专业电气操作票技术规范》1.11.2 电压互感器二次先并列时，必须二次先并列，二次后并列。防止电压互感器二次对一次进行反充电，造成二次空气断路器或熔断器熔断。 《66kV 变电站现场运行通用规程》5.3.7 电压互感器操作的操作原则： (1)检查母联断路器在运行状态。 (2)合上电压互感器二次并列开关。 (3)拉开停用电压互感器的二次空气断路器或熔断器。 (4)拉开停用电压互感器的高压侧隔离开关。 (5)合上停用电压互感器的接地开关或装设接地线。 (6)电压互感器送电操作程序与停电操作程序相反。	 小车摇把插孔	10kV 高压室 将摇把完全插入插孔，顺时针旋转摇把，直至工作位置红灯亮	(1)带负荷拉合隔离开关。 (2)传动机构故障出现指示位。 (3)小车隔离开关触头合不到位。 (4)隔离开关卡涩时强拉合损坏设备。 (5)防误闭锁程序装置失灵	(1)错合隔离开关时，不准再拉开隔离开关，因为带负荷拉隔离开关时，一发生即将三相电弧光短路，应立即将三相断路器来切断负荷。万一错拉断路器来切断负荷。 (2)合闸时，三相隔离开关动作正确。 (3)操作隔离开关好，确保隔离开关闭锁装置锁好，以防止发生误操作。 (4)合上小车隔离开关后，要将断路器规定的情况下除外）。 (5)手动合小车隔离开关时，应先慢而谨慎，按照操作指示先经见动操作把手，看隔离开关连杆动作是否正确。 (6)合闸操作时，都必须迅速果断，在合闸终了时均不可用力过猛。 (7)合闸后应检查隔离开关的触头是否合到位，接触是否严密。 (8)在手动或电动合闸（或合接地开关）前，应先检查其机械闭锁装置的良好，防止带电合地隔离开关，拧开电动机构的传动杆及合不上闸。 (9)合闸，应迅速果断，但在合闸终了不得有冲击，即使合入接地回路也不得再拉开。短路回路也不得再拉开。 (10)当防误闭锁程序装置失灵时，应查明原因，并经逐级上报后处理，不得自行解锁。 (11)操作时，操作人、监护人应选择适合的站位。 (12)戴安全帽，操作隔离开关时，监护人站在能够充分观察隔离开关活动的位置

续表

操作票顺序	安规要求	其他相关规定	图片指示	操作位置及注意事项	风险分析	风险预控
4 合上 10kV I 段计量电压互感器二次空气断路器	一	《变电专业电气操作票技术规范》1.11.2 电压互感器二次并列时,必须一次先并列,二次后并列,防止电压互感器二次进行反充电,造成二次熔断器跳电、二次空气断路器跳闸		10kV 高压室:10kV I 段 TV 柜:向上合上空气断路器	(1) 误触带电电源、误触带电设备,造成伤害。(2) 造成交流短路	(1) 停电母线的 TV 一次隔离开关、二次空气断路器或空气熔断器必须拉开。(2) 应防止保护辅助触点切换回路失压,或通过电压互感器二次切换不良停电线母线电压互感器反向电压充电,引起运行母线电压互感器二次空气熔断器跳闸
5 将 10kV I、II 段电计量电压互感器互代把手由并列位置切至分列位置	一	《66kV 变电站操作规程》5.3.7 电压互感器操作 (b) 运行通用规程 电压互感器二次列的操作原则:(1) 检查母联断路器在运行状态。(2) 合上电压互感器的二次并列开关。(3) 拉开停用电压互感器的二次空气断路器或空气熔断器。(4) 拉开停用电压互感器的高压侧隔离开关。(5) 合上电压互感器的接地刀闸或挂接地线。(6) 电压互感器送电操作顺序与停电操作程序相反		控保室:电压并列柜:I、II 母并列逆时针旋转把手至解列位置	(3) 不戴好线手套,不穿长袖衣。(4) 母线 TV 停电,反充电。(5) 二次保护失压	(3) 双母线或单母线电压分段母线互感器运行时,某一母线互联母线电压分段断路器合闸运行前,应在母线电压二次侧并列后,方可取下(或拉开)停电电压互感器的二次熔断器或空气断路器。(4) 母线电压互感器或空气熔断器断电,先停二次隔离开关,后停一次隔离开关的顺序
6 检查 10kV 计量电压互感器二次并列装置正常	一			控保室:电压并列柜:I、II 母并列指示灯亮、并列灯灭	(1) 没有并列一次,就并列二次。(2) 并列装置失灵或二次接线错误,造成无法并列	(1) 二次并列前,即检查一次确已并列,确在合位。(2) 检查并列装置指示灯。如果停止操作,需检查二次接线等,以免造成保护并列装置失去电压
7 检查 10kV I 段计量电压表指示正确	2.3.4.3 (4) 在进行倒负荷或解列、送停,检查相关电源运行及负荷分配情况	《变电专业电气操作票技术规范》1.4 断路器倒电源、送电并、解列操作前后,必须检查断路器实际位置和表计指示		控保室:电压并列柜后柜门内。电压指示数值	失灵或二次接线	电压

续表

操作票顺序	安规要求	其他相关规定	图片指示	操作位置及注意事项	风险分析	风险预控
8 将10kV分段断路器控制方式由远方位置切至就地位置	—	《66kV变电站现场运行通用规程》5.3.13 遥控操作 c)正常运行时，受控站所有的断路器、备用间隔状态的断路器应热备用方式切换就置于"远方"位置		控保室：10kV 控保V柜。逆时针旋转把手至就地位置		
9 拉开10kV分段50断路器	2.3.6.1停电拉闸操作应按照断路器—负荷侧隔离开关—电源侧隔离开关的顺序依次进行，送电合闸操作应按与上述相反的顺序进行。禁止带负荷拉合隔离开关（刀闸）	《国家电网公司变电运维管理规定（五）》第六十七条 3.远方操作 3.远方操作前，应对现场一次设备发出提示信号，提醒现场人员远离操作设备		控保室：10kV 控保V柜。逆时针将把手预分到分位置后，再将把手于到分间终现位置，待绿灯亮后再松开，把手自动复归到分位置	(1) 经人工操作的断路器由合闸位置转为合位置，未合上，断路器操作把手操作失灵。(2) 传动机构故障，造成回路未合上。(3) 误合断路器，误接地开关操作。(4) 带接地线合闸中的断路器	(1) 合控制开关，不得用力过猛或操作过快，以免合不上闸。(2) 拧动控制开关，以免操作失灵，不得用力过快。(3) 操作前、断路器各位置指示正确，操作后、断路器控制把手指示灯正确。(4) 远方操作的断路器，以免合入故障或操作，使断路器手动合闸或故障回路。(5) 送电时、人员应尽量远离合闸现场，避免因带故障或入故障回路造成断路器损坏、人员发生意外。(6) 操作之前应检查和考虑保护投入情况。(7) 断路器合闸后位置、红灯亮、现场检查机构指示器处在合闸位置。(8) 热备用断路器，首先要检查该断路器是否已完备用状态。它包括：断路器进入热备用离开关从冷备用进入热备用离开关的各继电保护和操作电源的小车隔离开关装置已规定投入，合闸电源各位置正确，各位置信号指示正确。(9) 操作、断路器控制把手至合闸位置，注意用力远度，控制把手切至合闸位置，观察仪表指示出现同时变化（空充电和轻负荷线路无必变化），等待红灯亮后即可返回，把手于到分后返回合闸失败，也不能因合闸时间过长而导致线路损毁合闸线圈

续表

操作票顺序	发规要求	其他相关规定	图片指示	操作位置及注意事项	风险分析	风险预控
10 检查 50 备用 10 换表计指示确无指示 A	2.3.4.3（4）在进行倒负荷或解、并列操作前后，检查相关电源运行及负荷分配情况	《变电专业电气操作票技术规范》1.4 断路器停、送电和并，解列操作前后，必须检查断路器实际位置和表计指示		控保室：后台机。电流指示为零		
11 检查 51 号电容器表计指示正确 A	2.3.4.3（4）在进行倒负荷或解、并列操作前后，检查相关电源运行及负荷分配情况	《变电专业电气操作票技术规范》1.4 断路器停、送电和并，解列操作前后，必须检查断路器实际位置和表计指示		控保室：后台机。电流指示数值	操作断路器合闸后，做出良好的正确判断	（1）断路器合闸后，应立即检查有关信号和测量仪表。 （2）操作过程中，应同时监视有关电压、电流，以及功率等表计（实时显示）正常的变化。 （3）断路器送电合闸后指示应有指示。 （4）断路器电操作后把手切至合闸位置红灯亮
12 检查 52 号电容器表计指示正确 A	2.3.4.3（4）在进行倒负荷或解、并列操作前后，检查相关电源运行及负荷分配情况	《变电专业电气操作票技术规范》1.4 断路器停、送电和并，解列操作前后，必须检查断路器实际位置和表计指示		控保室：后台机。电流指示数值		
13 将 10kV 分段断路器控制方式开关由就地位置切至远方位置	—	《66kV 变电站现场运行通用规程》5.3.13 遥控操作 c）正常运行时，变控站所有运行或热备用状态所属的断路器选择方式切换把手应置于"远方"位置		控保室：10kV 控保 V 柜。手动顺时针旋转把手至远方位置		

续表

操作票顺序	安规要求	其他相关规定	图片指示	操作位置及注意事项	风险分析	风险预控
14 检查 50 断路器在开位	2.3.6.5 电气设备操作后的位置检查应以设备实际位置为准	《变电专业电气操作票技术规范》1.4 断路器停、送电和并、解列操作前后，必须检查断路器实际位置和表计指示		10kV 高压室。合闸红灯灭，分闸绿灯亮，操动机构的分合闸指示器在分闸位置	(1) 断路器未合上。(2) 操作人、监护人不进行检查断路器查不到位、号或设备实际位置，导致断路器位置与实际位置不对应	(1) 断路器经合闸后，检查其实际位置，以免传动机构故障，造成回路实际未合上而引起的误操作。(2) 现场检查机构位置指示应处在合闸位置
15 投入10kV 分段备自投跳1号主变压器10kV 侧断路器压板31CLP1	—	《66kV 变电站现场运行通用规程》5.3.11 继电保护及安全自动装置操作 (c) 凡一次设备操作过程中涉及继电保护装置可能误动的，应先将可能误动作的保护退出，操作完毕后，按正常方式投入		控保室：10kV控保 V 柜，拧松下螺栓，将上端压板压在垫片中间并拧紧上下螺栓	(1) 误投、漏投压板。(2) 不投保护，易造成保护误动作后，跳不了此断路器。(3) 保护压板接触不良	(1) 电气设备送电前，设备无保护不允许无保护运行（在一次设备操作前）其继电保护及自动装置应按要求投入。(2) 因电气设备操作过程中，因发生事故要求及时能及继电保护及自动装置应在一次设备操作前按要求退出。(3) 在倒闸操作过程中，如果预料有可能引起某些保护或装置误动或失去正确配合，要提前采取措施或将其停用
16 投入10kV 分段备自投跳2号主变压器10kV 侧断路器压板31CLP3	—			控保室：10kV控保 V 柜，拧松下螺栓，将上端压板压在垫片中间并拧紧上下螺栓		
17 投入10kV 分段备自投合10kV Ⅰ、Ⅱ段分段断路器压板31CLP5	—			控保室：10kV控保 V 柜，拧松下螺栓，将上端压板压在垫片中间并拧紧上下螺栓		

续表

操作票顺序	安规要求	其他相关规定	图片指示	操作位置及注意事项	风险分析	风险预控
18 投入10kV分段备自投联切中龙甲线压板31LP1	—			控保室：10kV控保V柜。拧松下螺栓，将上端压板压在垫片中间并拧紧上下螺栓	（1）误投、漏投压板。（2）不投保护，易造成保护动作后，跳不了此断路器。（3）保护连接片接触不良	（1）电气设备不允许无保护运行，设备送电前（在一次设备操作前）其继电保护及自动装置应按要求投入。（2）因电气设备及操作中，因发生事故时能及时跳开断路器，因此要求继电保护及自动装置应在一次设备操作前按要求投入。（3）在倒闸操作过程中，如果预料有可能引起某些保护或自动装置误动或失去正确配合，要提前采取措施或将其停用
19 投入10kV分段备自投联切中龙乙线压板31LP2	—	《66kV变电站现场运行通用规程》5.3.11 继电保护及安全自动装置操作 (c) 凡一次操作过程中涉及继电保护装置可能误动时，应先将可能误动的保护退出，操作完毕后，按正常方式投入		控保室：10kV控保V柜。拧松下螺栓，将上端压板压在垫片中间并拧紧上下螺栓		
20 投入10kV分段备自投投入压板31KLP2	—			控保室：10kV控保V柜。拧松下螺栓，将上端压板压在垫片中间并拧紧上下螺栓		

6 10kV建工线23由运行转检修

操作票顺序	安规要求	其他相关规定	图片指示	操作位置及注意事项	风险分析	风险预控
1 将建工线断路器控制方式开关由远方位置切至就地位置	—	《66kV变电站现场运行通用规程》5.3.13 遥控操作 c) 正常运行时，受控站所有运行或热备用状态的断路器应置控制方式切换把手应置于"远方"位置		控保室：10kV控保III柜。顺时针旋转把手至就地位置	(1) 经人工操作的断路器由合闸位置转为分闸位置，未拉开，路器操作把手失灵	(1) 拉控制开关，不得用力过猛或操作过快，以免拉开开关。(2) 拧动控制开关，不得用力过猛或操作过快，以免操作失灵。(3) 操作前、断路器分、合位置，操作后、合位置指示灯的变化。断路器控制把手指示灯正确的变化。
2 拉开建工线23断路器	2.3.6.1 停电拉闸操作应按照断路器—负荷侧隔离开关—电源侧隔离开关的顺序依次进行，送电合闸操作应按与上述相反的顺序进行。禁止带负荷拉合隔离开关	《国家电网公司变电运维管理规定（五）》3.远方操作七条 3.远方操作一次设备前，应对现场人员发出提示信号，提醒现场人员远方操作设备		控保室：10kV控保III柜。逆时针将把手拧到预分位置后，再将把手拧到分闸终点位置，待绿灯亮后再松把手，待把手自动复归到分后位置	(2) 传动机构故障，造成回路实际未拉开。(3) 误分断路器，误操作	(4) 断路器控制把手切至分闸位置，瞬间分闸后，该断路器所控制的回路电流应降至零，绿灯应亮，现场检查断路器处在分闸位置。(5) 断路器经拉合闸后，应到现场检查其实际位置，以免传动机构故障，造成回路实际未拉开。
3 检查23表计确无指示	—	《变电专业电气操作票技术规范》1.4 断路器停、送电和并、解列操作前，必须检查断路器把手实际位置和表计指示		控保室：后台机。电流指示为零	操作断路器分闸后，做出良好的正确判断	(1) 断路器分闸后，应立即检查有关信号和测量仪表。(2) 操作过程中，应同时监视有关电压、电流、功率等表计（实时显示）正常，以及断路器控制把手指示灯的变化。

续表

操作票顺序	安规要求	其他相关规定	图片指示	操作位置及注意事项	风险分析	风险预控
4　将建工线断路器控制开关由就地位置切至远方位置	—	《66kV 变电站通用运行规程》5.3.13 遥控操作 c) 正常运行时,受控站所有运行或热备用状态的断路器应选择方式切换把手置于"远方"位置		控保室:10kV 控保Ⅲ柜。逆时针转旋把手至远方位置	操作断路器分闸后,做出良好的正确判断	(3)断路器控制把手切至分闸位置,瞬间电流回路应降至零,绿灯亮。该断路器所控制的回路应降至测量仪表和地检查。(4)操作分闸后应对实地检查,机构位置的指示、分闸位置是否良好。例如:电力表的指令等,从而做出分闸的正确判断
5　检查23断路器在开位	2.3.4.3 (3)进行停、送电操作时,在拉合隔离开关、手车式开关推入前、检查断路器确在分闸位置	《变电专业规范》1.4 断路器操作停、送电和并、解列操作前,必须检查断路器实际位置和表计指示		10kV 高压室。合闸红灯灭,分闸绿灯亮。操动机构的分合闸指示器在分闸位置	(1)断路器拉开。(2)防止带负荷拉合隔离开关。(3)操作人、监护人不进行检查位置或致断路器位置与实际不对应	(1)此项是操作断路器前的检查项,防止出现带负荷拉隔离开关,先拉隔离开关造成带负荷拉隔离开关。(2)首先检查各相应回路的断路器在拉开位置,防止带负荷拉隔离开关(规程规定下除外)
6　将建工线23隔离开关拉至开位	2.3.6.1 停电拉断路器操作应按照隔离开关的顺序依次进行,送电合闸操作应按与上述相反的/顺序进行,禁止带负荷合隔离开关	《国家电网公司变电运维管理规定 第5分册 开关柜运维细则》2.2.3 操作时,应将车体插入机械联锁锁定位置方可进行操作,禁止强行操作	小车摇把插孔	10kV 高压室。将摇把完全插入插孔,逆时针转旋摇把,直至试验位置绿灯亮	(1)带负荷合隔离开关。(2)走错间隔。(3)传动机构故障出现拒分。(4)隔离开关触头未分到位	(1)首先检查相应回路的断路器在断开位置,防止带负荷合隔离开关(规程规定下除外)。(2)在停电操作时,可能出现断路器尚未拉开,误操作隔离开关造成带负荷拉隔离开关,另一种情况是断路器虽已拉开,因走错间隔而误拉不应停电的隔离开关。(3)操作隔离开关后,发生误分误合时,要将防误闭锁装置解锁,以防止误拉隔离开关。(4)手动拉隔离开关时,应先将电动机构把手谨慎,而看机构和连杆操作是否正确

续表

操作票顺序	安规要求	其他相关规定	图片指示	操作位置及注意事项	风险分析	风险预控
6 将建工线23小车隔离开关至拉至开位	2.3.6.1 停电操作应按照断路器—负荷侧隔离开关—电源侧隔离开关的顺序依次进行，送电合闸操作应按与上述相反的顺序进行；禁止带负荷拉合隔离开关	《国家电网公司变电运维管理规定 第5分册 开关柜运维细则》2.2.3 操作前，应将车体位置摆正，认真检查机械联锁锁位正确方可进行操作；禁止强行强行操作	小车摇把插孔	10kV 高压室。将摇把完全插入插孔，逆时针旋转摇把，直至试验位置绿灯亮	(5)隔离开关卡涩时强拉会损坏设备。(6)防误闭锁程序装置失灵	(5)拉闸操作时，开始应慢而谨慎，当触头刚离开时，应迅速果断，以便能迅速消弧。(6)当防误闭锁程序装置失灵时，应查明原因，并经自行报上报各级解锁处理，不得自行解锁。(7)使检修设备有明显的断开点。(8)操作时，操作人、监护人应选择合适的站位
7 检查23带电指示器确无指示	4.3.3 对无法进行直接验电的设备、高压直流输电设备和雨天时的户外设备，可以进行间接验电	《国家电网公司变电运维管理规定 第5分册 开关柜运维细则》2.2.10 全封闭式开关柜无法进行直接验电部分，应采取间接验电的方法进行判断	建工线23	10kV 高压室。带电指示灯不亮	带电指示器有指示	(1)对操作过的全部设备进行全面检查，确认各操作已操作到位。(2)联系调度，确认送电线路已停电
8 合上建工线23接地开关	4.4.2 当验明设备确已无电压后，应立即将检修设备接地并三相短路	《国家电网公司变电运维管理规定 第5分册 开关柜运维细则》2.2.9 在配电线路无电的情况下，才能合接地开关，该开关合上线路侧接地电缆仓门才能打开	先合接地开关才能拉开柜门	10kV 高压室。按下插孔挡板，将插把手完全插入插孔，顺时针转动针手，合上隔离开关	(1)合接地开关未戴绝缘手套。(2)带电合接地开关	(1)合接地开关应使用专用操作手柄和戴绝缘手套。(2)为检修工作提供安全保证
9 检查23接地开关在合位	2.3.6.5 电气设备操作后的位置检查应以设备实际位置为准	《变电专业电气操作技术规范》5.8.4 在接地开关操作后看不见实际位置时，要检查接地开关操作后的实际位置		10kV 高压室屏柜后侧小窗，检查接地开关机械位置	接地开关不合到位	(1)在手动操作小车隔离开关、接地开关后，应通过检查其传动机构、接地开关分合指示器等，确认合接地开关到位。(2)接地开关失灵，应查明原因，汇报调度及检修人员处理，不得自行处理。(3)条件允许的改为装设接地线

7 10kV 建工线 23 由检修转运行

操作票顺序	安规要求	其他相关规定	图片指示	操作位置及注意事项	风险分析	风险预控
1 拉开建工线23接地开关	—	《变电专业电气操作票技术规范》5.8.1 接地开关每拉开关一组检查一组		10kV 高压室，按下插孔挡板，将把手完全插入插孔，逆时针转动把手，拉开隔离开关	不按调度指令拉开接地开关	（1）地线由调度指令掌握，现场必须按调度指令设或拆除（2）现场自行掌握的地线在得到值班调度员允许的指令后方可拆设，另行开操作票，现场自行掌握的地线
2 检查接地开关确已拉开	—	《变电专业电气操作票技术规范》5.8.4 在操作地点看不见开关的实际位置时，要检查接地开关操作后的实际位置		10kV 高压室屏柜后侧小窗，检查接地开关机械位置	接地开关分闸不到位	接地开关失灵，应查明原因，汇报检修人员处理，不得自行处理
3 检查送电范围内设备无异常，接地线（接地开关）已拆除	2.3.4.3 (5) 设备检修后合闸送电前，检查送电范围内接地开关（表地开关）已拉开，接地线已拆除	《变电专业电气操作票技术规范》5.7.2 检查送电范围内接地线（接地开关）确已拆除，可列为一项总的检查项目。术语：检查送电范围内设备无异常，接地线（接地开关）已拆除	—	—	（1）带接地开关或接地线合闸（2）开关不认真核对地线	（1）操作中，凡停电设备恢复送电时，各级运维必须确认所有作业组、作业人员全部撤离现场，地线全部拆除后方可进行送电操作（2）检查送电范围内设备无异常，地线（接地开关）已拆除，防止带地线合闸事故的发生
4 检查断路器在分位	2.3.4.3 (3) 进行停、送电操作时，在拉合隔离开关、手车式开关拉出、推入手车之前应检查断路器确在分合闸位置	《国家电网公司变电运维管理规定》第5分册运维操作细则 2.2.7 拉出、推入断路器手车式开关前应检查断路器在分闸位置		10kV 高压室，合闸红灯灭，分闸绿灯亮，分合闸机构的分合闸指示器实际位置在分间位置	（1）断路器未拉开（2）防止合闸负荷隔离开关（3）操作人不进行检查、监护人不进行检查断路器实际位置或操作不到位，导致开关与实际位置不对应	（1）此项是操作前的检查项，防止出现隔离开关器尚未断开，先拉隔离开关造成带负荷拉隔离开关（2）首先检查相应回路的断路器在断开位置，防止带负荷拉隔离开关（规程规定的情况下除外）

续表

操作票顺序	安规要求	其他相关规定	图片指示	操作位置及注意事项	风险分析	风险预控
5 将建工线23小车隔离开关合至合位	2.3.6.1 停电拉闸操作应按照断路器—负荷侧隔离开关—电源侧隔离开关的顺序依次进行，送电合闸操作应按上述相反的顺序进行。禁止带负荷拉合隔离开关	《国家电网公司变电运维管理规定 第5分册 开关柜运维细则》2.2.3 操作前，应将车体位置摆正，认真检查机械联锁位置正确方可进行操作；禁止强行操作	 小车摇把插孔	10kV高压室。将摇把完全插入插孔，顺时针旋转摇把，直至工作位置红灯亮	(1) 带负荷合隔离开关。(2) 传动机构故障出现拒合。(3) 小车隔离开关触头合不到位。(4) 隔离开关卡涩时强拉合损坏设备。(5) 防误装置闭锁程序装置失灵	(1) 错合隔离开关时，不准再拉开隔离开关，因为带负荷拉合隔离开关时，一发生三相弧光短路。万一错合隔离开关末操作断路器目接触负荷，也应立即操作断路器切断负荷。(2) 合闸时，三相同期目接触良好，确保隔离开关动作正确。(3) 操作隔离开关后，要将防误闭锁装置锁好，以防止发生误操作。(4) 合小车隔离开关时，应在断开位置，方可操作。(5) 手动合小车隔离开关时，应先看而望真，按照操作把手，看机构和连杆动作是否正确。(6) 合闸操作时，都必须迅速果断，在合闸终了时不可用力过猛。(7) 合闸终了后应检查隔离开关的触头是否合严密。(8) 在手动或电动合闸（或合接地开关）前，应先检查其传动装置的良好，防止带电接地合不上闸，拧电动机构的传动机构。(9) 合闸，应迅速果断，即使在合闸终了不得有冲击，但在合闸回路也不得再拉开。(10) 当防误闭锁程序装置失灵时，应查明原因，并经逐级上报后处理，不得自行解锁。(11) 操作时，操作人、监护人应选择适合的站位。(12) 戴牢安全帽，监护人站在能够充分观察隔离开关活动的位置

续表

操作票顺序	安规要求	其他相关规定	图片指示	操作位置及注意事项	风险分析	风险预控
6 将建工线断路器控制方式开关由就地位置切至远方位置	—	《66kV 变电站现场运行通用规程》5.3.13 遥控操作 c)正常运行时，受电站所有运行或热备用状态的断路器控制把手应置于"远方"位置		控保室：10kV 控保Ⅲ柜。顺时针旋转把手至就地位置	(1) 经人工操作的断路器由合闸位置转为分闸位置，未合上，断路器操作把手失灵。(2) 传动机构故障，造成回路实际未合上。(3) 误合断路器，误操作。(4) 带接地线合闸或带地开关合闸	(1) 合控制开关，不得用力过猛或操作过快，以免合不上闸。(2) 拧动控制开关，不得用力过猛或操作过快，以免操作失灵。(3) 操作前，断路器分位置指示正确。操作后，合闸指示位置正确。(4) 远方操作把手指示正确，合闸指示灯的变化，不允许带电手动合闸，以免发生入故障回路，使断路器损坏或爆炸。(5) 断路器送电时，人员应尽量远离现场，避免因带故障合闸或入故障回路造成断路器损坏，人员发生意外。(6) 操作之前应检查和考虑保护投入情况。
7 合上建工线23断路器	2.3.6.1 停电拉闸操作应按照断路器—负荷侧隔离开关—电源侧隔离开关的顺序依次进行，送电合闸操作应按与上述相反的顺序进行。禁止带负荷拉合隔离开关	《国家电网公司变电运维管理规定》第六章第十七条 (五)3.远方操作一次设备前，现场人员发出提示信号，提醒现场人员远离操作设备		控保室：10kV 控保Ⅲ柜。顺时针将把手拧到预合位置，再将指针拧到合闸位置，待红灯亮后再松手，把手自动复归到合后位置		(7) 断路器控制把手切至合闸位置，红灯亮，现场检查机构指示器处在合闸位置。(8) 合闸操作之前，首先要检查该断路器是否已完备用状态。它包括：断路器入到小车隔离开关位置已在好位置，开关的各继电保护装置已按规定投入，合电源和继电保护控制电源均已投入。各位置信号指示正确。(9) 操作断路器控制把手切至合闸时应注意用力适度，控制把手切至合闸时不要瞬间冲击(空充和轻负荷时表计有示值变化)，等充红灯亮后即可返回。既不能因返回过早而导致合闸失败，也不能因合闸时间过长导致失磁而长时间失磁，因合闸时间过长而烧毁合闸线圈

续表

操作票顺序	安规要求	其他相关规定	图片指示	操作位置及注意事项	风险分析	风险预控
8 检查 23 表计指示正确	—	《变电专业电气操作票技术规范》1.4 断路器停、送电和并，操作前后，必须检查断路器实际位置和表计指示		控保室：后台机。电流指示数值	操作断路器合闸后，做出良好的正确判断	(1) 断路器合闸后，应立即检查有关信号和测量仪表。(2) 操作过程中，应同时监视（实时）开关电压、电流、功率表计以及断路器操作后电力表指示灯的变化。(3) 断路器送电操作后切至合闸后应有指示。(4) 断路器控制把手切至合闸位置红灯亮
9 将建工线断路器控制方式开关由远方切至就地位置	—	《66kV 变电站现场运行通用规程》5.3.13 遥控操作 c)正常运行时，受控站所有的断路器或热备用状态的断路器选择方式切换把手应置于"远方"位置		控保室：10kV 控保Ⅲ柜。逆时针旋转把手至远方位置		
10 检查 23 断路器在合位	2.3.6.5 电气设备操作后的位置检查应以设备实际位置为准	《变电专业电气操作票技术规范》1.4 断路器停、送电和并，操作前后，必须检查断路器实际位置和表计指示		10kV 高压室。分闸绿灯灭，合闸红灯亮，操动机构的分合闸指示器在合闸位置	(1) 断路器未合上。(2) 操作人、监护人不进行检查断路器实际位置或检查不到位，致使断路器位置不对应	(1) 断路器经合闸后，应到现场检查其实际位置，以免传动机构故障，造成回路未上而引起的误操作。(2) 现场检查机构位置指示号实际应处在合闸位置

8 10kV建工线23断路器由运行转检修

操作票顺序	安规要求	其他相关规定	图片指示	操作位置及注意事项	风险分析	风险预控
1 将建工线23断路器控制方式开关由远方位置切至就地位置	—	《66kV变电站现场运行通用规程》5.3.13 遥控操作 c)正常运行时,受控站所有的断路器运行或热备用状态的断路器控制方式应置于"远方"位置		控保室:10kV 控保Ⅲ柜,顺时针旋转把手至就地位置	(1) 经人工操作的断路器转为分闸位置、未拉开,断路器控制把手失灵	(1) 拉控制开关,不得用力过猛或操作不当,以免拉坏不开间。(2) 拧动控制开关,不得用力过猛或操作过快,断路器分、合操作失灵。(3) 操作前、操作后、分、合位置指示正确。操作位置分、合位置指示灯指示的变化
2 拉开建工线23断路器	2.3.6.1 停电拉闸操作应按照断路器—负荷侧隔离开关—电源侧隔离开关的顺序依次进行,送电合闸操作按与上述相反的顺序进行;禁止带负荷拉合隔离开关	《国家电网公司变电运维管理规定(五)》第六十七条 (五)3.远方操作一次设备前,应对现场一次设备发出提示信号,提醒现场人员远离操作设备		控保室:10kV 控保Ⅲ柜,逆时针将把手拧到预分位置,再将把手拧到分闸位置,待绿灯亮终点点亮后,把手再松开,把手自动复归到分后位置	(1) 经人工操作的断路器转为分闸位置,断路器实际未拉开。(2) 传动机构故障,造成回路实际未拉开。(3) 误操作断路器,误操作的断路器	(4) 断路器控制把手切至分闸位置,该断路器所控制的回路电流应降至零,绿灯亮,现场检查机构动作处在分间位置。(5) 断路器经分间后,应到现场检查其实际位置,应传动机构故障,造成回路实际未拉开
3 检查23表计确无指示	—	《变电专业电气操作票技术规范》1.4 开关停、送电和并、解列操作前后,必须检查断路器实际位置和相应指示		控保室:后台机,电流指示为零	操作断路器分闸后,做出良好的正确判断	(1) 断路器分闸后,应立即检查有关信号和测量仪表。(2) 操作过程中,应同时监视有关电压、电流,功率表计(实时显示)正常,以及断路器控制把手指示灯的变化
4 将建工线23断路器控制方式开关由就地位置切至远方位置	—	《66kV变电站现场运行通用规程》5.3.13 遥控操作 c)正常运行时,受控站所有的断路器运行或热备用状态的断路器控制方式应置于"远方"位置		控保室:10kV 控保Ⅲ柜,逆时针旋转把手至远方位置		(3) 操作断路器分闸后,该断路器所控制的回路电流应降至零,绿灯亮。(4) 操作分闸后应对测量仪表和信号进行检查,例如:电力表的指示位置是否正确等,从而做出良好的、正确的判断

续表

操作票顺序	安全要求	其他相关规定	图片指示	操作位置及注意事项	风险分析	风险预控
5 检查23断路器在开位	2.3.4.3（3）进行停、送电操作时，在拉合隔离开关、手车式开关拉出、推入前，必须检查断路器确在分闸位置	《变电专业电气操作票技术规范》1.4 断路器停、送电和开、解列操作前后，必须检查断路器实际位置和表计指示	建 工 线 2 3	10kV 高压室。合闸红灯灭，分闸绿灯亮，操动机构的合、分闸指示器在分间位置	(1) 断路器未拉开。(2) 防止带负荷合隔离开关。(3) 操作人、监护人不进行检查位置导致检查实际位不到位，或断路器负位置与实际断路器位置不对应	(1) 此项是操作隔离开关前的检查项，防止出现断路器尚未拉开，先拉合隔离开关造成带负荷拉隔离开关。(2) 首先检查相应回路的断路器在断开位置，防止带负荷拉隔离开关（规程规定的情况下除外）
6 将建工线23小车隔离开关拉至开位	2.3.6.1停电拉闸操作应按照断路器—负荷侧隔离开关—电源侧隔离开关的顺序依次进行，送电合闸操作应按与上述相反的顺序进行；禁止带负荷拉合隔离开关	《国家电网公司变电运维管理规定 第5分册 运维细则》2.2.3 操作前，应将车体位置摆正，认真检查机械联锁锁定正确方可进行操作；禁止强行操作	小车摇把插孔	10kV 高压室。将摇把完全插入插孔，逆时针旋转摇把，直至绿灯亮	(1) 走错间隔而误拉合隔离开关。(2) 走错间隔而误停电的隔离开关。(3) 传动机构故障出现卡涩。(4) 隔离开关触头不到位。(5) 隔离开关合闸时卡涩不到位，损坏隔离开关。(6) 防误装置失灵程序装置失灵	(1) 首先检查断开位置，防止误拉合隔离开关。合隔离开关时防止带负荷。另一种情况是隔离开关虽已拉开，但因误走错间隔而误拉其他回路的隔离开关。(2) 在停电操作时，断路器应先拉。(3) 操作隔离开关时，要将防误闭锁装置闭锁好，以防止发生误操作。(4) 手动拉动隔离开关时，先轻晃动隔离开关把手，看隔离开关和连杆动作是否正确。(5) 拉合闸操作时，开始应慢，当触头刚离断后，应迅速果断，以便能迅速消弧。(6) 当误入带电间隔时，应查明原因，并经逐级上报后处理，不得自行解锁。(7) 使检修设备有明显的断开点。(8) 操作时，操作人、监护人应选择适当的站位。

续表

操作票顺序	安规要求	其他相关规定	图片指示	操作位置及注意事项	风险分析	风险预控
7　拉开建工线控能直流空气断路器	4.2.3　检修设备和可能来电侧的断路器（开关）、隔离开关（刀闸）应断开控制电源和合闸电源，隔离开关把手应锁住（刀闸）操作把手不会误送电	《变电专业电气操作票技术规范》1.17 设备检修时，要拉开其操作直流、信号直流、动力电源隔离开关、熔断路器或空气断路器。1.18 停断路器时最后一项拉开操作直流熔断器（开关）		控保室：10kV 控保Ⅲ柜。 向下拉开空气断路器	（1）误触直流电源，误触带电设备，造成伤害。 （2）造成直流接地、短路。 （3）不戴好线手套，不穿长袖衣	（1）电气设备和对检修前，为防止误合断路器及直流接地、短路电源以免操作电和误送电断路器的操作直去操作电源以免其合送电断路器失器的发生，因此其断路器的操作直流应按要求及时拉开。 （2）如果断路器和二次无工作，可以不拉开操作直流。 （3）必须由两人一起进行，一人工作，另一人监护，戴好线手套，且穿长袖衣，防止低压触电
8　拉开建工线储能直流空气断路器	4.2.3　检修设备和可能来电侧的断路器（开关）、隔离开关（刀闸）应断开控制电源和合闸电源，隔离开关把手应锁住（刀闸）操作把手不会误送电	《变电专业电气操作票技术规范》1.17 设备检修时，要拉开其操作直流、信号直流、动力电源隔离开关、熔断路器或空气断路器。1.18 停电时最后一项拉开操作直流熔断器（开关）		10kV 高压室：建工线开关柜上柜门内。 向下拉开空气断路器	（1）误触直流电源，误触带电设备，造成伤害。 （2）造成直流接地、短路。 （3）不戴好线手套，不穿长袖衣	（1）电气设备和对检修前，为防止误合断路器及直流接地、短路电源以免操作电和误送电断路器的操作直去操作电源以免其合送电断路器失器的发生，因此其断路器的操作直流应按要求及时拉开。 （2）如果断路器和二次无工作，可以不拉开操作直流。 （3）必须由两人一起进行，一人工作，另一人监护，戴好线手套，且穿长袖衣，防止低压触电

9 10kV 建工线 23 断路器由检修转运行

操作票顺序	安规要求	其他相关规定	图片指示	操作位置及注意事项	风险分析	风险预控
1 检查送电范围内设备无异常，接地线（接地开关）已拆除	2.3.4.3（5）设备检修，检查送电后合闸送电范围内接地线（装置）已拉开，接地线（接地开关）已拆除	《变电专业电气操作票技术规范》5.7.2 检查送电范围内接地线确已拆除，可列为一项总的检查项目。术语：检查送电范围内设备无异常，接地线（接地开关）已拆除	—	—	（1）带接地开关或接地线合闸。（2）不认真核对地线	（1）操作中，各级运维人员要密配合，凡停电设备恢复送电时，必须确认所有电设备作业、作业人员全部撤离现场，地线全部拆除后方可进行送电操作。（2）检查送地范围内设备无异常，地线（接地开关）已拆除，防止带地线合闸事故的发生
2 合上建工线直流控制直流空气断路器	—	《变电专业电气操作票技术规范》1.18 送电时，第一项操作必须合上操作直流空气断路器		控保室：10kV 控保Ⅲ柜。向上合上空气断路器	（1）断路器（或保护）无操作电源，故障不能及时跳开断路器。（2）误触带电设备，误操作造成伤害。（3）造成直流接地、短路。（4）不戴好线手套、不穿长袖衣	（1）电气设备操作过程中，因发生事故时能及时跳开开关，因此先其关操作应按要求投入。（2）必须由两人一起进行，一人监护，另一人监护，戴好线手套，且身穿长袖衣，防止低压触电
3 合上建工线储能直流空气断路器	—	《变电专业电气操作票技术规范》1.18 送电时，第一项操作必须合上操作直流空气断路器		10kV 高压室：建工线开关柜上柜门内，向上合上空气开		
4 检查 23 断路器在分位	2.3.4.3（3）进行停、送电操作时，在拉合隔离开关、手车式开关拉出、推入手车之前，检查断路器确应在分位	《国家电网公司变电运维管理规定 第5分册 开关柜运维细则》2.2.7 拉出、推入手车前应检查断路器在分闸位置		10kV 高压室。合闸红灯灭，分闸绿灯亮，合间指示器在分闸位置	（1）断路器未拉开。（2）防止带负荷拉隔离开关。（3）操作人、监护人不进行位置核查与实际位置不对应，导致断路器与断路器位置不对应	（1）此项是操作隔离开关前的检查项，先拉合断路器尚未拉断路器前，先拉断路器再拉隔离开关。（2）首先检查相应回路的断路器实际位置或断路器在断开位置，防止带负荷拉隔离开关（规程规定的下除外）

续表

操作票顺序	安规要求	其他相关规定	图片指示	操作位置及注意事项	风险分析	风险预控
5 将建工线 23 小车隔离开关推至合位	2.3.6.1 停电拉闸操作应按照断路器—负荷侧隔离开关—电源侧隔离开关的顺序依次进行，送电合闸操作应按与上述相反的顺序进行。禁止带负荷拉合隔离开关	《国家电网公司变电运维管理规定 第5分册 开关柜运维细则》2.2.3 操作前，应将检查车体位置摆正，认真检查车体位置正确方可进行操作；禁止强行操作	小车摇把插孔	10kV 高压室。将摇把完全插入插孔，顺时针旋转摇把，直至工作位置红灯亮	(1) 带负荷拉合隔离开关。 (2) 传动机构出现拒合。 (3) 小车隔离开关不合到位。 (4) 隔离头卡合损坏。 (5) 防误闭锁程序装置失灵	(1) 错合隔离开关时，不准再拉隔离开关，因为带负荷拉隔离开关，将会造成三相断路器短路。万一发生了错合隔离器的情况，也应立即用同期目接触负荷，三相断路器来切断负荷。 (2) 合闸时，三相隔离开关动作正确。 (3) 合上隔离开关后，要将防误闭锁装置锁好，以防止发生误操作。 (4) 合小车隔离开关时，应在断开位置，方可操作。 (5) 手动合上隔离开关时，应先慢而谨慎，按照操作把手、看机构和连杆动作是否正确。 (6) 合闸操作时，都必须迅速果断，在合闸了时不可用力过猛。 (7) 合闸后应检查隔离开关的触头是否完全合上，接触是否严密。 (8) 在手动或电动合闸或合接地开关前，应先检查其机械闭锁装置的良好，防止带电接地时拧电动机构的传动杆及合上间。 (9) 合闸，应迅速果断，但在合闸终了不得有冲击，即使合入接地或短路回路也不得再合。 (10) 当发现误合闸时，应查明原因，并经逐级上报后处理，不得自行解锁。 (11) 操作时，操作人、监护人应选择合适的站位。 (12) 戴牢安全帽，监护人入站在能够充分观察隔离开关活动的的位置

续表

操作票顺序	安规要求	其他相关规定	图片指示	操作位置及注意事项	风险分析	风险预控
6 将建工线断路器控制方式开关由就地位置切至远方位置	—	《66kV 变电站现场运行通用规程》5.3.13 遥控操作 c）正常运行时，受控站所有运行或热备用状态的断路器操作方式切换把手应置于"远方"位置		控保室：10kV 控保室Ⅲ柜 顺时针旋转转把至就地手至就地位置		(1) 合控制开关，不得用力过猛或操作过快，不得用力过猛或操作过快，以免合不上闸。 (2) 拧动控制开关，以免操作失灵。 (3) 操作前，断路器分位置指示正确。操作后，合位置指示正确。断路器控制把手指示应与断路器实际位置对应的变化。 (4) 远方操作合闸，以免合入故障回路带电手动合闸，使断路器损坏或爆炸。 (5) 断路器合闸送电或跳闸现场送电时，人员应尽量远离现场，避免因带故障合闸或合入故障回路造成断路器损坏，人员受意外护，应注意护入情况。
7 合上建工线 23 断路器	2.3.6.1 停电拉闸操作应按照断路器—负荷侧隔离开关—电源侧隔离开关的顺序依次进行，送电合闸操作应按与上述相反的顺序进行。禁止带负荷拉合隔离开关	《国家电网公司变电运维管理规定》第六十七条（五）3. 远方操作一次设备前，应对现场人员发出提示信号，提醒现场人员远离操作设备		控保室：10kV 控保室Ⅲ柜 顺时针将针把手拧到预合位置后，再将把手拧到合闸位置，待红灯亮后待合闸位置红灯亮再松开，把手自动复归到合后位置	(1) 经人工操作的断路器由分闸位置转为合闸位置，未合上，断路器操作把手失灵。 (2) 传动机构故障，造成回路实际未合上。 (3) 误操作断路器，误操作地刀的断路器未合上。 (4) 带电合地接地开关或接地合闸	(6) 操作入情况。 (7) 断路器合闸指示灯，红灯亮，指示应处在合位置。 (8) 合闸操作之前，首先要检查进入到热备用状态。它包括：断路器的小车隔离开关均已在好位置，断路器各二次继电保护装置电源已投入、合闸电源和操作控制电源规范投入、各位置信号指示正确。 (9) 操作断路器控制把手至合闸注意用力适度，控制把手切至合闸位置，观察电秒表指示出现瞬间变化，等待红灯亮后即可返回（空充电和轻负荷线路无此变化），把手不能因操作时间过长而导致合闸失败，既不能因合闸时间过快而烧毁合闸线圈

98

续表

操作票顺序	安规要求	其他相关规定	图片指示	操作位置及注意事项	风险分析	风险预控
8 检查23表计指示正确	—	《变电专业电气操作票技术规范》1.4 断路器停、送电和并，解列检查断路器实际位置和表计指示作前后，必须检查断路器实际位置和表计指示		控保室：后台机。电流指示数值	操作断路器合闸后，做出良好的正确判断	(1) 断路器合闸后，应立即检查有关信号和测量仪表。(2) 操作过程中，应同时监视有关电压、电流、功率等表计（实时显示）正常，以及断路器控制把手显示的变化。(3) 断路器送电操作后电力表应有指示。(4) 断路器控制把手切至合闸位置红灯亮
9 将建工线断路器控制方式开关由远方切至就地位置	—	《66kV 变电站现场运行通用规程》5.3.13 遥控操作 c) 正常运行时，受控站所有的断路器运行或热备用状态的断路器选择方式切换把手应在"远方"位置		控保室：10kV 控保Ⅲ柜。逆时针旋转把手至远方位置		
10 检查23断路器在合位	2.3.6.5 电气设备操作后的位置检查应以设备实际位置为准	《变电专业电气操作票技术规范》1.4 断路器停、送电和并，解列检查断路器实际位置和表计指示		10kV高压室：分间红灯灭，合闸绿灯亮，操动机构的分、合闸指示器在合闸位置	(1) 断路器未合上。(2) 操作人、监护人不进行检查位置或检查不到位，导致断路器位置与实际不对应	(1) 断路器经合闸后，应到现场检查其实际位置，以免传动机构故障，造成回路实际未合上而引起的误操作。(2) 现场检查机构位置指示器应处在合闸位置

10 66kV 2号主变压器由运行转检修

操作票顺序	安规要求	其他相关规定	图片指示	操作位置及注意事项	风险分析	风险预控
1 联系调度	—	—	—	电话联系地区调度；记录时间和调度姓名	—	—
2 停用 10kV 分段备自投跳 1 号主变压器 10kV 侧断路器压板 31CLP1	—	《66kV 变电站现场运行通用规程》5.3.11 继电保护及安全自动装置操作 (c) 凡涉及继电保护装置可能误动时，应先将可能误动的保护退出，操作完毕后，按正常方式投入。(d) 一次设备处于运行状态、热备用状态时，保护装置出口压板、功能压板均应按要求投入。(e) 当一次设备（母线除外）处于冷备用状态时，保护装置退出，保护装置合闸压板和功能压板可投入		控保室：-10kV 控保 V 柜：扭松上下端压板螺栓，将垫片从中取出，扭紧下螺栓固定	—	（1）在倒闸操作过程中，如果预料有可能引起某些自动装置误动或装置误动作，要采取前来取适施或将其停用。
3 停用 10kV 分段备自投跳 2 号主变压器 10kV 侧断路器压板 31CLP3	—			控保室：10kV 控保 V 柜：扭松上下端压板螺栓，将垫片从中取出，扭紧下螺栓固定	（1）误停保护。（2）不停保护，保护误动作引起运行设备误跳闸。（3）不停保护，保护动作后造成人员伤害	赶上主变断路器直流为配合在检修器位，而造成检修断路器同时跳闸，应停用公共保护断路器的压板。（3）设备虽已停电，如果该设备的保护动作（包括运行、传动）后，仍会引起运行设备断路器跳闸时，也应将有关保护停用，压板断开。例如：启动失灵保护等。（4）电气设备停电后，应将有关保护停用，特别是在进行保护的维护和校验时，其失灵保护一定要停用。（5）检修或停电引起设备跳闸的相关保护后，引起运行设备跳闸时的各个保护屏的启动失灵保护相应的保护应在断路器拉开后停用
4 停用 10kV 分段备自投合 10kV I、II 段分段断路器压板 31CLP5	—			控保室：10kV 控保 V 柜：扭松上下端压板螺栓，将垫片从中取出，扭紧下螺栓固定		
5 停用 10kV 分段自投切中龙乙线压板 31LP2				控保室：10kV 控保 V 柜：扭松上下端压板螺栓，将垫片从中取出，扭紧下螺栓固定		

续表

操作票顺序	安规要求	其他相关规定	图片指示	操作位置及注意事项	风险分析	风险预控
6 停用 10kV 分段备自投联切中龙甲线压板31LP1	—	《66kV 变电站现场运行通用规程》5.3.11 继电保护及安全自动装置操作 (c) 凡涉及继电保护装置一次操作过程中涉及继电保护装置操作时,应先将可能误动的保护退出,按正常方式投入。(d) 一次设备处于运行状态、热备用状态时,保护装置出口压板,功能压板均应按要求投入。(e) 当一次设备(母线除外)处于冷备用状态时,保护装置跳闸间压板和功能压板可投入		控保室：10kV 控保V柜。拧松上下端螺栓,将上端压板从中取出,拧紧压片下螺栓固定	(1) 误停保护。(2) 不停保护,引起保护误动作后,误行运行设备误跳间。(3) 不停保护,保护动作后造成人员伤害	(1) 在倒闸操作过程中,如果预料有可能引起某些保护去正确动作或装置误动或失去某些保护,要采取预取措施或将其停用。(2) 为避免因公共电源停电,正赶上检修断路器在合位,由于检修器作直流为配合在合跳闸,而造成检修断路器同跳闸,影响检修人员的人身安全,应停用公共保护检修断路器的压板
7 停用 10kV 分段备自投入压板31KLP2	—			控保室：10kV 控保V柜。拧松上下端螺栓,将上端压板从中垫片中取出,拧紧压片下螺栓固定		(3) 设备虽已停电,如果该设备的保护动作(包括保护、传动)后,仍会引起运行设备断路器跳闸时,也应将有关保护停用,例如：启动失灵保护等。(4) 电气设备停电后,应将有关保护停用,特别是在进行保护的维护和校验时,其失灵保护一定要停用。(5) 检修或停电的设备有关保护动作后,引起运行设备跳闸保护应停用。如果220kV断路器失灵保护屏的启动失灵保护各个保护拉开断路器,应在保护拉开断路器后停用
8 将 1、2 号主变压器退出无功优化系统	—	—				
9 将 1、2 号主变压器有载调压分接头调至两位置,使其变挡档相同	—	《66kV 变电站现场运行通用规程》5.3.1.3 主变压器并列运行 a) 变压器并列运行的基本条件：电压比应相同		控保室：66kV 1、2号主变压器测控柜。先将把手打到就地位置,然后进行升降挡操作	不满足两台变压器并列运行条件	(1) 两台变压器需要并列运行,并列前应调整分接开关,以使其变比相同。变压器并列运行：a) 相应组别相同；结线组别相同；b) 电压比相同；c) 短路阻抗相等或相近,允许差值不超过10%
10 联系调度	—	—	—	地区调度；记录时间和调度姓名	—	—

续表

操作票顺序	安规要求	其他相关规定	图片指示	操作位置及注意事项	风险分析	风险预控
11 将10kV分段断路器控制方式开关由远方切至就地位置	—	《66kV变电站现场运行通用规程》5.3.13 遥控操作 c）正常运行时，受控站所有在运行或冷备用状态的断路器选择把手应切换把手置于"远方"位置		控保室：10kV 控保V柜；逆时针旋转把手至就地位置	（1）经人工操作的断路器由分合闸位置转换为合闸位置，未合上，断路器操作把手失灵。（2）传动机构故障，造成回合实际未合上。（3）误操作断路器、误操作。（4）带接地线合闸或接地线合闸	（1）合控制开关，不得用力过猛或操作过快，以免合不上闸。（2）拧动控制开关，以免用力过猛，不得用力失灵。（3）操作前、操作后，合位置指示正确。断路器控制把手分位置指示正确。（4）远方操作合闸，断路器操作把手指示灯的变化。（5）断路器合闸送电或跳闸后，避免带电时，人员应尽量远离现场，以免合入故障回路，造成断路器损坏，人员入故障意外。（6）断路器合闸，操作之前应检查和考虑保护投入情况。（7）断路器控制把手切手至合闸位置，红灯亮，现场检查机构是否在合闸位置。（8）合闸操作之前，首先要检查该断路器的小车隔离开关均已在好位置，断路器各继电保护装置已按规定投入，合闸电源和操作控制电源均已投入，各位置指示正确。（9）操作合闸力适度，合上断路器，控制把手切手至合闸位置后，注意用力适度，观察仪表首合后负荷电流变化（空充和轻负荷指示灯即可变化）。等待红灯亮后即可返回，返回合闸过快而导致合闸同冲击。既不能因而导致合闸不稳，也不能因合闸同过长线段而烧毁合闸线圈
12 合上10kV分段50断路器	2.3.6.1 停电拉闸操作应按照断路器—负荷侧隔离开关—电源侧隔离开关的顺序依次进行，送电合闸顺序应按上述相反的顺序进行。禁止带负荷拉合隔离开关	《国家电网公司变电运维管理规定（五）》第六条七款3. 远方操作一次设备，应对现场人员发出提示信号，提醒现场人员远离操作设备		控保室：10kV 控保V柜；顺时针预合把手位置后，再将把手拧到合位置；待红灯亮后再合到终点位置，把手自动复归到合后位置		

续表

操作票顺序	安规要求	其他相关规定	图片指示	操作位置及注意事项	风险分析	风险预控
13　检查 50 表计指示正确 A	2.3.4.3（4）在进行倒负荷或解、并列操作前后，检查相关分配电源运行及负荷分配情况	《变电专业电气操作票技术规范》1.4 断路器停、送电和并、解列操作前后，必须检查断路器实际位置和表计指示		控保室：后台机。电流指示数值	操作断路器合闸后，做出良好的正确判断	（1）断路器合闸后，应立即检查有关信号和测量仪表。（2）操作过程中，应同时监视有关电流、电压，功率等表计（实时显示）正常，以及断路器控制把手指示灯的变化。（3）断路器送电操作后电力表应有指示。（4）断路器控制把手切至合闸位置红灯亮
14　检查 51 表计指示正确 A	2.3.4.3（4）在进行倒负荷或解、并列操作前后，检查相关分配电源运行及负荷分配情况	《变电专业电气操作票技术规范》1.4 断路器停、送电和并、解列操作前后，必须检查断路器实际位置和表计指示		控保室：后台机。电流指示数值		
15　检查 52 表计指示正确 A	2.3.4.3（4）在进行倒负荷或解、并列操作前后，检查相关分配电源运行及负荷分配情况	《变电专业电气操作票技术规范》1.4 断路器停、送电和并、解列操作前后，必须检查断路器实际位置和表计指示		控保室：后台机。电流指示数值		
16　将 10kV 分段断路器控制方式开关由就地位置切至远方位置	—	《66kV 变电站现场运行通用规程》5.3.13 遥控操作 c）正常运行时，受控站所有运行或热备用状态的断路器选择方式切换把手应置于"远方"位置		控保室：10kV控保 V 柜，顺时针旋转把手至远方位置	（1）断路器未合上。（2）操作人、监护人不进行检查断路器实际到位，或检查位置与实际断路器不对应	（1）检查其实际位置，以免动机构放障，造成回路实际未合上而引起的误操作。（2）现场检查机构位置指示器应处在合闸位置

续表

操作票顺序	安规要求	其他相关规定	图片指示	操作位置及注意事项	风险分析	风险预控
17 检查 50 断路器在合位	2.3.6.5 电气设备操作后的位置检查应以设备实际位置为准	断路器停、送电和并、解列操作前后，必须检查断路器实际位置计指示		10kV 高压室：分间绿灯灭，合间红灯亮，操动机构的分合间指示器在合间位置	(1) 断路器未合上。(2) 操作人、监护人不进行检查或检查不到位号，致断路器与实际位置不对应	(1) 断路器经合间后，应到现场检查其实际位置，以免回路实际未合上而引起的误操作。(2) 现场检查回路机构位置应处在合间位置
18 联系调度	—	—	—	地区调度：记录时间和调度姓名	—	—
19 将 2 号主变压器 10kV 断路器控制方式开关由远方位置切至就地位置	—	《66kV 变电站现场运行通用规程》5.3.13 遥控操作 c) 正常运行时，受控站所有运行或检修设备用状态把切换把手应置于"远方"位置		控保室：66kV 1、2 号主变压器测控柜逆时针旋转把手至就地位置	(1) 经人工操作的断路器由合间位置转为分间位置、未拉开，断路器操作把手失灵。(2) 传动机构故障，造成回路实际未拉开。(3) 误拉断路器，误操作	(1) 拉控制开关，不得用力过猛或拧控制开关，不得用力过快。以免操作失灵。(2) 拧动控制开关，以免操作失灵。(3) 操作前，断路器分、合间位置指示正确。断路器控制把手指示灯的变化。
20 拉开 2 号主变压器 10kV 侧 52 断路器	2.3.6.1 停电拉间操作应按照断路器—负荷侧隔离开关—电源侧隔离开关的顺序依次进行，送电合间的顺序与上述相反的顺序进行。禁止带负荷拉合隔离开关	《国家电网公司变电运维管理规定》第六十七条 (五) 3.远方操作一次设备前，人员发出提示信号，提醒现场人员远方操作设备		控保室：66kV 1、2 号主变压器测控柜逆时针将手柄拧到预分位，再将把手拧到分间，待绿灯亮后再操作，待分间终点绿灯亮，把手松开，把手自动复归到分间位置	(1) 传动机构故障，造成回路未实际拉开。(2) 误拉断路器，误操作把手	(1) 断路器控制把手切至分间位置，瞬间分间后，该断路器所控制的回路电流应降至零、绿灯亮，现场检查机构应处在分闸位置。(4) 断路器经拉间后，应到现场检查其实际位置，以免传动机构故障，造成回路实际未拉开

续表

操作票顺序	安规要求	其他相关规定	图片指示	操作位置及注意事项	风险分析	风险预控
21 检查 52 表计正确无指示 A	2.3.4.3（4）在进行倒负荷或解、并列操作，送电和并、解列操作前后，必须检查相关配电运行及负荷分配情况	《变电专业电气操作票技术规范》1.4 断路器停、送电和并、解列操作前后，必须检查断路器实际位置和表计指示		控保室：后台机。电流指示为零	操作断路器分闸后，做出良好的正确判断	（1）开关分闸后，应立即检查有关信号和测量仪表。（2）操作过程中，应同时监视有关电压、电流，功率等表计（实时显示）正常，以及断路器控制把手指示灯的变化。（3）断路器控制把手切至分闸后，该断路器所控制的回路电流应降至零，绿灯亮。（4）操作分闸后，机械位置应实地检查。例如：电力表计的指示，分闸位置指示器的指令等，从而做出良好的正确判断
22 检查 51 表计指示正确 A	2.3.4.3（4）在进行倒负荷或解、并列操作，送电和并、解列操作前后，必须检查相关配电运行及负荷分配情况	《变电专业电气操作票技术规范》1.4 断路器停、送电和并、解列操作前后，必须检查断路器实际位置和表计指示		控保室：后台机。电流指示数值		
23 将 2 号主变压器 10kV 断路器控制方式开关由就地位置切至远方位置	—	《66kV 变电站现场运行通用规程》5.3.13 遥控操作 c）正常运行时，受控站所有运行或备用状态的断路器选择方式切换把手应置于"远方"位置		控保室：66kV 主变压器测控柜。1、2 号主变压器顺时针旋转把手至远方位置	没有及时恢复控制方式把手	及时恢复控制方式把手
24 检查 52 断路器在就开位	2.3.4.3（3）进行停、送电操作时，在拉合隔离开关、手车式开关拉出、推入前，检查断路器确在分闸位置	《变电专业电气操作票技术规范》1.4 断路器停、送电和并、解列操作前后，必须检查断路器实际位置和表计指示		10kV 高压室。合闸红灯灭，分闸绿灯亮，操作机构的分合闸指示器在分闸位置	（1）断路器未拉开。（2）操作人不进行检查断路器实际位置或检查其实际位置不到位，导致断路器位置与实际不对应	（1）现场检查机构位置指示器应处在分闸位置。（2）断路器经拉闸后，应到现场检查其实际位置，以免传动机构未动造成回路实际未拉开

续表

操作票顺序	安规要求	其他相关规定	图片指示	操作位置及注意事项	风险分析	风险预控
25 将2号主变压器66kV断路器控制方式开关由远方位置切至就地位置	—	《66kV变电站现场运行通用规程》5.3.13 遥控操作 c）正常运行时，受控站所有运行或热备用状态的断路器选择方式切换把手应置于"远方"位置		控保室：66kV 1、2号主变压器测控柜。逆时针旋转至就地位置	（1）经人工操作的断路器由合间位置转为分间位置，未拉开，断路器操作把手失灵。（2）传动机构故障，造成回路实际未拉开。（3）误拉运行的断路器，误操作	（1）拉控制开关，不得用力过猛或拧控制开关，不得用力猛扳开关。（2）拧动控制开关过快，以免操作失灵。（3）操作前，断路器分、合位置指示正确。操作后，断路器分、合位置指示灯的变化。断路器控制把手指示灯的变化
26 拉开2号主变压器66kV侧1238断路器	2.3.6.1 停电拉合闸操作应按照断路器—负荷侧隔离开关或电源—电源侧隔离开关的顺序依次进行，送电合闸操作应按与上述相反的顺序进行。禁止带负荷拉合隔离开关	《国家电网公司变电运维管理规定》第六分册七条（五）3. 远方操作一次设备前，应对现场人员发出提示信号，提醒现场人员远离操作设备		控保室：66kV 1、2号主变压器测控柜。逆时针将把手拧到合闸预分位置，再将预分位置把手拧到分闸位置，待绿灯终点亮再起动，把手自动复归到分后位置	（1）断路器分间至合间位置，瞬间回路电流应降至零，现场检查机构处在分间位置。（2）断路器经拉开后，应到现场检查其实际位置，以免传动机构故障，造成机构实际未拉开	（1）断路器控制把手切换至分间，该断路器所控制的回路电流应降至零，绿灯亮，现场检查机构位置处在分间位置。（2）瞬间回路电流应降至零。（3）断路器经拉开后，应到现场检查其实际位置，以免传动机构故障，造成机构实际未拉开
27 检查1238表计确无指示	2.3.4.3 （4）在进行倒负荷或解列操作前或并列和并、送电和并、解列操作前后，必须检查断路器、一次设备状态以及负荷分配源、送电和负荷分配情况	《变专业电气操作票技术规范》1.4 断路器停电、送电和并、解列操作后，必须检查断路器实际位置和相关表计指示		控保室：后台机。电流指示为零	操作断路器分间后，做出良好的正确判断	（1）断路器分间后，应立即检查有关信号和测量仪表。（2）操作过程中，应同时监视有关电压、电流，功率等表计（实时显示）正确，以及断路器控制把手指示灯的变化。（3）断路器控制分间后，该断路器所控制的回路电流应降至零，绿灯亮，仪表测量进行实地检查。（4）断路器分间位置的指示。例如：电力表的指示等，从而做出正确的判断
28 将2号主变压器66kV断路器控制方式开关由就地位置切至远方位置	—	《66kV变电站现场运行通用规程》5.3.13 遥控操作 c）正常运行时，受控站所有运行或热备用状态的断路器选择方式切换把手应置于"远方"位置		控保室：66kV 1、2号主变压器测控柜。顺时针旋转至远方位置	—	（1）断路器控制把手切换至分间，该断路器所控制的回路电流应降至零，绿灯亮。（2）瞬间回路电流应降至零。（3）断路器控制分间后，应到现场检查其实际位置，以免传动机构故障，造成回路实际未拉开

续表

操作票顺序	安规要求	其他相关规定	图片指示	操作位置及注意事项	风险分析	风险预控
29 检查 1238 断路器在开位	2.3.6.5 电气设备操作后的位置检查应以设备实际位置为准	《变电专业电气操作票技术规范》1.4 断路器停、送电和并、解列操作前后，必须检查断路器实际位置和表计指示		66kV 高压室。操动机构的分合闸指示器在分闸指示位置	(1) 断路器未拉开。(2) 操作人、监护人不进行检查或检查实际位置，导致断路器位置不对应	(1) 现场检查机构位置指示器应处在分闸位置。(2) 断路器经拉闸后，应到现场检查其实际位置，以免传动机构故障，造成回路实际未拉开
30 联系调度	—	—	—	地区调度：记录时间和调度姓名	—	—
31 检查 52 断路器在开位	2.3.4.3 (3) 进行停、送电操作时，在拉合隔离开关、手车式开关拉出、推入手车之前应检查断路器确在分闸位置	《国家电网公司变电运维管理规定 第 5 分册 开关柜运维细则》2.2.7 拉出、推入手车前应检查断路器在分闸位置		10kV 高压室。合闸红灯灭，分闸绿灯亮，操动机构的分、合闸指示器在分闸位置	(1) 断路器未拉开。(2) 防止带负荷拉合隔离开关。(3) 操作人、监护人不进行检查或检查实际位置，导致断路器位置不对应	(1) 此项是操作隔离开关前的检查项，防止出现断路器尚未拉开，先拉合隔离开关造成带负荷拉隔离开关。(2) 首先检查相应回路的断路器在断开位置，防止带负荷拉隔离开关（规程规定的情况下除外）

续表

操作票顺序	安规要求	其他相关规定	图片指示	操作位置及注意事项	风险分析	风险预控
32 将 2 号主变压器 10kV 侧 52 小车隔离开关拉至开关分位	2.3.6.1 停电拉闸操作应按照隔离开关—负荷侧隔离开关—电源侧隔离开关的顺序依次进行，送电合闸顺序与上述相反的顺序进行。禁止带负荷拉合隔离开关	《国家电网公司变电运维管理规定 第 5 分册》运维细则 2.2.3 操作车柜运前，位置摆正，认真检查机械联锁位置正确方可进行操作；禁止强锁操作	小车摇把插孔	10kV 高压室。将摇把全部插入插孔，逆时针旋转摇把，直至试验位置绿灯亮	(1) 带负荷合隔离开关。(2) 走错间隔而误拉不应停电的隔离开关。(3) 传动机构故障出现拒分。(4) 隔离开关触头分不到位。(5) 隔离开关卡涩时强拉合环，损坏设备。(6) 误闭锁程序装置失灵	(1) 首先检查相应回路的断路器在断开位置，防止带负荷合隔离开关（规程规定下降情况除外）。(2) 在停电操作时，误操作有：断路器尚未拉开，先拉隔离开关，但当情况是带负荷开关，因隔离开关虽合上但拉开，同隔而误将停电的隔离开关拉开。(3) 操作隔离开关时，要将防误闭锁装置解开，以防止发生误操作。(4) 手动拉合隔离开关时应先慢而谨慎，看清机构和连杆动作是否正确。(5) 拉合隔离开关时，应迅速而果断，当触头刚离开时能迅速灭弧。(6) 当出现误操作程序关失灵时，应查明原因，并经逐级上报后处理，不得自行解锁。(7) 使检修设备有明显的断开点。(8) 操作时，操作人、监护人应选择合适的站位
33 拉开 2 号主变压器 10kV 侧储能直流开关	4.2.3 检修设备和可能来电侧的断路器、隔离开关应断开其控制电源和合闸电源，隔离开关操作把手应锁住，确保不会误送电	《变电专业电气操作票技术规范》1.17 设备检修时，要拉开其操作直流、信号直流、动力电源隔离开关、熔断器或断路器 1.18 停电拉开开关最后一项操作拉开操作直流熔断器（开关）	照明开关	10kV 高压室 2 号主变压器 10kV 侧 52 开关柜 向下拉开空开	(1) 误触带直流电源，造成伤害。(2) 造成直流接地、短路。(3) 不戴好线手套，不穿长袖衣	电气设备检修前，为防止误合开关接地、短路的伤害人员的发生，使开关去直流操作电源以免误送和误合开关直流的操作要求按要求去。(1) 合开关接地、短路的去操作电源，因此将其直流的操作电源应按要求去。(2) 如果拉开开关直流，以无法再次无法工作，可向下拉开。(3) 必须由两人一起进行，另一人监护，戴好线手套，且穿长袖衣，防止低压触电

续表

操作票顺序	安规要求	其他相关规定	图片指示	操作位置及注意事项	风险分析	风险预控
34 检查 1238 断路器在开位	2.3.4.3（3）进行停、送电操作时，在拉合开关式手车式开关隔离开关前、推入前，手车拉出、送电和并，必须检查断路器侧隔离开关解列或检查断路器实际位置确在分闸位置	《变电专业电气操作票技术规范》1.4 开关操作后，送电合闸操作前后，必须检查断路器实际位置和表计指示		66kV 高压室。操作机构的分合闸指示器在分间位置	（1）断路器未拉开。（2）防止带负荷拉合隔离开关。（3）操作人不进行检查、监护人不进行检查或检查断路器实际位置不到位，导致停开关与实际位置不对应	（1）此项是操作隔离开关前的检查项，防止出现断路器尚未拉开，先拉合隔离开关或带负荷拉隔离开关。（2）首先检查相应回路的断路器在断开位置，防止带负荷拉隔离开关（规程规定的情况下除外）
35 将 2 号主变压器 66kV 侧 1238 小车隔离开关拉至开位	2.3.6.1 停电拉闸操作应按照停电拉闸操作顺序一负荷侧隔离开关一电源侧隔离开关的顺序依次进行，送电合闸操作按与上述相反的顺序进行。禁止带负荷拉合隔离开关	《国家电网公司变电运维管理规定 第 4 分册 隔离开关运维细则》2.5.5 隔离开关操作过程中，应严格监视隔离开关动作情况。如果有机构卡涩、顶、动触头插入静触头等现象时，应停止操作，检查原因并上报，严禁强行操作		66kV 高压室。注意隔离开关把手下方卡扣方向。反复拉动把手直至小车达到开位	（1）带负荷拉合隔离开关。（2）走错间隔而误拉不应停电的隔离开关。（3）传动机构出现故障拒分。（4）隔离开关分合不到位。（5）隔离开关强拉时把手触头卡涩损坏设备。（6）防误闭锁程序装置失灵	（1）首先检查相应回路的断路器在断开位置，防止带负荷拉隔离开关，但当操作不应停电的隔离开关时，因走错间隔而误拉隔离开关是另一种情况：先拉隔离开关，但当操作不应停电的隔离开关时，因走错间隔而误拉隔离开关是已另一种情况（除外）。（3）操作隔离开关后，要将防误闭锁装置锁好，以防止发生误操作。（4）手动拉合隔离开关时，应先谨慎，看清隔离开关操作把手，看机构和连杆动作是否正确。（5）手动拉合隔离开关时，应始终缓慢操作，当触头刚离开时，应迅速果断，以便能迅速消弧。（6）当防误闭锁程序装置失灵时，应查明原因，并经逐级上报后处理，不得自行解锁。（7）使检修设备有明显的断开点。（8）操作时，监护人、操作人应选择适当的站位

续表

操作票顺序	安规要求	其他相关规定	图片指示	操作位置及注意事项	风险分析	风险预控
36 拉开 2 号主变压器 66kV 侧开关储能空气断路器	4.2.3 检修设备和可能来电侧的断路器、隔离开关和控制开关的操作电源、合闸电源和合闸能量，隔离开关操作把手应锁住，确保不会误送电	《变电专业电气操作票技术规范》1.17 设备检修时，要拉开其操作直流、信号直流、动力电源和合闸空气断路器或交流气断路器，停电时最后一项拉开操作直流熔断器（开关）		66kV 高压室：1238 开关机构箱内侧面。向下拉开空气断路器	（1）误触直流电源，误触带电设备，造成伤害。（2）造成直流接地，短路。（3）不戴好线手套，不穿长袖衣	（1）电气设备检修前，为防止误合开关对设备送直流接地、短路的发生，使开关失去合闸能源以免误送电和误合开关的发生，因此将其开关合直流按要求及时拉开。（2）如果断路器和二次工作，可以不拉开操作直流。（3）必须由两人一起进行，一人监护，另一人工作，且穿长袖衣、戴好线手套，防止低压触电
37 联系调度	—	—	—	地区调度；记录时间和调度姓名	—	—
38 在 2 号主变压器 66kV 侧 1238 小车隔离开关下闸口处验电三相确认无电压	4.3.1 验电时，应使用相应电压等级、合格的接触式验电器，在装设接地线或合接地开关处，对各相分别验电	《66kV 变电站现场运行通用规程》5.3.12 验电前，应先在有电设备上进行试验，确认验电器良好；无法在有电设备上进行试验时，可用工频高压发生器等确认验电器良好		66kV 高压验电器良好，验证后在三相分别验电	（1）不验电、装地线。（2）不在带电设备上验电器是否良好。（3）验电时，操作人员不戴绝缘手套，造成人身触电。（4）操作人员不验电所持安全距离。（5）验电式验电器伸缩式绝缘棒长度不合格。（6）操作人员使用不相符的验电器，带电设备上试验，造成人身触电	（1）线路地线由调度指令自装设或拆除。现场按调度指令自装设或拆除。（2）现场人员在得到调度许可工作的指令后可自行装设；自行拆除现场地线必须按操作票，装设接地线前应先验电，验电前应在带电设备上验证验电器是否良好。（3）装设接地线与设备无电时，中间不得有其他操作；地线应与接地端连接牢固。（4）验电作业无电时，应使用相应电压等级的验电器，在装设接地线或合接地开关处对各相分别验电。（5）设备验电时，应使用合格的接地线或合接地开关处对各相分别验电

续表

操作票顺序	安规要求	其他相关规定	图片指示	操作位置及注意事项	风险分析	风险预控
38 在 2 号主变压器 66kV 侧小车隔离开关下间嘴处验电三相确无电压	4.3.1 验电时，应使用相应电压等级、合格的接触式验电器；在装设接地线或合接地开关（装置）处对各相分别验电	《66kV 变电站现场运行通用规程》5.3.12 验接地等级 1) 验电前，应先在有电设备上进行试验，确认验电器良好；无法在有电设备上进行试验时，可用工频高压发生器等确认验电器良好		66kV 高压室确认验电器良好，然后在三相分别验电	(7) 验电时，操作人使用验电器的绝缘有效长度不够，手握的绝缘长度不够造成人身触电。(8) 雨天操作时，室外高压设备没有防雨绝缘罩，不穿绝缘靴。(9) 雷电时，进行倒闸操作	(6) 高压验电必须戴绝缘手套。验电器的伸缩式绝缘棒长度必须拉足，验电时手握手柄处不得超过护环，人体必须与验电设备保持安全距离。(7) 雨雪天气时不得进行直接验电。(8) 雨天操作室外高压设备时，还应穿戴绝缘靴。雷电时，一般不进行倒闸操作，晴天也应穿绝缘靴。(9) 雷电时，禁止在就地进行倒闸操作。
39 在 2 号主变压器 66kV 侧小车隔离开关下间嘴处装 1 号接地线一组	4.4.2 当验明设备确已无电压后，应立即将检修设备接地并三相短路	《变电专业电气操作票技术规范》1.15.1 装设接地线时，应先装接地线，即装接地端，后装接地体端。装接地线应先接接地体端，后接接地端，接地应接触良好、连接可靠		66kV 高压室先接地端，后接导体端	(1) 装接地棒不使用绝缘棒和戴绝缘手套。(2) 带电合（挂）接地开关（接地线）。(3) 装设接地线必须先接接地体、后接接地端程序错。(4) 装接地线时，线夹脱落到有电设备一侧。(5) 装接地线缠绕或接地点不牢、地线未接良好。(6) 地线未装设好、装接地线失去监护，导致人身触电、身亡、造成人身触电、灼伤	(1) 装设接地线必须先接接地端，后接导体端，连接必须接触良好，连接可靠。拆接地线的顺序与此相反。(2) 装、拆接地线均应使用绝缘棒和戴绝缘手套。(3) 人体不得碰触接地线或未接地的导体，以防止感应电触电。(4) 为检修工作提供安全保证

续表

操作票顺序	安规要求	其他相关规定	图片指示	操作位置及注意事项	风险分析	风险预控
40 在 2 号主变压器 10kV 侧 52 小车隔离开关与电流互感器间验电三相确认无电压	4.3.1 验电时，应使用相应电压等级、合格的接触式验电器，在装设接地线或合接地开关（装置）处对各相分别验电	《66kV 变电站现场运行通用规程》5.3.12 验电接地操作 1）验电前，应先在有电设备上进行试验，确认验电器良好；无法在有电设备上进行试验时，可用工频高压发生器等确认验电器良好		10kV 高压室：2 号主变压器 10kV 侧 52 开关后柜门内。确认验电器良好，然后三相分别验电	同操作票顺序第 38 项的风险分析	同操作票顺序第 38 项的风险预控
41 在 2 号主变压器 10kV 侧 52 小车隔离开关与电流互感器间装设 2 号接地线一组	4.4.2 当验明设备确已无电压后，应立即将检修设备接地并三相短路	《变电专业电气操作票技术规范》1.15.1 装设接地线时，验电后立即装设接地线，不得中断。装设接地线应先接接地端，后接导体端，接地线应接触良好，连接可靠		10kV 高压室：2 号主变压器 10kV 侧 52 开关后柜门内。先接接地端，后接导体端	（1）装接地线不使用绝缘手套和戴绝缘手套。（2）带电合（挂）接地开关（接地线）。（3）装设接地线必须先接接地端，后接地端程序错。（4）拆接地线时，线夹脱落到有电设备一侧。（5）接地线缠绕或接地点不牢。（6）地线未接设良好，失去监护，导致人身触电，造成人身灼伤	（1）装设接地导体端，后接接地端，连接应可靠良好，拆接地线的顺序与此相反。（2）装、拆接地线均应使用绝缘棒和戴绝缘手套。（3）人体不得触碰接地线或未接地的导线，以防止感应电。（4）为检修工作提供安全保证

续表

操作票顺序	安规要求	其他相关规定	图片指示	操作位置及注意事项	风险分析	风险预控
42 拉开 2 号主变压器 66kV 侧主变压器控制直流断路器控制空气断路器	4.2.3 检修设备和可能来电侧的断路器、隔离开关应断开其操作电源和合闸电源，隔离开关操作把手应锁住，确保不会误送电	《变电专业电气操作票技术规范》1.17 设备检修时，要拉开其操作直流、信号直流、动力电源隔离开关、熔断器或空气断路器。1.18 停电时最后一项拉开操作直流熔断器		控保室：66kV 2 号变压器保护柜，向下拉开空气断路器	(1) 误触带电电源，误触带电设备，造成伤害。(2) 造成直流接地，短路。(3) 不戴好手套，不穿长袖衣	(1) 电气设备检修前，为防止误合开关和对检修人员的伤害、短路的发生，使送电以免误送电和误合开关直流操作其直流一次无工作，因此其操作直流按要求及时拉开。(2) 如果拉开操作直流，可以不拉开操作直流。(3) 必须由两人一起进行，另一人监护，戴好线手套，且穿长袖衣，防止低压触电
43 拉开 2 号主变压器 10kV 侧主变压器控制直流开关控制空气断路器	4.2.3 检修设备和可能来电侧的断路器、隔离开关应断开其操作电源和合闸电源，隔离开关操作把手应锁住，确保不会误送电	《变电专业电气操作票技术规范》1.17 设备检修时，要拉开其操作直流、信号直流、动力电源隔离开关、熔断器或空气断路器。1.18 停电时最后一项拉开操作直流熔断器		控保室：66kV 2 号变压器保护柜，向下拉开空气断路器	(1) 误触带电电源，误触带电设备，造成伤害。(2) 造成直流接地，短路。(3) 不戴好手套，不穿长袖衣	(1) 电气设备检修前，为防止误合开关和对检修人员的伤害、短路的发生，使送电以免误送电和误合开关直流操作其直流一次无工作，因此其操作直流按要求及时拉开。(2) 如果拉开操作直流，可以不拉开操作直流。(3) 必须由两人一起进行，另一人监护，戴好线手套，且穿长袖衣，防止低压触电
44 拉开 2 号主变压器有载调压交流电源空气断路器	4.2.3 检修设备和可能来电侧的断路器、隔离开关应断开其操作电源和合闸电源，隔离开关操作把手应锁住，确保不会误送电	《变电专业电气操作票技术规范》1.17 设备检修时，要拉开其操作直流、信号直流、动力电源隔离开关、熔断器或空气断路器。1.18 停电时最后一项拉开操作直流熔断器		2 号主变压器室：2 号主变压器有载调压电源箱，向下拉开空气断路器		

续表

操作票顺序	安规要求	其他相关规定	图片指示	操作位置及注意事项	风险分析	风险预控
45 将 1 号主变压器投入无功优化系统	—	《66kV 变电站现场运行通用规程》5.3.11 继电保护及安全自动装置操作（c）凡一次操作过程中涉及继电保护装置可能误动时，应先将可能误动的保护退出，操作完毕后，按正常方式投入	—	电话联系监控中心调整无功优化	—	—
46 汇报调度	—	—	—	地区调度；记录时间和调度姓名	—	—

11 66kV 2 号主变压器站内拆除安全措施

操作票顺序	安规要求	其他相关规定	图片指示	操作位置及注意事项	风险分析	风险预控
1 拆除 2 号主变压器 66kV 侧 1238 小车隔离开关下间隙处与下间隙处同 1 号地线一组	4.4.9 装设接地线应先接接地端，后接导体端，连接接地线应接触良好，连接可靠。拆除接地线顺序与此相反	《变电专业电气操作票技术规范》1.15.1 装设接地线时，验电后立即装设接地线，不得间断。装设接地线应先接接地端，后接导体端，连接接地线应接触良好，连接可靠。拆除接地线顺序与此相反		66kV 高压室先拆导体端，后接接地端	(1) 拆接地线时，线夹脱落一侧有电设备一侧。(2) 不按调度指令拆除地线	(1) 地线由调度指令掌握，现场必须按调度指令装设或拆除。(2) 现场自行掌握的地线由现场人员在得到调度指令后方可自行装设。检修工作结束后，另行开操作票，自行拆除现场自行掌握的地线
2 拆除 2 号主变压器 10kV 侧 52 小车隔离开关与电流互感器间 2 号地线一组	4.4.9 装设接地线应先接接地端，后接导体端，连接接地线应接触良好，连接可靠。拆除接地线顺序与此相反	《变电专业电气操作票技术规范》1.15.1 装设接地线时，验电后立即装设接地线，不得间断。装设接地线应先接接地端，后接导体端，连接接地线应接触良好，连接可靠。拆除接地线顺序与此相反		10kV 高压室 2 号主变压器 10kV 侧 52 开关柜后柜门内。先拆导体端，后接接地端	(1) 拆接地线时，线夹脱落一侧有电设备一侧。(2) 不按调度指令拆除地线	(1) 地线由调度指令掌握，现场必须按调度指令装设或拆除。(2) 现场自行掌握的地线由现场人员在得到调度指令后方可自行装设。检修工作结束后，另行开操作票，自行拆除现场自行掌握的地线
3 检查 1、2 号共 2 组接地线确已拆除	4.4.12 每组接地线均应编号，并存放在固定地点。存放位置编号、接地线号码与存放位置号码应一致。每次装、拆接地线，应做好记录，交接班时应交代清楚	《变电专业电气操作票技术规范》5.8.2 接地线拆除后均为一项总的检查项目，检查拆除的接地线要每检查一组在该接地线号上用红笔打"√"		核对地线编号，检查确已拆出	(1) 带接地开关或接地线合闸。(2) 不认真核对地线	临时接地线全部拆除后，一并检查已拆除

12　66kV 2号主变压器由检修转运行

操作票顺序	安规要求	其他相关规定	图片指示	操作位置及注意事项	风险分析	风险预控
1　联系调度	—	—	—	电话联系地区调度；记录时间和调度姓名	—	—
2　检查送电范围内设备无异常，接地线（接地开关）已拆除	2.3.4.3（5）设备检修后合闸送电前，检查送电范围内接地开关（接地线）已置已拉开，接地开关、接地线已拆除	《变电专业电气操作票技术规范》5.7.2 检查送电范围内接地开关（接地线）确已拆除，可列为一项总的检查项目。术语：检查送电范围内设备无异常，接地线（接地开关）已拆除	—	—	（1）带接地开关或接地线合闸 （2）不认真核对地线对地线	（1）操作中，各级运维人员要紧密配合，凡停电设备恢复送电时，必须确认所有作业组、作业人员全部撤离现场，地线全部拆除后方可进行送电操作。（2）检查送电范围内设备无异常，地线（接地开关）已拆除，防止带地线合闸事故的发生
3　将1号主变压器退出无功优化系统	—	《66kV 变电站现场运行通用规程》5.3.11 继电保护及安全自动装置操作（c）凡一次操作过程中涉及继电保护装置可能误动时，应先将可能误动的保护退出，操作完毕后，按正常方式投入	—	电话联系监控中心调整无功优化	—	
4　合上2号主变压器有载调压交流电源空气断路器	—	《变电专业电气操作票技术规范》1.17 设备检修时，要拉开其操作直流、信号直流、动力电源隔离开关、熔断器或空气断路器。1.18 送电时，第一项操作必须合上操作直流熔断器	电源开关	2号主变压器室：2号主变压器有载调压控制箱；向上合上空气断路器	（1）断路器或保护）无操作电源，故障不能及时跳开断路器 （2）误触带电设备，造成伤害 （3）造成直流接地、短路 （4）不戴手套，不穿长袖衣	（1）电气设备操作过程中，因可能发生事故时能及时跳开断路器，因此其断路器操作直接要求投入。（2）必须由两人一起进行工作，另一人监护，戴好线手套、防止低压触电

续表

操作票顺序	安规要求	其他相关规定	图片指示	操作位置及注意事项	风险分析	风险预控
5 合上 2 号主变压器 10kV 侧控制断路器空气断路器	—	《变电专业电气操作票技术规范》1.17 设备检修时，要拉开其操作直流、信号直流、动力电源隔离开关、熔断器或空气断路器。1.18 送电时，第一项操作直流熔断器，第一项操作直流熔断器，合上操作熔断器		控保室：66kV 2 号变压器保护柜；向上合上空气断路器	（1）断路器（或保护）无操作电源，故障不能及时跳开断路器。（2）误触带电设备、误碰带电设备，造成伤害。（3）造成直流接地、短路。（4）不戴好绝缘手套，不穿长袖衣	（1）电气设备操作过程中，因发生事故时能及时跳开断路器，因此其断路器操作应按要求投入。（2）必须由两人一起进行，一人监护，另一人监护，且穿长袖衣，戴好绝缘手套，防止低压触电
6 合上 2 号主变压器 66kV 侧控制断路器空气断路器	—	《变电专业电气操作票技术规范》1.17 设备检修时，要拉开其操作直流、信号直流、动力电源隔离开关、熔断器或空气断路器。1.18 送电时，第一项操作直流熔断器，第一项操作直流熔断器，合上操作熔断器		控保室：66kV 2 号变压器保护柜；向上合上空气断路器	（1）断路器（或保护）无操作电源，故障不能及时跳开断路器。（2）误触带电设备、误碰带电设备，造成伤害。（3）造成直流接地、短路。（4）不戴好绝缘手套，不穿长袖衣	（1）电气设备操作过程中，因发生事故时能及时跳开断路器，因此其断路器操作应按要求投入。（2）必须由两人一起进行，一人监护，另一人监护，且穿长袖衣，戴好绝缘手套，防止低压触电
7 检查 1238 断路器在分位	2.3.4.3（3）进行停、送电操作时，在拉合隔离开关、手车式开关拉出、推入前，检查断路器确在分闸位置	《变电专业电气操作票技术规范》1.4 断路器、隔离开关、解列操作前后，必须检查设备实际位置和指示表计指示		66kV 高压室操动机构的分合闸指示器在分闸位置	（1）断路器未拉开。（2）防止带负荷拉隔离开关。（3）操作人、监护人不进行检查设备实际位置，导致断路器位置与实际不对应	（1）此项是操作隔离开关前的检查项，防止断路器尚未拉开，先拉隔离开关造成带负荷拉隔离开关。（2）首先检查断路器相应回路的断路器在断开位置，防止带负荷拉隔离开关（规程规定的情况下除外）

续表

操作票顺序	安规要求	其他相关规定	图片指示	操作位置及注意事项	风险分析	风险预控
8 将 2 号主变压器 66kV 侧 1238 小车隔离开关推至合位	2.3.6.1 停电拉闸操作应按照断路器—负荷侧隔离开关—电源侧隔离开关的顺序依次进行，送电合闸操作应按与上述相反的顺序进行。禁止带负荷拉合隔离开关	《国家电网公司变电运维管理规定 第 4 分册 隔离开关运维细则》2.5.5 隔离开关操作过程中，应严格监视隔离开关动作情况。如有机构卡滞、顶卡、动触头插入静触头、等现象时，应停止操作，检查原因后上报，严禁强行操作		66kV 高压室：注意隔离开关把手下方卡扣方向。反复拉合把手直至小车送至合位	(1) 带负荷拉合隔离开关。(2) 传动机构故障出现拒合。(3) 小车隔离开关合不到位。(4) 隔离开关卡证时强拉合环设备。(5) 防误闭锁程序装置失灵	(1) 错合隔离开关时，不准再拉开隔离开关，因为带负荷拉隔离开关时，将会造成三相弧光短路，万一发生了错合隔离开关来切断负荷，也应立即错操作把手，三相同期且接触良好。(2) 合闸时，三相同期且接触良好、确保隔离开关动作正确。(3) 操作隔离开关时，以防止发生误操作，应先将防误闭锁装置锁好。(4) 手动合小车隔离开关时，应动触合把手，看机构连杆动作是否正确。(5) 合闸操作时，都必须迅速果断，在合闸终了时不可用力过猛。(6) 合闸后应检查隔离开关是否严密、触头是否完全合上、接触是否紧密。(7) 当防误闭锁程序装置失灵时，在查明原因，并经逐级上报后处理，不得自行解锁。(8) 操作时，操作人、监护人入站应选择适当的站位。(9) 戴绝缘手套监护人站在能够充分观察隔离开关活动范围的位置
9 合上 2 号主变压器 66kV 侧断路器储能空气断路器直流空气断路器	—	《变电专业电气操作票技术规范》1.17 设备检修时，要拉开其操作直流电源，信号直流，动力电源隔离开关，熔断器或空气断路器。1.18 送电时，第一项操作必须合上操作直流断路器		66kV 高压室：1238 断路器机构箱内侧面，向上合上空气断路器	(1) 断路器（或保护）无操作电源，故障不能及时跳开断路器。(2) 误触带电设备，误操作，造成伤害。(3) 造成直流接地，短路	(1) 电气设备操作过程中，因发生事故时能及时跳开断路器，因此其断路器操作直流应按要求投入。(2) 必须由两人一起进行，一人操作，另一人监护，戴好线手套。(3) 工作时应身穿长袖衣，防止低压触电

续表

操作票顺序	安规要求	其他相关规定	图片指示	操作位置及注意事项	风险分析	风险预控
10 检查52断路器在开位	2.3.4.3（3）进行停、送电操作时，在拉合隔离开关、手车式开关拉出、推入手车之前，应检查断路器确在分闸位置	《国家电网公司变电运维管理规定》第5分册 2.2.7拉出、推入开关柜之前应检查断路器在分闸位置		10kV高压室。合闸红灯灭，分闸绿灯亮，操动机构的分合闸指示器在分闸位置	（1）断路器未拉开。（2）防止带负荷拉合隔离开关。（3）操作人、监护人不进行检查，断路器实际位置检查不到位，导致检查断路器与实际位置不对应	（1）此项是操作隔离开关前的检查项，防止隔离开关尚未拉开，先拉隔离开关造成带负荷拉隔离开关。（2）首先检查相应位置，防止带负荷拉断路器在断开位置（规程规定的情况下除外）
11 将2号主变压器10kV侧52小车隔离开关至合位	2.3.6.1停拉合闸操作应按照隔离开关、负荷侧隔离开关、电源侧隔离开关的顺序依次进行，送电合闸操作应按与上述相反的顺序进行；禁止带负荷合隔离开关	《国家电网公司变电运维管理规定》第5分册 2.2.3操作前，应将车体位置摆正，认真检查机械联锁位置正确方可进行操作；禁止强行操作	小车摇把插孔	10kV高压室。将摇把完全插入插孔，顺时针旋转摇把，直至工作位置红灯亮	（1）带负荷合隔离开关。（2）传动机构故障出现误合。（3）小车隔离开关未到位。（4）隔离开关卡涩时强拉损坏设备。（5）防误闭锁程序装置失灵	同操作顺序票第8项的风险预控
12 合上2号主变压器10kV侧开关储能直流空气断路器	—	《变电专业电气操作票技术规范》1.17设备检修时，要拉开其直流、信号直流、动力电源隔离开关、熔断器或空气断路器。1.18送电时，最后一项操作必须合上第一次操作的熔断器或合上空气断路器		10kV高压室：2号主变压器10kV侧52号开关柜向上合上52断路器	（1）断路器（或保护）无操作电源，故障不能及时跳开断路器。（2）误触带电设备，造成伤害。（3）造成短路、接地。（4）不戴好线手套、不穿长袖衣	（1）电气设备操作过程中，因发生事故时能及时跳开断路器，因此其开关操作应按要求投入。（2）必须由两人一起进行，一人工作，另一人监护，戴好线手套，且穿长袖衣，防止低压触电

续表

操作票顺序	安规要求	其他相关规定	图片指示	操作位置及注意事项	风险分析	风险预控
13 联系调度	—	—		地区调度：记录时间和调度姓名	—	—
14 将2号主变压器66kV侧断路器控制方式开关由远方位置切至就地位置	—	《66kV变电站现场运行通用规程》5.3.13 遥控操作行时，c）正常运行时，受控站所有运行或热备用状态的断路器选择方式切换把手应置于"远方"位置		控保室：66kV 1、2号主变压器测控柜。逆时针旋转把手至就地位置	—	（1）合控制开关，不得用力过猛或操作过快，以免合不上闸。（2）拧动控制开关，不得用力过猛，以免操作失灵。（3）操作前，断路器分位置正确。操作后，各位置指示灯的变化。断路器控制把手操作指示正确。（4）远方操作手动的断路器，不允许带电手动操作的断路器，以免合入故障或短路，使断路器损坏或爆炸。（5）送电合闸时，人员尽量远离现场，避免因带故障合闸或故障回路造成断路器损坏，人员发生意外。（6）操作之前应检查和考虑保护投入情况。
15 合上2号主变压器66kV侧1238断路器	—	《国家电网公司变电运维管理规定》第六十七条（五）3.远方操作前，应对现场一次设备发出提示信号，提醒现场人员远离操作设备		控保室：66kV 1、2号主变压器测控柜。顺时针将把手拧到预合位置，再将把手拧到合闸终点位置，待红灯亮后再松开，把手自动复归到合后位置	（1）经人工操作的断路器由分间位置转为合间位置，未合上，断路器操作把手失灵。（2）传动机构故障，造成回路实际未合。（3）误合断路器，误操作。（4）带接地线合闸	（7）断路器控制把手切至合闸位置，现场检查合闸位置。红灯亮，现场检查把手在合闸位置。（8）合闸操作是否已完成各地从冷备用到热备用状态。它包括：断路器的小车离开关均已在合好位置，断路器的各继电保护装置已按规定投入，合闸电源和操作电源均已投入，各位置信号指示正确。（9）操作断路器控制把手至合闸时应注意用力适度，观察仪表指示出现瞬间冲击后返回（空载电流和轻负荷时变化），合闸指示灯亮后即可返回。既不能因合闸过快而致合闸瞬间失败，也不能等待红灯过亮后导致长而烧合闸线圈

续表

操作票顺序	安规要求	其他相关规定	图片指示	操作位置及注意事项	风险分析	风险预控
16 检查 1238 表计指示正确	2.3.4.3（4）在进行倒闸操作前后、送电或解、停电和并、检查相关电源运行后及负荷分配情况	《变电专业电气操作票技术规范》1.4 断路器停、送电和并、解列操作前后，必须检查断路器实际位置和表计指示		控保室：后台机。电流指示数值	操作断路器合闸后，做出良好的正确判断	（1）断路器合闸后，应立即检查有关信号和测量仪表。（2）操作过程中，应同时监视（实时）显示电流、电压、功率等表计，以及断路器控制把手显示的变化。（3）断路器送电操作后应有指示。（4）断路器控制把手切至合闸位置红灯亮
17 将 2 号主变压器 66kV 侧断路器控制方式开关由就地位置切换把手至远方位置	—	《66kV 变电站现场运行通用规程》5.3.13 遥控操作 c）正常运行时，受控站所有运行或热备用状态的断路器选择方式切换把手应置于"远方"位置		控保室：66kV 1、2 号主变测控柜。顺时针转至远方位置	—	—
18 检查 1238 断路器在合位	2.3.6.5 电气设备操作后的位置检查应以设备实际位置为准	《变电专业电气操作票技术规范》1.4 断路器停、送电和并、解列操作前后，必须检查断路器实际位置和表计指示		66kV 高压室。检查机构的分、合闸指示在合闸位置	（1）断路器未合上。（2）操作人、监护人不进行检查或检查断路器实际位置，导致断路器位置与实际不对应	（1）断路器经合闸后，应到现场检查其实际位置，以免传动机构故障，造成回路实际未合上而引起的误操作。（2）现场检查机构指示器应处在合闸位置
19 联系调度	—	—	—	地区调度：记录时间和调度姓名	—	—

续表

操作顺序	安规要求	其他相关规定	图片指示	操作位置及注意事项	风险分析	风险预控
20 将 1、2 号主变压器有载分接头位置均调至相同挡位置,使其变比相同	—	《66kV 变电站现场运行通用规程》5.3.1.3 主变并列运行的基本条件:a)变压器运行的基本条件:电压比应相同		控保室:66kV 1、2 号主变压器测控柜。先将把手打到就地位置,然后进行升降挡操作	不满足两台主变压器并列运行条件	(1)两台主变压器需有载调整其变比相同,并列前调压开关,以使其变比分接开关,不得用力过猛;(2)变压器并列条件:a)相位相同,结线组别相同;b)电压比相等;c)短路阻抗相近,允许差值不超过 10%
21 将 2 号主变压器 10kV 侧断路器控制方式开关由远方式切换至就地位置	—	《66kV 变电站现场运行通用规程》5.3.13 遥控操作 c)正常时,受控站所有运行或热备用状态的断路器选择方式切换开关应置于"远方"位置		控保室:66kV 1、2 号主变压器测控柜。逆时针旋转把手至就地位置	(1)经人工操作的断路器位置转为合上,断路器位置转为合上,未到操作把手失灵。(2)传动机构故障,造成回路实际未合上。(3)误操作中的断路器,误操作。(4)带地线合闸	(1)合控制开关,不得用力过猛或操作过快,以免合不上闸。(2)拧动控制开关,不得用力过猛或操作过快,以免操作失灵。(3)操作前,断路器分合位置指示正确,断路器控制把手指示的变化。(4)远方操作的断路器,不允许带手动合闸,以免断路器损坏或操作。(5)送电时,人员应尽量远离现场或断路器间,避免因带故障合闸造成断路器损坏,人员发生意外。(6)操作之前和之后应检查断路器的分合位置。(7)断路器控制把手切至合闸位置之前,首先要检查现场断路器是否在合闸位置。(8)合闸操作是否已完成,该断路器所连接的各继电保护装置和操作电源均已投入,断路器控制把手切至合闸瞬间冲击电流均已投入。(9)注意断路器合闸力度,观察仪表指示应正常,各信号指示应正确
22 合上 2 号主变压器 10kV 侧 52 断路器	—	《国家电网公司电力安全工作规程(变)》第六十七条 操作一次设备前,应对现场人员发出提示信号,提醒现场操作人员远离操作设备		控保室:66kV 1、2 号主变压器测控柜。顺时针将把手拧到预合位置后,再将把手拧到合闸终点位置,待红灯亮后,把手自动复归到合后位置		

续表

操作票顺序	安规要求	其他相关规定	图片指示	操作位置及注意事项	风险分析	风险预控
23　检查 52 表计指示正确 A	2.3.4.3（4）在进行倒负荷或解、并列操作前后，检查相关电源运行及负荷分配情况	《变电专业电气操作票技术规范》1.4 断路器停、送电和并、解列操作前后，必须检查断路器实际位置和表计指示		控保室：后台机。电流指示数值	操作断路器合闸后，做出良好的正确判断	(1) 断路器合闸后，应立即检查有关信号和测量仪表。 (2) 操作过程中，应同时监视有关电压、电流、功率等表计（实时）显示正常，以及断路器控制把手切至合闸位置。 (3) 断路器送电操作后电力表应有指示。 (4) 断路器控制把手切至合闸位置红灯亮
24　检查 51 表计指示正确 A	2.3.4.3（4）在进行倒负荷或解、并列操作前后，检查相关电源运行及负荷分配情况	《变电专业电气操作票技术规范》1.4 断路器停、送电和并、解列操作前后，必须检查断路器实际位置和表计指示		控保室：后台机。电流指示数值		
25　将 2 号主变压器 10kV 侧断路器控制方式开关由就地位置切至远方位置	—	《66kV 变电站现场运行通用规程》5.3.13 遥控操作时，受控站所有断路器或热备用状态的断路器选择方式切换把手应置于"远方"位置		控保室：66kV 1、2 号主变压器测控柜。顺时针旋转把手至远方位置	(1) 断路器未合上。 (2) 操作人、监护人不进行检查导致检查不到位，断路器实际位置与实际位置不对应	(1) 断路器经合闸后，应到现场检查其实际位置，以免传动机构故障，造成实际操作上而引起的误操作。 (2) 现场检查合闸机构指示位置，号应处在合闸位置
26　检查 52 断路器在合位	2.3.6.5 电气设备操作后的位置检查应以设备实际位置为准	《变电专业电气操作票技术规范》1.4 断路器停、送电和并、解列操作前后，必须检查断路器实际位置和表计指示		10kV 高压室。分闸绿灯灭，合闸红灯亮，操动机构的分、合闸指示器在合闸位置		

续表

操作票顺序	安规要求	其他相关规定	图片指示	操作位置及注意事项	风险分析	风险预控
27 联系系调度	—	—	—	地区调度；记录时间和调度姓名	—	—
28 将10kV分段断路器控制方式开关由远方位置切至就地位置	—	《66kV变电站现场运行通用规程》5.3.13 遥控操作 c)正常运行时，受控站所有运行或热备用状态的断路器选择方式切换换把手应置于"远方"位置		控保室：10kV控保V柜逆时针旋转把手至就地位置	—	(1)拉控制开关，不得用力过猛或操作过快，以免拉不开闸。(2)拧动控制开关，不得用力过猛或操作太快，以免操作失灵。(3)操作前、操作后，断路器分、合位置指示正确。断路器控制把手至分、合位置指示灯的变化。
29 拉开10kV分段50断路器	2.3.6.1 停电拉闸操作应按照断路器一负荷侧隔离开关一电源侧隔离开关的顺序依次进行，送电合闸操作应按与上述相反的顺序进行。禁止带负荷拉合隔离开关	《国家电网公司变电运维管理规定》第六（五）3.远方操作一次设备前，应对现场人员发出提示信号，提醒现场人员远离操作设备		控保室：10kV控保V柜逆时针将把手拧到预分位置后，再将把手拧到分闸终点位置，待分闸终点亮后再松开，把手自动复归到分后位置	(1)经人工操作的断路器由合闸位置转为分闸位置，未拉开，断路器操作把手失灵。(2)传动机构故障，造成回路实际未拉开。(3)误运行、误操作的开关。	(1)断路器控制把手切至分闸位置，瞬间分闸后，该断路器所控制的回路电流应降至零、绿灯亮，现场检查机构应处在分闸位置。(5)断路器经拉闸位置，应到现场检查其实际位置，以免传动机构故障，造成回路实际未拉开。
30 检查50断路器表计确无指示A	2.3.4.3 (4)在进行倒负荷或解、并列操作前，检查相关电源运行及负荷分配情况	《变电专业电气操作票技术规范》1.4 断路器停、送电和并、解列操作后，必须检查断路器实际位置和表计指示		后台监控机。电流指示降为零	操作断路器分闸后，做出良好的正确判断	(1)断路器分闸后，应立即检查有关信号和测量仪表。(2)电压、电流等表计（实时）显示正常，以及开关的状态指示灯的变化。(3)断路器控制把手切至分闸位置，瞬间分闸后，该断路器所控制的回路应降至零、绿灯亮。

续表

操作票顺序	安规要求	其他相关规定	图片指示	操作位置及注意事项	风险分析	风险预控
31 检查 51 表计指示正确 A	2.3.4.3（4）在进行倒负荷或解、并列操作前停、送电和并、解列操作前，检查相关电源运行后及负荷分配情况	《变电专业电气操作票技术规范》1.4 断路器操作前后，必须检查断路器实际位置和表计指示		控保室：后台机。电流指示数值	操作断路器分闸后，做出良好的正确判断	（4）操作分闸后应对测量仪表和信号指示、机构位置进行实地检查。例如：电力信号等的指示；分闸位置指示的正确判断
32 检查 52 表计指示正确 A	2.3.4.3（4）在进行倒负荷或解、并列操作前停、送电和并、解列操作前，检查相关电源运行后及负荷分配情况	《变电专业电气操作票技术规范》1.4 断路器操作前后，必须检查断路器实际位置和表计指示		控保室：后台机。电流指示数值	操作断路器分闸后，做出良好的正确判断	（1）断路器分闸后，应立即检查有关信号和测量仪表。 （2）操作过程中，应同时监视有关电压、电流、功率等表计（实时显示）正常的变化。 （3）断路器控制把手切至分闸位置，该断路器所控制的回路电流应降至零、绿灯亮。 （4）操作分闸后应对测量仪表和信号指示、机构位置进行实地检查。例如：电力表计的指示；分闸位置指示的正确判断
33 将 10kV 分段断路器控制方式开关由就地位置切至远方位置	—	《66kV 变电站现场运行通用规程》5.3.13 遥控操作 c）正常运行时，受控站所有运行或热备用设备的控制方式选择方式切换把手应置于"远方"位置		控保 V 柜：顺时针旋转把手至远方位置	没有及时恢复控制方式把手	及时恢复控制方式把手

续表

操作票顺序	安规要求	其他相关规定	图片指示	操作位置及注意事项	风险分析	风险预控
34 检查 50 断路器在开位	2.3.4.3（3）进行停、送电操作时，在拉合隔离开关、手车式断路器拉出、推入前，必须检查断路器确在分闸位置	《变电专业电气操作票技术规范》1.4 解列并、检查断路器操作前后，必须检查断路器实际位置和表计动指示		10kV 高压室，合闸红灯灭，分闸绿灯亮，操动机构的分合闸指示灯示动机构指示灯实际位置在分闸位置	(1) 断路器未拉开。(2) 操作人、监护人不进行检查断路器实际位置或检查不到位，致断路器与实际位置不对应	(1) 现场检查机构位置指示器应处在分闸位置。(2) 断路器经实际位置，应到现场机构故障，造成回路实际未拉开
35 投入10kV 分段备自投跳1 号主变压器10kV 侧断路器压板31CLP1	—	《66kV 变电站现场运行通用规程》5.3.11 继电保护及安全自动装置操作（c）凡一次操作过程中涉及继电保护装置可能误动时，应先将可能误动的保护退出，操作完毕后，按正常方式投入。(d) 一次设备处于运行状态、热备用状态时，保护装置出口压板、功能压板均应按要求投入。		控保室：–10kV 控保V柜，拧松下端压板压在垫片中间并拧紧上下螺栓	(1) 误停保护。(2) 不停保护，保护误动后，引起运行设备误动间。(3) 不停保护，保护动作后造成人员伤害	(1) 在倒闸操作过程中，如果预料有可能引起某些保护或自动装置误动或失正确配合，要提前采取措施或将其停用。(2) 为避免因公共直流为配合断路器在合位、由于检修在合闸间，而造成检修断路器同时跳间，应停用公共保护人员的人身安全。(3) 设备虽已停电，如该设备的保护动作（包括校验、传动）后，仍会引起运行设备断路器跳闸也应将有关保护停用、压板断开，如启动失灵保护等。(4) 电气设备停电后，应将有关的保护停用，特别是进行保护的维护和校验时，其失灵保护一定要停用。
36 投入10kV 分段备自投跳2 号主变压器10kV 侧断路器压板31CLP3	—	—		控保室：–10kV 控保V柜，拧松下端压板压在垫片中间并拧紧上下螺栓		

续表

操作票顺序	安规要求	其他相关规定	图片指示	操作位置及注意事项	风险分析	风险预控
37 投入10kV分段备自投合10kV Ⅰ、Ⅱ段分段断路器压板31CLP5	—	（e）当一次设备（母线除外）处于冷备用状态时，保护装置合闸压板应退出，跳闸压板和功能压板可投入		控保室：-10kV 控保Ⅴ柜。拧松下端螺栓，将上端压板压在垫片中间并拧紧上下螺栓	（1）误停保护。（2）不停保护，保护误动作后，引起运行设备误跳闸。（3）不停保护，保护动作后造成人员伤害	（5）检修或停电的设备的保护动作后，引起运行设备跳闸间的相关保护器应停用。如220kV断路器失灵保护压板应在各个保护屏的启动失灵保护压板拉开后停用
38 投入10kV备自投联切中龙甲线压板31LP1	—			控保室：10kV 控保Ⅴ柜。拧松下端螺栓，将上端压板压在垫片中间并拧紧上下螺栓		

续表

操作票顺序	安规要求	其他相关规定	图片指示	操作位置及注意事项	风险分析	风险预控
39 投入10kV分段备自投联切中龙乙线压板31LP2	—	《66kV 变电站现场运行通用规程》5.3.11 继电保护及安全自动装置操作（c）凡一次操作过程中涉及继电保护装置可能误动时，应先将可能误动的保护退出，操作完毕后，热备用状态时，保护装置出口压板、功能压板均应按要求投入。（e）当一次设备（母线除外）处于冷备用状态时，保护装置退出，跳闸压板、功能压板和功能压板可投入		控保室：10kV控保 Ⅴ 柜，拧松下端螺栓，将上端压板压在垫片中间并拧紧上下螺栓	（1）误停保护。（2）不停保护，引起运行设备误跳闸间。（3）不停保护，保护误动作后造成人员伤害	（1）在倒闸操作过程中，如果预料有可能引起某些保护误动或失去正确配合，要提前采取误动或失去其作用。（2）为避免因公共检修断路器直流检修时跳闸，影响断路器操作人员的人身安全，应停用公共检修跳闸的压板。（3）设备虽已停电，如该设备的保护误动作（包括校验、传动）后，仍会引起运行设备断路器跳闸时，也应停用有关保护停用，压板断开。如欲停有关保护的灵敏保护。（4）电气设备停电，特别是停电保护修及进行保护的维护和校验时，其失灵保护应停用。（5）检修或停电的设备在其间跳闸的保护动作后，引起运行设备跳闸的各个保护屏的启动失灵保护压板拉开后停用断路器拉开后停用
40 投入10kV分段备自投投入压板31KLP2	—			控保室：−10kV控保 Ⅴ 柜，拧松下端螺栓，将上端压板压在垫片中间并拧紧上下螺栓		
41 将 1、2 号主变压器投入无功优化系统	—	—	—	电话联系监控中心调整无功优化	—	—
42 汇报调度	—	—	—	地区调度：记录时间和调度姓名	—	—

13 66kV Ⅰ段电压互感器 1237 由运行转检修

操作票顺序	安规要求	其他相关规定	图片指示	操作位置及注意事项	风险分析	风险预控
1 拉开 66kV Ⅰ段电压互感器二次空气断路器	—	《66kV 变电站现场运行通用规程》5.3.7（a）项（1）电压互感器操作注意事项（1）电压互感器退出时，必须从高、低压侧分别断开电压互感器，防止反送电。（2）电压互感器退出时，应先断开二次空气断路器，后断开高压侧隔离开关；投入时顺序相反		66kV 高压室：66kV Ⅰ段电压互感器端子箱，向左拉开空气断路器	（1）误触交流电源，误触带电设备，造成伤害。（2）造成交流短路。（3）不戴好线手套，不紧长袖衫。（4）母线 TV 停电顺序错，反充电。（5）二次保护失压	（1）停电母线的 TV 一次隔离开关、二次空气断路器或熔断器必须拉开。（2）应防止电压互感器二次向停电母线切换回路失压，或通过隔离开关辅助触点不良向停电母线的电压互感器二次返充电引起停电母线电压反送电，母线电压互感器跳闸。（3）双母线或单母线分段运行时，某一母线或某分段停电前，应在运行母线电压互感器二次并列前提下，先将停电母线电压互感器二次断开（或取下），方可断开（或取下）待停电压互感器的二次熔断器（或空气断路器）。（4）母线 TV 停电时，先断 TV 二次空气断路器或熔断器，后拉一次隔离开关的顺序
2 将 66kV Ⅰ段电压互感器 1237 小车隔离开关拉至开关位	—	《66kV 变电站现场运行通用规程》5.3.7（a）项（1）电压互感器操作注意事项（1）电压互感器退出时，必须从高、低压侧分别断开电压互感器，防止反送电。（2）电压互感器退出时，应先断开二次空气断路器，后断开高压侧隔离开关；投入时顺序相反		66kV 高压室。注意隔离开关把手下方卡扣方向，反复动动把手直至小车达到开关位	（1）带负荷拉合隔离开关。（2）走错间隔而误拉间停电的隔离开关。（3）传动机构出现故障而误拉拒分。（4）隔离开关触头未分合到位。（5）隔离开关卡涩时强合合员环节。（6）防误闭锁程序装置失灵	（1）操作隔离开关后，要将防误闭锁装置锁好，以防止发生误操作。（2）手动拉动隔离开关时，应先慢而后谨慎，先看机构和连杆动作是否正确。（3）拉合操作时，当触头刚离开关时，应迅速看能速消弧。（4）当发生误闭锁程序失灵时，应查明原因，并经逐级上报后处理，不得自行解锁。（5）使检修设备有明显的断开点。（6）操作时，操作人、监护人应选择合适的站位

续表

操作票顺序	安规要求	其他相关规定	图片指示	操作位置及注意事项	风险分析	风险预控
3 在 66kV 互感器一次引线上验电三相确无电压	4.3.1 验电时，应使用相应电压等级、合格的接触式验电器，在装设接地线或合接地开关（装置）处对各相分别验电	《66kV 变电站现场运行通用规程》5.3.12 验电前，应先在有电设备上进行试验，确认验电器设备良好；无法在有电设备上进行试验时，可用工频高压发生器等确认验电器良好		66kV 高压室。万用表测量确无电压	(1) 不验电，装地线。(2) 不在带电设备上验证验电器是否良好。(3) 验电时，操作人不戴绝缘手套，造成人身触电。(4) 验电人员不与设备保持安全距离。(5) 验电器的伸缩式绝缘棒长度不够。(6) 操作人使用与电压等级不相符的验电器，在带电设备上造成人身触电。(7) 验电时，操作人使用验电器的绝缘棒的绝缘长度不够、手握的绝缘棒有效长度不够造成人身触电。(8) 雨天操作室外高压设备没有防雨绝缘棒罩、没穿绝缘靴。(9) 雷电时，进行倒闸操作	(1) 线路地线由调度指令装设或拆除，现场必须按调度指令装设或拆除。(2) 现场自行掌握的地线允许由现场人员在得到值班调度员方可自行装设。检修工作结束后，另行操作票，自行拆除现场自行掌握的地线。(3) 装设接地线前要先验电，验电前应在带电设备上验证验电器是否良好。(4) 验明设备无电压连续进行，中间不得有其他操作项目。地线网合接地端开关处对各相分别接牢固。(5) 设备验电时，应使用相应电压等级且合格的接触式验电器。(6) 高压验电必须戴绝缘手套不得超过护环，人体必须与验电设备保持安全距离。(7) 雨天气时不得进行室外直接验电。(8) 雨天操作室外高压设备时，绝缘棒应有防雨罩，还应穿绝缘靴，接地网电阻不符合要求的，雨天也应穿绝缘靴。(9) 雷电时，一般不进行倒闸操作，禁止在就地进行倒闸操作

续表

操作票顺序	安规要求	其他相关规定	图片指示	操作位置及注意事项	风险分析	风险预控
4 在66kV I 段电压互感器一次引线空气断路器上装设1号接地线一组	4.4.2 当验明设备确已无电压后，应立即将检修设备接地并三相短路	《变电专业电气操作票技术规范》1.15.1 装设接地线时，验电后立即装设接地线，不得间断。装设接地线应先接接地端，后接导体端，接地线应接触良好，连接可靠		66kV 高压室。先接接地端，后接导体端	（1）装设接地线不使用绝缘手套。（2）带电设备合接地开关（挂）接地线。（3）装设接地线必须先接接地端，后接接地端，程序错。（4）拆接地线时，线夹脱落到有电设备一侧。（5）接地线缠绕或接地点不平。（6）地线未装设良好。（7）装接地线失去监护，导致人身触电，造成人身灼伤	（1）装设接地线必须先接接地端，后接导体端，连接应可靠。拆接地线的顺序与此相反。（2）装、拆接地线均应使用绝缘棒和戴绝缘手套。（3）人体不得碰触接地线或未接地的导线，以防止感应电触电。（4）为检修工作提供安全保证
5 在66kV I 段电压互感器二次空气断路器电压端子上验电，电压端子确认无电压	4.3.1 验电时，应使用相应电压等级、合格的接触式验电器，在装设接地线或合接地的开关（装置）处对各相分别验电	《66kV 变电站现场运行通用规程》5.3.12 验电操作前，应先在有电设备上进行试验，确认验电器良好；无法在有电设备上进行试验时，可用工频高压发生器等确认验电器良好		66kV 高压室。66kV I 段电压互感器端子箱。万用表测量确无电压	同操作票顺序第 3 项的风险分析	同操作票顺序第 3 项的风险预控

续表

操作票顺序	安规要求	其他相关规定	图片指示	操作位置及注意事项	风险分析	风险预控
6 在 66kV I 段电压互感器二次空气断路器侧电压互感器端子上装设 12 号接地线一组	4.4.2 当验明设备确已无电压后，应立即将检修设备接地并三相短路	《变电专业电气操作票技术规范》1.15.1 装设接地线时，验电后应立即装设接地线。不得同时接设接地线。装设接地线应先接接地端，后接导体端，接地线应接触良好，连接可靠		66kV 高压室：66kV I 段电压互感器端子箱。先接接地端，后接导体端	(1) 装设接地线不使用绝缘棒和戴绝缘手套。(2) 带电合(挂)接地开关(接地线)。(3) 装设接地线必须先接接地端，后接接地体端，程序错。(4) 装、拆接地线时，线夹脱落到有电设备一侧。(5) 接地线缠绕或接地点不牢。(6) 地线未装设良好。(7) 装设接地失监护，导致人身触电，造成人身灼伤	(1) 装设接地线必须先接接地端，后接导体端，接地线必须接触良好，连接可靠。拆接地线的顺序与此相反。(2) 装、拆接地线均应使用绝缘棒和戴绝缘手套。(3) 人体不得碰触接地的导线，以防止感应电触电。(4) 为检修工作提供安全保证

14 66kV Ⅰ段电压互感器站内拆除安全措施

操作票操作顺序	安规要求	其他相关规定	图片指示	操作位置及注意事项	风险分析	风险预控
1 拆除66kV Ⅰ段电压互感器一次引线上装设1号接地线一组	4.4.9 装设接地线应先接接地端,后接导体端。接地线应接触良好,连接可靠。拆除接地线的顺序与此相反	《变电专业电气操作票技术规范》1.15.1 装设接接地线时,验电后立即装设接接地线,不得间断。装设接地线应先接接地端,后接导体端,连接地线应接触良好,连接可靠。拆除接地线顺序与此相反		66kV 高压室:先拆导体端,后拆接地端	(1)拆接接地线时,线夹脱落到有电设备一侧。 (2)不按调度指令拆除地线	(1)地线由调度掌握,按调度指令装设或拆除。 (2)现场自行掌握的地线由现场人员在得到值班调度员的指令后方可自行装设,检修工作允许装设,自行拆除结束后,另行开操作票,现场自行掌握的地线
2 拆除66kV Ⅰ段电压互感器二次空气断路器侧电压互感器上装设12号接地线一组	4.4.9 装设接地线应先接接地端,后接导体端。接地线应接触良好,连接可靠。拆除接地线的顺序与此相反	《变电专业电气操作票技术规范》1.15.1 装设接接地线时,验电后立即装设接接地线,不得间断。装设接地线应先接接地端,后接导体端,连接地线应接触良好,连接可靠。拆除接地线顺序与此相反		66kV 高压室:66kV Ⅰ段电压互感器端子箱,先拆导体端,后拆接地端	(1)拆接接地线时,线夹脱落到有电设备一侧。 (2)不按调度指令拆除地线	(1)地线由调度掌握,按调度指令装设或拆除。 (2)现场自行掌握的地线由现场人员在得到值班调度员的指令后方可自行装设,检修工作允许装设,自行拆除结束后,另行开操作票,现场自行掌握的地线
3 检查1、12号共2组接地线全部拆除,确已拆除	4.4.12 每组接地线均应编号,并存放在固定地点。存放位置也应编号,接地线号码与存放位置号码应一致。装、拆记录,交接班时应交代清楚	《变电专业电气操作票技术规范》5.8.2 接地线拆除后均为一项总的接地检查项目,检查拆除的接地线要每组一组在该接地号上用红笔打"√"	—	核对地线编号,或或确已拆除检查确认真核对	(1)带接地线合闸,关或核对接地线。 (2)不认真核对地线	临时地线全部拆除后,一并检查确已拆除

15 66kV I 段电压互感器 1237 由检修转运行

操作票顺序	安规要求	其他相关规定	图片指示	操作位置及注意事项	风险分析	风险预控
1 检查送电范围内设备无异常,接地开关(接地开关、接地线)已拉开,接地线已拆除	2.3.4.3(5)设备检修后合闸送电前,检查送电范围内接地线(接地开关)已拉开,接地线已拆除	《变电专业电气操作票技术规范》5.7.2 检查送电范围内接地线(接地开关)确已拆除,可列为一项总的检查项目。术语:检查送电范围内设备无异常,接地开关(接地开关)已拉开,接地线已拆除	—	—	(1)带接地线或接地开关合闸。(2)不认真核对地线对地线	(1)操作中,各级运维人员要紧密配合,凡停电设备恢复送电时,必须确认所有作业组、作业人员全部撤离现场,地线全部拆除后方可进行送电操作。(2)检查送电范围内设备无异常,地线(接地开关)已拆除,防止带地线合闸事故的发生
2 将 66kV I 段电压互感器 1237 小车隔离开关推至运行位	—	《66kV 变电站现场运行通用规程》5.3.7(a)电压互感器操作注意事项(1)电压互感器投入时,必须从高、低压侧分别拉开电压互感器,防止反充电。(2)电压互感器退出时,应先断开二次空气断路器,后拉开高压侧隔离开关;投入时顺序相反		66kV 高压室。注意隔离开关把手下方卡扣方向,反复拉动把手,直至小车达到运行位	(1)带负荷拉合隔离开关。(2)电弧灼伤人。(3)操作中隔离开关瓷瓶断裂、引线或导线放电。(4)走错间隔而误拉不应停电的隔离开关。(5)传动机构故障出现卡涩分。(6)隔离开关触头分合不到位。(7)隔离开关卡涩时强拉合造成损坏设备。(8)防误闭锁程序装置失灵。(9)设备倒闸伤人	66kV TV 送电先合一次侧隔离开关,后合二次侧断路器或熔断器

续表

操作票顺序	发规要求	其他相关规定	图片指示	操作位置及注意事项	风险分析	风险预控
3 合上 66kV 电压母线 I 段二次空气断路器	一	《66kV 变电站现场运行通用规程》5.3.7（a）电压互感器操作注意事项（1）电压互感器检修时，必须从高、低压侧分别断开电压互感器，防止反送电。（2）电压互感器退出时，应先断开二次空气断路器，后拉开高压侧隔离开关；投入时顺序相反		66kV 高压室：66kV I 段电压互感器端子箱，向右合上空气断路器	（1）误触交流电源，误碰带电设备，造成伤害。（2）造成交流短路。（3）不戴好线手套，不穿长袖衣。（4）母线 TV 送电顺序错，反充电。（5）二次保护失压	66kV TV 送电先合一次侧隔离开关，后合二次侧断路器或熔断器
4 检查 66kV I 段电压指示正确	2.3.4.3（4）在进行倒负荷或解、并列操作前后，检查相关电源运行及负荷分配情况	《变电专业电气操作票技术规范》1.4 断路器停、送电和并、解列操作后，必须检查断路器实际位置和表计指示		控保室：后台机。电压指示数值	二次回路存在问题	检查送电 TV 二次电压指示正确

16 66kV 中先乙线停电

操作票顺序	安规要求	其他相关规定	图片指示	操作位置及注意事项	风险分析	风险预控
1 联系调度	—	—	—	电话联系地区调度：记录时间和调度姓名	—	—
2 将1、2号主变压器退出无功优化系统	—	《66kV变电站现场运行通用规程》5.3.11 继电保护及安全自动装置操作 （c）凡一次操作过程中涉及继电保护装置可能误动时，应先将可能误动的保护退出，操作完毕后，按正常方式投入。 （d）一次设备处于运行状态时，热备用状态时，保护装置出口压板、功能压板均应按要求方式投入。 （e）当一次设备（母线除外）处于冷备用状态时，保护装置退出板，跳闸压板和功能压板可投入。	—	电话联系调度中心调整无功优化	—	
3 停用10kV分段备自投跳1号主变压器10kV侧断路器压板31CLP1	—			控保室：-10kV 控保V柜，拧松上下螺栓，将上端压板从垫片中取出，拧紧下螺栓固定	（1）误停保护动作后，引起设备误跳间 （2）不停保护，引起运行设备断路器跳间 （3）不停保护，保护误动作后造成人员伤害	（1）在倒闸操作过程中，如果有某套保护或自动装置误动或失去正确配合，正起检修断路器在合位，由于检修断路器直流为备合位，而造成检修断路器同时跳闸，应提前采取措施或将其停用。 （2）为避免因公共保护在合位，影响检修人员的人身安全，应停用公共保护跳检修断路器的压板。 （3）设备虽已停电，如该设备的保护动作（包括合闸、传动）时，仍会引起运行设备断路器跳闸间，也应将有关保护停用，压板断开。例如：启动失灵保护等。 （4）电气设备停电，应有关保护停用，特别是在进行保护的维护和校验时，其失灵保护一定要停用。 （5）检修或停电的设备投运，引起运行设备跳闸间的相关的保护动作时，引起运行设备跳闸间的各保护应停用。如220kV断路器的各个保护屏的启动失灵保护压板应在断路器投入运行前启用停用。
4 停用10kV分段备自投跳2号主变压器10kV侧断路器压板31CLP3	—			控保室：10kV 控保V柜，拧松上下螺栓，将上端压板从垫片中取出，拧紧下螺栓固定		
5 停用10kV分段备自投合10kV Ⅰ、Ⅱ段分段断路器压板31CLP5	—			控保室：10kV 控保V柜，拧松上下螺栓，将上端压板从垫片中取出，拧紧下螺栓固定		

续表

操作票顺序	安规要求	其他相关规定	图片指示	操作位置及注意事项	风险分析	风险预控
6 停用 10kV 分段备自投联切中龙甲线压板 31LP1	—	《66kV 变电站现场运行通用规程》5.3.11 继电保护及安全自动装置操作过程中涉及一次继电保护可能误动的保护退出,操作完毕后,按正常方式投入。(d) 凡一次设备处于运行状态、热备用状态时,保护装置出口压板,功能压板均应按要求投入。(e) 当一次设备(母线除外)处于冷备用合闸状态时,保护装置退出,跳闸间压板和功能压板均应投入	31LP7 备自投 / 31LP1 10kV分段备自投 中龙甲线 / 31LP2 10kV分段备自投 器中龙乙	控保室:10kV 控保 V 柜。拧松上下螺栓,将上端压板从垫片中取出,拧紧下螺栓固定		(1) 在倒闸操作过程中,如果预料有可能引起失去某些保护正确动作或自动装置误动或相互配合,要提前采取措施或将其停用。
7 停用 10kV 分段备自投联切中龙乙线压板 31LP2	—		备 用 / 31LP1 分段备自投 中龙甲线 / 31LP2 10kV分段备自投 器中龙乙线	控保室:10kV 控保 V 柜。拧松上下螺栓,将上端压板从垫片中取出,拧紧下螺栓固定	(1) 误停保护。 (2) 不停保护,保护误动后,引起误动行设备误跳间。 (3) 不停保护,保护动作后造成人员伤害	(2) 为避免因公共保护跳断路器在合位,而造成检修器直流为配合断路器操作在合位,由于检修器操作断路器跳闸间,影响检修人员的人身安全,应停用。 (3) 设备虽已停电,但检修工作(包括校验、传动)后,仍会引起运行设备断路器跳闸间时,也应将有关保护停用,压板断开。
8 停用 10kV 分段备自投投入压板 31KLP2	—		备 用 / 31LP2 10kV分段备自投器投入	控保室:10kV 控保 V 柜。拧松上下螺栓,将上端压板从垫片中取出,拧紧下螺栓固定		(4) 电气设备停用,特别是在进行保护的维护停用,校验时,其失灵保护一定要停用。 (5) 检修或停电的设备跳闸动作后,引起运行设备跳闸间的相关保护应停用。如 220kV 断路器的启动失灵保护屏的启动各个断路器压板应在保护屏拉开后停用

续表

操作票顺序	安规要求	其他相关规定	图片指示	操作位置及注意事项	风险分析	风险预控
9 将1、2号主变压器有载调压分接头位置，使其变比相同	—	《66kV 变电站现场运行通用规程》5.3.1.3 主变压器并列运行 a) 变压器并列运行的基本条件：电压比应相同		控保室：66kV 1、2号主变压器测控柜。先将把手打到就地位置，然后进行升降挡操作	不满足两台主变压器并列运行条件	(1) 两台主变压器需要有载并列运行，并列前调整其变压比分接开关，以使其变比分接开关；(2) 变压器并列条件：a) 相位相同，结线组别相同；b) 电压比相等；c) 短路阻抗相近或相同，允许差值不超过10%
10 将10kV分段断路器控制方式开关由远方位置切至就地位置	—	《66kV 变电站现场运行通用规程》5.3.13 避免操作 c) 正常运行时，运行中的断路器选择方式切换把手应置于"远方"位置		控保室：10kV 控保V柜。逆时针旋转把手至就地位置	(1) 经人工操作的断路器由合闸位置转为合闸位置，未合上，断路器操作失灵、操作把手失灵，断路器操作把手失灵；(2) 传动故障，造成回路失灵、机构故障；(3) 误合断路器，误操作；(4) 带接地线合闸或接地开关合闸	(1) 合控操作过快，不得用力过猛或操作过快，以免不上闸；(2) 拧动控制开关，以免操作失灵，不得用力过猛或操作失灵；(3) 操作前后，断路器分合位置指示正确，合后位置指示灯指示正确、位置指示灯指示正确；(4) 远方手动合闸，以免合入故障回路，使断路器频繁变化；(5) 远方手动合闸或送电时，人员应尽量远离合闸回路，以免合入故障回路或故障发生时人员应处在合闸回路之外，操作之前应检查和考虑意外情况；(6) 操作人精况；(7) 断路器控制把手切至合闸位置，红灯亮，现场检查合闸位置指示灯亮，该断路器应处在合闸位置；(8) 合闸操作之前，首先要检查该断路器是否已完全处于备用状态。它包括：小车备用断路器均在备用位置的各继电保护装置及操作电源均已按规定投入，合闸电源投入且位置指示正确。注意合闸把手合闸至合闸瞬间冲击投入（如充电和场仪表再出现合闸时出现线路负荷变化），等待红灯亮后即可返回（既不能因返回过快而导致合后指示灯失败，也不能因合闸时间过长而导致烧坏合闸线圈）
11 合上10kV分段50断路器	2.3.6.1 停电拉闸操作应按照断路器—负荷侧隔离开关—电源侧隔离开关的顺序依次进行，送电合闸按与上述相反的顺序进行。禁止带负荷拉合隔离开关	《国家电网公司变电运维管理规定（五）》第六十七条 3.远方操作前，应对现场一次设备发出提示信号，提醒现场人员远离操作设备		控保室：10kV 控保V柜。顺时针将把手拧到预合闸位置后，再将合闸把手拧到合闸终点，红灯亮，把手松开后自动复归到合后位置		

续表

操作票顺序	安规要求	其他相关规定	图片指示	操作位置及注意事项	风险分析	风险预控
12 检查 50 表计指示正确 A	2.3.4.3（4）在进行倒负荷或解、并列操作前后，检查相关电源运行及负荷分配情况	《变电专业电气操作票技术规范》1.4 断路器停、送电和并、解列操作前后，必须检查断路器实际位置和表计指示		控保室：后台机。电流指示数值	操作断路器合闸后，做出良好的正确判断	（1）断路器合闸后，应立即检查有关信号和测量仪表。（2）操作过程中，应同时监视有关电压、电流，功率表计（实时显示）正常，以及断路器控制把手指示灯的变化。（3）断路器送电操作后电力表应有指示。（4）断路器控制把手切至合闸位置红灯亮
13 检查 51 表计指示正确 A	2.3.4.3（4）在进行倒负荷或解、并列操作前后，检查相关电源运行及负荷分配情况	《变电专业电气操作票技术规范》1.4 断路器停、送电和并、解列操作前后，必须检查断路器实际位置和表计指示		控保室：后台机。电流指示数值		
14 检查 52 表计指示正确 A	2.3.4.3（4）在进行倒负荷或解、并列操作前后，检查相关电源运行及负荷分配情况	《变电专业电气操作票技术规范》1.4 断路器停、送电和并、解列操作前后，必须检查断路器实际位置和表计指示		控保室：后台机。电流指示数值		

续表

操作票顺序	安规要求	其他相关规定	图片指示	操作位置及注意事项	风险分析	风险预控
15 将 10kV 分段断路器控制方式开关由就地位置切至远方位置	—	《66kV 变电站现场运行通用规程》5.3.13 遥控操作时,受控站所有的断路器选择方式切换把手应置于"远方"位置		控保室:10kV控保 V 柜;顺时针旋转把手至远方位置	—	—
16 检查 50 断路器在合位	2.3.6.5 电气设备操作后的位置检查应以设备的实际位置为准	断路器停、送电并、解列操作前后,必须检查断路器实际位置和表计指示		10kV 高压室:分闸绿灯灭,合闸红灯亮,操作把手在合闸位置、合动机构指示器在合闸位置	(1)断路器未合上;(2)操作人、监护人未进行检查或检查不到位、导致断路器实际位置与实际不对应	(1)断路器经合闸后,检查其实际位置,以免传动机构故障,造成回路实际未合上而引起的误操作。(2)现场检查合闸应处在合闸位置
17 联系调度	—	—	—	地区调度;记录时间和调度姓名	—	—
18 将 2 号主变压器 10kV 侧断路器控制方式开关由远方位置切至就地位置	—	《66kV 变电站现场运行通用规程》5.3.13 遥控操作时,受控站所有的断路器选择方式切换把手应置于"远方"位置		控保室:66kV 1、2 号主变压器测控柜;逆时针旋转把手至就地位置	(1)经人工操作的开关未由分闸位置转为合闸位置,断路器操作把手失灵;(2)传动机构故障,造成回路实际未拉开	(1)拉合控制开关,不得用力过猛或用力不足,以免拉不开闸。(2)扭动控制开关,不得用力过猛或操作过快,以免操作失灵。(3)操作前、断路器分、合操作器位置,合位置指示正确。操作时,断路器控制把手指示正确,断路器实际位置指示灯的变化。

续表

操作票顺序	安规要求	其他相关规定	图片指示	操作位置及注意事项	风险分析	风险预控
19 拉开2号主变压器10kV侧52断路器	2.3.6.1 停电拉闸操作应按照断路器—负荷侧隔离开关—电源侧隔离开关的顺序依次进行，送电合闸操作应按与上述相反的顺序进行。禁止带负荷拉合隔离开关	《国家电网公司变电运维管理规定》第六十七条（五）3.远方操作一次设备前，应对现场人员发出提示信号，提醒现场人员远离操作设备		控保室：66kV 1、2号主变压器测控柜。逆时针将预分位手拧到分位置后，再将把手拧到分闸终点位置，待绿灯亮后再松手，把手归复到分位后自动复位后位置	（3）误拉误运行操作的断路器，误操作	（4）断路器控制把手切至分闸位置，瞬间分闸后，该断路器所控制的回路电流应降至零，绿灯亮，现场检查机构位置应处在分闸位置（5）断路器经拉闸后，应到现场检查其实际位置，以免传动机构故障，造成回路实际未拉开
20 检查52指示正确表计指示正确	2.3.4.3（4）在进行倒负荷或解、并列操作前后，检查相关电源运行及负荷分配情况	《变电专业电气操作票技术规范》1.4 断路器停、送电和并，解列操作前后，必须检查断路器实际位置和表计指示		控保室：后台机。电流指示为零	操作断路器分闸后，做出良好的正确判断	（1）断路器分闸后，应立即检查有关信号和图示仪表。（2）操作过程中，应同时监视有关电压、电流、功率表计（实时显示）正常，以及各间隔把手指示灯对应的变化。（3）断路器分闸后，机构位置应降至零，绿灯亮。（4）操作间隔后应对测量仪表和信号指示。例如：电力表的指令等，从而做出良好的正确判断
21 检查51指示正确表计指示正确	2.3.4.3（4）在进行倒负荷或解、并列操作前后，检查相关电源运行及负荷分配情况	《变电专业电气操作票技术规范》1.4 断路器停、送电和并，解列操作前后，必须检查断路器实际位置和表计指示		控保室：后台机。电流指示数值		制的回路电流应降至零，分闸位置应实地检查，分间隔位置应实地检查，从而做出良好的正确判断

续表

操作票顺序	安规要求	其他相关规定	图片指示	操作位置及注意事项	风险分析	风险预控
22 将 2 号主变压器 10kV 侧断路器控制方式开关由就地位置切至远方位置	—	《66kV 变电站现场运行通用规程》5.3.13 遥控操作 c)正常运行时，受控站所有运行或热备用状态的断路器选择方式切换把手应置于"远方"位置		控保室：66kV 1、2 号主变压器测控柜。顺时针旋转把手至远方位置	没有及时恢复控制方式把手	及时恢复控制方式把手
23 检查 52 断路器在开位	2.3.6.5 电气设备操作后的位置检查应以设备实际位置为准	《变电专业电气操作票技术规范》1.4 断路器停、送电和并、解列操作前后，必须检查断路器实际位置和表计指示		10kV 高压室，合闸红灯灭，分闸绿灯亮，操动机构的分、合指示器在分闸位置	(1) 断路器未拉开。(2) 操作人、监护人不进行检查断路器实际位置或检查不到位，导致断路器查不到位，导致断路器实际位置与实际位置不对应	(1) 现场检查机构位置指示器，应处在分闸位置。(2) 断路器经拉闸后，应到现场机构故障，检查其实际位置，以免传动回路实际未拉开
24 联系调度	—	—	—	地区调度；记录时间和调度姓名	—	—
25 将 2 号主变压器 66kV 侧断路器控制方式开关由远方位置切至就地位置	—	《66kV 变电站现场运行通用规程》5.3.13 遥控操作 c)正常运行时，受控站所有运行或热备用状态的断路器选择方式切换把手应置于"远方"位置		控保室：66kV 1、2 号主变压器测控柜。逆时针旋转至就地位置	(1) 经人工操作的断路器由分闸转为合闸位置，断路器操作把手未拉开。(2) 传动机构故障，造成回路实际未拉开	(1) 拉控制开关，不用力过猛或操作过快，以免拉不开闸。(2) 拧控制开关，不得用力过猛或操作过快，以免操作失灵。(3) 操作前、操作后，断路器分、合位置指示正确。断路器控制把手传动指示灯的变化

续表

操作票顺序	安规要求	其他相关规定	图片指示	操作位置及注意事项	风险分析	风险预控
26 拉开2号主变压器66kV侧1238断路器	2.3.6.1 停电拉闸操作应按照断路器—负荷侧隔离开关—电源侧隔离开关的顺序依次进行,送电合闸操作应按与上述相反的顺序进行。禁止带负荷拉合隔离开关	《国家电网公司变电运维管理规定》第六十七条(五)3.远方操作一次设备前,应对现场人员发出提示信号,提醒现场人员远离操作设备		控保室:66kV 1、2号主变压器测控柜 将把手逆时针拧到预分位置后,再将把手拧到分闸终点位置,待绿灯亮后再松开,把手自动复归到分后位置	(3) 误拉运行的断路器、误操作	(4) 断路器控制把手切至分闸位置后,该断路器所控制的回路电流应降至零、绿灯亮,现场检查机构指示器应处在分闸位置 (5) 断路器经合闸后,应到现场检查其实际位置,以免传动机构未动作,造成回路实际未拉开
27 检查1238表计确无指示	2.3.4.3 (4) 在进行倒负荷或解、并列操作前后,送电和并、解列操作前,必须检查相关电源运行及负荷分配情况	《变电专业电气操作票技术规范》1.4 断路器停、送电操作,应检查断路器实际位置和表计指示		控保室:后台机。电流指示为零	操作断路器分闸后,做出正确的判断	(1) 断路器分闸中,应立即检查有关信号和测量仪表。(2) 操作过程中,应同时监视有关电流、电压、功率等表计(实时)显示,以及断路器控制把手指示灯的变化。(3) 断路器控制把手切至分闸位置后,瞬间回路电流应降至零、绿灯亮
28 将2号主变压器66kV侧断路器控制方式开关由就地位置切至远方位置	—	《66kV变电站现场运行通用规程》5.3.13 遥控操作 c)正常运行时,受控站所有的断路器选择方式切换把手应置于"远方"位置		控保室:66kV 1、2号主变压器测控柜 顺时针旋转至远方位置		(4) 信号指示、机构位置进行实地检查:电力表的指示、分闸位置指示器的指令等,从而做出正确的判断

续表

操作票顺序	安规要求	其他相关规定	图片指示	操作位置及注意事项	风险分析	风险预控
29 检查 1238 断路器在开位	2.3.6.5 电气设备操作后的位置检查应以设备实际位置为准	《变电专业电气操作票技术规范》1.4 断路器停、送电和并、解列操作前后，必须检查断路器实际位置和表计指示		66kV 高压室。操动机构的分、合闸指示器在分闸位置	(1) 断路器未拉开。(2) 操作人未进行检查或检查断路器实际不到位，导致实际位置与断路器位置不对应	(1) 现场检查机构位置指示器应处在分闸位置。(2) 断路器经拉闸后，应到现场检查其实际位置，以免传动回路实际机构未拉开，造成回路实际故障
30 联系调度	—	—	—	地区调度；记录时间和调度姓名	—	—
31 检查 52 断路器在开位	2.3.4.3 (3) 进行停、送电操作时，在拉合隔离开关、手车式开关拉出、推入手车之前，应检查断路器确在分闸位置	《国家电网公司变电运维管理规定 第 5 分册》2.2.7 拉出、推入手车前应检查断路器位置		10kV 高压室。合闸红灯灭，分闸绿灯亮，操动机构的分、合闸指示器在分闸位置	(1) 断路器未拉开。(2) 防止带负荷拉合隔离开关。(3) 操作人不进行检查或检查断路器实际不到位，导致断路器实际位置与断路器位置不对应	(1) 此项是操作隔离开关前的检查项，防止出现断路器尚未拉开，先拉出隔离开关。(2) 首先检查断路器在断开位置，防止带负荷拉隔离开关（规程规定的情况下除外）

续表

操作票顺序	安规要求	其他相关规定	图片指示	操作位置及注意事项	风险分析	风险预控
32 将 2 号主变压器 10kV 侧小车隔离开关拉至开位 52 将 2 号主变压器 10kV 侧小车隔离开关拉至开位	2.3.6.1 停电拉闸操作应按照断路器—负荷侧隔离开关—电源侧隔离开关的顺序依次进行。送电合闸操作应按与上述相反的顺序进行。禁止带负荷拉合隔离开关	《国家电网公司变电运维管理规定 第 5 分册 变电站运维细则》2.2.3 操作前，应将车体位置摆正，认真检查机械联锁位置正确方可进行操作；禁止强行操作	 小车摇把插孔	10kV 高压室。将摇把插入插孔，逆时针旋转摇把，直至试验验证位置绿色位置灯亮	(1) 带负荷合隔离开关。 (2) 走错间隔不应停电而误拉同间隔离开关。 (3) 传动机构故障出现拒分。 (4) 隔离开关触头分不到位。 (5) 隔离开关卡涩时强拉合损坏设备。 (6) 防误闭锁程序装置失灵	(1) 首先检查相应回路的断路器在断开位置，防止带负荷拉合（规程规定的情况下除外）。 (2) 在停电操作时，可能出现的误操作有：断路器尚未拉开，先拉隔离开关造成带负荷拉隔离开关，因走错间隔而误拉不应停电的隔离开关。 (3) 操作隔离开关，以防误操作，应慢而缓。 (4) 手动拉合隔离开关时，应先轻轻拉动隔离开关操作把手，看机构和连杆动作是否正常。 (5) 拉闸操作时，开始应迅速而谨慎，当触头刚离开时，应迅速果断，以便能迅速消弧。 (6) 当防误闭锁程序装置失灵时，应查明原因，并经逐级上报后处理，不得自行解锁。 (7) 使检修设备有明显的断开点。 (8) 操作时，操作人、监护人应选择合适的站位
33 检查 1238 断路器在开位	2.3.4.3 (3) 进行停、送电操作时，手车式开关拉出、推入前，检查断路器确在分闸位置	《变电专业电气操作票技术规范》1.4 断路器、隔离开关和小车，解列操作停、送电和并列操作前后，必须检查断路器实际位置与计表计指示		66kV 高压室。操动机构的分、合闸指示器在分闸位置	(1) 断路器未拉开。 (2) 防止带负荷合隔离开关。 (3) 操作人、监护人不进行检查实际位置或检查断路器实际位置不到位，导致断路器实际位置与实际位置不对应	(1) 此项是操作隔离开关前的检查项，防止隔离开关尚未拉开，先拉隔离开关造成带负荷拉隔离开关。 (2) 首先检查相应回路的断路器在断开位置，防止带负荷拉合隔离开关（规程规定的情况下除外）

续表

操作票顺序	安规要求	其他相关规定	图片指示	操作位置及注意事项	风险分析	风险预控
34 将2号主变压器66kV侧1238小车隔离开关拉至开关位	2.3.6.1 停电拉闸操作应按照断路器—负荷侧隔离开关—电源侧隔离开关的顺序依次进行，送电合闸操作应按与上述相反的顺序进行。禁止带负荷拉合隔离开关	《国家电网公司变电运维管理规定 第4分册 隔离开关运维细则》2.5.5 隔离开关操作过程中，应严格监视隔离开关动作情况，如有隔离开关动作迟缓、卡涩，机构卡涩、顶卡，动触头不能插入静触头等现象时，应停止操作，查明原因并上报，严禁强行操作		66kV 高压室。注意隔离开关把手上下方卡扣方向，复拉动把手直至小车送至开位	(1) 带负荷拉合隔离开关。 (2) 走错间隔而误拉不应停电的隔离开关。 (3) 传动机构故障出现拒分。 (4) 隔离开关分闸不到位。 (5) 隔离开关卡涩时强拉合损坏设备。 (6) 防误闭锁程序装置失灵	(1) 首先检查相应回路的断路器在断开位置，防止带负荷拉开，合隔离开关（规程规定的情况下除外）。 (2) 在停电操作时，断路器尚未拉开，先拉隔离开关这一种情况是带负荷已拉开，另一种情况是错同拉合隔离而误拉不应停电的隔离开关。 (3) 操作隔离开关，以防止发生误操作。 (4) 手动拉动隔离开关时，应慢闭锁装置锁好，看隔离开关操作把手，先轻晃动连杆机构和连触头动作是否正确。 (5) 拉闸操作时，开始应迅速，当触头刚离开时，应迅速消弧，以便能迅速断弧。 (6) 当发现误操作装置失灵时，应查明原因，并经逐级上报后处理，不得自行解锁。 (7) 使检修设备有明显的断开点。 (8) 操作时，操作人、监护人应选择合适的站位

续表

操作票顺序	安规要求	其他相关规定	图片指示	操作位置及注意事项	风险分析	风险预控
35 拉开66kV II段电压互感器二次空气断路器	—	《66kV变电站现场运行通用规程》5.3.7（a）项 电压互感器操作注意事项 (1)电压互感器投入时，必须从高、低压侧分别断开电压互感器，防止反送电。(2)电压互感器退出时，应先断开电压二次空气断路器，后拉开高压侧隔离开关；投入时顺序相反		66kV高压室：66kV II段电压互感器端子箱，向左拉开空气断路器	(1)误触交流电源，误碰带电设备，造成伤害。(2)造成交流短路。(3)不戴好绝缘手套，不穿长袖衣服。(4)母线TV停电顺序错，反充电。(5)二次保护失压	(1)停电母线的TV一次隔离开关或熔断器必须拉开。(2)应通过电压互感器二次辅助触点切换回路良不良失压，或停电的电压互感器和停电母线电压互感器二次反充电，引起运行母线电压互感器熔断（或空气断路器跳闸）。(3)双母线或单母线分段接线时，某一母线停电，应在母线分段断路器合闸运行的前提下，先拉电压互感器二次侧并列运行的二次熔断器（或取下）待停电一次侧的二次熔断器（或空气断路器）。(4)母线TV停电，先停二次空气断路器或熔断器，后停一次隔离开关的顺序
36 将66kV II段电压互感器1235小车隔离开关拉至开关位	—	《66kV变电站现场运行通用规程》5.3.7（a）项 电压互感器操作注意事项 (1)电压互感器投入时，必须从高、低压侧分别断开电压互感器，防止反送电。(2)电压互感器退出时，应先断开电压二次空气断路器，后拉开高压侧隔离开关；投入时顺序相反		66kV高压室：隔离开关注意手把下方扣方向，反复拉复至小车手直至到位	(1)带负荷合隔离开关。(2)走错间隔而误拉隔离开关。(3)传动机构故障出现拒分。(4)隔离开关触头不到位。(5)隔离开关卡涩时强拉造成损环设备。(6)防误闭锁装置失灵	(1)操作隔离开关后，要防止发生误操作，以防止隔离开关闭锁装置锁好。(2)手动拉隔离开关时，应先慢而重，看手机构和连杆动作是否正常。(3)拉闸操作时，开始应慢而谨慎，当触头刚离开关时，以便能迅速消弧。(4)当发现误操作程序装置上锁后，应查看原因，并经逐级上报处理，不得自行解锁。(5)使检修设备有明显的断开点。(6)操作时，操作人、监护人应选择合适的站位
37 联系调度	—	—	—	地区调度；记录时间和调度姓名	—	

续表

操作票顺序	安规要求	其他相关规定	图片指示	操作位置及注意事项	风险分析	风险预控
38 在中先乙线路入口引线上验电三相确无电压	4.3.1 验电时，应使用相应电压等级、合格的接触式验电器，在装设接地线或合接地刀开关（装置）处对各相分别验电	《66kV 变电站现场运行通用规程》5.3.12 验电前，应先在有电设备上进行试验，确认验电器良好；无法在有电设备上进行试验时，可用工频高压发生器等确认验电器良好		66kV 高压室，确证验电器良好，然后分别验电三相	(1) 不验电，装地线。 (2) 不在带电设备上验证验电器是否良好。 (3) 验电时，操作手套不戴绝缘手套，造成人身触电。 (4) 操作人员不与验电设备保持安全距离。 (5) 电器的伸缩式绝缘棒长度不合格。 (6) 操作人使用与验电部用与验电级不相符的验电器，在带电设备上试验，造成人身触电。 (7) 验电时，操作人使用验电器的绝缘手柄有效长度不够，手柄绝缘有效长度不够造成人身触电。 (8) 雨天操作，室外高压设备，不穿绝缘靴，雨天绝缘靴。 (9) 雷电时，进行倒闸操作	(1) 线路地线由调度指令掌握，现场必须按调度指令掌握或拆除。 (2) 现场自行掌握的地线允许工作结束后，另行操作票，自行拆除现场自行掌握的地线。 (3) 装设接地线前要先验电，验电前应在带电设备上验证验电器是否良好。 (4) 验明设备无电压与装接地线操作必须连续进行，中间不得有其他操作项目。地线接地端必须接牢固。 (5) 设备验电时，应使用相应电压等级合格的接触式验电器，在装设接地线或合接地刀开关处对各相分别验电。 (6) 高压验电必须戴绝缘手套，验电器的伸缩式绝缘棒长度必须拉足，验电时手柄必须握在手柄处不得超过护环，人体必须与验电设备保持安全距离。 (7) 雨雪天气时不得进行室外直接验电。 (8) 雨天操作室外高压设备时，绝缘棒应有防雨罩，还应穿绝缘靴。晴天也应穿绝缘靴。 (9) 雷电时，一般不进行倒闸操作，禁止在就地进行倒闸操作

续表

操作票顺序	安规要求	其他相关规定	图片指示	操作位置及注意事项	风险分析	风险预控
39 在中先乙线路入口引线上装设 1 号接地线一组	4.4.2 当验明设备确已无电压后,应立即将检修设备接地并三相短路	《变电专业电气操作票技术规范》1.15.1 装设接地线时,验电后立即装设接地线,不得同断。装设接地线应先接接地端,后接导体端,接地线应接触良好,连接可靠		66kV 高压室。先接接地端,后接导体端	(1)装接地线不使用绝缘棒和戴绝缘手套。(2)带电合(挂)接地开关(接地线)。(3)装设接地线必须先接接地端,后接导体端,程序错。(4)装、拆接地线时,线夹脱落到带电设备一侧。(5)装设接地线缠绕接地点不牢。(6)地线未装设良好。(7)装接地线失去监护,导致人身触电,造成人身伤亡	(1)装设接地线必须先接接地端,后接导体端,拆接地线必须此相反。装、拆接地线均应使用绝缘棒和戴绝缘手套。(2)装、拆接地线均应使用绝缘棒和戴绝缘手套。(3)人体不得碰触接地线的导体,以防止感应电触电。(4)为检修工作提供安全保证
40 将 1、2 号主变压器投入无功优化系统	—	《66kV 变电站现场运行通用规程》5.3.11 继电保护及自动装置操作(c)凡一次操作过程中涉及继电保护装置可能误动的保护退出,应先将可能误动的保护退出,操作完毕后,按正常方式投入	—	电话联系监控中心调整无功优化	—	—
41 汇报调度	—	—	—	地区调度;记录时间和调度姓名	—	—

17 66kV 中先乙线送电

操作票顺序	安规要求	其他相关规定	图片指示	操作位置及注意事项	风险分析	风险预控
1 联系调度	—	—	—	电话联系地区调度：记录时间和调度姓名	—	—
2 拆除中先乙线线路入口引线上1号接地线一组	—	《变电专业电气操作票技术规范》1.15.1 装设接地线时，验电后接地即装设接地线，不得中断。装设接地线应先接接地端，后接导体端，拆除接地线的顺序与此相反。连接应可靠，接触良好，连接应可靠、接触良好，拆除接地线顺序与此相反。		10kV 高压室，先拆导体端，后拆接地端	(1) 拆接地线时，线夹未脱落至有电设备一侧。(2) 不按调度指令拆除接地线	(1) 地线由调度指令拆除，现场必须按调度指令装设或拆除。(2) 现场自行得到调度员允许工作的指令后方可自行装设，检修人员在得到现场值班人员的指令结束后，另行开操作票，自行拆除现场自行掌握的地线
3 检查1号地线确已拆除，共1组地线均已拆除	—	《变电专业电气操作票技术规范》5.8.2 接地线拆除后可为一项总的检查项目，检查拆除的接地线要每条拆除一组在拆接地线号上用红笔打"√"	—	核对地线编号，检查确已拆出	(1) 带接地开关或接地线合闸。(2) 不认真核对地线	临时地线全部拆除后，一并检查真核对已拆除
4 联系调度	—	—	—	电话联系地区调度：记录时间和调度姓名	—	—
5 检查送电范围内设备无异常，接地线（接地开关）已拆除	—	《变电专业电气操作票技术规范》5.7.2 检查送电范围内接地线（接地开关）确已拆除，可列为一项总的检查项目。术语：检查送电范围内设备无异常，接地线（接地开关）已拆除	—	—	(1) 带接地开关或接地线合闸。(2) 不认真核对地线	(1) 操作中，各级运维人员要密切配合，凡停电设备送电时，必须确认所有作业组、作业人员全部撤离现场，地线全部拆除后方可进行送电操作。(2) 检查送电范围内设备无异常，地线（接地开关）已拆除，防止带地线合闸事故的发生

续表

操作票顺序	安规要求	其他相关规定	图片指示	操作位置及注意事项	风险分析	风险预控
6 将 66kV Ⅱ 段电压互感器 1235 小车隔离开关推至合位	—	《66kV 变电站现场运行通用规程》5.3.7（a）电压互感器操作注意事项（1）必须从高、低压侧分别断开电压互感器，防止反送电。（2）电压互感器退出时，应先断开二次空气断路器，后拉开高压侧隔离开关；投入时顺序相反		66kV 高压室。注意隔离开关把手下方卡扣方向。反复拉动把手直至合上，小车达到合位	（1）带负荷拉合隔离开关。（2）电弧灼伤。（3）走错间隔而误拉不应停电的隔离开关。（4）传动机构故障出现拒分。（5）隔离开关触头未到位。（6）隔离开关卡涩时强行合分合设备。（7）防误闭锁程序装置失灵。（8）设备倒塌伤人	66kV TV 送电先合一次侧隔离开关，后合二次侧断路器或熔断器
7 合上 66kV Ⅱ 段电压互感器二次空气断路器	—	《66kV 变电站现场运行通用规程》5.3.7（a）电压互感器操作注意事项（1）必须从高、低压侧分别断开电压互感器，防止反送电。（2）电压互感器退出时，应先断开二次空气断路器，后拉开高压侧隔离开关；投入时顺序相反		66kV 高压室：66kV Ⅱ 段电压互感器端子箱，向右合上空气断路器	（1）误触交流电源，误触带电设备，造成伤害。（2）造成交流短路。（3）不戴好线手套，不穿长袖衣。（4）母线 TV 送电顺序错，反充电。（5）二次保护失压	66kV TV 送电先合一次侧隔离开关，后合二次侧断路器或熔断器

续表

操作票顺序	安规要求	其他相关规定	图片指示	操作位置及注意事项	风险分析	风险预控
8 检查1238断路器在开位	2.3.4.3（3）进行停、送电操作时，在合上隔离开关、手车式开关拉出、推入前，必须检查断路器确在分闸位置	《变电专业电气操作票技术规范》1.4 断路器停、送电合并，解列检查断路器实际位置和表计指示		66kV高压室。操作机构分、合闸指示在分闸位置	（1）断路器未拉开。（2）防止带负荷拉合隔离开关。（3）操作人、监护人不进行检查或检查不到位，导致断路器位置与实际位置不对应	（1）此项是操作隔离开关前的检查项，防止出现隔离开关间未拉开，先拉隔离开关会造成带负荷拉隔离开关。（2）首先检查相应开关位置，防止在断路器在断开回路的情况下拉隔离开关（规程规定的情况下除外），也应立即检查断路器来切断负荷
9 将2号主变压器66kV侧1238小车隔离开关推至合位	2.3.6.1 停电拉闸操作应按照断路器—负荷侧隔离开关—电源侧隔离开关的顺序依次进行，送电合闸操作应按与上述相反的顺序进行。禁止带负荷拉合隔离开关	《国家电网公司变电运维管理规定 第4分册 隔离开关运维细则》2.5.5 隔离开关操作过程中，应严格监视隔离开关动作情况，如有触头卡涩、顶不到位、动触头不能插入静触头等现象时，应停止操作，检查原因并上报，严禁强行操作		66kV高压室。注意隔离开关把手下方卡扣方向，反复拉动操作把手，直至小车达到合位	（1）带负荷拉合隔离开关。（2）传动机构故障出现拒合。（3）小车隔离开关卡不到位。（4）隔离开关卡涩时强行合上设备。（5）防误闭锁程序装置失灵	（1）错合隔离开关时，不准再拉开隔离开关，因为带负荷拉隔离开关会造成三相弧光短路，一发生了错合隔离开关来切断负荷。（2）合闸时，三相同期且接触良好，确保隔离开关动作正确。（3）操作隔离装置锁置好，以防止发生误操作。（4）手动合车隔离开关时，应先慢而谨慎，按照操作指示先经见动操作把手，看隔离开关动作是否正确。（5）合闸操作时，都必须迅速果断，在合闸终了时不可用力过猛。（6）合闸后应检查隔离开关的触头是否完全合上，接触是否严密。（7）当检查闭锁程序装置失灵时，应查明原因，并经逐级上报后处理，不得自行解锁。（8）操作时，操作人、监护人应选择合适的站位。（9）戴牢安全帽，监护人站在能够充分观察隔离开关活动的位置

续表

操作票顺序	安规要求	其他相关规定	图片指示	操作位置及注意事项	风险分析	风险预控
10 检查 52 断路器在开位	2.3.4.3（3）进行停、送电操作时，在拉合隔离开关前、手车式开关拉出、推入手车前，检查断路器确在分闸位置	《国家电网公司变电运维管理规定 第 5 分册 开关柜运维细则》2.2.7 拉出、推入手车之前应检查断路器在分闸位置		10kV 高压室。合闸红灯灭，分闸绿灯亮，操动机构的分、合闸指示器在分闸位置	（1）断路器未拉开。（2）防止带负荷拉合隔离开关。（3）操作人、监护人不进行检查或检查断路器实际位置，导致断路器位置与实际位置不对应	（1）此项是操作隔离开关前的检查项，防止隔离开关在断路器尚未拉开、先拉合隔离开关负荷造成带负荷拉隔离开关。（2）首先检查相应回路的断路器在断开位置，防止带负荷拉隔离开关（规程规定的情况下除外）
11 将 2 号主变压器 10kV 侧 52 小车隔离开关推至合位	2.3.6.1 停电拉隔离开关操作应按照隔离开关侧—负荷侧隔离开关的顺序依次进行，送电合隔离开关应按与上述相反的顺序进行。禁止带负荷拉合隔离开关	《国家电网公司变电运维管理规定 第 5 分册 开关柜运维细则》2.2.3 操作前，应将车体位置摆正，认真检查机械联锁位置正确后方可进行操作；禁止强行操作	小车摇把插孔	10kV 高压室。将摇把完全插入插孔，顺时针旋转摇把，直至工作位置红灯亮	（1）带负荷拉合隔离开关。（2）传动机构拒合、现出拒合。（3）小车隔离开关摇动不到位。（4）隔离开关卡涩时强拉合损坏设备。（5）防误闭锁程序装置失灵	同操作票顺序第 9 项的风险预控
12 联系调度	—	—	—	地区调度；记录时间和调度姓名	—	—
13 将 1 号主变压器退出无功优化系统	—	《66kV 变电站现场运行通用规程》5.3.11 继电保护及安全自动装置操作（c）凡一次操作过程中涉及继电保护装置操作时，应先将可能误动的保护退出，操作完毕后，按正常方式投入	—	电话联系监控中心调整无功优化	—	—

续表

操作票顺序	安规要求	其他相关规定	图片指示	操作位置及注意事项	风险分析	风险预控
14 将2号变压器 66kV 侧断路器控制方式开关由远方位置切至就地位置	—	《66kV 变电站现场运行通用规程》5.3.13 遥控操作 c)正常运行时,受控站所有运行或热备用状态的断路器选择方式切换把手应置于"远方"位置		控保室:66kV 1、2号主变压器测控柜。逆时针旋转至就地位置	经人工操作的断路器由分合把手转为合上。	(1) 合控制开关,不得用力过猛或操作过快,以免合不上闸。 (2) 拧动控制开关,不得用力过猛或操作过快,以免操作失灵。 (3) 操作前、操作后,断路器分位置指示正确。操作后,合位置指示灯指示正确。断路器控制把手指示对的变化。 (4) 远方操作合闸的断路器,不允许带电手动合闸,以免合入故障回路,使断路器损坏或爆炸。 (5) 断路器合闸送电或离闸跳闸后,避免因故障合闸入故障回路造成断路器损坏、人员发生意外。
15 合上2号主变压器 66kV 侧 1238 断路器	—	《国家电网公司变电运维管理规定(五)》第六十七条 3.遥方操作一次设备前,应对现场人员发出提示信号,提醒现场人员远离操作设备		控保室:66kV 1、2号主变压器测控柜。顺时针将把手拧到预合位置后,再将把手拧到合闸终端点位置,待红灯亮后再松开,把手自动复归到合后位置	(1) 误合断路器,的断路器合上。 (2) 传动机构故障,造成回路接地合手失灵。 (3) 误操断路器、误接地操作。 (4) 带接地线合闸或接地线在合闸	(6) 操作之前应检查各种考虑保护投入情况。 (7) 断路器控制把手切至合闸位置,红灯亮,现场检查各机构位置指示应处在合闸位置。 (8) 合闸操作之前,首先要检查该断路器是否完成投运状态。它包括:断路器的小车隔离开关均已在合好位置,断路器的各继电保护装置已按规定投入、合闸电源和操作电源均已投入,各位置信号指示正确。 (9) 操作断路器控制把手时应注意力速度,控制把手切至合闸位置,再将把手拧至合闸位置,待红灯亮出现瞬间冲击(空充电和轻负荷线路无此变化),等待红灯亮后即可返回。既不能因返回过快而导致合闸不成功,也不能因合闸时间过长而烧毁合闸线圈

续表

操作票顺序	安规要求	其他相关规定	图片指示	操作位置及注意事项	风险分析	风险预控
16 检查1238表计指示正确	2.3.4.3 (4) 在进行倒负荷或解、并列等相关操作前后，必须检查相关电源运行及负荷分配情况	《变电专业电气操作票技术规范》1.4 断路器停、送电和并、解列操作后，必须检查断路器实际位置和表计指示		控保室：后台机。电流指示数值	操作断路器合闸后，做出良好的正确判断	(1) 断路器合闸后，应立即检查信号和测量仪表。(2) 操作过程中，应同时监视有关电压、电流、功率等表计（实时显示）正常，以及断路器合闸后电力表计把手指示的变化。(3) 断路器送电操作后电流指示。(4) 断路器控制把手切至合闸位置红灯亮
17 将2号主变压器66kV断路器控制方式开关由就地位置切至远方位置	—	《66kV变电站通用规程》5.3.13 遥控操作时，受控站所配置或检查用状态的断路器选择方式切换把手应于"远方"位置		控保室：66kV 1、2号主变压器测控柜。顺时针旋转至远方位置		
18 检查1238断路器在合位	2.3.6.5 电气设备操作后应以设备实际位置检查的位置为准	《变电专业电气操作票技术规范》1.4 断路器停、送电和并、解列操作后，必须检查断路器实际位置和表计指示		66kV 高压室。操动机构室，合闸指示器分、合闸指示器在合闸位置	(1) 断路器未合上。(2) 操作人、监护人不进行检查断路器实际位置或检查不到位，号致断路器与实际位置不对应	(1) 断路器经合闸后，应到现场检查其实际位置，以免传动机构故障引起的误操作。(2) 现场检查机构位置应处在合闸位置
19 联系调度	—	—		地区调度：记录时间和调度姓名	—	
20 将1、2号主变压器有载调压分接头位置均调至相同档，使其变比相同	—	《66kV变电站现场运行通用规程》5.3.1.3 主变压器并列运行 a) 变压器并列运行的基本条件：电压比应相同		控保室：66kV 1、2号主变压器测控柜。先将把手打到就地位置，然后进行升降档操作	不满足两台主压器并列运行条件	(1) 两台主变压器需要并列运行，并列前调整有载调压开关，以使其并列接开关分：(2) 变压器并列：a) 相位相同，结线组别相同；b) 电压比相同；c) 短路阻抗相等或相近，允许差值不超过10%

续表

操作票顺序	安规要求	其他相关规定	图片指示	操作位置及注意事项	风险分析	风险预控
21 联系调度	—	—	—	地区调度；记录时间和调度姓名	—	—
22 将2号主变压器10kV侧断路器控制方式开关由远方位置切至就地位置	—	《66kV变电站现场运行通用规程》5.3.13 遥控操作时，受控站所有在运行或成热备用状态的断路器选择方式切换把手应置于"远方"位置		控保室：66kV 1、2号主变压器测控柜 逆时针旋转把手至就地位置	—	(1) 合控制开关，不得用力过猛或合不上闸。(2) 拧动控制开关，以免操作失灵。(3) 操作前，断路器分位置指示正确，合位置指示正确，断路器控制把手指示的变化。(4) 远方操作电动手动合闸，使断路器，不允许带电手动合闸，以免断路器损坏或误操作。(5) 断路器合闸送电或合入故障跳闸回路，避免因带故障合闸或合入故障回路，造成断路器损坏，人员发生意外。
23 合上2号主变压器10kV侧52断路器	—	《国家电网公司变电运维管理规定》第六十七条（五）3.远方操作一次设备前，应对现场人员发出提示信号，提醒现场人员远离操作设备		控保室：66kV 1、2号主变压器测控柜 顺时针将把手拧到预合位置后，再将把手拧到合闸位置，待红灯终熄点后把手再松开，把手自动复归到合后位置	(1) 经人工操作中的断路器由分闸位置转为合闸位置，未合上，断路器操作把手在合位置。(2) 传动机构回路故障，造成回路实际未合上。(3) 误合断路器，误操作中的断路器。(4) 带接地线合闸或接地开关合闸	(6) 操作之前应检查和考虑投入情况。(7) 断路器合闸把手至合备位置，红灯亮、现场检查断路器机构实际在合位置。(8) 合闸操作之前，首先要检查进入设备是否完备状态。它包括断路器的小车隔离开关均已在合好位置，断路器及用继电保护安装置的各用电源均已投入、合闸电源和操作信号指示正确，各位置均应正确。(9) 操作断路器控制把手时应注意用力适度，控制把手切至合闸位置，观察仪表指示出热指示出瞬间冲击（空充电和轻负荷时红灯亮），等待红灯过亮后返回即可返回，断路器因返回快而合闸长致此号变化，既不能因合闸过长致而烧毁合闸线圈

续表

操作票顺序	安规要求	其他相关规定	图片指示	操作位置及注意事项	风险分析	风险预控
24 检查52表计指示正确A	2.3.4.3（4）在进行倒负荷或解、并列操作前后，检查相关电源运行及负荷分配情况	《变电专业电气操作票技术规范》1.4 断路器停、送电和并、解列操作前后，必须检查断路器实际位置和表计指示		控保室：后台机。电流指示数值	操作断路器合闸后，做出良好的正确判断	(1) 断路器合闸后，应立即检查有关信号和测量仪表。(2) 操作过程中，应同时监视有关电压、电流、功率等表计（实时显示）正常，以及断路器后电力表计把手指示操作后的变化。(3) 断路器送电操作后指示灯应有指示。(4) 断路器控制把手切至合闸位置红灯亮
25 检查51表计指示正确A	2.3.4.3（4）在进行倒负荷或解、并列操作前后，检查相关电源运行及负荷分配情况	《变电专业电气操作票技术规范》1.4 断路器停、送电和并、解列操作前后，必须检查断路器实际位置和表计指示		控保室：后台机。电流指示数值		
26 将2号主变压器10kV侧断路器控制方式开关由就地位置切至远方位置	—	《66kV 变电站现场运行通用规程》5.3.13 遥控操作 c）正常运行或受控站所有热备用状态的断路器选择方式切换把手应置于"远方"位置		控保室：66kV 1、2号主变压器测控柜。顺时针旋转把手至远方位置	(1) 断路器未合上。(2) 操作人、监护人不进行检查位置或致检查不到位，号致断路器实际位置与实际位置不对应	(1) 断路器经合闸后，应到现场检查其实际位置，以免传动机构故障，造成回路实际未合上而引起的误操作。(2) 现场检查机构位置指示器应处在合闸位置
27 检查52断路器在合位	2.3.6.5 电气设备操作后的位置检查应以设备实际位置为准	《变电专业电气操作票技术规范》1.4 断路器停、送电和并、解列操作前后，必须检查断路器实际位置和表计指示		10kV高压室。分闸绿灯灭，合闸红灯亮，操动机构的分、合闸指示器应处在合闸位置		

续表

操作票顺序	安规要求	其他相关规定	图片指示	操作位置及注意事项	风险分析	风险预控
28 联系调度	—	—	—	地区调度；记录时间和姓名	—	—
29 将10kV分段断路器控制方式开关由远方位置切至就地位置	—	《66kV变电站现场运行通用规程》5.3.13 遥控操作 c)正常运行时，受控站所有运行或备用状态的断路器应选择方式切换把手应置于"远方"位置		控保室：10kV 控保V柜。逆时针旋转把手至就地位置	—	(1)拉控制开关，不得用力过猛或操作过快，以免拉不开闸。(2)扭动控制开关，不得用力过猛或操作过快，以免操作失灵。(3)操作前、断路器操作后，操作正确。断路器控制把手指示灯所指示灯的变化。
30 拉开10kV分段50断路器	2.3.6.1 停电拉闸操作应按照断路器—负荷侧隔离开关—电源侧隔离开关的顺序依次进行，送电合闸操作应按与上述相反的顺序进行。禁止带负荷拉合隔离开关	《国家电网公司变电运维管理规定（五）》第六十七条（五）3.远方操作一次设备前，应对现场一次设备发出提示信号，提醒现场人员远离操作设备		控保室：10kV 控保V柜。逆时针将把手拧到预分位置后，再将把手拧到分闸终点位置，再松开，待绿灯亮后把手自动复归到分位置	(1)经人工操作的断路器由分闸位置转为合闸位置，断路器操作手柄未拉开，断路器操作手柄失灵。(2)传动机构故障，造成回路实际未拉开。(3)误拉运行的断路器、误操作	(4)断路器控制把手切至分闸位置后，该断路器所控制的回路电流应降至零，现场检查机构应处在分闸位置。(5)断路器经其实际位置，应到现场检查其实际位置，以免回路实际未拉开

续表

操作票顺序	安规要求	其他相关规定	图片指示	操作位置及注意事项	风险分析	风险预控
31 检查 50 表计确无指示 A	2.3.4.3（4）在进行倒负荷或解、并列操作前后，送电和并、检查相关电源运行及负荷分配情况	《变电专业电气操作票技术规范》1.4 断路器停、送电和并，解列操作前后，必须检查断路器实际位置和表计指示		控保室：后台机。电流指示为零	操作断路器分闸后，做出正确判断	（1）断路器分闸后，应立即检查有关信号和测量仪表。（2）操作过程中，应同时监视有关电压、电流，功率表计（实时显示）的变化。（3）断路器控制把手切至分闸位置，该断路器控制回路的绿灯亮。（4）操作后位置指示和信号指示检查。例如：电力表指示的指等等，从而做出良好的正确判断
32 检查 51 表计指示正确 A	2.3.4.3（4）在进行倒负荷或解、并列操作前后，送电和并、检查相关电源运行及负荷分配情况	《变电专业电气操作票技术规范》1.4 断路器停、送电和并，解列操作前后，必须检查断路器实际位置和表计指示		控保室：后台机。电流指示数值	操作断路器分闸后，做出正确判断	（1）断路器分闸后，应立即检查有关信号和测量仪表。（2）操作过程中，应同时监视有关电压、电流，功率表计（实时显示）的变化。（3）断路器控制把手切至分闸位置，该断路器控制回路的绿灯亮。（4）操作后位置指示和信号指示检查。例如：电力表指示的指等等，从而做出良好的正确判断
33 检查 52 表计指示正确 A	2.3.4.3（4）在进行倒负荷或解、并列操作前后，送电和并、检查相关电源运行及负荷分配情况	《变电专业电气操作票技术规范》1.4 断路器停、送电和并，解列操作前后，必须检查断路器实际位置和表计指示		控保室：后台机。电流指示数值	操作断路器分闸后，做出正确判断	（1）断路器分闸后，应立即检查有关信号和测量仪表。（2）操作过程中，应同时监视有关电压、电流，功率表计（实时显示）的变化。（3）断路器控制把手切至分闸位置，该断路器控制回路的绿灯亮。（4）操作后位置指示和信号指示检查。例如：电力表指示的指等等，从而做出良好的正确判断

续表

操作票顺序	安规要求	其他相关规定	图片指示	操作位置及注意事项	风险分析	风险预控
34 将 10kV 分段断路器控制方式开关由就地位置切至远方位置	—	《66kV 变电站现场运行通用规程》5.3.13 遥控操作 c）正常运行时，受控站所有热备用状态的断路器选择热备用方式切换把手应置于"远方"位置		控保室：10kV 控保 V 柜，顺时针旋转把手至远方位置	没有及时恢复控制方式把手	及时恢复控制方式把手
35 检查 50 断路器在开位	2.3.4.3（3）进行停、送电操作时，在拉合隔离开关、手车式开关前，必须检查断路器确在分闸位置	《变电专业电气操作票技术规范》1.4 断路器停、送电或解列操作后，应检查位置指示和表计指示		10kV 高压室，合闸红灯灭，分闸绿灯亮，操动机构的分、合闸指示机构指示在分闸位置	（1）断路器未拉开。（2）操作人、监护人不进行检查，断路器实际位置或编号不到，导致断路器与实际位置不对应	（1）现场检查机构位置指示器应处在分闸位置。（2）断路器经过分、合操作后，应到现场检查其实际位置，以免传动回路未拉开
36 投入 10kV 分段备自投跳 1 号主变压器 10kV 侧断路器压板 31CLP1	—	《66kV 变电站现场运行通用规程》5.3.11 继电保护及安全自动装置操作过程中涉及继电保护装置可能误动时，应先将可能误动的保护退出，操作完毕后，按正常方式投入。（d）一次设备处于热备用状态时，保护装置出口压板、功能压板均应按要求投入。		控保室：-10kV 控保 V 柜，拧松下端螺栓，将上端压板垫片中间并拧紧上下螺栓	（1）误保护。（2）不停电操作，引起保护误动作时，引起运行设备误跳闸	（1）在倒闸操作过程中，如果料有可能引起某些保护误动或失去正确配合，要提前采取措施或将其停用。（2）为避免因公共保护器操作而配合断路器在合位，由于检修断路器操作时，正苣上检修断路器在合位，而造成配合断路器跳闸，影响检修人员的人身安全，应停用公共保护跳检修断路器的压板。（3）设备虽已停电（包括校验、传动），仍会引起运行设备保护跳闸、压板停用，也应将有关保护停用。如启动失灵保护等。
37 投入 10kV 分段备自投跳 2 号主变压器 10kV 侧断路器压板 31CLP3	—			控保室：-10kV 控保 V 柜，拧松下端螺栓，将上端压板垫片中间并拧紧上下螺栓	保护误动作时，引起运行设备误跳闸。	

续表

操作票顺序	安规要求	其他相关规定	图片指示	操作位置及注意事项	风险分析	风险预控
38 投入 10kV 分段备自投合 10kV Ⅰ、Ⅱ段分段断路器压板 31CLP5	—	(e) 当一次设备(母线除外)处于冷备用状态时,保护装置退出,保护装置合闸压板、跳闸压板功能压板可投入		控保室:-10kV 控保 V 柜,拧松下端螺栓,将上端压板压在垫片中间并拧紧上下螺栓	(3) 不停保护,保护动作后造成人员伤害	(4) 电气设备停电用,特别是在进行保护的维护和校验时,其失灵保护一定要停用。(5) 检修或停电的设备跳闸后,引起运行设备的启动如 220kV 断路器的各个保护屏的失灵保护压板应在断路器跳开后停用
39 投入 10kV 分段备自投切中龙甲线联压板 31LP1	—	《66kV 变电站现场运行通用规程》5.3.11 继电保护及安全自动装置操作(c) 凡一、二次操作过程中涉及继电保护一次操作装置可能误动作时,应先将可能误动作的保护退出,操作完毕后,按正常方式投入。		控保室:10kV 控保 V 柜,拧松下端螺栓,将上端压板压在垫片中间并拧紧上下螺栓	(1) 误保护。(2) 不停保护,保护误动作后,引起运行设备误跳闸	(1) 在倒闸操作过程中,如果预料有可能引起某些保护自动或误动作,要提前采取措施或将其停用。
40 投入 10kV 分段备自投切中龙乙线联压板 31LP2	—			控保室:-10kV 控保 V 柜,拧松下端螺栓,将上端压板压在垫片中间并拧紧上下螺栓		正起上检修断路器操作在合位,检修断路器操作直流检修断路器在合位,而造成配合器在跳闸,影响检修人员的人身安全,应启用公共保护跳检修路器的压板。

续表

操作票顺序	安规要求	其他相关规定	图片指示	操作位置及注意事项	风险分析	风险预控
41 投入10kV分段备自投投入压板31KLP2	—	(d) 一次设备处于运行状态、热备用状态时,保护装置出口压板、功能压板均应按要求投入。(e) 当一次设备(母线除外)处于冷备用状态时,保护装置合闸压板、跳闸压板和功能压板可投入		控保室: -10kV控保V柜:拧松下螺栓,将上端压板压在垫片中间并拧紧上下螺栓	(3) 不停保护,保护动作后造成人员伤害	(3) 设备虽已停电,如该设备的保护动作(包括设备断路器跳闸)后,仍会引起该设备断路器停用,也应将有关保护停用,如启动动失灵保护等。(4) 电气设备停电后,应将有关保护停用,特别是进行维护和校验时,其失灵保护一定要停用。(5) 检修或停电应停用,引起运行保护的相应保护动作后,引起220kV断路器跳闸的启动失灵保护拉开后停用
42 将1、2号主变压器投入无功优化系统	—	—	—	电话联系监控中心,调整无功优化	—	—
43 汇报调度	—	—	—	地区调度;记录时间和调度姓名	—	—

18 66kV 中先甲线、中先乙线1、2号主变压器及先锋变电站停电

操作票顺序	安规要求	其他相关规定	图片指示	操作位置及注意事项	风险分析	风险预控
1 联系调度	—	—	—	电话联系地区调度；记录时间和调度姓名	—	—
2 将1、2号主变压器退出无功优化系统	—	—	—	电话联系中心监控优化	—	—
3 停用10kV分段备自投跳1号主变压器10kV侧断路器压板31CLP1	—	《66kV变电站现场运行通用规程》5.3.11继电保护及安全自动装置操作（c）凡一次操作过程中涉及继电保护及自动装置可能误动时，应先将可能误动作的保护退出，操作完毕后，按定常方式投入。（d）一次设备处于运行状态、热备用状态时，保护装置出口压板、功能压板均应按要求投入。（e）当一次设备（母线除外）处于冷备用状态时，保护装置跳闸出口压板应退出，功能压板可投入。		控保室：-10kV 控保V柜。拧松上下螺栓，将上端压板从垫片中取出，拧紧下螺栓固定	(1) 误停保护。(2) 不停保护，引起运行设备误跳闸。(3) 不停保护，保护动作后造成人员伤害	(1) 在倒闸操作过程中，如果预料有可能引起某些保护失去正确动作或自动装置前采取措施或将其停用。(2) 为避免因公共保护在合位，由于检修断路器操作在合位，而造成检修断路器直流为配合检修在合位，影响检修人员的人身安全，应停用的压板。(3) 设备虽已停电，如该设备的公共保护跳闸，传动的仍会引起运行设备断路器跳闸间，也应将有关保护停用，压板断开。(4) 电气设备停电后，应将有关保护停用，特别是在进行保护的维护和校验时，其失灵保护一定要停用。(5) 检修或停电的设备的保护相关动作后，引起运行设备断路器跳闸的各个保护屏的相关。如220kV断路器的启动失灵保护屏的各个保护断路器应在断路器拉开后停用
4 停用10kV分段备自投跳2号主变压器10kV侧断路器压板31CLP3	—			控保室：10kV 控保V柜。拧松上下螺栓，将上端压板从垫片中取出，拧紧下螺栓固定		
5 停用10kV分段备自合10kV I、II段分段断路器压板31CLP5	—			控保室：10kV 控保V柜。拧松上下螺栓，将上端压板从垫片中取出，拧紧下螺栓固定		

续表

操作票顺序	安规要求	其他相关规定	图片指示	操作位置及注意事项	风险分析	风险预控
6 停用10kV分段备自投联切中龙甲线压板31LP1	—	《66kV变电站现场运行通用规程》5.3.11 继电保护及安全自动装置操作 (c)凡一次设备及继电保护装置操作过程中涉及能误动的保护动作时，应先将可能误动的保护退出，操作完毕后，按正常方式投入。(d)一次设备处于运行状态、热备用状态时，保护装置出口压板、功能压板均应按要求投入。(e)当一次设备（母线除外）处于冷备用状态时，保护应退出，跳闸出口压板，保护装置合闸间压板和功能压板可投入。		控保室：10kV 控保V柜。拧松上下螺栓，将中端压板从垫片中取出，拧紧下螺栓固定	(1) 误停保护。(2) 不停保护，保护误动作后，引起误运行设备跳闸。(3) 不停保护动作后造成人员伤害。	(1) 在倒闸操作过程中，如果某些保护有可能失去正确配合，要合前采取录误措施或将其停用。(2) 为避免检修断路器直流检修断路器合位，而造成检修人员的人身安全，断路器操作同时跳闸间，应停用该设备的压板。(3) 设备虽已停电，如该设备的公共保护仍会引起运行设备断路器跳闸时，也应将有关保护停用，如自动将保护断开。(4) 电气设备停电后，应将有关保护停用，特别是在进行保护的维护和校验时，其失去灵保护压板一定要停用。(5) 检修或停电设备跳闸动作后，引起运行设备断路器跳闸，如220kV断路器保护应停用。保护屏的启动失灵保护压板的各个单断路器拉开后停用。
7 停用10kV分段备自投联切中龙乙线压板31LP2				控保室：10kV 控保V柜。拧松上下螺栓，将上端压板从垫片中取出，拧紧下螺栓固定		
8 停用10kV分段备自投投入压板31KLP2	—			控保室：10kV 控保V柜。拧松上下螺栓，将上端压板从垫片中取出，拧紧下螺栓固定		

续表

操作票顺序	安规要求	其他相关规定	图片指示	操作位置及注意事项	风险分析	风险预控
9 停用热力线重合闸压板 2-1CLP2	—			控保室：10kV 控保 I 柜。拧松上下螺栓，将上端压板从垫片中取出，拧紧下螺栓固定		
10 停用香坊线重合闸压板 3-1CLP2	—	《66kV 变电站现场运行通用规程》5.3.11 继电保护及安全自动装置操作（c）凡一次操作过程中涉及继电保护装置可能误动时，应先将可能误动的保护退出，操作完毕后，按正常方式投入。（d）一次设备处于运行状态、热备用状态时，保护装置出口压板、功能压板均按要求投入。（e）当一次设备（母线除外）处于冷备用状态时，保护装置合闸压板和跳闸压板应退出，功能压板可投入。		控保室：10kV 控保 I 柜。拧松上下螺栓，将上端压板从垫片中取出，拧紧下螺栓固定	（1）误停压板。（2）不停重合闸时，断路器手动分闸，由于断路器控制把手和重合闸控制装置的原因，断开或重合闸装置自动合闸，路器自动合闸	（1）正确填写操作票，操作中逐项操作打钩。（2）重合闸一般都按照"不对应"方式启动。当合闸启动时，控制把手动预合分闸时，从而保证手动拉通将合闸重合器不能点动放合闸器故障，但有可能由于控制把手或重合闸故障而不能将合闸手动放电，故需要停电前动作。（3）必须由两人一起进行，一人工作，另一人监护，戴好线手套
11 停用新春线重合闸压板 4-1CLP2	—			控保室：10kV 控保 I 柜。拧松上下螺栓，将上端压板从垫片中取出，拧紧下螺栓固定		
12 停用货场线重合闸压板 2-1CLP2	—			控保室：10kV 控保 III 柜。拧松上下螺栓，将上端压板从垫片中取出，拧紧下螺栓固定		

续表

操作票顺序	安规要求	其他相关规定	图片指示	操作位置及注意事项	风险分析	风险预控
13 停用化区线重合闸压板3-1CLP2	—	《66kV 变电站现场运行通用规程》5.3.11 继电保护及安全自动装置操作过程中涉及继电保护装置可能误动时，应先将可能误动的保护退出，操作完毕后，按正常方式投入。		控保室：10kV。控保Ⅲ柜。拧松上下螺栓，将上端压板从垫片中取出，拧紧下螺栓固定	—	（1）正确填写操作票，操作中逐项操作打钩。（2）重合闸一般都按照"不对应"方式启动。当断路器手动预备分闸时，控制把手的2-4触点接通，从而保证重合闸预备放电，但有可能由于控制把手的2-4触点放电或重合闸放电回路故障而不能放电。当重合闸装置由于控制把手的2-4触点故障，由于控制把手放电回路故障，断开或将重合闸回路停用或将重合闸压板停用，以保证重合闸不动作。（3）必须由两人一起进行，一人工作，另一人监护，戴好线手套
14 停用颜料线重合闸压板4-1CLP2	—	（d）一次设备处于运行状态、热备用状态时，保护装置出口压板、功能压板均应按要求投入。		控保室：10kV。控保Ⅲ柜。拧松上下螺栓，将上端压板从垫片中取出，拧紧下螺栓固定	（1）误停压板。	
15 停用大赛三线重合闸压板6-1CLP2	—	（e）当一次设备处于冷备用状态（母线除外）时，保护装置退出，保护压板、跳闸压板和功能压板可投入		控保室：10kV。控保Ⅲ柜。拧松上下螺栓，将上端压板从垫片中取出，拧紧下螺栓固定	（2）不停重合闸。断路器手动分闸后，由于断路器的原因，重合闸装置自动动作、断路器自动合闸	
16 停用一零三线重合闸压板5-1CLP2	—			控保室：10kV。控保Ⅲ柜。拧松上下螺栓，将上端压板从垫片中取出，拧紧下螺栓固定		

续表

操作票顺序	安规要求	其他相关规定	图片指示	操作位置及注意事项	风险分析	风险预控
17 将1号电容器断路器控制方式开关由远方位置切至就地位置	—	《66kV变电站现场运行通用规程》5.3.13 遥控操作 c)正常运行时，受控站所有运行或热备用状态的断路器选择方式切换把手应置于"远方"位置		控保室：10kV控保V柜。顺时针旋转把手至就地位置		(1)拉合控制开关，不得用力过猛或操作过快，以免拉不开间。(2)拧动控制开关，不得用力过猛或操作过快，以免操作失灵。(3)操作前、操作后，断路器分、合位置指示正确。断路器控制把手指示灯的变化。
18 拉开1号电容器06断路器	2.3.6.1 停电拉闸操作应按照断路器—负荷侧隔离开关—电源侧隔离开关的顺序依次进行，送电合闸操作应按与上述相反的顺序进行。禁止带负荷拉合隔离开关	《国家电网公司变电运维管理规定（五）》第六十七条 3.远方操作一次设备前，应按发出提示信号，提醒现场人员远离操作设备		控保室：10kV控保V柜。逆时针将手柄拧到分位置，再将把手拧到分闸终端位置，待绿灯亮后再松开，把手自动复归到分后位置	(1)经人工操作的断路器由合位置转为分闸位置，未拉开。路器操作把手失灵。(2)传动机构故障，造成回路实际未拉开。(3)误拉运行的断路器，误操作断路器	(1)断路器控制把手切换至分闸位置，该断路器所控制的回路电流应降至零，绿灯亮，现场检查断路器处在分闸位置。(5)断路器经分闸后，应到现场检查其实际位置，以免传动机构故障，造成回路实际未拉开
19 检查06表计确无指示	—	《变电专业电气操作票技术规范》1.4 断路器、解列断路器停，送电合并，作前后，必须检查断路器实际位置和表计指示		控保室：后台机。电流指示为零	操作断路器分间后，做出良好的正确判断	(1)断路器分闸后，应立即检查有关信号和测量仪表。(2)操作过程中，应同时监视有关电压、电流、功率等表计显示是否正确（实时显示）的变化。(3)断路器分闸后，检查其位置指示灯的变化。
20 将1号电容器断路器控制方式开关由远方位置切至就地位置	—	《66kV变电站现场运行通用规程》5.3.13 遥控操作 c)正常运行时，受控站所有运行或热备用状态的断路器选择方式切换把手应置于"远方"位置		控保室：10kV控保V柜。逆时针旋转把手至远方位置		(1)断路器分闸后，应立即检查仪表。(2)操作过程中，应对实地检查（实时测量进行实地检查，机构位置分闸位置。(3)断路器分闸后，该断路器所控制的回路应降至零，绿灯亮，仪表。(4)操作分闸后，分闸位置进行实地检查。电力指示或热备状态的指令，从而做出正确判断

167

续表

操作票顺序	安规要求	其他相关规定	图片指示	操作位置及注意事项	风险分析	风险预控
21 将2号电容器断路器控制方式由远方位置切至就地位置	一	《66kV 变电站现场运行通用规程》5.3.13 遥控操作 c)正常运行时，受控站所有运行或热备用状态的断路器选择方式切换把手应置于"远方"位置		控保室：10kV 控保V柜。顺时针旋转把手至就地位置	(1) 经人工操作的断路器由合闸位置转为分闸位置，未拉开，断路器操作把手失灵。	(1) 拉控制开关，不得用力过猛或拧动控制开关，以免拉不开。(2) 拧动控制开关过快，以免操作失灵。(3) 操作前、操作后，断路器分、合位置指示正确。断路器控制把手分、合位置指示灯的变化。
22 拉开2号电容器30断路器	2.3.6.1 停电拉闸操作应按照断路器—负荷侧隔离开关—电源侧隔离开关的顺序依次进行，送电合闸操作应按与上述相反的顺序进行。禁止带负荷拉合隔离开关	《国家电网公司变电运维管理规定》第六十七条（五）3.远方操作（3）远方操作一次设备前，应对现场一次设备发出提示信号等，提醒现场人员远方操作设备		控保室：10kV 控保V柜。逆时针将把手拧到预分位置后，再将把手拧到分闸位置，待绿灯亮后松开，把手自动复归到分后位置	(1) 传动机构故障，造成回路实际未拉开。(2) 误送电远行，误操作的断路器，误操作的断路器。(3) 误拉合远行，误操作的断路器。	(4) 断路器控制把手切至分闸位置，瞬间分闸时，该断路器所控制的回路电流应降至零，现场检查机构位置处在分闸位置。(5) 断路器经判位置，应到现场检查其实际位置，以免传动机构故障，造成回路实际未拉开。
23 检查30表计确无指示	一	《变电专业电气操作票技术规范》1.4 断路器停、送电和并、解列等操作前后，必须检查断路器实际位置和测量仪表指示		后台机。电流指示为零	操作断路器分闸后，做出良好的正确判断	(1) 断路器分闸后，应立即检查有关信号和测量仪表。(2) 操作过程中，应同时监视有关电压、电流、功率表计（实时地显示）正常，以及断路器实际位置的指示灯变化。(3) 断路器控制把手切至分闸位置，瞬间分闸后应检查和测量仪表。(4) 做出正确的指示，例如：电力表计的指令等，从而做出正确判断
24 将2号电容器断路器控制方式由就地位置切至远方位置	一	《66kV 变电站现场运行通用规程》5.3.13 遥控操作 c)正常运行时，变控站所有运行或热备用状态的断路器选择方式切换把手应置于"远方"位置		控保室：10kV 控保V柜。逆时针旋转把手至远方位置		(1) 断路器控制把手切至分闸位置，该断路器所控制的回路指示绿灯亮。(2) 拧动控制把手进行实地检查，机构实际位置指示，分闸后应检查，分闸做出良好判断

续表

操作票顺序	安规要求	其他相关规定	图片指示	操作位置及注意事项	风险分析	风险预控
25 将和平线断路器控制方式开关由远就地位置切至远方位置	—	《66kV 变电站现场运行通用规程》5.3.13 遥控操作 c)正常运行时，受控站所有运行或热备用状态的断路器选择方式切换把手应置于"远方"位置		控保室：10kV 控保Ⅰ柜。顺时针将旋转把手至就地位置	（1）经人工操作的断路器转为分闸位置，未拉开，断路器操作把手失灵。	（1）拉合控制开关，不得用力过猛或操作不行时，不得用力过猛拉开。（2）拧动控制开关，不得用力过猛，以免操作失灵。（3）操作前、操作后，断路器分、合位置指示正确。操作后，合位置指示灯的变化。
26 拉开01断路器	2.3.6.1 停电拉闸操作应按照断路器—负荷侧隔离开关—电源侧隔离开关的顺序依次进行，送电合闸操作应按与上述相反的顺序进行。禁止带负荷拉合隔离开关	《国家电网公司变电运维管理规定（五）》第六十七条（五）3.远方操作一次设备前，应对现场人员发出提示信号，提醒现场人员远离操作设备		控保室：10kV 控保Ⅰ柜。逆时针将把手拧到分闸位置后，再将把手拧到分闸位置，待绿灯亮后点位置，待终点后再松开，把手自动复归到分闸位置	（1）传动机构故障，造成回路实际未拉开。（2）误拉运行的断路器，误操作。（3）误拉运行的断路器，误操作。	（4）断路器控制把手切换至分闸位置后，瞬间分闸电流应降至零，绿灯亮。现场检查断路器应处在分闸位置。（5）断路器经实际拉开位置，以免传动机构未拉开，造成回路实际未拉开。
27 检查01表计确无指示	—	《变电专业电气操作票技术规范》1.4 断路器停、送电和开、解列操作后，必须检查断路器实际位置和表计指示		控保室：后台机。电流指示为零	操作断路器分闸后，做出对断路器分闸后的正确判断	（1）断路器分闸后，应立即检查有关信号和测量仪表。（2）操作过程中，应同时监视有关电压、电流、功率表等（实时显示）正常，以及断路器控制把手检查（实时）检查。例如：电力表的指示，分闸位置指示器进行实地检查，从而做出正确判断的正确判断。
28 将和平线断路器控制方式开关由远就地位置切至远方位置	—	《66kV 变电站现场运行通用规程》5.3.13 遥控操作 c)正常运行时，受控站所有运行或热备用状态的断路器选择方式切换把手应置于"远方"位置		控保室：10kV 控保Ⅰ柜。逆时针将旋转把手至远方位置	操作断路器分闸后，做出对断路器分闸后的正确判断	（1）断路器控制把手切换至分闸位置后，该断路器控制把手应置零、绿灯亮。制的回路电流应降至零，绿灯亮。现场检查实际地检查，分闸位置应有良好的正确判断。（2）操作分闸后应对实际地检查，分闸位置应有良好的正确判断。（3）断路器控制把手切换至分闸位置后，该断路器控制把手应置零，绿灯亮。制的回路电流应降至零，现场检查实际位置，机构动作指示，分闸位置指示器的正确判断

续表

操作票顺序	安规要求	其他相关规定	图片指示	操作位置及注意事项	风险分析	风险预控
29 将热力线断路器控制方式开关由远方位置切至就地位置	—	《66kV变电站现场运行通用规程》5.3.13 遥控操作 c）正常运行时，受控站所有运行或就地热用状态的断路器应选择方式切换把手应置于"远方"位置		控保室：10kV控保Ⅰ柜。顺时针旋转把手至就地位置	（1）经人工操作的断路器由分闸位置转为合闸，未拉开，断路器操作把手失灵。	（1）拉控制开关，不得用力过猛或操作过快，以免拉不开。（2）拧动控制开关，不得用力过猛或操作过快，以免操作失灵。（3）操作前、断路器分、合位置指示正确，操作后、分、合位置指示灯指示的变化。
30 拉开热力线02断路器	2.3.6.1 停电拉闸操作应按照断路器—负荷侧隔离开关—电源侧隔离开关的顺序依次进行，送电合闸操作应按与上述相反的顺序进行。禁止带负荷拉合隔离开关	《国家电网公司变电运维管理规定》第六十七条（五）3.远方操作一次设备前，应检查现场人员发出提示信号，提醒现场人员远离操作设备		控保室：10kV控保Ⅰ柜。逆时针将把手拧至预分位置，到分位置后，再将把手拧到分闸终点位置，待绿灯亮后再松开，把手自动复归到分闸位置	（2）传动机构实际未断开，造成回路实际未拉开。（3）误分运行的断路器，误操作的断路器。	断路器控制把手切至分闸位置，该断路器所控制的回路电流应降至零，绿灯亮，现场检查指示器应处在分闸位置。（4）断路器分闸后，瞬间应到现场检查其实际位置，机构实际未拉开。（5）断路器经拉合后，应到现场检查其实际位置，造成回路实际未拉开
31 检查02表计确无指示	—	《变电专业电气操作票技术规范》1.4 断路器停、送电和并、解列操作前后，必须检查断路器实际位置和表计指示		控保室：后台机。电流指示为零	操作断路器分闸后，做出良好的正确判断	（1）断路器分闸后，应立即检查有关信号和测量仪表。（2）操作过程中，应监视有关电压、电流、功率表等（实时显示）正常，以及断路器控制把手指示灯的变化。（3）断路器控制把手切至分闸位置，该断路器所控制的回路电流应降至零，绿灯亮，仪表测量接地检查：电力表的指示、分闸位置应做出良好的正确判断
32 将热力线断路器控制方式开关由就地切至远方位置	—	《66kV变电站现场运行通用规程》5.3.13 遥控操作 c）正常运行时，受控站所有运行或就地热用状态的断路器应选择方式切换把手应置于"远方"位置		控保室：10kV控保Ⅰ柜。逆时针旋转把手至远方位置	操作断路器分闸后，做出良好的正确判断	（3）断路器控制把手切至分闸位置，瞬间回路应对测量仪表和信号指示（实时）进行检查。（4）操作断路器分闸后应对测量仪表进行检查。例如：电力指示的指令等，从而做出正确的判断

续表

操作票顺序	安规要求	其他相关规定	图片指示	操作位置及注意事项	风险分析	风险预控
33 将香坊线断路器控制方式开关由远方位置切至就地位置	—	《66kV 变电站现场运行通用规程》5.3.13 遥控保运行时，c）正常运行或受控站所有断路器选用热备用状态的断路器选择方式切换把手切至"远方"位置		控保室：10kV 控保 I 柜。顺时针旋转把手至就地位置	（1）经人工操作的断路器转为分闸位置，未拉开，断路器操作把手失灵。	（1）拉控制开关，不得用力过猛或操作过快，以免拉不开间。（2）拧动控制开关，不得用力过猛或操作过快，以免操作失灵。（3）操作前，断路器分、合位置指示正确。操作后，断路器控制把手的分、合位置指示灯的变化。
34 拉开香坊线 03 断路器	2.3.6.1 停电拉闸操作应按照断路器—负荷侧隔离开关—电源侧隔离开关的顺序依次进行，送电合闸操作应按与上述相反的/顺序应按与上述相反的顺序进行。禁止带负荷拉合隔离开关	《国家电网公司变电运维管理规定》第六十七条（五）3. 远方操作一次设备前，应对现场人员发出提示信号，提醒现场人员远离操作设备		控保室：10kV 控保 I 柜。逆时针将把手拧到预分位置，再将把手拧到分闸终点位置，待绿灯亮后再松开，把手自动复归到分后位置	（1）传动机构故障，造成回路未实际拉开。（2）误运行、误操作的断路器，误拉到的断路器。	（4）断路器控制把手切至分间位置后，该断路器所控制的回路电流应降至零，绿灯亮，现场回路检查机构处在分闸位置。（5）断路器经点拉开后，应到现场检查其实际位置，以免手动传动机构故障，造成回路实际未拉开
35 检查 03 断路器确无电流表计指示	—	《变电专业电气操作票技术规范》1.4 断路器停电和开、解列操作后，必须检查断路器实际位置和表计指示		控保室：后台机。电流指示为零	操作断路器分间后，做出良好的正确判断	（1）断路器分间有关信号和测量仪表。（2）操作过程中，应同时监视有关电压、电流，功率等表计（实时显示）正常，以及断路器控制把手指示灯的变化。（3）断路器分间后，该断路器所控制的回路电流应降至零，绿灯亮。（4）操作分间后应对测量仪表检查，机构应进行实地检查。例如：电力表的指示、分间检查良好位置指示器的指令等，从而做出正确判断
36 将香坊线断路器控制方式开关由远方位置切至就地位置	—	《66kV 变电站现场运行通用规程》5.3.13 遥控保运行时，c）正常运行或受控站所有断路器选用热备用状态的断路器选择方式切换把手切至"远方"位置		控保室：10kV 控保 I 柜。逆时针旋转把手至远方位置		

续表

操作票顺序	安规要求	其他相关规定	图片指示	操作位置及注意事项	风险分析	风险预控
37 将新春线断路器控制方式开关由远方位置切至就地位置	—	《66kV变电站现场运行通用规程》5.3.13 遥控操作 c)正常运行时，受控站所有断路器运行或热备用状态的断路器选择方式切换把手应置于"远方"位置		控保室：10kV 控保I柜。顺时针旋转把手至就地位置	（1）经人工操作的断路器转为分闸位置，未拉开，断路器操作把手操作失灵。（2）传动机构实际未拉开。（3）误运行、误操作的断路器	（1）拉控制开关，不得用力过猛或拧控制开关，以免拉不开闸。（2）拧动控制开关，不得用力过猛或拧控制器失灵。（3）操作前，断路器分、合位置指示正确。操作后，分、合位置指示灯的变化。断路器控制把手指示灯的变化
38 拉开新春线04断路器	2.3.6.1 停电拉闸操作应按照断路器、负荷侧隔离开关、电源侧隔离开关的顺序依次进行，送电合闸操作应按与上述相反的顺序进行。禁止带负荷拉合隔离开关	《国家电网公司变电运维管理规定》（五）第六条七条（五）3.远方操作一次设备前，应对现场一次设备发出提示信号，提醒现场人员远方操作设备		控保室：10kV 控保I柜。逆时针将把手拧到预分位置后，再将把手拧到分闸点后松开，待绿灯亮后再复归到分后位置		（1）断路器控制把手切至断路器分闸位置。（2）断路器控制把手切至分闸后，该断路器所控制的回路电流应降至零，绿灯亮，现场检查指示器应处在分闸位置。（3）断路器经拉闸后。（4）断路器控制把手切至分闸后，应到现场检查其实际位置，以免传动机构故障，造成回路实际未拉开。（5）断路器经拉闸后，应到现场检查断路器实际位置
39 检查04表计确无指示	—	《变电专业电气操作票技术规范》1.4 断路器停、送电和并、解列操作前，必须检查断路器实际位置和表计指示		后台机。电流指示为零	操作断路器分闸后，做出良好的正确判断	（1）断路器和测量仪表有关信号和测量仪表。（2）操作过程中，应同时监视有关电流、电压、功率等表计（实时显示）正常，以及断路器控制把手指示灯的变化
40 将新春线断路器控制方式开关由远方位置切至就地位置方式位置	—	《66kV变电站现场运行通用规程》5.3.13 遥控操作 c)正常运行时，受控站所有断路器运行或热备用状态的断路器选择方式切换把手应置于"远方"位置		控保室：10kV 控保I柜。逆时针旋转把手至远方位置		（1）断路器分闸间后，应立即检查有关信号和测量仪表。（2）操作过程中，应同时监视有关电流、电压、功率表计等，以及断路器控制把手指示灯的变化。（3）断路器控制把手切至分闸间后，该断路器所控制的回路电流应降至零，绿灯亮。（4）操作分闸间后，机构位置应进行实地检查，分闸位置指示，分间应做出良好的指示。例如：电力表针的指示、位置指示器的指令等，从而做出正确判断

续表

操作票顺序	安规要求	其他相关规定	图片指示	操作位置及注意事项	风险分析	风险预控
41 将交流进线屏 2 号主/备断路器切换开关由自动位置切至手动位置	—	《66kV 变电站现场运行通用规程》5.3.11 继电保护及安全自动装置操作 (c) 凡一次操作过程中涉及继电保护装动时,应先将可能误动的保护退出,操作完毕后,按正常方式投入		交流进线屏,顺时针旋转把手至手动位置	(1)误发保护。(2)不停保护后,保护误动作后,起停设备后造成误操作。(3)不停保护后造成运行设备人员伤害。	(1)在倒闸操作过程中,如果预料有可能引起某些保护动作或自装置误动或失去保护配合,正置误动或失去保护停用,要提前采取措施或将其停用。(2)为避免因公共保护在合位,赶上检修断路器在合位,由于检修断路器直流为配合合位,而造成检修人员同时跳闸,影响设备安全,应停用公共保护跳闸检修断路器间。(3)设备虽已停电,如该设备的保护仍会起运行设备保护停用(包括检修校验,也应将有关保护停用,例如:启动失灵保护等。(4)电气设备停电后,特别是在进行保护的维护和校验时,其失灵保护一定要停用
42 将交流进线屏 1 号主/备断路器切换开关由自动位置切至手动位置	—			交流进线屏,顺时针旋转把手至手动位置		
43 拉开交流进线屏 1 号接地变压器 380V 侧断路器	—	《变电专业电气操作票技术规范》1.12.1 所用变停电时,先停低压侧,再停高压侧。送电时与此相反。必要时应执行逐级停送电的原则,即停电时先停负荷,最后停所用变;送电时先送电,后逐一送出负荷		交流进线屏,向下拉开断路器	(1)经人工操作的断路器由合闸位置转为分闸位置,未拉开,断路器操作把手失灵。(2)传动机构故障,造成回路实际未拉开。(3)误运行的断路器,误操作	(1)拉控制开关或把手分闸,不得用力过猛或操作过快,以免拉不开间。(2)拧动控制开关,不得用力过猛或操作过快,以免操作失灵。(3)操作前,操作后,断路器分、合位置指示应正确,合分位置指示灯的变化。(4)断路器控制把手切至分闸位置,瞬间分闸后,该断路器所控制的回路电流应降至零,绿灯亮,现场检查机构位置指示处在分闸位置。(5)断路器经分闸后,应到现场检查其实际位置,以免传动机构故障,造成回路实际未拉开

173

续表

操作票顺序	安规要求	其他相关规定	图片指示	操作位置及注意事项	风险分析	风险预控
44 检查1号接地变压器380侧断路器确无指示	—	《变电专业电气操作票技术规范》1.4 断路器停、送电和并、解列操作前后，必须检查断路器实际位置和表计指示		交流进线屏。电流指示为零	操作断路器分闸后，做出良好的判断	(1) 断路器分闸后，应立即检查有关信号和测量仪表。(2) 操作过程中，应同时监视有关电压、电流、功率等表计（实时显示）正常，以及断路器控制把手指示灯的变化。(3) 断路器控制把手切至分闸位置后，该断路器所控制的回路电流应降至零，绿灯亮。(4) 操作分闸后，机构位置的指示和信号指示。电力表的指令、分闸位置的指令，从而做出良好的判断
45 检查1号接地变压器380侧断路器在开位	2.3.6.5 电气设备检查应以设备的实际位置为准	《变电专业电气操作票技术规范》1.4 断路器停、送电和并、解列操作前后，必须检查断路器实际位置和表计指示		交流进线屏。红色指示灯熄灭	操作断路器分闸后，做出良好的正确判断	(1) 拉控制开关，不得用力过猛或操作过快，以免拉不开。(2) 扳动控制开关，不得用力过猛或操作过快，以免操作失灵。(3) 操作前，断路器分、合位置指示正确。操作后，断路器分、合位置指示正确的变化。(4) 断路器控制把手切至分闸位置后，该断路器所控制的回路电流应降至零，绿灯亮
46 拉开交流进线屏2号接地变压器380V侧断路器	—	《变电专业电气操作票技术规范》1.12.1 所有低压侧，先停低压侧，再停高压侧。送电时与此相反。必要时应执行逐级停送的原则，即停电时先停负荷，最后停所用电；送电时，先送所用变，后逐一送出负荷		交流进线屏。向下拉开断路器	(1) 经人工操作的断路器由合闸位置转为分闸位置，断路器未拉开，传动机构失灵。(2) 传动机构故障，造成回路实际未拉开。(3) 误拉运行的断路器，误操作	(1) 拉控制开关，不得用力过猛或操作过快，以免拉不开。(2) 扳动控制开关，不得用力过猛或操作过快，以免操作失灵。(3) 操作前，断路器分、合位置指示正确。操作后，断路器分、合位置指示正确的变化。(4) 断路器控制把手切至分闸位置后，该断路器所控制的回路电流应降至零，绿灯亮。(5) 断路器经现场检查其实际位置，应到现场检查其实际位置，以免传动机构故障，造成回路故障，造成现场未拉开

续表

操作票顺序	安规要求	其他相关规定	图片指示	操作位置及注意事项	风险分析	风险预控
47 检查2号接地变压器380侧表计确无指示	—	《变电专业电气操作票技术规范》1.4 断路器停、送电和并、解列操作前，必须检查断路器实计位置和表计指示		交流进线屏。电流指示为零。	操作断路器分闸后，做出良好的正确判断	(1) 断路器分闸后，应立即检查有关信号和测量仪表。(2) 操作过程中，应同时监视有关电压、电流、功率等表计（实时显示）正常，以及断路器控制把手指示灯的变化。(3) 断路器控制把手切至分闸位置，瞬间分闸电流应降至零、绿灯亮。(4) 操作分闸后应对照仪表检查，分间位置的回路电流应降至零、分间位置的指示和信号等进行实地检查，例如：电力表计的指示、分、合位置指示灯的指令等，从而做出良好的正确判断
48 检查2号接地变压器380侧断路器在开位	2.3.6.5 电气设备操作后的位置检查应以设备实际位置检查为准	《变电专业电气操作票技术规范》1.4 断路器停、送电和并、解列操作前，必须检查断路器实计位置和表计指示		交流进线屏。红色指示灯熄灭		
49 将1号接地变压器控制方式开关由远方就地位置切至远方位置	—	《66kV变电站现场运行通用规程》5.3.13 遥控操作 c)正常运行时，受控站所有断路器运行或热备用状态的断路器选择方式切换把手应置于"远方"位置		控保室：10kV 控保V柜。顺时针旋转把手至预定地位置	(1) 经人工操作断路器由合闸位置转为分闸位置，未拉开、断路器操作把手失灵。(2) 传动机构故障，造成回路实际未拉开。(3) 误分运行的断路器、误操作	(1) 拉控制开关，不得用力过猛或操作过快。(2) 拧动控制开关，不得用力过猛或操作失灵。(3) 操作前、操作后，断路器分、合位置指示正确。断路器控制把手指示灯的变化。(4) 断路器控制把手切至分闸位置，瞬间分闸电流应降至零、绿灯亮、控制回路检查应对应断路器应处在分闸位置
50 拉开1号接地变压器05断路器	2.3.6.1 停电拉闸操作应按照断路器—负荷侧隔离开关的顺序依次进行，送电合闸操作应按与上述相反的顺序进行；禁止带负荷拉合隔离开关	《国家电网公司变电运维管理规定（五）》第六十七条 3.远方操作一次设备前，提醒现场人员离开相关设备		控保室：10kV 控保I柜。逆时针将把手拧到预分位置后，再将把手拧到分闸终点位置，待绿灯亮后再松开，把手自动复归到分闸后位置		(4) 断路器控制把手切至分闸位置，瞬间分闸电流应降至零、绿灯亮、控制的回路检查应处到现场检查其实际分闸位置。(5) 断路器经拉闸后，应到现场检查其实际位置，以免传动机构故障，造成回路实际未拉开

续表

操作票顺序	安措要求	其他相关规定	图片指示	操作位置及注意事项	风险分析	风险预控
51 检查05表计确无指示	—	《变电专业电气操作票技术规范》1.4 断路器停、送电和开、解列操作前后，必须检查断路器实际位置和表计指示		控保室：后台机。电流指示为零	操作断路器分闸后，做出断路器分、合闸的正确判断	(1) 断路器分闸后，应立即检查有关信号和测量仪表。(2) 操作过程中，应同时监视有关电压、电流、功率等表计（实时显示）正常，以及断路器控制把手指示灯亮的变化。(3) 断路器控制把手切至分闸位置，瞬间分闸后，该断路器所控制的回路电流应降至零、绿灯亮和信号回路应进行实地检查，机构实际分闸位置指示等。例如：电力表的指令令、合闸指示器的指令令，从而做出正确判断
52 将1号接地变压器断路器控制方式开关由就地位置切至远方位置	—	《66kV变电站现场运行通用规程》5.3.13 遥控操作 c)正常运行时，受控站所有运行或就热备用状态的断路器选择方式切换把手应置于"远方"位置		控保室：10kV。控保V柜。逆时针旋转把手至远方位置	(1) 经人工操作的断路器由合闸位置转为分闸位置，未拉开，断路器操作把手失灵	(1) 拉控制开关，不得用力过猛或操作不开间。(2) 拧动控制开关，不得用力猛或操作失灵。(3) 操作前、操作后，分、合闸指示应正确。断路器控制把手切至分闸位置后，该断路器所控制的回路电流应降至零、绿灯亮、现场检查位置指示器处在分闸位置。(4) 断路器经现场分闸位置后，应到现场检查其实际位置，以免传动机构故障，造成实际未拉开
53 将准河线断路器控制方式开关由远方位置切至就地位置	—	《66kV变电站现场运行通用规程》5.3.13 遥控操作 c)正常运行时，受控站所有运行或就热备用状态的断路器选择方式切换把手应置于"远方"位置		控保室：10kV。控保I柜。顺时针旋转把手至远方位置		
54 拉开准河线07断路器	2.3.6.1 停电拉闸操作应按照断路器—负荷侧隔离开关—电源侧隔离开关的顺序依次进行，送电合闸操作应按与上述相反的顺序进行。禁止带负荷拉合隔离开关	《国家电网公司变电运维管理规定》第六十七条（五）3.远方操作一次设备前，应对现场人员发出操作信号，提醒现场人员远离操作设备		控保室：10kV。控保I柜。逆时针将把手拧到预分位置后，再把把手拧到分闸终点位置，待绿灯亮后再松开，把手自动回复到分闸后位置	(2) 传动机构故障，造成回路未拉开。(3) 误拉运行的断路器、误操作	

续表

操作票顺序	安规要求	其他相关规定	图片指示	操作位置及注意事项	风险分析	风险预控
55 检查 07 表计确无指示	—	《变电专业电气操作票技术规范》1.4 断路器停、送电和并、解列操作前，必须检查断路器实际位置和表计指示		控保室：后台机。电流指示为零	操作断路器分间后，做出良好的正确判断	（1）断路器分间后，应立即检查有关信号和测量仪表。（2）操作过程中，同时监视有关电压、电流、功率等等地显示，以及断路器控制把手显示的变化。（3）断路器分间后，该断路器控制把手切至分间位置，瞬间分间电流应降至零，绿灯亮。（4）操作分间后应对现场检查和信号指示。机构实际地位置进行检查。分间位置的指示、分间指示灯做出对令，从而做出正确的判断
56 将淮河线断路器整定方式开关由就地位置切至远方位置	—	《66kV 变电站现场运行通用规程》5.3.13 遥控操作 c）正常运行时，受控站所有运行或热备用状态的断路器选择方式切换把手应置于"远方"位置		控保室：10kV 控保 I 柜。逆时针将旋转把手至至远方位置	—	（1）拉控制开关，不得用力过猛或操作过快，以免拉不开间。（2）拧动控制开关，不得用力过猛或操作过快，以免操作失灵。（3）操作前、断路器分、合位置指示正确，操作后、断路器控制把手切至分间位置指示灯的变化
57 将辽河线断路器控制方式开关由远方位置切至就地位置	—	《66kV 变电站现场运行通用规程》5.3.13 遥控操作 c）正常运行时，受控站所有运行或热备用状态的断路器选择方式切换把手应置于"远方"位置		控保室：10kV 控保 I 柜。顺时针将旋转把手至至就地位置	（1）经人工操作的断路器转为分间位置，未拉开时，断路器操作把手失灵。（2）传动机构故障，造成回路实际未拉开。（3）误动运行、误操作的断路器	（1）断路器控制把手切至分间位置，该断路器所控制的回路电流应降至零，绿灯亮，现场检查机构应处在分间位置。（3）断路器经拉间后，应到现场检查其实际位置，以免传动机构故障，造成回路实际未拉开位置
58 拉开辽河线 08 断路器	2.3.6.1 停电拉间操作应按照断路器一负荷侧隔离开关一电源侧隔离开关的顺序依次进行，送电合间操作应按与上述相反的/顺序进行，禁止带负荷拉合隔离开关	《国家电网公司变电运维管理规定》第六十七条（五）3.远方操作一次设备前，应对现场人员发出提示信号，提醒现场人员远离操作设备		控保室：10kV 控保 I 柜。逆时针将把手拧到分间位置，再将把手拧到预留位置，待绿灯亮后将把手松开，把手自动复归到分后位置	—	（1）拉控制开关，以免拉不开间。（2）拧动控制开关，不得用力过猛或操作过快，以免操作失灵。（3）操作前、断路器分、合位置指示正确，合位置指示灯的变化。（4）断路器控制把手切至分间位置，该断路器所控制的回路电流应降至零，绿灯亮，现场检查机构应处在分间位置。断路器经拉间后，应到现场检查其实际位置，以免传动机构故障，造成回路实际未拉开

续表

操作票顺序	安规要求	其他相关规定	图片指示	操作位置及注意事项	风险分析	风险预控
59 检查 08 表计确无指示	—	《变电专业电气操作票技术规范》1.4 断路器停、送电合并、解列操作前，必须检查断路器实际位置和表计指示		控保室：后台机。电流指示为零	操作断路器分闸后，做出良好的正确判断	（1）断路器分闸后，应立即检查有关信号和测量仪表。（2）操作过程中，应同时监视有关电压、电流、功率等表计（实时显示）正常，以及断路器控制把手指示灯的变化。（3）断路器控制分闸后，瞬间分闸电流应降至零，绿灯亮。（4）操作分闸后应对实地检查：电力表的指示和信号指示，分闸位置应做出指示灯的正确判断
60 将辽河线断路器控制方式开关由就地位置切至远方位置	—	《66kV 变电站现场运行通用规程》5.3.13 遥控操作 c）正常运行时，受控站所有运行或热备用状态的断路器选择方式切换把手应置于"远方"位置		控保室：10kV 控保 I 柜。逆时针旋转把手至远方位置		
61 将中龙甲线断路器控制方式由远方位置切至就地位置	—	《66kV 变电站现场运行通用规程》5.3.13 遥控操作 c）正常运行时，受控站所有运行或热备用状态的断路器选择方式切换把手应置于"远方"位置		控保室：10kV 中龙甲乙线控保柜。逆时针将旋转把手至就地位置	（1）经人工操作的断路器由分位置转为合位置，未拉开，断路器操作把手失灵。（2）传动机构回路故障，造成回路断路器实际未拉开。（3）误拉运行的断路器，误操作	（1）拉控制开关，不得用力过猛或操作过快，以免拉不开。（2）拧动控制开关过快、不得用力猛或操作，以免操作失灵。（3）操作前、断路器分、合位置指示正确。操作后、断路器分、合位置指示正确。断路器控制把手切至分闸后，该断路器所控制的回路电流应降至零，绿灯亮，现场检查机构应处在分闸位置。（4）断路器控制把手切至分闸位置，断路器经合闸后，应运到现场检查机构实际位置。（5）断路器经合闸后，以免发现机构故障，造成回路断路器实际未拉开
62 拉开中龙甲线线路 11 断路器	2.3.6.1 停电拉闸操作应按照断路器—负荷侧隔离开关—电源侧隔离开关的顺序依次进行，送电合闸操作应按与上述相反的顺序进行。禁止带负荷拉合隔离开关	《国家电网公司变电运维管理规定（五）》第六十七条 3.远方操作一次设备前，应对现场人员发出提示信号，提醒现场人员远离操作设备		控保室：10kV 中龙甲乙线控保柜。逆时针将把手拧到分闸终点位置，待绿灯亮后再松开，把手归到分后位置		

续表

操作票顺序	安规要求	其他相关规定	图片指示	操作位置及注意事项	风险分析	风险预控
63 检查11表计确无指示	—	《变电专业电气操作票技术规范》1.4 断路器停、送电和开、解列等操作前，必须检查断路器实际位置和表计指示		控保室：后台机。电流指示为零	操作断路器分间后，做出良好的正确判断	(1) 断路器分间后，应立即检查有关信号和测量仪表。(2) 操作过程中，应同时监视有关电压、电流、功率等表计显示，以及断路器控制把手指示灯的变化。(3) 断路器控制把手切至分间位置，瞬时回路电流应降至零，绿灯亮。(4) 操作分间后应对实地检查分间位置、电力表的指示，从而做出正确判断
64 将中龙甲线断路器控制方式开关由就地位置切至远方位置	—	《66kV变电站现场运行通用规程》5.3.13 遥控操作 c) 正常运行时，受控站所控设备或热备用运行的断路器选择方式应置于"远方"位置		控保室：10kV中龙甲线控保柜。顺时针旋转把手至远方位置	(1) 经人工操作的断路器的间位置，未拉开，路器操作把手失灵。(2) 传动机构故障，造成回路操作实际未拉开	(1) 拉控制开关，不得用力过猛或操作过状态。(2) 拧动控制开关，以免操作失灵。(3) 操作前，断路器分、合位置指示正确。断路器控制把手指示灯的变化。
65 将会新断路器控制方式开关由远方位置切至就地位置	—	《66kV变电站现场运行通用规程》5.3.13 遥控操作 c) 正常运行时，受控站所控设备或热备用运行的断路器选择方式应置于"远方"位置		控保室：10kV控保Ⅱ柜。顺时针旋转把手至就地位置		
66 拉开会新12断路器	2.3.6.1 停电拉闸操作应按照断路器一负荷侧隔离开关一电源侧隔离开关的顺序依次进行，送电合闸操作应按与上述相反的顺序进行。禁止带负荷拉合隔离开关	《国家电网公司变电运维管理规定（五）》第六十七条 3.远方操作一次设备前，应对现场人员发出提示信号，提醒现场人员远离操作设备		控保室：10kV控保Ⅱ柜。逆时针将把手拧到分间位置后，待将把手拧到分间终点后再拧开，把绿灯亮后再自动复归到分后位置	(1) 误合断路器、误操作的断路器的间位置。(2) 误分运行的断路器，误操作断路器	(1) 断路器控制把手切至分间位置，瞬时回路电流应降至零，绿灯亮，控制回路机构应处在现场检查分间位置。(2) 拧动控制开关，以免操作失灵，合位置器应处在。(3) 操作正确，断路器分、合位置指示正确。断路器控制把手指示灯的变化。(4) 断路器经动现场后，应到现场机动检查其实际位置，以免传动机构故障，造成回路实际未拉开。(5) 断路器经动现场后，应到现场机动检查其实际位置，以免传动机构故障，造成回路实际未拉开

续表

操作票顺序	安规要求	其他相关规定	图片指示	操作位置及注意事项	风险分析	风险预控
67 检查12表计确无指示	—	《变电专业电气操作票技术规范》1.4 断路器停、送电和并、解列操作前，必须检查断路器实际位置和表计指示		控保室：后台机。电流指示为零	操作断路器分闸后，做出良好的正确判断	(1) 断路器分闸后，应立即检查有关信号和测量仪表。(2) 操作过程中，应同时监视测量电压、电流、功率等表计（实时检查），以反断路器控制把手指示灯等的变化。(3) 断路器控制把手分闸后，该断路器所控制的回路电流应降至零，绿灯亮。(4) 断路器分闸后应进行安地测量检查，分闸位置。例如：电力表的指令为零，从而做出断路器指示灯的正确判断
68 将会新线断路器控制方式开关由就地位置切至远方位置	—	《66kV变电站现场运行通用规程》5.3.13 遥控操作 c)正常运行时，受控站所有在行或就热备用状态的断路器选择方式切换把手应置于"远方"位置		控保室：10kV控保Ⅱ柜。顺时针旋转把手至远方位置		
69 将恒乙线断路器控制方式开关由远方位置切至就地位置	—	《66kV变电站现场运行通用规程》5.3.13 遥控操作 c)正常运行时，受控站所有在行或就热备用状态的断路器选择方式切换把手应置于"远方"位置		控保室：10kV控保Ⅱ柜。逆时针将旋转把手至就地位置	(1) 经人工操作将断路器由合闸位置转为分闸位置，未拉开，断路器操作把手失灵。(2) 传动机构故障，造成回路实际未拉开。(3) 误拉断路器，误操作	(1) 拉控制开关，不得用力过猛或操作不开闸。(2) 拧动控制开关，不得用力过猛或操作过快，以免操作失灵。(3) 操作正确，操作前、分、合回路断路器控制把手指示灯的变化。(4) 断路器控制把手切至分闸位置，瞬间回路电流应降至零，绿灯亮，现场检查机构位置应处在分闸位置。(5) 断路器经就位后，应到现场检查其实际位置，以免传动机构故障，造成回路实际未拉开
70 拉开信13断路器 恒乙线断路器	2.3.6.1 停电拉闸操作应按照断路器—负荷侧隔离开关—电源侧隔离开关的顺序依次进行，送电合闸操作应按与上述相反的顺序进行。禁止带负荷拉合隔离开关	《国家电网公司变电运维管理规定（五）》第六十七条（五）3.远方操作一次设备前，应对现场人员发出呼叫信号，提醒现场人员远离操作设备		控保室：10kV控保Ⅱ柜。逆时针将把手拧到预分位置后，再将把手拧到分闸终点位置，待绿灯亮点位置，把手自动复归到分后位置		

续表

操作票顺序	发规要求	其他相关规定	图片指示	操作位置及注意事项	风险分析	风险预控
71 检查13表计确无指示	—	《变电专业电气操作票技术规范》1.4 断路器停、送电合闸、解列操作前，必须检查断路器实际位置和表计指示		控保室：后台机。电流指示为零	操作断路器分闸后，做出良好的正确判断	(1) 断路器分闸后，应立即检查有关信号和测量仪表。(2) 操作过程中，应同时监视有关开关电流、电压、功率等表计（实时显示）正常，以及断路器控制把手指示灯的变化。(3) 断路器分闸后，该断路器所控制的回路电流应降至零，绿灯亮。(4) 根据信号指示、电力表计和仪表进行实地检查，例如：电流、电压的指示，分闸位置的指示灯令等，从而做出良好的正确判断
72 将信号控制方式开关由就地位置切至远方位置	—	《66kV变电站现场运行通用规程》5.3.13 遥控操作 c) 正常运行时，受控变电站所有运行或热备用状态的断路器设备选择方应置于"远方"位置		控保室：10kV 控保II柜。逆时针将旋转把手至远方位置		
73 将断路器控制方式开关由远方位置切至就地位置	—	《66kV变电站现场运行通用规程》5.3.13 遥控操作 c) 正常运行时，受控变电站所有运行或热备用状态的断路器设备选择方应置于"远方"位置		控保室：10kV 控保II柜。顺时针将旋转把手至就地位置	(1) 经人工操作的断路器由分闸位置转为分闸位置、未拉开，断路器操作把手失灵。(2) 传动机构故障，造成回路。(3) 误交运行、误操作的断路器设备	(1) 拉控制开关，不得用力过猛或猛操作过快，不得用力过猛。(2) 扭合操作过快，以免操作失灵。(3) 操作前、断路器分、合闸位置指示正确。操作后、分、合闸位置指示灯的变化。(4) 断路器控制把手切至分闸位置。瞬间电流应降至零，绿灯亮、制的回路机构位置现场检查机构位置处在分闸位置。(5) 断路器经由现场检查其实际分闸位置后，应到现场传动机构故障，造成回路实际未拉开
74 拉开丽景景线14隔离开关	2.3.6.1 停电拉闸操作应按照断路器—负荷侧隔离开关—电源侧隔离开关的顺序依次进行、送电合闸操作应按与上述相反的顺序进行 禁止带负荷拉合隔离开关	《国家电网公司变电运维管理规定》第六十七条（五）3.远方操作一次设备前，应按现场人员发出提示信号，提醒现场人员远离操作设备		控保室：10kV 控保II柜。逆时针将把手拧到预分位置后，再将把手拧到分闸终点位置，待绿灯亮后再松开，把手自动复归到分后位置		

续表

操作票顺序	安措要求	其他相关规定	图片指示	操作位置及注意事项	风险分析	风险预控
75 检查14表计确无指示	—	《变电专业电气操作票技术规范》1.4 断路器停、送电合开、解列列操作前后，必须检查断路器实际位置和表计指示		控保室：后台机。电流指示为零	操作断路器分间后，做出良好的正确判断	(1)断路器分间后，应立即检查有关信号和测量仪表。(2)操作过程中，应同时监视有关电压、电流、功率表计（实时显示）正常，以及断路器控制把手指示灯的变化。(3)断路器控制把手切至分间位置，瞬间分间后，该断路器所控制的回路电流应降至零、绿灯亮。(4)操作分间后应对测量仪表和信号指示、分间位置进行实地检查。例如：电力表计的指令、分、合位置指示，断路器的指令等，从而做出良好的正确判断
76 将丽景线断路器控制方式开关由就地位置切至远方位置	—	《66kV变电站现场运行通用规程》5.3.13 遥控操作c)正常运行时，受控站所有运行或就用状态的断路器选择方式切换把手应至"远方"位置		控保室：10kV控保Ⅱ柜。逆时针旋转把手至远方位置	(1)经人工操作的断路器由合的位置转为分间位置，未拉开，断路器操作把手失灵。(2)传动机构故障，造成回路实际未拉开。(3)误操作断路器，误操作的断路器	(1)拉控制开关，不得用力过猛或操作过快，以免拉不开间。(2)拧动控制开关，不得用力过猛或操作过快，以免操作失灵。(3)操作前、操作后，分、合位置指示正确。断路器控制把手指示灯的变化。
77 将泰海线断路器控制方式开关由远方位置切至就地位置	—	《66kV变电站现场运行通用规程》5.3.13 遥控操作c)正常运行时，受控站所有运行或就用状态的断路器选择方式切换把手应至"远方"位置		控保室：10kV控保Ⅳ柜。顺时针旋转把手至就地位置		
78 拉开泰海线21断路器	2.3.6.1 停电拉闸操作应按照断路器一负荷侧隔离开关一电源侧隔离开关的顺序依次进行，送电合闸操作应按与上述相反的顺序进行。禁止带负荷拉合隔离开关	《国家电网公司变电运维管理规定》第六十七条（五）3.远方操作一次设备前，应对现场人员发出提示信号，提醒现场人员远方操作设备		控保室：10kV控保Ⅳ柜。逆时针将把手拧到预分位置后，再将把手拧到分间位置，待绿灯亮就地点位置，松开，待手自动复归到分后位置		(1)断路器控制把手切至分间位置，瞬间分间后，该断路器所控制的回路电流应降至零、绿灯亮，现场检查把手机构应处在分间位置。(5)断路器经操作实际分间后，应到现场检查其实际位置，以免传动机构故障，造成回路实际未拉开

续表

操作票顺序	安规要求	其他相关规定	图片指示	操作位置及注意事项	风险分析	风险预控
79 检查 21 表计确无指示	—	《变电专业电气操作票技术规范》1.4 断路器停、送电合并，解列检查断路器操作前后，必须检查断路器实际位置和表计指示		控保室：后台机。电流指示为零	操作断路器分闸后，做出良好的正确判断	(1)断路器分闸后，应立即检查有关信号和测量仪表。(2)操作过程中，应同时监视有关电压、电流、功率等仪表显示是否正常，以及断路器控制把手指示灯的变化。(3)断路器分闸后，瞬间回路电流应降至零位置，该断路器所控制的回路应断开，绿灯亮，仪表测量应对地检查。电力表指示和信号指示。例如：分、合闸位置指示器的指令等，从而做出位置指示器的正确判断
80 将泰海线断路器控制方式开关由就地位置切至远方位置	—	《66kV 变电站现场运行通用规程》5.3.13 遥控操作时，受控站所有运行或热备用状态的断路器选择方式切换把手应选择于"远方"位置		控保室：10kV 控保Ⅳ柜。逆时针旋转把手至远方位置		
81 将中龙乙线断路器控制方式开关由远方位置切至就地位置	—	《66kV 变电站现场运行通用规程》5.3.13 遥控操作时，受控站所有运行或热备用状态的断路器选择方式切换把手应选择于"远方"位置		控保室：10kV 中龙甲乙线控保柜。逆时针将旋转把手拧到所需点就地位置，待旋转把手至就地位置	(1)经人工操作的断路器由分闸位置转为合闸位置，断路器未拉开，断路器操作把手失灵。(2)传动机构故障，造成回路故障，造成回路拉开。(3)误操作的断路器，误操作	(1)拉控制开关，不得用力过猛或操作过快，不得拉不开间。(2)拧动控制开关，不得用力过快，操作过快，以免操作失灵。(3)操作正确，断路器分、合闸指示正确。操作后，断路器控制把手切至分闸位置。(4)断路器控制把手切至分闸位置，瞬间回路电流应降至零，绿灯亮，现场检查机构位置应处在分闸位置
82 拉开中龙乙线 22 断路器	2.3.6.1 停电拉闸操作应按照断路器—负荷侧隔离开关—电源侧隔离开关的顺序依次进行，送电合闸操作应按与上述相反的顺序进行；禁止带负荷拉合隔离开关	《国家电网公司变电运维管理规定（五）》第六十七条 3.远方操作一次设备前，应通知现场人员发出提示信号，提醒现场人员远离被操作设备		控保室：10kV 中龙甲乙线控保柜。逆时针将把手拧到分闸红灯熄灭、绿灯亮位置，待松把手后再自动复归到分后位置		(1)断路器控制把手切至分闸位置，瞬间回路电流应降至零，绿灯亮，现场检查机构位置应处在分闸位置。(2)断路器经拉合闸间，应到现场机构检查传动机构实际未分开位置，以免传动机构故障，造成现场机构实际未分开

183

续表

操作票顺序	安规要求	其他相关规定	图片指示	操作位置及注意事项	风险分析	风险预控
83 检查22表计确无指示	—	《变电专业电气操作票技术规范》1.4 断路器停、送电和并、解列操作前后，必须检查断路器实际位置和表计指示		控保室：后台机。电流指示为零	操作断路器分闸后，做出良好的正确判断	(1) 断路器分闸后，应立即检查有关信号和测量仪表。(2) 操作过程中，应同时监视有关电压、电流、功率等表计（实时显示）正确，以及断路器控制把手指示灯的变化。(3) 断路器控制把手切至分闸位置后，绿灯亮，分闸位置应对实测进行实地检查。分闸位置应良好，从而做出判断。(4) 信号指示，例如：电力表计的指令和位置指示的指令、位置指示的指令的正确判断
84 将中龙乙线断路器控制方式开关由远方位置切至就地位置	—	《66kV变电站现场运行通用规程》5.3.13 遥控操作 c) 正常运行时，受控站所有可遥控或就地控制的断路器选择方式切换把手应置于"远方"位置		控保室：10kV 中龙甲乙线控保柜。顺时针旋转把手至远地位置		
85 将建工线断路器控制方式开关由远方位置切至就地位置	—	《66kV变电站现场运行通用规程》5.3.13 遥控操作 c) 正常运行时，受控站所有可遥控或就地控制的断路器选择方式切换把手应置于"远方"位置		控保室：10kV 控保III柜。顺时针旋转把手至就地位置	(1) 经人工操作的断路器由分闸位置转为合闸位置，未拉开，断路器操作把手失灵。(2) 传动机构故障，造成回路实际未拉开。(3) 误拉运行的断路器、误操作断路器机构故障	(1) 拉控制开关，不得用力过猛或拉不开。(2) 拧动控制开关，不得用力过猛或操作失灵。(3) 操作前、断路器分、合位置指示正确，合位置指示指示灯的变化。(4) 断路器控制把手切至分闸位置后，该断路器所控制的回路电流应降至零，绿灯亮，现场检查机构位置应处在分闸位置。(5) 断路器经过就地合闸后，应到现场检查其实际位置，以免传动机构未拉开，造成回路实际未拉开
86 拉开建工线23断路器	2.3.6.1 停电拉闸操作应按照断路器一负荷侧隔离开关一电源侧隔离开关的顺序依次进行，送电合闸操作应按与上述相反的顺序进行。禁止带负荷拉合隔离开关	《国家电网公司变电运维管理规定（五）》第六十七条 3.运方操作一次设备前，应对现场人员发出提醒现场操作人员远方操作设备		控保室：10kV 控保III柜。逆时针将把手扭到预分位置后，再将把手扭到分闸位置，待分闸终点位置松开，绿灯亮点位置再扭，把手自动复归到分闸位置		

续表

操作票顺序	安规要求	其他相关规定	图片指示	操作位置及注意事项	风险分析	风险预控
87 检查 23 表计确无指示	—	《变电专业电气操作票技术规范》1.4 断路器停、送电和并、解列操作前，必须检查断路器实际位置和表计指示		控保室：后台机。电流指示为零	操作断路器分闸后，做出良好的正确判断	(1) 断路器分闸后，应立即检查有关信号和测量仪表。(2) 操作过程中，应同时监视有关电压、电流、功率等仪表（实时显示）正常，以及断路器控制把手指示灯的变化。(3) 断路器分闸后，瞬间应降至零，绿灯亮；断路器分闸位置，瞬间回路电流应降至零，分闸位置指示好。(4) 分闸指示：电力表的指示和信号对应检查，从而做出良好的正确判断
88 将建工线断路器控制方式开关由就地位置切至远方位置	—	《66kV 变电站现场运行通用规程》5.3.13 遥控操作 c）正常运行、受电站有运行或就地操作站状态的有关断路器应选择方式切换把手应置于"远方"位置		控保室：10kV 控保Ⅲ柜。逆时针旋转把手至远方位置	(1) 经人工操作的断路器由合闸位置转为分闸位置，未拉开，断路器操作把手失灵。(2) 传动机构故障，造成回路实际未拉开。(3) 误运行、误操作的断路器	(1) 拉合控制开关，不得用力过猛或操作不到位。(2) 拧动控制开关，不免操作失灵。(3) 操作前，断路器分、合位置指示正确。断路器控制把手切换至分闸位置。(4) 断路器控制把手切至分闸位置，瞬间回路电流应降至零，绿灯亮；现场机构位置指示处在分闸位置。(5) 断路器经实际拉闸后，应到现场检查其实际位置，以免传动机构故障，造成回路实际未拉开
89 将货场线断路器控制方式开关由就地切至远方位置	—	《66kV 变电站现场运行通用规程》5.3.13 遥控操作 c）正常运行、受电站有运行或就地操作站状态的有关断路器应选择方式切换把手应置于"远方"位置		控保室：10kV 控保Ⅲ柜。顺时针旋转把手至就地位置		
90 拉开货场线 24 断路器	2.3.6.1 停电拉闸操作应按照断路器（开关）、负荷侧隔离开关、电源侧隔离开关的顺序依次进行，送电合闸操作应按与上述相反的顺序进行。禁止带负荷拉合隔离开关	《国家电网公司变电运维管理规定》第六十（五）3.3 巡方操作七条前，应对现场一次设备发出提示信号，提醒现场人员远离操作设备		控保室：10kV 控保Ⅲ柜。逆时针将把手拧到预分位置后，再将把手拧到分位置，待绿灯亮后再松开，把手自动复归到后台位置		

续表

操作顺序	安规要求	其他相关规定	图片指示	操作位置及注意事项	风险分析	风险预控
91 检查24表计确无指示	—	《变电专业电气操作票技术规范》1.4 断路器停、送电和开、解列操作前后,必须检查断路器实际位置和表计指示		控保室:后台机。电流指示为零	操作断路器分间后,做出良好的正确判断	(1)断路器分间后,应立即检查有关信号和测量仪表。(2)操作过程中,应同时监视有关电压、电流,功率表计,以及断路器控制把手指示灯的变化。(3)断路器控制把手分间后,瞬间分间电流应降至零,制的回路电流所控制的回路应降至零和信号指示。电力表计进行实地检查。例如:分间后,分间位置指示和信号指令等,从而做出指示的正确判断
92 将负荷线路开关控制方式开关由就地位置切至远方位置	—	《66kV变电站现场运行通用规程》5.3.13 遥控操作 c)正常运行时,受控站所有运行或热备用状态的断路器选择方式切换把手应置于"远方"位置		控保室:10kV 控保III柜。顺时针旋转把手至远方位置		
93 将化区断路器控制方式开关由远方位置切至就地位置	—	《66kV变电站现场运行通用规程》5.3.13 遥控操作 c)正常运行时,受控站所有运行或热备用状态的断路器选择方式切换把手应置于"远方"位置		控保室:10kV 控保III柜。逆时针旋转把手至就地位置	(1)经入工操作断路器由合分间位置转为分间位置,未拉开,断路器操作把手失灵。	(1)拉控制开关,不得用力过猛或操作过快,以免拉不开。(2)扭动控制开关,不得用力过猛或操作过快,以免操作失灵。(3)操作前、断路器分、合分间至合位置指示正确,操作后指示灯有变化。
94 拉开化区25线断路器	2.3.6.1 停电拉闸操作应按照断路器—负荷侧隔离开关—电源侧隔离开关的顺序依次进行,送电合闸操作应按与上述相反的顺序进行。禁止带负荷拉合隔离开关	《国家电网公司变电运维管理规定(五)》第六十七条 3.送电操作一次设备前,应发出提示信号,提醒现场人员远离操作设备		控保室:10kV 控保III柜。逆时针将把手拧到预分位置后,再将把手拧到合闸位置,待绿灯亮后再松到分位置,把手自动复归到后位置	(1)传动机构故障,造成回路实际未拉开。(2)误拉运行、误操作的断路器,误操作(3)断路器经实际分间后,以免回路实际未拉	(1)断路器控制把手切至分间位置,该断路器所控制的回路电流应降至零,绿灯亮。(3)操作正确,合闸位置指示正确,断路器控制把手指示灯的变化。(4)断路器控制把手切至分间位置,该断路器所控制的回路检查现场机构位置指示器应处在分间位置。(5)检查其实际位置,以免传动机构故障,造成回路实际未拉开

续表

操作票顺序	安规要求	其他相关规定	图片指示	操作位置及注意事项	风险分析	风险预控
95 检查 25 表计确无指示	—	《变电专业电气操作票技术规范》1.4 断路器停、送电和并、解列操作前后，必须检查断路器实际位置和表计指示		控保室：后台机。电流指示为零	操作断路器分间后，做出良好的正确判断	(1) 断路器分间后，应立即检查有关信号和测量仪表。(2) 操作过程中，应同时监视有关电压、电流、功率表计（实时显示）正常，以及断路器控制把手指示灯的变化。(3) 断路器控制把手切至分间位置，瞬时回路电流应降至零、绿灯亮，断路器控制把手切至分间位置，瞬时回路电流应降至零，机构的回路位置进行实地检查。分间位置良好(4) 观察信号指示：电力表计的指令和信号等，从而做出良好的正确判断
96 将顺化区线断路器控制方式开关由就地位置切至远方位置	—	《66kV 变电站现场运行通用规程》5.3.13 遥控操作 c）正常运行时，受控站所有断路器或热备用状态的断路器选择方式切换把手应置于"远方"位置		控保室：10kV 控保Ⅲ柜。顺时针旋转把手至远方位置		(1) 拉控制开关，不得用力过猛或用力控制开关，不得用力开闭。(2) 拧动操作迅速，以免操作失灵。(3) 操作前，断路器分、合自位置指示正确。操作后，断路器控制把手指示灯的变化。(4) 断路器控制把手切至分间位置，瞬时回路电流应降至零、绿灯亮，现场检查断路器指示位置应处在分间位置
97 将顺化区线断路器控制方式开关由远方位置切至就地位置	—	《66kV 变电站现场运行通用规程》5.3.13 遥控操作 c）正常运行时，受控站所有断路器或热备用状态的断路器选择方式切换把手应置于"远方"位置		控保室：10kV 控保Ⅲ柜。顺时针将旋转把手至就地位置	(1) 经人工操作的断路器由分间位置转为合位置，未拉开，断路器操作把手失灵。(2) 传动机构故障，造成回路实际未拉开。(3) 误投运行、误操作把手切至分间位置	
98 拉开顺化区线 26 断路器	2.3.6.1 停电拉闸操作应按照断路器一负荷侧隔离开关一电源侧隔离开关的顺序依次进行；送电合闸操作应按与上述相反的顺序进行。禁止带负荷拉合隔离开关	《国家电网公司变电运维管理规定（五）》第六十七条 (五) 3.远方操作一次设备前，应到现场人员发出提示信号，提醒现场人员远离操作设备		控保室：10kV 控保Ⅲ柜。逆时针将把手拧到分间预分位置，再将把手拧到分间终点松开，绿灯亮后再松开，把手自动复归到分后位置		(1) 拉控制开关，不得用力过猛或用力控制开关，不得用力开闭。(2) 拧动操作迅速，以免操作失灵。(3) 操作前，断路器分、合自位置指示正确。操作后，断路器控制把手指示灯的变化。(4) 断路器控制把手切至分间位置，瞬时回路电流应降至零、绿灯亮，现场检查断路器指示位置应处在分间位置。(5) 断路器经拉闸后，应到现场检查其实际位置，以免传动机构故障，造成回路实际未拉开

续表

操作票顺序	安规要求	其他相关规定	图片指示	操作位置及注意事项	风险分析	风险预控
99 检查26表计确无指示	—	《变电专业电气操作票技术规范》1.4 断路器停、送电和并、解列操作前后，必须检查断路器实际位置和表计指示		控保室：后台机。电流指示为零	操作断路器分闸后，做出良好的正确判断	(1) 断路器分闸后，应立即检查有关信号和测量仪表。(2) 操作过程中，应同时监视有关电压、电流、功率等表计显示，以反映断路器控制把手指示灯的变化。(3) 断路器控制把手切至分闸位置，瞬间分闸后，该断路器所控制的回路电流应降至零，绿灯亮。分闸位置应进行实地检查，电力表计的指令等，从而做出良好的正确判断
100 将颜料线断路器控制方式开关由就地位置切至远方位置	—	《66kV 变电站现场运行通用规程》5.3.13 遥控操作 c)正常运行时，受控站所有运行或就热备用状态的断路器选择方式切换把手应置于"远方"位置		控保室：10kV 控保Ⅲ柜。逆时针旋转把手至远方位置	(1) 经人工操作的断路器由合闸位置转为分闸位置，未拉开，断路器操作把手失灵。(2) 传动机构故障，造成回路实际未拉开。(3) 误拉运行的断路器，误操作	(1) 拉控制开关，不得用力过猛或拧控制开关，不得用力过猛或拧动控制开关，以免操作失灵。(2) 操作前、断路器分、合回路指示正确。操作后、分合位置指示灯亮，断路器控制把手指示灯的变化。(3) 断路器经合闸后，应到现场检查机构故障，造成回路实际拉开
101 将大寨线断路器控制方式开关由远方位置切至就地位置	—	《66kV 变电站现场运行通用规程》5.3.13 遥控操作 c)正常运行时，受控站所有运行或就热备用状态的断路器选择方式切换把手应置于"远方"位置		控保室：10kV 控保Ⅲ柜。顺时针将旋转把手至就地位置		
102 拉开大寨线27断路器	2.3.6.1 停电拉闸操作应按照断路器一负荷侧隔离开关一电源侧隔离开关的顺序依次进行，送电合闸操作应按与上述相反的顺序进行。禁止带负荷拉合隔离开关	《国家电网公司变电运维管理规定》第六章 第五十七条（五）3.远方操作一次设备前，应对现场一次设备发出提示信号，提醒现场人员远离操作设备		控保室：10kV 控保Ⅲ柜。逆时针将把手拧到预分位置后，再将把手拧到分闸终点位置，绿灯亮后松手，把手自动复归到分闸位置		(1) 拉控制开关，不得用力过猛，以免拉不开。(2) 拧动控制开关，不得用力过猛或拧动控制开关，以免操作失灵。(3) 误拉运行的断路器，误操作。(4) 断路器控制把手切至分闸位置，瞬间分闸电流应降至零，绿灯亮，现场检查机构位置指示器处在分闸位置。(5) 断路器经合闸后，应到现场检查其实际位置，以免误动机构实际拉开，造成回路实际拉开

续表

操作票顺序	安规要求	其他相关规定	图片指示	操作位置及注意事项	风险分析	风险预控
103 检查 27 表计确无指示	—	《变电专业电气操作票技术规范》1.4 断路器停、送电合并后，解列操作前，必须检查断路器实际位置和表计指示	29 28 27 32 大寨热 白林热 163.13 2.81 0.20 262.50 4.57 0.77 2.49 -0.00 -0.00	控保室：后台机。电流指示为零。	操作断路器分间后，做出良好的正确判断	(1) 断路器分间后，应立即检查有关信号和测量仪表。(2) 操作过程中，应同时监视有关电压、电流、功率等表计（实时显示）正常，以及断路器控制把手指示灯的变化。(3) 断路器控制把手切至分间位置后，该断路器所控制的回路电流应降至零，绿灯亮。(4) 瞬间分间后，分间后位置应进行实地检查，例如：电力表计的指令号等，从而做出良好的正确判断
104 将大寨线断路器控制方式开关由就地位置切至远方位置	—	《66kV 变电站现场运行通用规程》5.3.13 遥控操作 c)正常运行时，受控站所有运行或热备用状态的断路器应选择方式切换把手应置于"远方"位置		控保室：10kV 控保Ⅲ柜。顺时针旋转把手至远方位置	(1) 经人工操作的断路器由合间位置转为分间位置，未拉开，断路器操作把手失灵。(2) 传动机构故障，造成回路实际未拉开。(3) 误分断路器、误操作的断路器，误拉到合间位置	(1) 拉控制开关，不得用力过猛或拧控制开关，以免拉不开关。(2) 拧动控制开关，不得用力过猛或猛拧操作，以免操作失灵。(3) 操作前、断路器分、合位置指示正确。操作后，断路器分、合位置指示灯的变化。(4) 断路器控制把手切至分间位置后，该断路器所控制的回路电流应降至零，绿灯亮，现场检查机构应处在分间位置。(5) 断路器经拉合后，应到现场检查其实际位置，以免传动机构故障，造成回路实际未拉开
105 将一零三线断路器控制方式开关由就地位置切至远方就地位置	—	《66kV 变电站现场运行通用规程》5.3.13 遥控操作 c)正常运行时，受控站所有运行或热备用状态的断路器应选择方式切换把手应置于"远方"位置		控保室：10kV 控保Ⅲ柜。顺时针旋转把手至远方就地位置		
106 拉开一零三线 28 断路器	2.3.6.1 停电拉间操作应按照隔离断路器一负荷侧隔离开关的顺序进行；送电合间操作应按与上述相反的顺序进行。禁止带负荷拉合隔离开关	《国家电网公司变电站运维管理规定（五）》第六十七条 3.远方操作一次设备前，应对现场人员发出提示信号，提醒现场人员远离操作设备		控保室：10kV 控保Ⅲ柜。逆时针将把手拧到预分位置，再将把手拧到分间终端点位置，待绿灯亮后再松开，把手自动复归到分后分间位置		

续表

操作票顺序	安规要求	其他相关规定	图片指示	操作位置及注意事项	风险分析	风险预控
107 检查28表计确无指示	—	《变电专业电气操作票技术规范》1.4 断路器停、送电和并、解列操作前后，必须检查断路器实际位置和表计指示		控保室：后台机。电流指示为零	操作断路器分闸后，做出良好的正确判断	(1) 断路器分闸号和测量仪表。(2) 操作过程中，应同时监视有关电压、电流、功率等表计（实时显示）正常，以及断路器控制把手指示灯的变化。(3) 断路器控制把手切至分闸位置后，该断路器所控制的回路电流应降至零、绿灯亮。(4) 操作分闸后应对实地检查，机构分闸位置指示和信号灯指示。例如：电力线的指令等，从而做出位置指示正确判断的
108 将一零三线断路器控制方式开关由就地方位置切至远方位置	—	《66kV变电站现场运行通用规程》5.3.13 遥控操作 c)正常运行，受控站所有在运行或热备用状态的断路器应选择方式切换把手应置于"远方"位置		控保室：10kV 控保Ⅲ柜。逆时针旋转把手至远方位置	断路器分闸后应对的正确判断	
109 将2号接地变压器控制方式开关由远方位置切至就地位置	—	《66kV变电站现场运行通用规程》5.3.13 遥控操作 c)正常运行，受控站所有在运行或热备用状态的断路器应选择方式切换把手应置于"远方"位置		控保室：10kV 控保Ⅴ柜。顺时针将转把手至就地位置	(1) 经人工操作将断路器由分闸位置转为分闸、未拉开，断路器操作把手失灵。(2) 传动机构故障，造成回路未实际拉开。(3) 误运行、误操作的断路器	(1) 拉动控制开关，不得用力过猛或操作不快。扪动控制开关，不得用力过猛或猛或快。以免操作失灵。(3) 操作前、断路器分、合闸位置指示正确。操作后，分、合闸位置指示正确，断路器控制把手指示灯的变化。(4) 断路器控制把手切至分闸位置后，瞬间分闸电流应降至零、绿灯亮，现场检查机构位置应处在分闸位置
110 拉开2号变压器29断路器	2.3.6.1 停电拉闸操作必须按照断路器（负荷开关）—负荷侧隔离开关—电源侧隔离开关的顺序依次进行，送电合闸操作应按与上述相反的顺序进行。禁止带负荷拉合隔离开关	《国家电网公司变电运维管理规定（五）》第六十七条（五）3.送方操作前，应对现场一次设备发出提示信号，提醒现场人员远离操作设备		控保室：10kV 控保Ⅴ柜。逆时针将把手拧到预分后，再将把手拧到合闸终点位置，待绿灯亮后再松开，把手自动复归到分闸后位置	断路器经操作后，应检查其实际位置	(1) 断路器控制把手切至分闸位置后，该断路器所控制的回路电流应降至零、绿灯亮，现场检查机构位置应处在分闸位置。(5) 断路器经操作后，应到现场检查实际位置，以免转回路实际未拉开

续表

操作票顺序	安规要求	其他相关规定	图片指示	操作位置及注意事项	风险分析	风险预控
111 检查 29 表计确无指示	—	《变电专业电气操作票技术规范》1.4 断路器停、送电和并、解列操作前，必须检查断路器实际位置和表计指示		控保室：后台机。电流指示为零	操作断路器分闸后，做出正确判断	(1) 断路器分闸后，应立即检查有关信号和测量仪表。(2) 操作过程中，应同时监视有关电压、电流，以及功率等表计（实时监测）正常，以及断路器控制把手指示灯的变化。(3) 断路器控制把手切至分闸位置，瞬间回路电流应降至零、绿灯亮。该断路器所控制的回路电流应对应对测量仪表检查，机构分闸到位、分闸位置指示良好。(4) 操作指示、机构分、合位置指示和信号指示。例如：电力表计的指令等，从而做出断路的正确判断
112 将 2 号接地变压器断路器控制方式开关由就地位置切至远方位置	—	《66kV 变电站现场运行通用规程》5.3.13 遥控操作（c）正常运行时，受控站所有运行或热备用状态的断路器选择方式切换把手应置于"远方"位置		控保室：10kV 控保V柜。逆时针旋转把手至远方位置	经人工操作的断路器转为分闸位置	(1) 拉控制开关，不得用力过猛或操作太快，以免拉不开。(2) 拧动控制开关，不得用力过猛或操作失灵。(3) 操作前、断路器分、合位置指示正确
113 将信恒甲线断路器控制方式开关由远方位置切至就地位置	—	《66kV 变电站现场运行通用规程》5.3.13 遥控操作（c）正常运行时，受控站所有运行或热备用状态的断路器选择方式切换把手应置于"远方"位置		控保室：10kV 控保IV柜。顺时针旋转把手至就地位置	(1) 经人工操作的断路器转为分闸位置，路器操作把手失灵。(2) 传动机构故障，造成回路实际未拉开。(3) 误拉运行的断路器，误操作	(1) 拉控制开关，不得用力过猛或操作太快，以免拉不开。(2) 拧动控制开关，不得用力过猛或操作失灵。(3) 操作前、断路器分、合位置指示正确。(4) 断路器控制把手切至分闸位置，瞬间回路电流应降至零、绿灯亮，制的回路电流应对应对现场检查机构位置应处在分闸位置
114 拉开信恒甲线 31 断路器	2.3.6.1 停电拉闸操作应按照断路器—负荷侧隔离开关—电源侧隔离开关的顺序依次进行，送电合闸操作应按与上述相反的顺序进行。禁止带负荷拉合隔离开关	《国家电网公司变电运维管理规定》第六十七条（五）3.远方操作一次设备前，应对现场人员发出提示信号，提醒现场人员远方操作设备		控保室：10kV 控保IV柜。逆时针将把手预分到位置后，再将把手拧到分闸终点位置，待绿灯亮后再松开，把手自动复归到分后位置	(1) 传动机构故障，造成回路实际未拉开。(2) 误拉运行的断路器，误操作	(1) 拉控制开关，不得用力过猛或操作太快，以免拉不开。(2) 拧动控制开关，不得用力过猛或操作失灵。(3) 操作前、断路器分、合位置指示正确。(4) 断路器控制把手切至分闸位置，瞬间回路电流应降至零，绿灯亮，制的回路电流应对应对现场检查机构位置应处在分闸位置。(5) 断路器经合闸后，应到现场检查其实际位置，以免传动机构故障，造成回路实际未拉开

续表

操作票顺序	安规要求	其他相关规定	图片指示	操作位置及注意事项	风险分析	风险预控
115 检查31表计确无指示	一	《变电专业电气操作票技术规范》1.4 断路器停、送电和并、解列操作前后，必须检查断路器实际位置和表计指示		控保室：后台机。电流指示为零	操作断路器分闸后，做出良好的正确判断	（1）断路器分闸后，应立即检查有关信号和测量仪表。（2）操作过程中，应同时监视有关电流、电压、功率等表计（实时地检查）正常，以及断路器控制把手指示灯亮。（3）断路器控制把手切至分闸位置，瞬间的回路电流应降至零，该断路器所控制的回路电流应降至零，绿灯亮；（4）操作分闸后应对测量仪表和信号指示，例如：电力表计的指令等，从而做出良好出的正确判断
116 将信号器控制方式开关由就地位置切至远方位置	一	《66kV变电站现场运行通用规程》5.3.13 遥控操作 c）正常运行时，受控站所有运行或就地热备用状态的断路器选择方式切换把手应至"远方"位置		控保室：10kV。控保IV柜。逆时针旋转把手至远方位置		
117 将台桦林线断路器控制方式开关由远方位置切至就地位置	一	《66kV变电站现场运行通用规程》5.3.13 遥控操作 c）正常运行时，受控站所有运行或就地热备用状态的断路器选择方式切换把手应至"远方"位置		控保室：10kV。控保IV柜。顺时针针旋转把手至就地就地位置	（1）经人工操作的断路器由分闸位置转为合闸，未拉开，断路器操作把手失灵。（2）传动机构故障，造成回路未实际拉开。（3）误拉运行的断路器	（1）拉控制开关，不得用力过猛或操作过快，以免拉不开间。（2）拧动控制开关，不得用力过猛或操作失灵。（3）操作前、断路器分、合后应检查位置指示正确。断路器分、合闸指示灯指示正确的变化。（4）断路器控制把手切至分闸位置，瞬间的回路电流应降至零，现场的回路检查位置机构应处在分闸位置。断路器经拉闸位置后，应到现场检查其实际位置，以免传动机构故障，造成回路未开
118 拉开台桦林线32断路器	2.3.6.1 停电拉闸操作应按照断路器一负荷侧隔离开关一电源侧隔离开关的顺序依次进行，送电合闸操作应按与上述相反的顺序进行。禁止用负荷隔离开关拉合电路	《国家电网公司变电运维管理规定（五）》第六十七条 3.远方操作，应对现场一次设备前，提醒现场人员远离操作设备		控保位置：10kV。控保IV柜。逆时针将把手拧到预分位置后，再将把手拧到分闸位置，待绿灯亮后再松手，把手自动复归到分闸位置		

续表

操作票顺序	安规要求	其他相关规定	图片指示	操作位置及注意事项	风险分析	风险预控
119 检查 32 林线断路器表计确无指示	—	《变电专业电气操作票技术规范》1.4 断路器停、送电合闸并，解列检查断路器前，必须检查断路器实际位置和表计指示		控保室：后台机。电流指示为零	操作断路器分闸后，做出良好的正确判断	(1) 断路器分闸后，应立即检查有关信号和测量仪表。(2) 操作过程中，应同时监视有关电压、电流、功率表计（实时显示）正常，以及断路器控制把手指示灯的变化。(3) 断路器控制把手切至分闸位置后，瞬间回路电流应降至零，该断路器所控制的回路分闸，绿灯亮。(4) 操作分闸后应实地检查：分闸位置的指示和信号例如：电力表计的指示令等，从而做出正确判断
120 将白桦林线断路器控制方式由远方切至就地位置	—	《66kV 变电站现场运行通用规程》5.3.13 遥控操作 c) 正常运行时，受控站所有运行或热备用状态的断路器选择方式切换把手应置于"远方"位置		控保室：10kV 控保Ⅳ柜。逆时针旋转把手至远方位置		
121 将 1 号主变压器 10kV 侧断路器控制方式由远方位置切至就地位置	—	《66kV 变电站现场运行通用规程》5.3.13 遥控操作 c) 正常运行时，受控站所有运行或热备用状态的断路器选择方式切换把手应置于"远方"位置		控保室：66kV 1、2 号主变压器测控柜。逆时针将旋转把手至远方位置	(1) 经人工操作的断路器由合闸位置转为分闸位置，未拉开，断路器操作把手失灵。(2) 传动机构故障，造成回路实际未拉开。(3) 误拉远方的断路器、误操作	(1) 控制开关，不得用力过猛或操作过快。(2) 拧动控制开关，不得用力过猛或操作失灵。(3) 操作前，断路器分、合位置指示正确。分、合位置指示灯指示与断路器控制把手指示灯的变化。(4) 断路器控制把手切至分闸位置，瞬间回路电流应降至零，绿灯亮，制的回路检查现场位置应处在分闸位置
122 拉开 1 号主变压器 10kV 侧 51 断路器	2.3.6.1 停电拉闸操作应按照断路器—负荷侧隔离开关—电源侧隔离开关的顺序依次进行，送电合闸操作应按与上述相反的/顺序进行。禁止带负荷拉合隔离开关	《国家电网公司变电运维管理规定(五)》第六十七条（五）3.远方操作一次设备前，应对现场人员发出提示信号，提醒现场人员远方操作设备		控保室：66kV 1、2 号主变压器测控柜。逆时针将把手拧动到分闸预设位置，待绿灯终点亮后再将把手拧到分闸位置，待绿灯点亮后松开，把手自动复归到后台位置	(1) 传动机构故障，造成回路实际未拉开。(2) 误拉远方的断路器、误操作	(1) 断路器控制把手切至分闸位置，瞬间回路电流应降至零，绿灯亮，制的回路检查现场位置机构应处在分闸位置。(4) 断路器经合闸位置，以免传动机构故障。(5) 检查其实际位置，以免回路实际回路未拉开

续表

操作票顺序	安规要求	其他相关规定	图片指示	操作位置及注意事项	风险分析	风险预控
123 检查 51 表计指示正确	—	《变电专业电气操作票技术规范》1.4 断路器停、送电合并，解列操作前后，必须检查断路器实际位置和表计指示		控保室：后台机。电流指示为零	操作断路器分闸后，做出良好的正确判断	(1) 断路器分闸后，应立即检查有关信号和测量仪表。(2) 操作过程中，应同时监视有关电压、电流、功率等表计（实时检查），以便断路器控制把手显示正确，指示灯的变化。(3) 断路器控制把手切至分闸位置，瞬间分闸后，该断路器控制的回路电流应降至零，绿灯亮。(4) 操作分闸后应对实地检查，机构位置进行实地检查，分闸位置应良好，做出良好的指示，从而做出指示灯的正确判断
124 将 1 号主变压器 10kV 侧断路器控制方式开关由就地位置切至远方位置	—	《66kV 变电站现场运行通用规程》5.3.13 遥控操作 c) 正常运行时，受控站所有运行或备用状态的断路器选择方式切换把手应置于"远方"位置		控保室：66kV 1、2 号主变压器测控柜 顺时针旋转把手至远方位置		(1) 拉控制开关，不得用力过猛或操作过快，不得用过猛或操作失灵。(2) 操作前，断路器分、合闸指示正确。操作后，分、合位置指示灯的变化。
125 将 2 号主变压器 10kV 侧断路器控制方式开关由远方位置切至就地位置	—	《66kV 变电站现场运行通用规程》5.3.13 遥控操作 c) 正常运行或备用状态的断路器选择方式切换把手应置于"远方"位置		控保室：66kV 1、2 号主变压器测控柜 逆时针旋转把手至就地位置	(1) 经人工操作的断路器由分闸位置转为分闸位置，未拉开，断路器操作把手失灵。(2) 传动机构故障，造成回路未拉开。(3) 误拉运行的断路器，误操作	(1) 拉控制开关，不得用力过猛或操作过快，不得用过猛或操作失灵。(2) 操作前，断路器分、合闸指示正确。操作后，分、合位置指示灯的变化。(3) 操作正确。断路器控制把手指示正确。(4) 断路器经拉闸后，应到现场检查其实际位置，以免传动机构故障，造成回路实际未拉开
126 拉开 2 号主变压器 10kV 侧 52 断路器	2.3.6.1 停电拉闸操作应按照断路器（负荷开关）一负荷侧隔离开关一电源侧隔离开关的顺序依次进行，送电合闸操作应按与上述相反的顺序进行。禁止带负荷拉合隔离开关	《国家电网公司变电运维管理规定》第六十七条 （五）3.远方操作一次设备前，应对现场人员发出提示信号，提醒现场人员远离操作设备		控保室：66kV 1、2 号主变压器测控柜 逆时针将把手拧到预设位置，再将把手拧到分闸位置，待绿灯亮点后，再将把手松开，把手自动复归到分闸位置		(5) 断路器经拉闸后，应到现场检查其实际位置，以免传动机构故障，造成回路实际未拉开

续表

操作票顺序	安规要求	其他相关规定	图片指示	操作位置及注意事项	风险分析	风险预控
127 检查 52 表计指示正确	—	《变电专业电气操作票技术规范》1.4 断路器停、送电和合并、解列操作前后，必须检查断路器实际位置和表计位置指示		控保室：后台机。电流指示为零。	操作断路器分间后，做出良好的正确判断	(1) 断路器分间后，应立即检查有关信号和测量仪表。(2) 操作过程中，应同时监视有关电压、电流、功率表计（实时显示）正常，以及断路器控制把手指示灯的变化。(3) 断路器控制把手切至分间位置，瞬间分间后，该断路器所控制的回路电流应降至零，绿灯亮。(4) 操作分间后，机构分间至实地检查和信号指示，分间位置的指示。例如：电力表计的指令等，从而做出良好的指示的正确判断
128 将 2 号 10kV 主变压器控制断路器控制方式开关由就地位置切至远方位置	—	《66kV 变电站现场运行通用规程》5.3.13 遥控操作 c)正常运行时，受控站所有设备或热备用状态的断路器选择方式切换把手应置于"远方"位置		控保室：66kV 主变压器 1，2 号测控柜。顺时针旋转把手至远方位置		
129 检查 51 断路器在开位	2.3.6.5 电气设备操作后的位置检查应以设备实际位置为准	《变电专业电气操作票技术规范》1.4 断路器停、送电和合并、解列操作前后，必须检查断路器实际位置和表计位置指示		10kV 高压室。合闸红灯灭，分闸绿灯亮，操动机构的分、合闸指示器在分闸位置	(1) 断路器未拉开。(2) 操作人未进行检查断路器实际位置到位，导致检查断路器位置与实际位置不对应	(1) 现场检查机构位置指示应处在分闸位置。(2) 断路器经拉闸位置，应到现场检查其实际位置，以免传动回路未拉开
130 检查 01 断路器在开位				10kV 高压室。合闸红灯灭，合闸绿灯亮，分闸绿灯亮，操动机构的分、合闸指示器在分闸位置		

续表

操作票顺序	安规要求	其他相关规定	图片指示	操作位置及注意事项	风险分析	风险预控
131 检查 02 断路器在开位	2.3.6.5 电气设备操作后的位置检查应以设备实际位置为准	《变电专业电气操作票技术规范》1.4 断路器停、送电和并、解列操作前后,必须检查断路器实际位置和表计指示		10kV 高压室。合闸红灯灭、分闸绿灯亮、操动机构的分、合闸指示器在分间位置	(1) 断路器未拉开。(2) 操作人、监护人不进行检查断路器实际位置,或检查断路器实际位置不到位,导致断路器与实际位置不对应	(1) 现场检查机构位置指示器应处在分闸位置。(2) 断路器经拉合位置后,应到现场机构检查其实际位置,以免传动机构故障,造成回路实际未拉开
132 检查 03 断路器在开位				10kV 高压室。合闸红灯灭、分闸绿灯亮、操动机构的分、合闸指示器在分间位置		
133 检查 04 断路器在开位				10kV 高压室。合闸红灯灭、分闸绿灯亮、操动机构的分、合闸指示器在分间位置		
134 检查 05 断路器在开位				10kV 高压室。合闸红灯灭、分闸绿灯亮、操动机构的分、合闸指示器在分间位置		

续表

操作票顺序	安规要求	其他相关规定	图片指示	操作位置及注意事项	风险分析	风险预控
135 检查 06 断路器在开位	2.3.6.5 电气设备操作后的位置检查应以设备实际位置为准	《变电专业电气操作票技术规范》1.4 断路器停、送电和并、解列操作前后,必须检查断路器实际位置和表计指示器实际位置		10kV 高压室。合闸红灯灭,分闸绿灯亮,操动机构的分、合闸指示器在分闸位置	(1) 断路器未拉开。(2) 操作人、监护人不进行检查断路器实际位置,或检查不到位,致断路器位置与实际位置不对应	(1) 现场检查机构位置指示器应处在分闸位置。(2) 断路器经拉闸后,应到现场检查其实际位置,以免传动回路机构故障,造成回路实际未拉开
136 检查 07 断路器在开位				10kV 高压室。合闸红灯灭,分闸绿灯亮,操动机构的分、合闸指示器在分闸位置		
137 检查 08 断路器在开位				10kV 高压室。合闸红灯灭,分闸绿灯亮,操动机构的分、合闸指示器在分闸位置		
138 检查 11 断路器在开位				10kV 高压室。合闸红灯灭,分闸绿灯亮,操动机构的分、合闸指示器在分闸位置		

续表

操作票顺序	安规要求	其他相关规定	图片指示	操作位置及注意事项	风险分析	风险预控
139 检查 12 断路器在开位	2.3.6.5 电气设备操作后的位置检查应以设备实际位置为准	《变电专业电气操作票技术规范》1.4 断路器停、送电和并、解列操作前后，必须检查断路器实际位置和表计指示	金新线 1 2	10kV 高压室。合闸红灯灭，合闸绿灯亮，分闸的分、合机构指示器在分闸位置	(1) 断路器未拉开。(2) 操作人不进行检查或检查断路器实际位置不到位，导致断路器位置与实际不对应	(1) 现场检查机构位置指示器应处在分闸位置。(2) 断路器经拉闸后，应到现场检查其实际位置，以免传动机构故障，造成回路实际未拉开
140 检查 13 断路器在开位			信恒乙线 1 3	10kV 高压室。合闸红灯灭，合闸绿灯亮，分闸的分、合机构指示器在分闸位置		
141 检查 14 断路器在开位			景丽线 1 4	10kV 高压室。合闸红灯灭，合闸绿灯亮，分闸的分、合机构指示器在分闸位置		
142 检查 21 断路器在开位			表海线 2 1	10kV 高压室。合闸红灯灭，合闸绿灯亮，分闸的分、合机构指示器在分闸位置		

续表

操作票顺序	安规要求	其他相关规定	图片指示	操作位置及注意事项	风险分析	风险预控
143 检查 22 断路器在开位			中龙乙线 22	10kV 高压室。合闸红灯灭,合闸绿灯亮,操动机构的分、合闸指示器在分闸位置	(1) 断路器未拉开。(2) 操作人、监护人不进行检查或检查断路器实际位置不到位,导致断路器位置与实际位置不对应	(1) 现场检查机构位置指示器应处在分闸位置。(2) 断路器经拉闸后,应到现场检查其实际位置,以免传动机构故障,造成回路实际未拉开
144 检查 23 断路器在开位	2.3.6.5 电气设备操作后的位置检查应以设备实际位置为准	《变电专业电气操作票技术规范》1.4 断路器停、送电和并、解列操作前后,必须检查断路器实际位置和表计指示	建工线 23	10kV 高压室。合闸红灯灭,合闸绿灯亮,操动机构的分、合闸指示器在分闸位置		
145 检查 24 断路器在开位			货场线 24	10kV 高压室。合闸红灯灭,合闸绿灯亮,操动机构的分、合闸指示器在分闸位置		
146 检查 25 断路器在开位			化区线 25	10kV 高压室。合闸红灯灭,合闸绿灯亮,操动机构的分、合闸指示器在分闸位置		

续表

操作票顺序	安规要求	其他相关规定	图片指示	操作位置及注意事项	风险分析	风险预控
147 检查26断路器在开位	2.3.6.5 电气设备操作后的位置检查应以设备实际位置为准	《变电专业电气操作票技术规范》1.4 断路器停、送电和并、解列操作前后，必须检查断路器实际位置和表计指示	颜科线 26	10kV 高压室，合闸红灯灭、分闸绿灯亮，操动机构的分、合闸指示器在分闸位置	(1) 断路器未拉开。(2) 操作人、监护人不进行检查或检查不到位，致断路器位置与实际位置不对应	(1) 现场检查机构位置指示器，应处在分闸位置。(2) 断路器经拉闸后，应到现场动机构故障，造成回路实际回路未拉开
148 检查27断路器在开位			大莱线 27	10kV 高压室，合闸红灯灭、分闸绿灯亮，操动机构的分、合闸指示器在分闸位置		
149 检查28断路器在开位			一〇三线 28	10kV 高压室，合闸红灯灭、分闸绿灯亮，操动机构的分、合闸指示器在分闸位置		
150 检查29断路器在开位			2号接地变 29	10kV 高压室，合闸红灯灭、分闸绿灯亮，操动机构的分、合闸指示器在分闸位置		

续表

操作票顺序	安规要求	其他相关规定	图片指示	操作位置及注意事项	风险分析	风险预控
151 检查 30 断路器在开位	2.3.6.5 电气设备操作后的位置检查应以设备实际位置为准	《变电专业电气操作票技术规范》1.4 断路器停、送电和并、解列操作前后，必须检查断路器实际位置和表计指示		10kV 高压室。合闸红灯灭，分闸绿灯亮，操动机构的分、合闸指示器在分闸位置	（1）断路器未拉开。（2）操作人、监护人不进行检查断路器实际位置，或检查断路器实际位置与实际位置不对应	（1）现场检查机构位置指示器应处在分闸位置。（2）断路器经拉闸后，应到现场动机构故障，造成回路实际未拉开
152 检查 31 断路器在开位				10kV 高压室。合闸红灯灭，分闸绿灯亮，操动机构的分、合闸指示器在分闸位置		
153 检查 32 断路器在开位				10kV 高压室。合闸红灯灭，分闸绿灯亮，操动机构的分、合闸指示器在分闸位置		
154 检查 34 断路器在开位				10kV 高压室。合闸红灯灭，分闸绿灯亮，操动机构的分、合闸指示器在分闸位置		

续表

操作票顺序	安规要求	其他相关规定	图片指示	操作位置及注意事项	风险分析	风险预控
155 检查 52 断路器在分位	2.3.6.5 电气设备操作后的位置检查应以设备实际位置为准	《变电专业电气操作票技术规范》1.4 断路器停、送电合和并，解列操列操作前后，必须检查断路器实际位置和表计指示		10kV 高压室。合闸红灯灭，分闸绿灯亮，操动机构的分、合闸指示器在分闸位置	（1）断路器未拉开。（2）操作人、监护人不进行检查断路器实际位置，导致检查断路器位置不对应	（1）现场检查机构位置应处在分闸位置。（2）断路器经拉合闸后，应到现场检查其实际位置，以免传动回路机构故障，造成回路实际未打开
156 联系调度	—	—	—	地区调度：记录时间和调度姓名	—	—
157 将 1 号主变压器 66kV 侧断路器控制方式开关由远方位置切至就地位置	—	《66kV 变电站运行通用规程》5.3.13 遥控操作时，受控变电站所有运行或适用状态的断路器选择方式切换把手应置于"远方"位置	—	控保室：66kV 1、2 号主变压器测控柜。逆时针旋转至就地位置	（1）经人工操作的断路器由合间位置转为分间位置，未拉开，断路器操作把手失灵。（2）传动机构故障，造成回路实际未拉开。（3）误拉断路器、误操作的断路器	（1）拉控制开关，不得用力过猛或拧动控制开关，以免操作失灵。（2）拧动控制开关，不得用力过快，不得用力过猛或拧动操作。（3）指示正确。操作前，断路器分、合位置指示灯应正确。断路器控制把手指示灯的变化。（4）断路器控制把手切至分间位置，瞬间回路电流应降至零，绿灯亮，现场检查机构位置处在分间位置。（5）断路器经拉合闸后，应到现场检查其实际位置，以免传动回路机构故障，造成回路实际未拉开
158 拉开 1 号主变压器 66kV 侧 1236 断路器	2.3.6.1 停电拉闸操作应按照断路器—负荷侧隔离开关—电源侧隔离开关的顺序依次进行，送电合闸操作按与上述相反的顺序进行；禁止带负荷拉合隔离开关	《国家电网公司变电运维管理规定》第六十七条（五）3.远方操作一次设备前，应对现场人员发出提示信号，提醒现场人员远离操作设备		控保室：66kV 1、2 号主变压器测控柜。逆时针预将把手拧到预合位置后，再将操作把手拧到分间终点位置，待绿灯亮点后再松开，把手自动复归到分后位置	—	—

续表

操作票顺序	发规要求	其他相关规定	图片指示	操作位置及注意事项	风险分析	风险预控
159 检查无表计确无1236表计确无指示	—	《变电专业电气操作票技术规范》1.4 断路器停、送电和并、解列操作前后，必须检查断路器实际位置和表计指示		控保室：后台机。电流指示为零	操作断路器分闸后，做出良好的正确判断	(1) 断路器分闸后，应立即检查有关信号和测量仪表。(2) 操作过程中，应同时监视有关电压、电流、功率等表计（实时显示）正常，以及断路器控制把手指示灯的变化。(3) 断路器控制把手切至分闸位置后，瞬间分闸电流应降至零，该断路器所控制的回路电流指示和信号指示。(4) 操作分间后应实地检查，机构位置对实际位置进行检查，分间位置应良好，从而做出良好的正确判断
160 将1号主变压器66kV侧断路器控制方式开关由就地位置切至远方位置	—	《66kV 变电站现场运行通用规程》5.3.13 遥控操作 c) 正常运行时，受控站所有设备用状态的断路器选择方式切换把手应置于"远方"位置		控保室：66kV 1、2号主变压器测控柜。顺时针旋转至远方位置		
161 将2号主变压器66kV侧断路器控制方式开关由远方位置切至就地位置	—	《66kV 变电站现场运行通用规程》5.3.13 遥控操作 c) 正常运行时，受控站所有设备用状态的断路器选择方式切换把手应置于"远方"位置		控保室：66kV 1、2号主变压器测控柜。逆时针旋转至就地位置	(1) 经人工操作的断路器转为分间位置，未拉开，断路器操作把手失灵。(2) 传动机构故障，造成回路操作实际未拉开。(3) 误拉断路器，误操作	(1) 拉控制开关，不用力过猛或拧动控制开关，以免拉不开间。(2) 拧动控制开关，不得用力过猛或猛力操作仕灵。(3) 操作前、断路器分、合位置指示正确。断路器控制把手切至分闸位置后，现场检查机构位置处在分闸位置。(4) 断路器控制把手切至分间位置后，瞬间分闸电流应降至零，绿灯亮，现场检查机构位置处在分闸位置。(5) 断路器经分间后，应到现场检查其实际位置，以免传动机构故障，造成回路实际未拉开
162 拉开2号主变压器66kV侧1238断路器	2.3.6.1 停电拉间操作应按照先断路器、负荷侧隔离开关、电源侧隔离开关的顺序依次进行，送电合闸操作应按与上述相反的顺序进行。禁止带负荷拉合隔离开关	《国家电网公司变电运维管理规定（五）》第六十七条 3.远方操作时，应对现场一次设备人员发出提示信号，提醒现场人员远离操作设备		控保室：66kV 1、2号主变压器测控柜。逆时针把手拧到分位置，再将把手拧到合闸终端点位置后再松开，把手自动复归到分闸后位置		

续表

操作票顺序	安规要求	其他相关规定	图片指示	操作位置及注意事项	风险分析	风险预控
163 检查1238表计确无指示	—	《变电专业电气操作票技术规范》1.4 断路器停、送电和开、解列操作前后，必须检查断路器实际位置和表计指示		控保室：后台机。电流指示为零	操作断路器分间后，做出良好的正确判断	(1) 断路器分间后，应立即检查有关信号和测量仪表。(2) 操作过程中，应同时监视有关电压、电流、功率等表计（实时显示）正常，以及断路器控制把手指示灯的变化。(3) 断路器控制把手切至分间位置，瞬间分间后，该断路器所控制的回路电流应降至零，绿灯亮。(4) 操作分间后应对实地检查和信号指示、电力表的指示进行核对。例如：分间后表计的指令、分间位置良好等，从而做出断路的正确判断
164 将2号主变压器66kV侧断路器控制方式开关由就地控制位置切至远方位置	—	《66kV变电站现场运行通用规程》5.3.13 遥控操作c）正常运行时控操作或受控站所有设备用状态将把手应选择方式切换把手于"远方"位置		控保室：66kV 1、2号主变压器测控柜。顺时针旋转至远方位置		
165 检查1236断路器在开位	2.3.6.5 电气设备操作后后的位置检查应以设备实际位置为准	《变电专业电气操作票技术规范》1.4 断路器停、送电和开、解列操作前后，必须检查断路器实际位置和表计指示		66kV高压室。操动机构的分、合间指示器在分间位置	(1) 断路器未拉开。(2) 操作人不进行检查断路器实际位置，或检查不到位，导致断路器位置与实际不对应	(1) 现场检查机构位置，应处在分间位置。(2) 断路器经分间后，应到现场检查其实际位置，以免传动机构故障，造成回路实际未拉开
166 检查1238断路器在开位	2.3.6.5 电气设备操作后后的位置检查应以设备实际位置为准	《变电专业电气操作票技术规范》1.4 断路器停、送电和开、解列操作前后，必须检查断路器实际位置和表计指示		66kV高压室。操动机构的分、合间指示器在分间位置	(1) 断路器未拉开。(2) 操作人不进行检查断路器实际位置，或检查不到位，导致断路器位置与实际不对应	(1) 现场检查机构位置，应处在分间位置。(2) 断路器经分间后，应到现场检查其实际位置，以免传动机构故障，造成回路实际未拉开

续表

操作票顺序	安规要求	其他相关规定	图片指示	操作位置及注意事项；记录时间和调度姓名	风险分析	风险预控
167 联系调度	—	—	—	地区调度；记录时间和调度姓名	—	—
168 检查01断路器在分位	2.3.4.3（3）进行停、送电操作时，在拉合隔离开关操作前，手车式开关拉出、推入前，检查断路器确在分闸位置	《国家电网公司变电运维管理规定 第5分册 开关柜运维细则》2.2.7 拉出、推入手车之前应检查断路器位置		10kV高压室。合闸红灯灭，分闸绿灯亮，操动机构的分、合闸指示器在分闸位置	（1）断路器未拉开。（2）防止带负荷拉合隔离开关。（3）操作人、监护人不进行检查断路器实际位置，导致断路器位置与实际位置不对应	（1）此项是操作隔离开关前的检查项，防止出现隔离开关尚未拉开，先拉闸隔离开关造成带负荷拉隔离开关。（2）首先检查断开位置，防止带负荷拉隔离开关在断开位置（规程规定的情况下除外）
169 将和平线01小车隔离开关拉至开关位	2.3.6.1停电拉闸操作应按照断路器—负荷侧隔离开关—电源侧隔离开关的顺序依次进行，送电合闸操作应按与上述相反的顺序进行；禁止带负荷拉合隔离开关	《国家电网公司变电运维管理规定 第5分册 开关柜运维细则》2.2.3操作前，应将车体位置摆正，认真检查机械联锁锁位置正确后方可进行操作；禁止强行操作	小车摇把插孔	10kV高压室。将摇把完全插入插孔，逆时针旋转摇把，直至试验位置绿灯亮	（1）带负荷合隔离开关。（2）走错间隔而误拉隔离开关。（3）传动机构故障出现误分。（4）隔离开关分不到位。（5）隔离开关卡涩时强合损坏设备。（6）防误装置程序闭锁失灵	（1）首先检查相应回路的断路器在断开位置，防止带负荷，合隔离开关（规程规定的情况下除外）。（2）在停电操作时，可能出现的误操作：断路器尚未拉开，先拉隔离开关造成带负荷拉隔离开关。另一种情况是误拉是停电回路的隔离开关，因走错间隔而误拉不应停电的隔离开关，要将防误闭锁装置锁好。（3）操作隔离开关后，以防止发生误操作。（4）手动拉动隔离开关时，应先慢而谨慎，先轻拉隔离开关操作把手，看触头和连杆动作是否正确。（5）拉间隔离开关时，当触头刚离开时，当触头刚刚断，应迅速果断，以便能迅速灭弧。（6）当防误闭锁程序装置失灵时，应查明原因，并经逐级上报后处理，不得自行解锁。（7）使检修设备有明显的断开点。（8）操作前，操作人、监护人应选择合适的站位

续表

操作票顺序	安规要求	其他相关规定	图片指示	操作位置及注意事项	风险分析	风险预控
170 检查 02 断路器在开位	2.3.4.3（3）进行停、送电操作时，在拉合隔离开关、手车式开关拉出、推入手车之前应检查断路器确在分闸位置	《国家电网公司变电运维管理规定 第 5 分册 开关柜运维细则》2.2.7 拉出、推入手车前应检查断路器在分闸位置		10kV 高压室。合闸红灯灭，分闸绿灯亮，操作机构的分、合闸指示器在分闸位置	(1) 断路器未拉开。(2) 防止带负荷合隔离开关。(3) 操作人、监护人不进行检查断路器安装位置，合闸检查位置不到位，导致检查与实际断路器位置不对应	(1) 此项是操作隔离开关前的检查事项，防止出现断路器尚未拉开，先拉隔离开关造成带负荷拉隔离开关。(2) 首先检查相应回路的断路器在断开位置，防止带负荷拉隔离开关（规程规定的情况下除外）
171 将热力线 02 隔离开关拉至开位	2.3.6.1 停电拉合闸操作应按照断路器一负荷侧隔离开关一电源侧隔离开关的顺序依次进行，送电合闸操作应按与上述相反的顺序进行；禁止带负荷拉合隔离开关	《国家电网公司变电运维管理规定 第 5 分册 开关柜运维细则》2.2.3 操作前，应将车体位置摆正，逆时针连锁位置正确方可进行操作	小车摇把插孔	10kV 高压室。将摇把完全插入插孔，逆时针旋转摇把，直至试验位置绿灯亮	(1) 带负荷合隔离开关。(2) 走错间隔误拉隔离开关而不应停电的隔离开关。(3) 传动机构故障出现拒分。(4) 隔离开关合损坏设备。(5) 隔离开关拉合时卡涩不到位触头分不到位。(6) 防误闭锁装置失灵程序装置失灵	(1) 在停电操作时，可能出现的误操作有，断路器尚未拉开，先拉隔离开关造成停电隔离开关。另一种情况是断路器虽已拉开，因走错间隔而误拉不应停电的隔离开关，要发生误操作。(2) 操作隔离开关后，应防止误拉隔离开关，以防止发生误操作。(3) 闭锁装置锁好，防误装置失灵时，应慢慢手动拉隔离开关，看隔离开关和连杆动作是否正确。(4) 手动拉隔离开关时，应经核对隔离开关操作把手，先经核对后操作。(5) 拉闸操作时，应迅速慎重，当触头刚离开时，开始应慢而谨慎，以便能迅速消弧。(6) 当防误闭锁程序装置失灵时，应查明原因，并经逐级上报后处理，不得自行解锁。(7) 使检修设备有明显的断开点。(8) 操作时，操作人、监护人应选择适合的站位

续表

操作票顺序	安规要求	其他相关规定	图片指示	操作位置及注意事项	风险分析	风险预控
172　检查 03 断路器在分位	2.3.4.3（3）进行停、送电操作时，在拉合隔离开关、手车式开关拉出、推入前，检查断路器确在分闸位置	《国家电网公司变电运维管理规定 第 5 分册 开关柜运维细则》2.2.7 拉出、推入手车之前应检查断路器在分闸位置		10kV 高压室。合闸红灯灭，分闸绿灯亮，操动机构的分、合闸指示器在分闸位置	（1）断路器未拉开。（2）防止带负荷合隔离开关。（3）操作人、监护人不进行检查断路器实际位置或检查实际位置不到位，导致断路器位置不对应	（1）此项是操作隔离开关的检查项，防止出现断路器尚未拉开，先拉隔离开关造成带负荷拉隔离开关。（2）首先检查隔离开关位置，防止带负荷拉隔离开关（规程规定的情况下除外）
173　将香坊线 03 小车隔离开关拉至开位	2.3.6.1 停电拉闸操作应按照断路器——负荷侧隔离开关——电源侧隔离开关的顺序依次进行，送电合闸操作应按与上述相反的顺序进行。禁止带负荷拉合隔离开关	《国家电网公司变电运维管理规定 第 5 分册 开关柜运维细则》2.2.3 操作前，应将车体位置摆正，认真检查机械联锁锁定位置正确方可进行操作；禁止强行操作	小车摇把插孔	10kV 高压室。将摇把全插入插孔，逆时针旋转摇把，直至试验位置绿灯亮	（1）带负荷合隔离开关。（2）走错间隔而误拉不应停电的隔离开关。（3）传动机构出现故障而拒分。（4）隔离开关卡涩而强行合隔离开关。（5）隔离开关合损坏设备。（6）防闭锁程序装置失灵	（1）在停电操作时，可能出现的误操作：断路器尚未拉开，先拉隔离开关，另一种情况是断路器虽已拉开，但当操作隔离开关时，因走错间隔而误操作隔离开关，要将防误闭锁装置锁好，以防止发生误操作。（3）操作隔离开关时，应先验明隔离开关确在拉开位置，开始合隔离开关。（4）手动拉隔离开关时，应轻拉，看机构和连杆动作是否正确。（5）拉闸操作时，应迅速果断，当触头刚分断，应迅速拉尽，当接头刚接触时，应迅速合上。（6）隔离开关合闸时，应轻推，看速度把手慢，以便能迅速消弧。（6）当发现误操作程序装置失灵时，应查明原因，并经上级上报后处理，不得自行解锁。（7）使检修设备有明显的断开点。（8）操作时，操作人、监护人应选择适当的站位

续表

操作票顺序	安规要求	其他相关规定	图片指示	操作位置及注意事项	风险分析	风险预控
174 检查04断路器在开位	2.3.4.3（3）进行停、送电操作时，在拉合隔离开关、手车式开关拉出、推入前，应检查断路器确在分闸位置	《国家电网公司变电运维管理规定 第5分册 开关柜运维细则》2.2.7 拉出、推入手车之前应检查断路器在分闸位置		10kV高压室。合闸红灯亮，分闸绿灯亮，操作机构的分、合闸指示器在分闸位置	(1) 断路器未拉开。(2) 防止带负荷拉合隔离开关。(3) 操作人、监护人进行检查断路器实际位置，导致检查断路器不到位，位置与实际断路器不对应	(1) 此项是操作隔离开关前的检查事项，防止出现断路器尚未拉开，先拉隔离开关造成带负荷拉隔离开关。(2) 首先检查相应回路的断路器在断开位置，防止带负荷拉隔离开关（规程规定的情况下除外）
175 将新春线04小车隔离开关拉至开关开位	2.3.6.1 停电拉闸操作应按照断路器—负荷侧隔离开关—电源侧隔离开关的顺序依次进行，送电合闸操作应按与上述相反的顺序进行。禁止带负荷拉合隔离开关	《国家电网公司变电运维管理规定 第5分册 开关柜运维细则》2.2.3 操作前，应检查本体位置摆正，认真检查机械联锁锁位置正确方可进行操作；禁止强行操作	小车摇把插孔	10kV高压室。将摇把完全插入插孔，逆时针旋转摇把，直至试验位置绿灯亮	(1) 带负荷合隔离开关。(2) 走错间隔而误拉不应停电的隔离开关。(3) 传动机构故障出现拒分。(4) 隔离开关触头卡不紧合。(5) 隔离开关合坏设备。(6) 防闭锁装置程序装置失灵	(1) 首先检查相应回路的断路器在断开位置，防止带负荷拉、合隔离开关（规程规定的情况下除外）。(2) 在停电操作时，可能出现误操作有：断路器未断开，先拉隔离开关，另一种情况是带负荷拉隔离开关，因走错间隔而误拉不应停电的隔离开关。(3) 操作隔离开关时，要将防误闭锁装置锁好，以防止发生误操作。(4) 手动拉合隔离开关时，应先慢而连续地，先轻晃动隔离开关操作把手，看看机构动作是否正确。(5) 拉闸操作时，开始操作应谨慎，当触头刚离开时，应迅速果断，以便能迅速消弧。(6) 当防误闭锁程序装置失灵时，应查明原因，并经逐级上报后处理，使检修设备有明显的断开点。(7) 操作时，操作人应选择合适的站位。(8) 监护人应

续表

操作票顺序	安规要求	其他相关规定	图片指示	操作位置及注意事项	风险分析	风险预控
176 拉开 10kV I 段计量电压互感器二次断路器	—	《66kV 变电站现场运行通用规程》5.3.7（a）项 （1）电压互感器操作注意事项：电压从高、低压侧，分别断开电压互感器，防止反送电。	照明 10kV I 段计量电压互感器二次 A B C	10kV 高压室。10kV I 段计量电压互感器 91 开关柜。向下拉开气断路器	（1）误触交流电源，误碰带电设备，造成伤害。（2）造成交流短路。（3）不戴好线手套、不穿长袖衣。（4）母线 TV 反充电。（5）二次保护失压	（1）停电母线的 TV 一次隔离开关、二次断路器或熔断器必须拉开。（2）应防止保护电压辅助触点切换不良回路失压，或通过电压互感器二次向停电母线和停电线互感器二次充电，引起运行电压互感器二次熔断器跳闸（或断路器跳闸）。（3）双母线或单母线分段接线停电时，应在某一母线停电或电压互感器分段断路器合闸运行前，先将电压互感器（或取下）并列后，方可断开二次断路器（或断路器）。（4）母线 TV 停电，先停二次熔断器，后停一次隔离开关的顺序
177 将 10kV I 段计量电压互感器 91 小车隔离开关拉至开位		（2）电压互感器退出时，应先断开二次断路器，后拉开高压侧隔离开关；投入时顺序相反	小车摇把插孔	10kV 高压室。将摇把完全插入插孔，逆时针旋转摇把，直至试验位置绿灯亮		
178 拉开 10kV I 段保护电压互感器二次断路器	—	《66kV 变电站现场运行通用规程》5.3.7（a）项 （1）电压互感器操作注意事项：电压从高、低压侧，分别断开电压互感器，防止反送电。	照明 10kV I 段保护电压互感器二次 A B C	10kV 高压室。10kV I 段保护电压互感器 81 开关柜。向下拉开气断路器	（1）误触交流电源，误碰带电设备，造成伤害。（2）造成交流短路。（3）不戴好线手套、不穿长袖衣。（4）母线 TV 反充电。（5）二次保护失压	（1）停电母线的 TV 一次隔离开关、二次断路器或熔断器必须拉开。（2）应防止保护电压辅助接点切换不良回路失压，或通过电压互感器二次向停电母线和停电线电压互感器二次充电，引起运行线电压互感器二次熔断器跳闸（或断路器跳闸）。（3）双母线或单母线的电压互感器分段断路器合闸运行时，应在某一母线停电或母联电压互感器分段断路器合闸运行前，先将电压互感器二次断开（或取下）并列后，方可断开二次熔断器（或断路器）。（4）母线 TV 停电，先停二次熔断器，后停一次隔离开关的顺序
179 将 10kV I 段保护电压互感器 81 小车隔离开关拉至开位		（2）电压互感器退出时，应先断开二次断路器，后拉开高压侧隔离开关；投入时顺序相反	小车摇把插孔	10kV 高压室。将摇把完全插入插孔，逆时针旋转摇把，直至试验位置绿灯亮		

续表

操作票顺序	安规要求	其他相关规定	图片指示	操作位置及注意事项	风险分析	风险预控
180 检查 05 号主变压器断路器在分位	2.3.4.3 (3) 进行停、送电操作时，在拉合隔离开关、手车式开关拉出、推入前，应检查断路器确在分闸位置	《国家电网公司变电运维管理规定 第 5 分册 开关柜运维细则》2.2.7 拉出、推入手车之前应检查断路器在分闸位置		10kV 高压室。合闸红灯灭、分闸绿灯亮，操动机构的分、合闸转指示器在分闸位置	(1) 断路器未拉开。(2) 防止带负荷合隔离开关。(3) 操作人、监护人不进行检查或检查位置不到位，致检查断路器位置与实际位置不对应	(1) 此项是操作隔离开关前的检查项，防止出现断路器尚未拉开，先拉合隔离开关造成带负荷拉隔离开关。(2) 首先检查断路器位置，防止带负荷拉隔离器在断路器的断路器合闸时（规程规定的情况下除外）
181 将 1 号接地变压器隔离开关小车隔离开关由工作位拉至开关位	2.3.6.1 停电拉闸操作应按照断路器一负荷侧隔离开关一电源侧隔离开关的顺序依次进行，送电合闸操作应按与上述相反的顺序进行。禁止带负荷拉合隔离开关	《国家电网公司变电运维管理规定 第 5 分册 开关柜运维细则》2.2.3 操作前，位置摆正，认真检查机械联锁位置正确方可进行操作，禁止强行操作	小车摇把插孔	10kV 高压室。将摇把插孔完全插入插孔，逆时针旋转摇把，直至试验位置绿灯亮	(1) 带负荷合隔离开关。(2) 走错间隔而误拉不应停电的隔离开关。(3) 传动机构故障出现拒分。(4) 隔离开关卡涩不到位。(5) 隔离开关卡涩时强行操作合损坏设备。(6) 防误闭锁程序装置失灵	(1) 在停操作时，可能出现的误操作情况有：断路器尚未拉开，但当操作的是带负荷隔离开关拉开，要防止发生误操作。(2) 另一种情况是误拉断路间隔的隔离开关，因走错间隔而误拉停电的隔离开关。(3) 操作隔离开关，闭锁装置锁好、以防止误操作。(4) 手动拉隔离开关时，应先倒手，看准隔离开关操作是否正确而谨慎，开始动作应迅速果断，以便能迅速消弧。(5) 拉闸操作时，开始时应迅速，当触头刚离开触头后，开始应缓慢而谨慎。(6) 当防误闭锁程序装置失灵时，应查明原因，并经逐级上报后处理，不得自行解锁。(7) 使检修设备有明显的断开点。(8) 操作时，操作人、监护人应选择合适的站位

续表

操作票顺序	安规要求	其他相关规定	图片指示	操作位置及注意事项	风险分析	风险预控
182 检查 06 号电容器断路器在分位	2.3.4.3（3）进行停、送电操作时，在拉合隔离开关、手车式开关拉出、推入前，检查断路器确在分闸位置	《国家电网公司变电运维管理规定 第 5 分册 开关柜运维细则》2.2.7 拉出、推入手车之前应检查断路器位置		10kV 高压室。合闸红灯亮、分闸绿灯灭，操动机构的分、合指示器在分闸位置	(1) 断路器未拉开。(2) 防止带负荷拉隔离开关。(3) 操作人不进行检查断路器实际位置，导致检查不到位或检查断路器与实际位置不对应	(1) 此项是操作隔离开关前的检查项，防止出现断路器尚未拉开，先拉隔离开关造成带负荷拉隔离开关。(2) 首先检查相应回路的断路器在断开位置，防止带负荷拉隔离开关（规程规定的情况下除外）
183 将 1 号电容器 06 小车从开关拉至隔离开关位	2.3.6.1 停电拉闸操作应按照断路器—负荷侧隔离开关—电源侧隔离开关的顺序依次进行，送电合闸操作应按与上述相反的顺序进行。禁止带负荷拉合隔离开关	《国家电网公司变电运维管理规定 第 5 分册 开关柜运维细则》2.2.3 操作前，应将车体位置摆正，认真检查机械联锁位置正确方可进行操作，禁止强行操作	小车摇把插孔	10kV 高压室。将摇把完全插入插孔，逆时针旋转摇把，直至试验位置绿灯亮	(1) 带负荷拉合隔离开关。(2) 走错间隔而误拉停电的隔离开关。(3) 传动机构出现故障。(4) 隔离开关不到位。(5) 隔离开关合闸时卡涩时强合损坏环境设备。(6) 防误闭锁程序装置失灵	(1) 在停电操作时，可能出现的误操作有：断路器尚未拉开，先拉隔离开关造成带负荷拉隔离开关。另一种情况是断路器虽已拉开，因走错间隔而误拉带电的隔离开关，要防止发生误操作。(2) 走错间隔而误拉停电的隔离开关。(3) 操作隔离开关时，闭锁装置锁好，以防止误操作。(4) 手动拉合隔离开关时，应先慢而谨慎，看机构和连杆动作是否正确。(5) 隔离开关操作把手，先轻后重，若发现误操作而过重，看轴机构和连杆动作是否正确。(6) 当防误闭锁程序装置失灵时，应查明原因，并经地级上报后处理，不得自行解锁。(7) 使检修设备有明显的断开点，监护人、操作人应选择合适的站位。(8) 操作时，操作人应选择合适的站位

续表

操作票顺序	安规要求	其他相关规定	图片指示	操作位置及注意事项	风险分析	风险预控
184 检查 51 断路器在分闸位	2.3.4.3（3）进行停、送电操作时，在拉合隔离开关、手车式开关拉出、推入前，应检查断路器确在分闸位置	《国家电网公司变电运维管理规定 第 5 分册 变电站运维细则》2.2.7 拉出、推入手车之前应检查断路器在分闸位置		10kV 高压室、合闸红灯灭、分闸绿灯亮、操动机构的分、合闸指示器在分闸位置	（1）断路器未拉开。（2）防止带负荷拉合隔离开关。（3）操作人进行检查、监护人不进行检查致检查断路器实际位置与实际位置不到位，导致检查断路器位置不对应	（1）此项是操作隔离开关前的检查项，防止出现断路器尚未拉开，先去拉隔离开关造成带负荷拉隔离开关。（2）首先检查相应回路的断路器在断开位置，防止带负荷拉隔离开关（规程规定下除外）
185 将 1 号主变压器 10kV 侧 51 小车隔离开关拉至冷备用	2.3.6.1 停电拉闸操作应按照断路器—负荷侧隔离开关—电源侧隔离开关的顺序依次进行，送电合闸操作应按与上述相反的顺序进行。禁止带负荷拉合隔离开关	《国家电网公司变电运维管理规定 第 5 分册 变电站运维细则》2.2.3 操作车体位置摆正、认真检查机械联锁位置正确方可进行操作；禁止强行操作		10kV 高压室。将摇把完全插入插孔，逆时针旋转摇把，直至试验位置绿灯亮	（1）带负荷合隔离开关。（2）走错间隔而误拉停电的隔离开关。（3）传动机构故障出现拒分。（4）隔离开关卡滞不到位。（5）隔离开关合闸时强合损坏设备。（6）防误闭锁程序装置失灵	（1）在停电操作时，误操作隔离开关，但可能出现的误操作是带电的隔离开关，另一种情况是带断路器尚未拉开。（2）操作隔离开关时，闭锁装置锁好，以防止发生错间隔而误拉停电的隔离开关。（3）手动拉合隔离开关时，应先检查隔离开关操作把手，当隔离开关卡滞时，应经明原因和连杆动作是否正确。（4）拉合闸操作时，应迅速而果断，以便能消速消弧。（5）若发现隔离开关操作把手卡滞时，应查明原因并逐级上报后处理，不得自行解锁。（6）当防误闭锁程序装置失灵时，应查明显的断开点。（7）使检修设备有明显的断开点。（8）操作时，操作人、监护人应选择合适的站位

续表

操作票顺序	安规要求	其他相关规定	图片指示	操作位置及注意事项	风险分析	风险预控
186　检查 07 断路器在分位	2.3.4.3 （3）进行停、送电操作时，在拉合隔离开关、手车式手车拉出、推入前，检查断路器确在分闸位置	《国家电网公司变电运维管理规定 第 5 分册》2.2.7 拉出、推入手车之前应检查断路器位置		10kV 高压室。合闸红灯灭，分闸绿灯亮，操动机构、手车指示分闸，合闸指示器在分闸位置	（1）断路器未拉开。（2）防止带负荷合隔离开关。（3）操作人、监护人不进行检查实际位置，导致断路器位置与实际位置不对应	（1）此项是操作隔离开关前的检查项，先拉隔开关，防止出现带拉隔离开关尚未断路器造成带负荷拉隔离开关（规程规定的情况下除外）。（2）首先检查位置，防止带拉隔离开关器在断开开关前，防止带拉隔离开关（规程规定的情况下除外）
187　将准河线 07 小车隔离开关拉至开位	2.3.6.1 停电拉闸操作应按照断路器—负荷侧隔离开关—电源侧隔离开关的顺序依次进行，送电合闸操作应按与上述相反的顺序进行；禁止带负荷拉合隔离开关	《国家电网公司变电运维管理规定 第 5 分册》2.2.3 操作摇把位置摆正，应将车体机械联锁锁位置正确方可进行操作前，认真检查机械联锁锁位置正确方可进行操作；禁止强行操作		10kV 高压室。将摇把完全插入插孔，逆时针旋转摇把，直至试验位置绿灯亮	（1）带负荷合隔离开关。（2）走错间隔而误拉不应停电的隔离开关。（3）传动机构故障出现拒分。（4）隔离开关触头未到位。（5）隔离开关卡涩时强迫合损坏设备。（6）防误闭锁程序装置失灵	（1）首先检查相应回路的断路器在断开位置，防止带负荷拉、合隔离开关（规程规定的情况下除隔离开关外）。（2）在停电操作时，可能出现的误操作有：断路器尚未拉开，先拉隔离开关造成带负荷拉隔离开关，但当操作发生防误闭锁装置已，因走错间隔而误拉不应停电的隔离开关，以防止发生误操作。（3）操作隔离开关时，操作隔离开关闭锁好。（4）手动拉隔离开关时，应先轻摇动隔离开关把手，看有无松动和连杆动作是否正确。（4）拉闸操作时，开始应慢而重，当触头刚离开刀口时，应迅速果断，以便能迅速灭弧。（5）隔离开关合上时，应先慢后快，合上时强迫合上损坏设备。（6）当发现误合隔离开关时，应先停止操作查明原因，并逐级上报后处理，不得自行解锁。（7）使检修设备有明显的断开点，应查看的断开点。（8）操作时，操作人、监护人应选择合适的站位

213

续表

操作票顺序	安规要求	其他相关规定	图片指示	操作位置及注意事项	风险分析	风险预控
188 检查 08 断路器在分位	2.3.4.3（3）进行停、送电操作时，在拉合隔离开关、手车式开关拉出、推入前，检查断路器确在分闸位置	《国家电网公司变电运维管理规定 第 5 分册》2.2.7 拉合开关柜车前应检查断路器在分闸位置		10kV 高压室。合闸红灯灭，分闸绿灯亮，操动机构的分、合闸指示器在分闸位置	（1）断路器未拉开。（2）防止带负荷合隔离开关，监护人、操作人不进行检查位置，导致检查断路器实际位置与实际位置不对应	（1）此项是操作离器前的检查项，防止出现带断路器尚未拉开，先拉合隔离开关尚未带负荷成带负荷拉隔离开关。（2）首先检查断路器位置，防止带负荷的拉隔离开关（规程规定下除外）
189 将辽河线 08 小车隔离开关拉至开关分位	2.3.6.1 停电拉闸操作应按照断路器—负荷侧隔离开关—电源侧隔离开关的顺序依次进行，送电合闸操作应按与上述相反的（顺序进行；禁止带负荷拉合隔离开关	《国家电网公司变电运维管理规定 第 5 分册》2.2.3 操作柜体位置摆正、逆时针认真检查柜体位置与机械联锁位置正确方可进行操作；禁止强行操作	小车摇把插孔	10kV 高压室。将摇把完全插入插孔，逆时针旋转摇把，直至试验位置绿灯亮	（1）带负荷合隔离开关。（2）走错间隔而误拉不应停电的隔离开关。（3）传动机构故障出现拒分。（4）隔离开关不到位。（5）隔离开关合闸卡位时强合损坏设备。（6）防误闭锁程序装置失灵	（1）首先检查相应回路的断路器在断开位置，防止带负荷拉、合隔离开关（规程规定的情况下除外）。（2）在停电操作时，可能出现的误操作有：断路器尚未拉开，先拉隔离开关造成带负荷拉隔离开关，另一种情况是隔离开关虽已拉，因走错间隔而误停应带电的隔离开关，要将防误闭锁装置锁好，以防止发生误操作。（3）操作隔离开关后，应先检查是否正确。（4）手动拉合隔离开关时，应先合，看机构和连杆动作是否正确。（5）拉闸操作时，开始应慢而后快，尤其是当触头快分开时，应迅速果断。（5）拉合隔离开关时，当触头刚离弧，以便能迅速消弧。（6）当发现误闭锁程序装置失灵时，应查明原因，并经逐级上报后处理，不得自行解锁。（7）使检修设备有明显的断开点。（8）操作时，监护人应站选择合适的站位

续表

操作票顺序	安规要求	其他相关规定	图片指示	操作位置及注意事项	风险分析	风险预控
190 检查 11 断路器在分闸位	2.3.4.3（3）进行停、送电操作时，在拉合隔离开关、手车式开关拉出、推入前，检查断路器确在分闸位置	《国家电网公司变电运维管理规定 第 5 分册》2.2.7 拉出、推入手车之前应检查断路器在分闸位置		10kV 高压室。合闸红灯灭，分闸绿灯亮，操动机构的分、合闸指示器在分闸位置	（1）断路器未拉开。（2）防止带负荷拉合隔离开关。（3）操作人、监护人不进行检查位置，导致检查不到位、断路器位置与实际位置不对应	（1）此项是操作隔离开关的检查项，防止出现断路器尚未拉开，先拉隔离开关造成带负荷拉隔离开关。（2）首先检查相应回路的断路器在断开位置，防止带负荷拉隔离开关（规程规定的情况下除外）
191 将中龙甲线 11 小车隔离开关拉至开位	2.3.6.1 停电拉闸操作应按照断路器—负荷侧隔离开关—电源侧隔离开关的顺序依次进行，送电合闸操作应按与上述相反的顺序进行。禁止带负荷拉合隔离开关	《国家电网公司变电运维管理规定 第 5 分册》2.2.3 操作前，应将车体位置摆正，认真检查机械联锁位置正确方可进行操作；禁止强行操作	小车摇把插孔	10kV 高压室。将摇把完全插入插孔，逆时针旋转摇把，直至试验位置绿灯亮	（1）带负荷拉隔离开关，合隔离开关。（2）走错间隔而误拉隔离开关。（3）传动机构出现卡涩、故障时隔离开关分不开。（4）隔离开关触头与连接头卡涩时强合。（5）隔离开关合闸不到位。（6）防误闭锁程序装置失灵	（1）在停电操作时，可能出现的误操作有：断路器尚未拉开，先拉隔离开关造成带负荷拉隔离开关，另一种情况是断路器虽已拉开，但当操作某一间隔隔离开关时，因走错间隔而误拉隔离开关，以防止发生误操作。（2）操作隔离开关时，要将防误闭锁装置锁定的隔离开关闭锁装置锁好，以防止误操作。（3）操作隔离开关时，操作隔离开关锁好。（4）手动拉隔离开关时，应慢、轻、看，即先慢拉开关，看开关把手和连杆动作是否正确。（5）隔离开关刚操作时，应迅速果断，以便能迅速灭弧。（6）当检修设备失灵时，应查明原因，并经逐级上报后处理，不得自行解锁。（7）使检修设备有明显的断开点。（8）操作人、监护人应选择合适的站位

续表

操作票顺序	安规要求	其他相关规定	图片指示	操作位置及注意事项	风险分析	风险预控
192 检查 12 断路器在开位	2.3.4.3 （3）进行停、送电操作时，在拉合隔离开关、手车式开关拉出、推入前、推入手车式断路器应检查断路器确在分闸位置	《国家电网公司变电运维管理规定 第 5 分册 开关柜运维细则》2.2.7 拉出、推入手车式断路器前应检查断路器在分闸位置		10kV 高压室。合闸红灯亮，分闸绿灯亮，操动机构的分、合指示器在分闸位置	（1）断路器未拉开。（2）防止带负荷拉合隔离开关。（3）操作人、监护人不进行检查，断路器实际位置，导致检查不到位，导致断路器位置与实际位置不对应	（1）此项是操作隔离开关前的检查项，防止出现断路器尚未拉开，先验合隔离开关成带负荷拉隔离开关。（2）首先检查相应回路的断路器在断开位置，防止带负荷拉隔离开关（规程规定的情况下除外）
193 将会新 12 线 12 小车隔离开关拉至开位	2.3.6.1 停电拉闸操作应按照断路器—负荷侧隔离开关—电源侧隔离开关的顺序依次进行，送电合闸操作应按与上述相反的顺序进行。禁止带负荷拉合隔离开关	《国家电网公司变电运维管理规定 第 5 分册 开关柜运维细则》2.2.3 操作前，应将手车体位置摆正、认真检查机械联锁位置正确方可进行操作；禁止强行操作		10kV 高压室。将摇把完全插入插孔，逆时针旋转摇把，直至试验位置绿灯亮	（1）带负荷拉合隔离开关。（2）走错间隔。（3）传动机构故障出现拒分。（4）隔离开关不到位。（5）隔离开关强行合闸。（6）防误闭锁装置失灵，程序闭锁失灵	（1）在停电操作时，可能出现的误操作有：先拉隔离开关，但当操作隔离开关负荷已拉。另一种情况是断路器虽已拉开，因走错间隔而误拉不应停电的隔离开关，要防止发生误操作。（2）操作隔离开关时，应慢拉。（3）操作装置锁好，以防止错拉操作。（4）手动拉隔离开关时，开始应慢而谨慎，看清隔离开关操作把手是否正确。（5）拉闸操作时，先轻拉动隔离开关操作杆而谨慎，当触头刚离开时，应迅速果断，以便能迅速消弧。（6）当发现误拉隔离开关时，应防止在拉开过程中失灵时，应查明原因，并逐级上报后处理。（7）使检修设备有明显的断开点，不得自行解锁。（8）操作时，操作人应选择合适的站位

续表

操作票顺序	安规要求	其他相关规定	图片指示	操作位置及注意事项	风险分析	风险预控
194 检查 13 断路器确在分闸位置	2.3.4.3 (3) 进行停、送电操作时,在拉合隔离开关,手车式开关拉出、推入前,检查断路器确在分闸位置	《国家电网公司变电运维管理规定 第 5 分册 开关柜运维细则》2.2.7 拉出、推入手车之前应检查断路器在分闸位置		10kV 高压室,合闸红灯灭、分闸绿灯亮、操动机构的分、合闸指示器在分闸位置	(1) 断路器未拉开。(2) 防止带负荷拉隔离开关。(3) 操作人、监护人不进行检查,断路器实际位置不到位或检查不到位,导致断路器与实际位置不对应	(1) 此项是操作隔离开关前的检查项,防止出现断路器尚未拉开,先拉闸隔离开关造成带负荷拉隔离开关。(2) 首先检查隔离开关在断开位置,防止带负荷拉隔离开关(规程规定的情况下除外)
195 将信恒乙线 13 小车隔离开关拉至开关位	2.3.6.1 停电拉闸操作应按照断路器—负荷侧隔离开关—电源侧隔离开关的顺序依次进行,送电合闸操作应按与上述相反的顺序进行。禁止带负荷拉合隔离开关	《国家电网公司变电运维管理规定 第 5 分册 开关柜运维细则》2.2.3 操作前,应将车体位置摆正,认真检查位置及机械联锁锁位置正确方可进行操作。禁止强行操作	小车摇把插孔	10kV 高压室。将摇把完全插入插孔,逆时针旋转摇把,直至试验位置绿灯亮	(1) 带负荷合隔离开关。(2) 走错间隔而误拉的隔离开关。(3) 传动机构故障出现卡分。(4) 隔离开关触头和连杆动作不到位。(5) 隔离开关合闸不到位卡涩时强行操作损坏设备。(6) 防误闭锁程序装置失灵	(1) 在停电操作时,可能出现断路器尚未拉开,误操作造成带电拉开隔离开关。另一种情况是断路器虽已拉开,因走错间隔而误操作停电的隔离开关,要防止发生误操作。(2) 在停电操作时,先拉隔离开关,但要注意可能带负荷拉隔离开关情况外。(3) 操作隔离开关前,闭锁装置锁好,以防止误操作。(4) 手动拉隔离开关时,应先看手,看机构和连杆动作是否正确。(5) 拉闸操作时,开始应缓慢,当触头刚离开时,应迅速果断,以便能迅速灭弧。(6) 当发现误操作程序装置失灵时,应查明原因,并经逐级上报后处理,不得自行解锁。(7) 使检修设备有明显的断开点,监护人、操作人应选择合适的站位。(8) 操作时,操作人、监护人应选择合适的站位

续表

操作票顺序	安规要求	其他相关规定	图片指示	操作位置及注意事项	风险分析	风险预控
196 检查14断路器在分闸位	2.3.4.3（3）进行停、送电操作时，在拉合隔离开关前应检查断路器确在分闸位置；推入手车式开关时，推入前，检查断路器确在分闸位置	《国家电网公司变电运维管理规定 第5分册》2.2.7 拉出、推入手车之前应检查断路器在分闸位置		10kV高压室，合闸红灯灭，分闸绿灯亮，操动机构在分、合闸指示器在分间位置	（1）断路器未拉开。（2）防止带负荷合隔离开关。（3）操作人、监护人不进行检查或检查不到位，导致检查断路器实际位置与实际位置不对应	（1）此项是操作隔离开关前的检查项，防止出现断路器尚未拉开，先拉隔离开关造成带负荷拉隔离开关。（2）首先检查位置，防止带负荷拉隔离开关（规程规定下除外）
197 将丽景线14小车隔离开关拉至分开位	2.3.6.1 停电拉合间操作应按照断路器—负荷侧隔离开关—电源侧隔离开关的顺序依次进行，送电合闸操作应按与上述相反的顺序进行；禁止带负荷拉合隔离开关	《国家电网公司变电运维管理规定 第5分册》2.2.3 操作手车柜开关前，操作将车体位置摆正、认真检查机械联锁位置正确方可进行操作；禁止强行操作	小车摇把插孔	10kV高压室。将摇把完全插入插孔，逆时针旋转摇把，直至试验位置绿灯亮	（1）带负荷拉合隔离开关。（2）走错间隔停电的隔离开关。（3）传动机构故障出现拒分。（4）隔离开关触头分不到位。（5）隔离开关合损坏设备。（6）防误闭锁装置程序装置失灵	（1）在停电操作时，误操作有：断路器尚未拉开，但当隔离开关已走远时，要将错间隔停电的隔离开关。另一种情况是带电拉隔离开关，以防止发生误操作。（2）走错间隔，误拉隔离开关，以防止发生误操作。（3）操作隔离开关的闭锁装置锁好，要将错动作检查是否正确。（4）手动拉隔离开关时，应先看手，看机构拐臂动作是否正确。（5）拉合隔离开关时，开始应慢，以便能迅速消弧。（6）当检修设备有明显的断开点，并经逐级上报后。（7）使防误闭锁程序装置失灵时，应查明原因，并逐项自行解锁。（8）操作时，操作人、监护人应选择合适的站位

续表

操作票顺序	安规要求	其他相关规定	图片指示	操作位置及注意事项	风险分析	风险预控
198　检查 50 断路器在开位	2.3.4.3 （3）进行停、送电操作时，在拉合隔离开关、手车式开关拉出、推入前，检查断路器确在分闸位置	《国家电网公司变电运维管理规定 第 5 分册 开关柜运维细则》2.2.7 拉出、推入手车之前应检查断路器在分闸位置		10kV 高压室。合闸红灯亮，分闸绿灯亮，操动机构的分、合闸指示到位，间指示器在分间位置	(1) 断路器未拉开。(2) 防止带负荷拉隔离开关。(3) 操作人、监护人不进行检查断路器实际位置或检查位置不到位，导致断路器与实际位置不对应	(1) 此项是操作隔离开关前的检查项，防止出现断路器尚未拉开，先拉隔离开关造成带负荷拉隔离开关。(2) 首先检查断路器在断开位置，防止带负荷拉隔离开关（规程规定的情况下除外）
199　将 10kV 离分段小车隔离开关拉至开位	2.3.6.1 停电拉合断路器操作应按照断路器—负荷侧隔离开关—电源侧隔离开关的顺序依次进行，送电合闸操作应按与上述相反的顺序进行。禁止带负荷合隔离开关	《国家电网公司变电运维管理规定 第 5 分册 开关柜运维细则》2.2.3 操作前，应将车体操作位置摆正，认真检查机械联锁锁位置正确方可进行操作；禁止强行操作	小车摇把插孔	10kV 高压室。将摇把完全插入插孔，逆时针旋转摇把，直至试验位置绿灯亮	(1) 带负荷合隔离开关。(2) 走错间隔停电而误拉隔离开关。(3) 传动机构故障出现合分。(4) 隔离开关分不到位。(5) 隔离开关卡涩时强合损坏隔离开关设备。(6) 防误闭锁程序装置失灵	(1) 在停电操作时，可能出现的误操作有：先拉隔离开关而误拉成带电拉开，但另一种情况是断路器虽已拉开，因走错间间隔而误拉不应停电的隔离开关，以防止发生误操作。(3) 操作隔离开关时，要将防误闭锁装置锁好。(4) 手动拉隔离开关时，应慢拉而谨慎，先经防误操作手柄，看合隔离开关机构和连杆动作是否正确。(5) 拉合隔离开关时，应迅速果断，当触头刚离起弧时，应迅速消弧。(6) 当检查闭锁程序装置失灵时，应查明原因，并经逐级上报后处理，不得自行解锁。(7) 使检修设备有明显的断开点。(8) 操作时，操作人、监护人应选择合适的站位

续表

操作票顺序	安规要求	其他相关规定	图片指示	操作位置及注意事项	风险分析	风险预控
200 将10kV分段隔离开关拉至开位	2.3.6.1 停电拉闸操作应按照断路器—负荷侧隔离开关—电源侧隔离开关的顺序依次进行，送电合闸操作应按与上述相反的顺序进行。禁止带负荷拉合隔离开关	《国家电网公司变电运维管理规定 第5分册 开关柜运维细则》2.2.3 操作车体前，应将检查机构摆正，认真检查正确位置，械联锁位置正确方可进行操作；禁止强行操作	小车摇把插孔	10kV高压室。将摇把完全插入插孔，逆时针旋转摇把，直至试验位置绿灯亮	(1) 带负荷拉隔离开关。(2) 走错间隔而误拉不应停电的隔离开关的。(3) 传动机构故障出现拒分。(4) 隔离开关触头分合不到位。(5) 隔离开关合闸时强合卡滞损坏设备。(6) 防误闭锁程序装置失灵	(1) 首先检查断开位置，防止带负荷拉、合隔离开关在应合断路器回路的断路器尚未合，合隔离开关在应合断路器回路的断路器尚未合（规程规定的情况下除外）。(2) 在停电操作时，可能出现的误操作情况有：先拉隔离开关，但当情况是断路器负荷开关尚未拉开，因走错间隔而误拉停电的隔离开关已拉。(3) 操作隔离开关时，要将防误闭锁装置锁好，以防止发生误操作。(4) 手动拉隔离开关时，应先慢看着机构和连杆动作是否正确，而谨慎，先轻晃动隔离开关操作把手，当触头和连杆动作，开始应慢慢拉。(5) 拉闸操作时，应迅速果断，当触头间刚离弧时，应迅速拉断，以便能迅速灭弧。(6) 当发现误操作程序装置失灵时，应查明原因，并经逐级上报后处理，不得自行解锁。(7) 使检修设备有明显的断开点。(8) 操作时，操作人、监护人应选择适合的站位
201 检查21断路器在分闸位	2.3.4.3 (3) 进行停送电操作时，在拉合隔离开关、手车式开关拉出、推入出、推入手车之前，应检查断路器确在分闸位置	《国家电网公司变电运维管理规定 第5分册 开关柜运维细则》2.2.7 拉出、推入手车前应检查断路器位置		10kV高压室。合闸红灯灭，分闸绿灯亮，操动机构的分、合闸指示器在分闸位置	(1) 断路器未拉开。(2) 防止带负荷合隔离开关。(3) 操作人、监护人不进行检查或检查不到位，致断路器实际位置与实际不对应	(1) 此项是操作隔离器前的检查项，防止出现拉隔离开关、先拉隔离开关造成带负荷拉隔离开关。(2) 首先检查断开位置，防止带负荷拉，合隔离开关在应合断路器回路的断路器尚未合断路器（规程规定的情况下除外）

续表

操作票顺序	安规要求	其他相关规定	图片指示	操作位置及注意事项	风险分析	风险预控
202 将泰海线 21 小车隔离开关拉至开关开位	2.3.6.1 停电拉闸操作应按照断路器—负荷侧隔离开关—电源侧隔离开关的顺序依次进行，送电合闸操作应按与上述相反的顺序进行。禁止带负荷拉合隔离开关	《国家电网公司变电运维管理规定 第 5 分册 开关柜运维细则》2.2.3 操作前，应将车体位置摆正，认真检查机械联锁位置正确方可进行操作；禁止强行操作	小车摇把插孔	10kV 高压室。将摇把完全插入插孔，逆时针旋转摇把，直至试验位置绿灯亮	(1) 带负荷拉合隔离开关。(2) 走错间隔而误停电的隔离开关。(3) 传动机构故障出现拒分。(4) 隔离开关触头未分到位。(5) 隔离开关卡涩时强拉合损坏设备。(6) 防误闭锁程序装置失灵	(1) 首先检查相应回路的断路器在断开位置，防止带负荷拉、合隔离开关（规程规定的情况下除外）。(2) 在停电操作时，断路器尚未拉开，误操作情况有：先拉隔离开关，但当情况是断路器且已拉断路器，因走错间隔而误拉停电的隔离开关。另一种情况是隔离开关，要将防误闭锁装置锁好，以防止发生误操作。(3) 操作隔离开关时，应先慢而重操作，看动和连有动作是否正确。(4) 手动拉隔离开关时，应轻缓动隔离开关操作把手。(5) 拉闸操作时，开始应慢而重，当轴头刷离时，应迅速果断，以便能迅速消弧。(6) 当防误闭锁程序装置失灵时，应查明原因，并经逐级上报后处理，不得自行解锁。(7) 使检修设备有明显的断开点。(8) 操作时，操作人、监护人应选择合适的站位
203 检查 22 断路器在开位	2.3.4.3 (3) 进行停、送电操作时，在拉合隔离开关、手车式开关拉出、推入手车之前应检查断路器确在分闸位置	《国家电网公司变电运维管理规定 第 5 分册 开关柜运维细则》2.2.7 拉出、推入手车前应检查断路器位置	中 龙 乙 线 2 2	10kV 高压室。合闸红灯灭，分闸绿灯亮，操动机构的分、合闸指示器在分闸位置	(1) 断路器未拉开。(2) 防止在带负荷合隔离开关。(3) 操作人、监护人不进行检查断路器实际位置，或确认断路器位置不到位，导致断路器位置与实际位置不对应	(1) 此项是操作隔离开关前的检查事项，防止出现断路器尚未拉开，先拉合隔离开关造成带负荷拉隔离开关。(2) 首先检查相应回路的断路器在断开位置，防止带负荷拉、合隔离开关（规程规定的情况下除外）

续表

操作票顺序	安规要求	其他相关规定	图片指示	操作位置及注意事项	风险分析	风险预控
204 将中龙乙线 22 小车隔离开关拉至开位	2.3.6.1 停电拉闸操作应按照断路器—负荷侧隔离开关—电源侧隔离开关的顺序依次进行，送电合闸操作应按与上述相反的顺序进行。禁止带负荷拉合隔离开关	《国家电网公司变电运维管理规定 第 5 分册 开关柜运维细则》2.2.3 操作车体前，应将车体位置摆正，认真检查机械联锁锁闭位置正确方可进行操作；禁止强行操作	（小车摇把插孔）	10kV 高压室。将摇把完全插入插孔，逆时针旋转摇把，直至试验位置绿灯亮	(1) 带负荷拉合隔离开关。(2) 走错间隔而误拉不应停电的隔离开关。(3) 传动机构出现故障而误拒分。(4) 隔离开关触头分合不到位。(5) 隔离开关合闸不到位。(6) 防误闭锁程序装置失灵	(1) 首先检查相应回路的断路器在断开位置，防止带负荷，合隔离开关（规程规定的情况下除外）。(2) 在停电操作时，可能出现的误操作有：断路器尚未拉开，先拉隔离开关造成带负荷拉开，但当情况是隔离开关虽已拉开，因走错间隔而误拉断路器开关，要将防误操作另一种情况是隔离开关的隔离开关。(3) 操作装置密闭装置良好，隔离开关把手。(4) 手动拉隔离开关时，应先模而谨慎，看机构和连杆动作是否正确。(5) 拉闸操作慢而重，当触头刚离开时，开始应迅速断，慎，以便能迅速消弧。(6) 拉闸时防误闭锁程序装置失灵时，应查明原因，并经逐级上报后处理，不得自行解锁。(7) 使检修设备有明显的断开点。(8) 操作时，操作人、监护人应选择合适的站位
205 检查 23 断路器确在分闸位置	2.3.4.3 (3) 进行停、送电操作时，在拉合隔离开关、手车式手车拉出、推入前，检查断路器确在分闸位置	《国家电网公司变电运维管理规定 第 5 分册 开关柜运维细则》2.2.7 拉出、推入手车之前应检查断路器在分闸位置		10kV 高压室。合闸红灯灭，分闸绿灯亮，操动机构的分、合闸指示器在分闸位置	(1) 断路器未拉开。(2) 防止带负荷拉合隔离开关。(3) 操作人、监护人不进行检查断路器实际位置，或检查不到位，导致断路器与实际位置不对应	(1) 此项是操作隔离开关前的检查项，先拉出隔离开关造成带负荷拉隔离开关。(2) 首先检查相应回路的断路器在断开位置，防止带负荷，合隔离开关（规程规定的情况下除外）

续表

操作票顺序	安规要求	其他相关规定	图片指示	操作位置及注意事项	风险分析	风险预控
206 将建工线 23 小车隔离开关拉至开关位	2.3.6.1 停电拉闸操作应按照断路器—负荷侧隔离开关—电源侧隔离开关的顺序依次进行。送电合闸操作应按与上述相反的顺序进行；禁止带负荷拉合隔离开关	《国家电网公司变电运维管理规定 第 5 分册》运维细则 2.2.3 操作车柜前，应将检查车开关摆正，认真检查车操作机位置摆正锁位置正确方可进行操作；禁止强行操作	小车摇把插孔	10kV 高压室。将摇把完全插入插孔，逆时针旋转摇把，直至试验位置绿灯亮	(1) 带负荷合隔离开关。(2) 走错间隔而停电的隔离开关。(3) 传动机构故障出现拒分。(4) 隔离开关触头分分不到位。(5) 隔离开关强拉合而损坏隔离设备。(6) 防误闭锁程序装置失灵	(1) 首先检查相应回路的断路器在断开位置，防止带负荷拉隔离开关，合隔离开关。另一种情况是断路器虽已拉开，但当操作隔离开关而误拉隔离开关，因在误操作时，可能出现的误拉隔离开关（规程规定的情况下除外）。(2) 在停电操作时，断路器尚未拉开，误拉隔离开关，以防止不停电的隔离开关。(3) 操作装置锁闭好。(4) 手动拉隔离开关时，应先轻拉隔离开关，看机构和连杆动作是否正确。(5) 拉间操作时，开始宜慢而谨慎，当触头刚离后，应迅速果断，以便能迅速灭弧。(6) 当操作隔离开关失灵时，应查明原因，并经逐级上报后处理，不得自行解锁。(7) 使操作隔离程序有明显的断开点。(8) 操作时，操作人、监护人应选择合适的站位
207 检查建工线 24 断路器在开关位	2.3.4.3 (3) 进行停、送电操作时，手车式开关拉出、推入手车之前应检查断路器确在分闸位置	《国家电网公司变电运维管理规定 第 5 分册》运维细则 2.2.7 拉出、推入手车前应检查断路器在分闸位置	货 场 线 2 4	10kV 高压室。合闸红灯亮，分闸绿灯灭，操作合闸的分、动机构的分、合闸指示器在分间位置	(1) 断路器拉开。(2) 防止合隔离荷开关。(3) 操作人未进行检查断路器实际位置，或断路器实际位置不到位，导致断路器与实际隔离位置不对应	(1) 此项是操作隔离开关前的检查项，先拉断路器前负荷隔离开关，先拉隔离开关造成带负荷拉隔离开关。(1) 首先检查相应回路的断路器在断开位置，防止带负荷拉隔离开关（规程规定的情况下除外）

续表

操作票顺序	安规要求	其他相关规定	图片指示	操作位置及注意事项	风险分析	风险预控
208 将货场线 24 小车隔离开关拉至开关位	2.3.6.1 停电拉闸操作应按照断路器—负荷侧隔离开关—电源侧隔离开关的顺序依次进行,送电合闸操作应按与上述相反的顺序进行;禁止带负荷拉合隔离开关	《国家电网公司变电运维管理规定 第 5 分册 开关柜运维细则》2.2.3 操作前,应将车体位置摆正,认真检查机械联锁位置正确方可进行操作;禁止强行操作	小车摇把插孔	10kV 高压室。将摇把插入插孔,逆时针旋转摇把,直至试验位置绿灯亮	(1)带负荷拉合隔离开关。(2)走错间隔而误停隔离开关。(3)传动机构故障出现指示不到位。(4)隔离开关拉合不到位,触头卡涩。(5)隔离开关强拉合损坏设备。(6)防误闭锁程序装置失灵	(1)首先检查相应回路的断路器在断开位置,防止带负荷拉合隔离开关(规程规定的情况下除外)。(2)在停电操作时,断路器尚未拉开,可能出现的误操作情况有:先拉断路器负荷侧隔离开关,但一种情况是断路器虽已拉开而误拉停电侧的隔离开关,因走错间隔而误停隔离开关,要将防误操作。(3)操作隔离开关时,要将防误闭锁装置锁好,以防止发生误操作。(4)手动拉合隔离开关时,应先检查隔离开关操作把手、看机构和连杆动作是否正确。(5)拉合闸操作时,开始应慢,当触头间刚离弧时,应迅速果断,以便能迅速消弧。(6)当防误闭锁程序装置失灵时,应查明原因,并经逐级上报批准,不得自行解锁。(7)使检修设备有明显的断开点。(8)操作时,操作人、监护人应选择适当的站位
209 检查 25 断路器在分闸位	2.3.4.3 (3)进行停送电操作时,在拉合隔离开关、手车式开关或推入手车之前应检查断路器确在分闸位置	《国家电网公司变电运维管理规定 第 5 分册 开关柜运维细则》2.2.7 拉出、推入手车之前应检查断路器确在分闸位置	化 区 线 2 5	10kV 高压室。合闸红灯灭,分闸绿灯亮,操动机构的分、合闸指示器在分闸位置	(1)断路器未拉开。(2)防止带负荷合隔离开关。(3)操作人、监护人不进行检查断路器实际位置,或断路器实际位置与实际位置不对应致断路器位置不对应	(1)此项是操作隔离开关前的检查项,防止出现断路器尚未拉开,先拉合隔离开关造成带负荷拉隔离开关。(2)首先检查相应回路的断路器在断开位置,防止带负荷拉合隔离开关(规程规定的情况下除外)

续表

操作票顺序	安规要求	其他相关规定	图片指示	操作位置及注意事项	风险分析	风险预控
210 将化区线25 小车隔离开关拉至开位	2.3.6.1 停电拉合闸操作应按照断路器一负荷侧隔离开关一电源侧隔离开关的顺序依次进行。送电合闸操作应按与上述相反的/顺序进行。禁止带负荷拉合隔离开关	《国家电网公司变电运维管理规定 第5分册》2.2.3 操作前，应将车体开关柜运维机构位置摆正，认真检查机械联锁位置正确方可进行操作；禁止强行操作	小车摇把插孔	10kV高压室。将摇把完全插入插孔，逆时针旋转摇把，直至试验位置绿灯亮	(1) 带负荷拉合隔离开关。(2) 走错间隔而误停电的隔离开关。(3) 传动机构故障出现拒分。(4) 隔离开关触头拉不到位。(5) 隔离开关拉合强卡坏设备。(6) 防误装置程序闭锁失灵	(1) 首先检查相应回路的断路器在断开位置，防止带负荷拉、合隔离开关（规程规定的情况下除外）。(2) 在停电操作时：断路器尚未拉开，误操作隔离开关，可能出现的误拉隔离开关，但当操作隔离开关而隔离开关因已拉开，另一种情况是带负荷而误拉停电的隔离开关，要防止发生误操作。(3) 操作装置锁好，闭锁装置完好，以防误操作。(4) 手动拉隔离开关时，应先慢而谨慎，先看无误动隔离开关操作把手，看清机构和连杆动作是否正确。(5) 拉合闸操作时，开始应慢而后快，当触头刚离开时，应迅速消弧，以便能迅速灭弧。(6) 当防误锁程序装置失灵时，应查明原因，并经逐级上报后处理，不得自行解锁。(7) 使检修设备有明显断开点。(8) 操作时，操作人、监护人应选择合适的站位
211 检查26断路器在分位	2.3.4.3 (3) 进行停、送电操作时，在拉合隔离开关、手车式开关拉出、推入手车之前，检查断路器确在分闸位置	《国家电网公司变电运维管理规定 第5分册》2.2.7 拉出、推入手车之前应检查断路器在分闸位置		10kV高压室。合闸红灯灭、分闸绿灯亮，操作机构的分、合闸指示器在分闸位置	(1) 断路器未拉开。(2) 防止带负荷拉隔离开关。(3) 操作人、监护人不进行检查断路器实际位置或检查断路器位置不到位，导致断路器位置与实际位置不对应	(1) 此项是操作隔离开关前的检查项，防止出现断路器尚未断开，先拉隔离开关造成带负荷拉隔离开关。(2) 首先检查相应回路的断路器在断开位置，防止带负荷拉合隔离开关（规程规定的情况下除外）

续表

操作票顺序	安规要求	其他相关规定	图片指示	操作位置及注意事项	风险分析	风险预控
212 将预料线 26 小车隔离开关拉至开位	2.3.6.1 停电拉闸操作应按断路器—负荷侧隔离开关—电源侧隔离开关的顺序依次进行，送电合闸操作应按与上述相反的顺序进行。禁止带负荷拉合隔离开关	《国家电网公司变电运维管理规定 第5分册 开关柜运维细则》2.2.3 操作前，应将车体位置摆正，认真检查机械联锁位置正确方可进行操作；禁止强行操作	小车摇把插孔	10kV 高压室。将摇把完全插入插孔，逆时针旋转摇把，直至试验位置绿灯亮	(1) 带负荷合隔离开关。(2) 走错间隔而误拉停电的隔离开关。(3) 传动机构故障出现拒分。(4) 隔离开关触头分不到位。(5) 隔离开关合拉卡涩。(6) 防误闭锁装置失灵	(1) 首先检查相应回路的断路器在断开位置，防止带负荷拉、合隔离开关（规程规定的情况下除外）。(2) 在停电操作时，可能出现的误操作有：断路器尚未拉开，先拉隔离开关造成带负荷拉隔离开关，因走错间隔而误拉停电的隔离开关，另一种情况是断路器虽已拉开，但当操作隔离开关时要防止发生误操作。(3) 操作隔离开关时，以防止停电的隔离开关。闭锁装置锁好。(4) 手动拉合隔离开关时，应慢拉轻合；动隔离开关操作把手，看隔离开关操作和连杆动作是否正确。(5) 拉闸操作慢而谨慎，当触头刚离开始起弧时，应迅速果断，以便能迅速消弧。(6) 当防误装置失灵时，应查明原因，并经逐级上报后处理，不得自行解锁。(7) 使检修设备有明显的断开点。(8) 操作时，操作人、监护人应选择合适的站位
213 检查 27 断路器在分位	2.3.4.3 (3) 进行停、送电操作时，在拉合隔离开关、手车式开关拉出、推入前，检查断路器确在分闸位置	《国家电网公司变电运维管理规定 第5分册 开关柜运维细则》2.2.7 拉出、推入手车之前应检查断路器在分闸位置	大 线 27	10kV 高压室。合闸红灯灭、分闸绿灯亮、操动机构显示合、分，合闸指示器在分闸位置	(1) 断路器未拉开。(2) 防止带负荷拉合隔离开关。(3) 操作人、监护人不进行检查断路器实际位置，导致检查不到位，或断路器实际位置与实际位置不对应	(1) 此项是操作隔离开关前的检查项，防止出现拉断路器负荷尚未拉开，先拉隔离开关造成带负荷拉隔离开关。(2) 首先检查相应回路的断路器在断开位置，防止带负荷拉、合隔离开关（规程规定的情况下除外）

续表

操作票顺序	安规要求	其他相关规定	图片指示	操作位置及注意事项	风险分析	风险预控
214 将大赛线 27 小车隔离开关拉至开位	2.3.6.1 停电拉闸操作应按照断路器—负荷侧隔离开关—电源侧隔离开关的顺序依次进行,送电合闸操作应按与上述相反的顺序进行。禁止带负荷拉合隔离开关	《国家电网公司变电运维管理规定 第 5 分册 运维检修细则》2.2.3 操作前,认真检查机械联锁位置摆正,认真检查机械联锁位置正确方可进行操作;禁止强行操作	 小车摇把插孔	10kV 高压室。将摇把完全插入插孔,逆时针旋转摇把,直至试验位置绿灯亮	(1) 带负荷拉合隔离开关。 (2) 走错间隔拉隔离开关。 (3) 传动机构故障出现拒分。 (4) 隔离开关分不到位。 (5) 隔离开关卡涩时强拉强合致使开关损坏。 (6) 防误闭锁程序装置失灵	(1) 首先检查相应回路的断路器在断开位置,防止带负荷拉、合隔离开关(规程规定的情况下除外)。 (2) 在停电操作时,可能出现的误操作有:断路器尚未拉开,先拉隔离开关造成带负荷拉隔离开关,但当操作是断路器虽已拉开而隔离开关误拉,因走错间隔而误拉不应停隔离开关,要防止发生误操作,以防止误拉隔离开关。 (3) 操作隔离开关时,应先将隔离开关操作把手而谨慎,看准机构和转机动作是否正确。 (4) 手动拉隔离开关后,应先将隔离开关操作把手,看准机构和转机动作是否正确。 (5) 拉闸操作时,开始应慢而谨慎,当触头刚离弧触点,以便能迅速果断,应迅速消弧。 (6) 当防误闭锁程序装置失灵时,应查明原因,并经逐级上报后处理,不得自行解锁。 (7) 使检修设备有明显的断开点。 (8) 操作时,操作人、监护人应选择合适的站位
215 检查 28 断路器隔离开关在开位	2.3.4.3 (3) 进行停、送电操作时,在拉合隔离开关、手车式开关拉出、推入手车之前,应检查断路器确在分闸位置	《国家电网公司变电运维管理规定 第 5 分册 运维检修细则》2.2.7 拉出、推入手车之前应检查断路器分闸位置		10kV 高压室。合闸红灯灭,分闸绿灯亮,操动机构的分、合闸指示器在分间位置	(1) 断路器未拉开。 (2) 防止带负荷合隔离开关。 (3) 操作人、监护人不进行检查断路器实际位置或检查实际位置不到位,导致断路器与实际位置不对应	(1) 此项是操作隔离开关前的检查项,防止出现断路器尚未拉开,先拉隔离开关造成带负荷拉隔离开关,防止带负荷拉隔离开关(规程规定的情况下除外)

续表

操作票顺序	安规要求	其他相关规定	图片指示	操作位置及注意事项	风险分析	风险预控
216 将一零三线 28 小车隔离开关拉至开位	2.3.6.1 停电拉闸操作应按照断路器—负荷侧隔离开关—电源侧隔离开关的顺序依次进行,送电合闸操作应按与上述相反的顺序进行。禁止带负荷拉合隔离开关	《国家电网公司变电运维管理规定 第 5 分册 开关柜运维细则》2.2.3 操作车体前,应将检查车体位置摆正,认真检查正确位置。机械联锁位置正确方可进行操作;禁止强行操作	小车摇把插孔	10kV 高压室。将摇把完全插入插孔,逆时针旋转摇把,直至试验位置绿灯亮	(1)带负荷合隔离开关。(2)走错间隔而误拉不应停电的隔离开关。(3)传动机构故障而拒分。(4)隔离开关触头拉不到位。(5)隔离开关合位卡涩时强拉损坏设备。(6)防误装置程序闭锁失灵	(1)首先检查相应回路的断路器在断开位置,防止带负荷拉、合隔离开关(规程规定的情况下除外)。(2)在停电操作时,可能出现断路器虽已拉开,但先拉隔离开关时发现断路器尚未拉开,因走错间隔而误拉不应停电的隔离开关,要将防误闭锁装置停电后再操作。(3)操作装置锁好,以防止发生误操作。(4)手动拉隔离开关时,应轻拉,看隔离开关操作把手、传动机构和连杆动作是否正确。(5)拉闸操作时,开始应慢而谨慎,当触头刚离开静触头时,应迅速果断。(6)当防误装置失灵时,应查明原因,并经逐级上报后处理,不得自行解锁。(7)使检修设备有明显的断开点。(8)操作时,操作人、监护人应选择合适的站位
217 检查 29 断路器在开位	2.3.4.3 (3) 进行停、送电操作时,在拉合隔离开关、手车式开关拉出、推入前,检查断路器应在分闸位置	《国家电网公司变电运维管理规定 第 5 分册 开关柜运维细则》2.2.7 拉出、推入手车之前应检查断路器在分闸位置	2 号 接 地 变 29	10kV 高压室。合闸红灯灭,分闸绿灯亮,操作机构指示分,合闸指示器在分间位置	(1)断路器未拉开。(2)防止带负荷拉合隔离开关。(3)操作人、监护人不进行检查或检查断路器实际位置不到位,导致断路器位置与实际位置不对应	(1)此项是操作隔离开关的检查项,防止出现断路器尚未拉开,先拉隔离开关造成带负荷拉隔离开关。(2)首先检查相应回路的断路器在断开位置,防止带负荷拉合隔离开关(规程规定的情况下除外)

续表

操作票顺序	安规要求	其他相关规定	图片指示	操作位置及注意事项	风险分析	风险预控
218 将 2 号接地变压器 29 小车隔离开关拉至开位	2.3.6.1 停电拉闸操作应按照断路器—负荷侧隔离开关—电源侧隔离开关的顺序依次进行，送电合闸操作应按与上述相反的顺序进行。禁止带负荷拉合隔离开关	《国家电网公司变电运维管理规定 第 5 分册 开关柜运维细则》2.2.3 操作前，应将车体位置摆正，认真检查机械联锁位置正确方可进行操作；禁止强行操作	小车摇把插孔	10kV 高压室。将摇把完全插入插孔，逆时针旋转摇把，直至试验位置绿灯亮	（1）带负荷合隔离开关。（2）走错间隔而误拉隔离开关。（3）传动机构故障出现拒分。（4）隔离开关触头分不到位。（5）隔离开关合闸不到位卡涩时强合损坏设备。（6）防误装置闭锁程序装置失灵	（1）首先检查相应回路的断路器在断开位置，防止带负荷拉、合隔离开关（规程规定的情况下除外）。（2）在停电操作时，断路器而可能出现的误操作有：先拉隔离开关而误拉隔离开关，但当操作带断路器虽已是停电的隔离开关，因走错间隔而误拉不应停电的隔离开关，以防止发生误操作。（3）操作隔离开关时，要将防误闭锁装置锁好，以防止误带电操作隔离开关。（4）手动拉隔离开关时，应先慢而谨慎，先轻晃动隔离开关操作把手，看机构和连杆动作是否正确。（5）拉合隔离开关时，开始应慢，当触头刚离开刚才，应迅速果断，以便能迅速消弧。（6）当防误闭锁程序装置失灵时，应查明原因，并经逐级上报后处理，不得自行解锁。（7）使检修设备有明显的断开点。（8）操作时，操作人、监护人应选择合适的站位

续表

操作票顺序	安规要求	其他相关规定	图片指示	操作位置及注意事项	风险分析	风险预控
219 拉开10kV II段计量电压互感器二次空气断路器	—	《66kV变电站现场运行通用规程》5.3.7（a）电压互感器操作注意事项（1）电压从高、低压侧分别断开电压互感器，防止反送电。		10kV高压室。10kV II段计量电压互感器92开关柜。向下拉开空气断路器	(1) 误触交流电源，误碰带电设备，造成伤害。(2) 造成交流短路。(3) 不戴好袖衣手套，不穿长袖衣。(4) 母线TV停电顺序错，反送电。(5) 二次保护失压	(1) 停电母线的TV一次隔离开关、二次空气断路器或熔断器必须拉开。(2) 应防止保护辅助触点切换不良回路的隔离开关通过电压互感器二次向停电母线充电，引起停电母线二次反送电，运行母线电压互感器二次熔断器断（或空气断路器跳闸）。(3) 双母线或单母线分段运行时，某一母线或母联或分段断路器合闸运行时，应在母联或分段断路器合闸运行的前提下，先将电压互感器二次侧停电，方可断开（或取下）待停电压互感器二次熔断器（或空气断路器）。(4) 母线TV停电，先停二次，后停一次隔离开关的顺序
220 将10kV II段计量电压互感器92小车隔离开关拉至开位		(2) 电压互感器退出时，应先断开二次空气断路器，后拉开高压侧隔离开关；投入时顺序相反	 小车摇把插孔	10kV高压室。将摇把完全插入插孔，逆时针旋转摇把，直至试验位置绿灯亮		
221 拉开10kV II段保护电压互感器二次空气断路器	—	《66kV变电站现场运行通用规程》5.3.7（a）电压互感器操作注意事项（1）电压从高、低压侧分别断开电压互感器，防止反送电。	 照明开	10kV高压室。10kV II段保护电压互感器82开关柜。向下拉开空气断路器	(1) 误触交流电源，误碰带电设备，造成伤害。(2) 造成交流短路。(3) 不戴好袖衣手套，不穿长袖衣。(4) 母线TV停电顺序错，反送电。(5) 二次保护失压	(1) 停电母线的TV一次隔离开关、二次空气断路器或熔断器必须拉开。(2) 应防止保护辅助开关切换不良回路的隔离开关，或通过电压互感器二次向停电母线充电，引起停电母线二次反送电，运行的电压互感器二次熔断（或断路器跳闸）。(3) 双母线或单母线分段运行时，某一母线应在母联或分段断路器合闸运行的前提下，先将电压互感器二次侧停电后，方可断开（或取下）待停电压互感器二次熔断器（或空气断路器）。(4) 母线TV停电，先停二次，后停一次隔离开关的顺序
222 将10kV II段保护电压互感器82小车隔离开关拉至开位		(2) 电压互感器退出时，应先断开二次空气断路器，后拉开高压侧隔离开关；投入时顺序相反	 小车摇把插孔	10kV高压室。将摇把完全插入插孔，逆时针旋转摇把，直至试验位置绿灯亮		

续表

操作票顺序	安规要求	其他相关规定	图片指示	操作位置及注意事项	风险分析	风险预控
223 检查 30 号电容器断路器在分闸位	2.3.4.3（3）进行停、送电操作时，在拉合隔离开关、手车式手车拉出、推入前，检查断路器确在分闸位置	《国家电网公司变电运维管理规定 第 5 分册 开关柜运维细则》2.2.7 拉出、推入手车之前应检查断路器在分闸位置		10kV 高压室，合闸红灯灭、分闸绿灯亮，操动机构的分、合闸指示器在分闸位置	(1) 断路器未拉开。(2) 防止带负荷合隔离开关。(3) 操作人、监护人不进行检查，断路器实际位置或检查位置与实际位置不对应，导致断路器位置不对应	(1) 此项是操作隔离开关前的检查项，防止出现断路器尚未拉开，先拉合隔离开关造成带负荷拉隔离开关。(2) 首先检查相应回路的断路器在断开位置，防止带负荷将断路器在合位的情况下拉开隔离开关（规程规定的情况下除外）
224 将 2 号电容器 30 小车隔离开关拉至隔离开关分位	2.3.6.1 停电拉闸操作应按照隔离开关—负荷侧隔离开关—电源侧隔离开关的顺序依次进行，送电合闸操作应按与上述相反的顺序进行。禁止带负荷拉合隔离开关	《国家电网公司变电运维管理规定 第 5 分册 开关柜运维细则》2.2.3 操作前，应将手车体位置摆正，认真检查机械联锁位置正确方可进行操作；禁止强行操作		10kV 高压室，将摇把完全插入插孔，逆时针旋转摇把，直至试验位置绿灯亮	(1) 带负荷拉合隔离开关。(2) 走错间隔误拉不应停电的隔离开关。(3) 传动机构故障出现拒分。(4) 隔离开关触头分不到位。(5) 隔离开关卡滞时强合造成损坏设备。(6) 防误装置失灵程序装置失灵	(1) 首先检查相应回路的断路器在断开位置，合上隔离开关前负荷拉，要将防误隔离开关（规程规定的情况下除外）。(2) 在停电操作，可能出现的误操作有：断路器尚未拉开，先拉隔离开关造成带负荷拉隔离开关。另一种情况是断路器虽已拉开，但当操作隔离开关时，因走错间隔而误拉不应停电的隔离开关。(3) 操作隔离开关时，以防止发生误操作。(4) 手动拉隔离开关，应先慢后快，先轻要见隔离开关把手，看机构和连杆动作是否正确。(5) 拉合闸操作时，开始应慢而谨慎，当触头刚离开时，应迅速消弧。(6) 当查明原因，并经逐级上报后处理，不得自行解锁。(7) 使检修设备有明显的断开点。(8) 操作人、监护人应选择合适的站位

续表

操作票顺序	安规要求	其他相关规定	图片指示	操作位置及注意事项	风险分析	风险预控
225 检查31断路器在开位	2.3.4.3（3）进行停、送电操作时，在拉合隔离开关、手车式开关拉出、推入之前，检查断路器确在分闸位置	《国家电网公司变电运维管理规定 第5分册 开关柜运维细则》2.2.7 拉出、推入手车之前应检查断路器在分闸位置		10kV 高压室，合闸红灯灭，分闸绿灯亮，操动机构的分、合闸指示位置在分闸位置	（1）断路器未拉开。（2）防止带负荷合隔离开关。（3）操作人、监护人不进行检查断路器实际位置，合闸指示位置与实际位置不对应，导致断路器位置不对应	（1）此项是操作隔离开关前的检查项，先拉隔离开关前，先拉合断路器造成带负荷拉隔离开关。（2）首先检查相应回路的断路器开位置，防止带负荷拉隔离开关（规程规定的情况下除外）
226 将信恒甲线31小车拉至开位	2.3.6.1 停电拉闸操作应按断路器—负荷侧隔离开关—电源侧隔离开关的顺序依次进行，送电合闸操作应按与上述相反的顺序进行；禁止带负荷拉合隔离开关	《国家电网公司变电运维管理规定 第5分册 开关柜运维细则》2.2.3 操作前，应将车体位置摆正，认真查看机械联锁位置正确方可进行操作；禁止强行操作		10kV 高压室，将摇把完全插入插孔，逆时针旋转摇把，直至试验位置绿灯亮	（1）带负荷拉隔离开关。（2）走错间隔而误拉不应停电的隔离开关。（3）传动机构故障出现拒分。（4）隔离开关未分到位。（5）隔离开关卡证时强拉而损坏设备。（6）防误闭锁程序装置失灵	（1）首先检查相应回路的断路器在断开位置，防止带负荷拉、合隔离开关（规程规定的情况下除外）。（2）在停电操作时，可能出现的误操作情况有：断路器尚未拉开，另一种情况是断路器虽已拉开，但因走错间隔而误拉不应停电的隔离开关，要特别防误操作。（3）操作前检查闭锁装置锁闭良好，以防止发生误操作。（4）手动拉合隔离开关操作要谨慎，先轻拉动隔离开关操作把手，看清机构和连接把手是否正确。（5）拉闸操作时，开始应慢而谨慎，当触头刚离开时，应迅速果断，以便能迅速消弧。（6）当合闭锁程序装置失灵时，应查明原因，并经逐级上报后处理，不得自行解锁。（7）使检修设备有明显断开的断路器。（8）操作时，操作人、监护人应选择合适的站位

续表

操作票顺序	安规要求	其他相关规定	图片指示	操作位置及注意事项	风险分析	风险预控
227 检查 32 断路器在分位	2.3.4.3（3）进行停送电操作时，在拉合隔离开关、手车式开关拉出、推入手车之前，检查断路器确在分闸位置	《国家电网公司变电运维管理规定 第 5 分册 开关柜运维细则》2.2.7 拉出、推入手车柜前应检查断路器在分闸位置		10kV 高压室，合闸红灯灭，分闸绿灯亮，操动机构的分、合闸指示器在分闸位置	(1) 断路器未拉开。(2) 防止带负荷合隔离开关。(3) 操作人、监护人不进行实际位置核查或检查不到位，导致断路器与实际位置不对应	(1) 此项是操作隔离开关前的检查项，先拉合断路器尚未拉开，先拉隔离开关造成带负荷拉隔离开关。(2) 首先检查相应回路的断路器在断开位置，防止带负荷拉隔离开关（规程规定的情况下除外）
228 将白桦线 32 小车隔离开关拉至开位	2.3.6.1 停电拉闸操作应按照断路器—负荷侧隔离开关—电源侧隔离开关的顺序依次进行，送电合闸操作应按上述相反的顺序进行；禁止带负荷拉合隔离开关	《国家电网公司变电运维管理规定 第 5 分册 开关柜运维细则》2.2.3 操作前，应将车体位置摆正，认真检查机械联锁位置正确后方可进行操作；禁止强行操作	小车摇把插孔	10kV 高压室，将摇把完全插入插孔，逆时针旋转摇把，直至试验位置绿灯亮	(1) 带负荷拉合隔离开关。(2) 走错间隔而误拉隔离开关。(3) 传动机构故障出现拒动。(4) 隔离开关触头分不到位。(5) 隔离开关拉不到位卡涩时强拉而损坏设备。(6) 防误装置闭锁程序失灵	(1) 首先检查相应回路的断路器在断开位置，防止带负荷拉隔离开关，合隔离规定（规程规定的情况下除外）。(2) 在停电操作时，可能出现的误操作有：断路器未拉开，先拉隔离开关造成带负荷拉隔离开关。另一种情况是断路器虽已拉开，但因走错间隔而误操作带电的隔离开关。(3) 操作隔离开关时，手动操作隔离开关时，看机构和连杆动作是否正确而避免误操作。(4) 手动操作隔离开关时，先经晃动隔离开关把手，看是否发生误操作，应先慢而后谨慎。(5) 拉合隔离开关时，开始操作时，应迅速果断，当触头刚离开时，应能迅速消弧。(6) 当防误程序闭锁失灵时，应查明原因，并逐级上报后处理，不得自行解锁。(7) 使检修设备有明显的断开点。(8) 操作时，操作人、监护人应选择合适的站位

续表

操作票顺序	安规要求	其他相关规定	图片指示	操作位置及注意事项	风险分析	风险预控
229 检查34断路器在开位	2.3.4.3（3）进行停、送电操作时，在拉合隔离开关、手车式开关推入、抽出前，检查断路器在分闸位置	《国家电网公司变电运维管理规定 第5分册 开关柜运维细则》2.2.7 拉出、推入手车之前应检查断路器在分闸位置		10kV高压室，合闸红灯灭，分闸绿灯亮，操动机构的分、合闸指示器在分闸位置	(1) 断路器未拉开。(2) 防止带负荷拉合隔离开关。(3) 操作人、监护人不进行检查，断路器实际位置导致断路器位置与实际位置不对应	(1) 此项是操作隔离开关前的检查项，防止出现断路器尚未拉开，先拉隔离开关造成带负荷拉隔离开关。(2) 首先检查相应回路的断路器在断开位置，防止带负荷拉隔离开关（规程规定的情况下除外）
230 将金融线34小车隔离开关拉至开位	2.3.6.1 停电拉闸操作应按照断路器—负荷侧隔离开关—电源侧隔离开关的顺序依次进行，送电合闸操作应按与上述相反的顺序进行；禁止带负荷合隔离开关	《国家电网公司变电运维管理规定 第5分册 开关柜运维细则》2.2.3 操作前，应将车体位置摆正，认真检查机械闭锁位置正确后方可进行操作；禁止强行操作	小车摇把插孔	10kV高压室，将摇把完全插入摇孔，逆时针旋转摇把，直至试验位置绿灯亮	(1) 带负荷拉合隔离开关。(2) 走错间隔而误拉隔离开关。(3) 传动机构故障出现拒分。(4) 隔离开关触头分不到位。(5) 隔离开关卡涩时强拉损坏设备。(6) 防误闭锁程序装置失灵	(1) 首先检查相应回路的断路器在断开位置，合隔离开关在合位，防止带负荷拉隔离开关。另一种情况是断路器虽已拉开，但因走错间隔而误操作（规程规定的隔离开关除外）。(2) 在停电操作时，误操作情况有：断路器尚未拉开，先拉隔离开关造成带负荷拉隔离开关。(3) 操作装置闭锁装置锁好，以防止发生误操作，应先将操作把手慢而谨慎，看机构和手动拉杆动作是否正确。(4) 手动拉动隔离开关操作把手，看机构和手动拉杆动作是否正确。(5) 拉闸操作时，应缓慢而重慎，当触头刚离开时，应迅速果断，以便能迅速灭弧消弧。(6) 当防误闭锁程序装置失灵时，应查明原因，并经逐级上报后处理，不得自行解锁。(7) 使检修设备有明显的断开点。(8) 操作时，操作人、监护人应选择合适的站位

续表

操作票顺序	安全要求	其他相关规定	图片指示	操作位置及注意事项	风险分析	风险预控
231 检查 52 断路器在分位	2.3.4.3（3）进行停电操作时，在拉合隔离开关、手车式车拉出、推入手车之前应检查断路器在分闸位置	《国家电网公司变电运维管理规定 第 5 分册 开关柜运维细则》2.2.7 拉出、推入手车之前应检查断路器在分闸位置		10kV 高压室。合闸红灯灭、分闸绿灯亮，操作机构的分、合闸指示器在分闸位置	（1）断路器未拉开。（2）防止带负荷合隔离开关。监护人不进行检查或操作位置，导致断路器实际位置与实际位置不对应	（1）此项是操作隔离开关前的检查事项，防止出现断路器尚未拉隔开，先拉合隔离开关造成带负荷拉隔离开关。（2）首先检查相应回路的断路器在断开位置，防止带负荷拉隔离开关（规程规定的情况下除外）
232 将 2 号主变压器 10kV 侧 52 小车隔离开关拉至开位	2.3.6.1 停电拉闸操作应按照断路器—负荷侧隔离开关—电源侧隔离开关的顺序依次进行，送电合闸操作应按与上述相反的顺序进行；禁止带负荷拉合隔离开关	《国家电网公司变电运维管理规定 第 5 分册 开关柜运维细则》2.2.3 操作前，应将车体位置摆正，认真检查机械联锁位置正确方可进行操作；禁止强行操作		10kV 高压室。将摇把完全插入插孔，逆时针旋转摇把，直至试验位置绿灯亮	（1）带负荷拉合隔离开关。（2）走错间隔而误拉不应停电的隔离开关。（3）传动机构故障出现拒分。（4）隔离开关触头分不到位。（5）隔离开关卡涩时强拉合而损坏设备。（6）防误闭锁程序装置失灵	（1）首先检查断路器在断开位置，合隔离开关时应先拉，另一种情况是断路器虽已拉开，但当带负荷误拉隔离开关时，要发生误操作，应先检查防误操作闭锁装置锁好，以防止走错间隔而误操作。（3）操作隔离开关时，先轻晃动隔离开关把手，看机构和连杆动作是否正确，开始应慢慢而谨慎，先轻晃动隔离开关操作，慎，当触头刚离开后，应迅速果断，以便能迅速断弧。（5）拉合闸操作时，应注意速度。（6）当检查有明显开点。（7）使检修时，操作隔离开关失灵时，应查明原因，并经逐级上报后处理，不得自行解锁。（8）操作时，操作人、监护人应选择合适的站位

续表

操作票顺序	安规要求	其他相关规定	图片指示	操作位置及注意事项	风险分析	风险预控
233 检查断路器1236在开位	2.3.4.3 (3) 进行停、送电操作时，在拉合隔离开关，手车式开关拉出、推入前，必须检查断路器确在分闸位置	《变电专业电气操作票技术规范》1.4 断路器停、送电和并、解列操作前后，必须检查断路器实际位置和表计指示		66kV高压室，操动机构分、合闸指示器在分闸位置	(1) 断路器未拉开。(2) 防止带负荷合隔离开关。(3) 操作人、监护人不进行检查，断路器实际位置或检查各不到位，导致带断路器负荷在分闸位置与实际位置不对应	(1) 此项是操作隔离开关前的检查项，防止合隔离开关，先拉隔离开关造成带负荷带隔离开关。(2) 首先检查相应回路的断路器在断开位置，防止带负荷拉隔离开关（规程规定的情况下除外）
234 将1号66kV主变压器1236侧隔离开关小车拉至开位	2.3.6.1 停电拉闸操作应按照断路器一负荷侧隔离开关一电源侧隔离开关的顺序依次进行，送电合闸操作应按与上述相反的顺序进行。禁止带负荷拉合隔离开关	《国家电网公司变电运维管理规定 第4分册 运维细则》2.5.5 隔离开关操作过程中，应严格监视隔离开关动作情况，如有机构卡涩、顶卡、动触头不能插入静触头等现象时，应停止操作，检查原因并上报，严禁强行操作		66kV高压室。注意隔离开关把手下方卡扣方向。反复拉动把手，直至小车达到开位	(1) 带负荷合隔离开关。(2) 走错间隔拉错的隔离开关。(3) 传动机构出现故障而拉指示不分。(4) 隔离开关触头未分到位。(5) 隔离开关卡证时强拉手柄损坏设备。(6) 防误闭锁程序装置失灵	(1) 首先检查相应回路的断路器在断开位置，防止带负荷，合隔离开关。另一种情况是先拉隔离开关，但因隔离开关已走错间隔而误拉，要将防误闭锁装置锁好。(2) 在停电操作时，误操作隔离开关，以防止拉不隔离开关。(3) 操作隔离开关时，要先检查操作把手，看拉动隔离开关操作是否正确。(4) 手动拉开隔离开关把手而谨慎，先轻动隔离开关和连杆机构，看刀闸触头开始移动。(5) 拉闸操作时，开始应缓慢，以便能迅速果断。(6) 当防误闭锁程序装置失灵时，应查明原因，并经逐级上报后处理，不得自行解锁。(7) 使检修设备有明显的断开点。(8) 操作时，操作人、监护人应选择合适的站位

续表

操作票顺序	安规要求	其他相关规定	图片指示	操作位置及注意事项	风险分析	风险预控
235 检查 1238 断路器在分位	2.3.4.3（3）进行停、送电操作时，在拉合开关、手车式开关拉出、推入前，必须检查断路器确在分闸位置	《变电专业电气操作票技术规范》1.4 断路器停、送电和开、解列操作前后，必须检查断路器实际位置和表计指示器实际位置相对应		66kV 高压室。操作机构的分、合闸指示在分间位置	（1）断路器未拉开。（2）防止带负荷拉合隔离开关。（3）操作人、监护人不进行检查断路器实际位置或致使断路器与实际位置不对应	（1）此项是操作隔离开关前的检查项，防止出现断路器尚未拉开，先拉合隔离开关造成带负荷拉隔离开关。（2）首先检查各相应回路的断路器实际位置，导致断路器在断开位置，防止带负荷拉隔离开关（规程规定的情况下除外）
236 将 2 号主变压器 66kV 侧 1238 小车隔离开关拉至开关位	2.3.6.1 停电拉合闸操作应按照隔离开关的顺序依次进行，送电合闸操作应按与上述相反的顺序进行。禁止带负荷拉合隔离开关	《国家电网公司变电运维管理规定 第 4 分册 隔离开关运维细则》2.5.5 隔离开关操作过程中，应严格监视隔离开关动作情况，如有机构卡涩、顶卡、动触头不能插入静触头等现象时，应停止操作，检查原因并上报，严禁强行操作		66kV 高压室。注意隔离开关操作把手下方卡扣方向。反复拉动把手直至小车达到开关位	（1）带负荷拉合隔离开关。（2）走错间隔而误拉同停电的隔离开关。（3）传动机构出现故障而拒分。（4）隔离开关分不到位。（5）隔离开关卡涩时强拉开关损坏设备。（6）防误装置失灵	（1）在停电操作时，可能出现的误操作有：断路器尚未拉开，先拉隔离开关，另一种情况是不应停电的隔离开关虽已拉开，因走错间隔而误拉隔离开关，要将防误操作。（3）操作隔离开关时，闭锁装置锁好，以防止误操作。（4）手动拉合隔离开关操作把手，看清隔离头和连接头动作是否正确，而谨慎，先轻见动连接头操作把手，当触头卡涩时，开始隔离而谨慎，以便能迅速消弧。（5）拉合操作缓而慎，当触头强拉开，应迅速果断，当触头卡涩时，应迅速灵活处理。（6）当防误闭锁程序装置失灵时，应查明原因，并经逐级上报后处理，不得自行解锁。（7）使检修设备有明显的断开点。（8）操作时，操作人、监护人应选择适合的站位

续表

操作票顺序	安规要求	其他相关规定	图片指示	操作位置及注意事项	风险分析	风险预控
237 拉开66kV Ⅱ段电压互感器二次空气断路器	—	《66kV变电站现场运行通用规程》5.3.7（a）电压互感器操作注意事项（1）必须从高、低压侧分别断开电压送电，防止反送电。（2）电压互感器退出时，应先断开二次空气断路器，后拉开高压侧隔离开关，投入时顺序相反		66kV高压室 66kV Ⅱ段电压互感器端子箱，向左拉开空气断路器	（1）误触交流电源，误触带电设备，造成伤害。（2）造成交流短路。（3）不戴好线手套，不穿长袖衣。（4）母线TV停电顺序错，反充电。（5）二次保护失压	（1）停电母线的TV一次隔离开关，二次空气断路器或熔断器必须拉开。（2）应防止保护电压切换回路的隔离，或通过电压互感器辅助触点切换不良反向充电，母线的电压行母线停电电压互感器二次熔断器熔断（或取空气断路器跳闸）。（3）双母线或单母线分段接线停电时，某一母线的电压互感器合闸运行时，应在母联或分段断路器合闸运行前的提下，先将电压互感器二次侧（或取下）停电互感器的二次隔离（或空气断路器）。（4）母线TV停电，先停二次侧，后停一次侧隔离开关，断路器熔断器的顺序
238 将66kV Ⅱ段电压互感器1235小车隔离开关拉至开位	—	《66kV变电站现场运行通用规程》5.3.7（a）电压互感器操作注意事项（1）必须从高、低压侧分别断开电压送电，防止反送电。（2）电压互感器退出时，应先断开二次空气断路器，后拉开高压侧隔离开关，投入时顺序相反		66kV高压室 注意隔离开关把手下方卡扣方向，反复拉动把手直至小车达到开位	（1）带负荷拉合隔离开关。（2）走错间隔而误拉隔离开关的故障出现。（3）传动机构分不。（4）隔离开关出现拒分。（5）隔离开关合闸时器拉合损坏设备。（6）防误闭锁程序装置失灵	（1）操作隔离开关后，要将防误闭锁装置锁好，以防止发生误操作。（2）手动拉隔离开关时，应先看见刷离开关把手，看机构和连杆动作是否正确。（3）误操作慢而谨慎，当触头将动触断，以使能迅速消弧。（4）隔离开关合闸时，触头未分不到位。（5）当查明原因，并经逐级上报后处理，不得自行解锁。（6）使检修设备有明显的断开点。操作时，操作人、监护人应选择合适的站位

续表

操作票顺序	安规要求	其他相关规定	图片指示	操作位置及注意事项	风险分析	风险预控
239 拉开66kV I 段电压互感器二次空气断路器	—	《66kV变电站现场运行通用规程》5.3.7（a）项 电压互感器操作注意事项（1）必须从高、低压侧分别断开电压互感器，防止反送电。（2）电压互感器二次空气断路器退出时，应先断开高压侧气断路器，后拉开电压互感器二次空气断路器（或取下高压侧隔离开关），投入时顺序相反。		66kV 高压室。66kV I 段电压互感器端子箱，向左拉开空气断路器	（1）误触交流电源，误触带电设备，造成伤害。（2）造成交流短路。（3）不戴好绝缘手套，不穿长袖衣。（4）母线 TV 停电顺序错，反充电。（5）二次保护失压	（1）停电母线的 TV 一次隔离开关、二次空气断路器必须拉开。（2）应防止电压互感器辅助触点切换不良失压，或通过电压互感器二次向停电母线的电压行母线反充电，引起运行母线分段断路器跳闸。（3）双母线或单母线分段电压互感器合闸运行时，应在母联或母线分段断路器合闸并列后，方可断开（或取下）停电电压互感器的二次熔断器（或空气断路器）。（4）母线 TV 停电，先停二次、后停一次气断路器或隔离开关，后停一次隔离开关的顺序
240 将 66kV I 段母线电压互感器 1237 小车隔离开关拉至开关位	—	《66kV变电站现场运行通用规程》5.3.7（a）项 电压互感器操作注意事项（1）必须从高、低压侧分别断开电压互感器，防止反送电。（2）电压互感器二次空气断路器退出时，应先断开高压侧气断路器，后拉开电压互感器二次空气断路器（或取下高压侧隔离开关），投入时顺序相反。		66kV 高压室。注意隔离开关把手下方卡不动方向，反复晃动把手，直至小车达到开关位	（1）带负荷拉合隔离开关。（2）走错间隔而误停电的隔离开关。（3）传动机构故障出现拒分。（4）隔离开关触头分不到位。（5）隔离开关卡涩时强拉合损坏设备。（6）防误装置程序闭锁失灵	（1）操作隔离开关后，以防止发生误操作，闭锁装置锁好。（2）手动拉隔离开关时，应先而谨慎，而轻要晃动隔离开关把手，看动机构和连杆动作方向是否正确。（3）拉闸操作时，开始应慢而谨慎，当触头刚离开弧，应迅速果断。（4）当防误闭锁装置失灵时，应查明原因，并经逐级上报得自行解锁。（5）使检修设备有明显的断开点，操作时，操作人、监护人应选择合适的站位
241 联系调度	—	—	—	地区调度；记录时间和调度姓名	—	—

续表

操作票顺序	安规要求	其他相关规定	图片指示	操作位置及注意事项	风险分析	风险预控
242 在中先甲线线路入口引线上验三相确电无电压	4.3.1 验电时，应使用相应电压等级、合格的接触式验电器，在装设接地线或合接地开关（装置）处对各相分别验电	《66kV 变电站现场运行通用规程》5.3.12 验电前，应先在有电设备上进行试验，确认验电器良好；无法在有电设备上进行试验时，可用工频高频验电器等确认验电器良好		66kV 高压室，确认验电器良好，然后在三相分别验电	(1) 不验电。(2) 不在带电设备上验电器是否良好。(3) 验电时，操作人不戴绝缘手套，造成人身触电。(4) 操作人员不与设备保持安全距离。(5) 验电器的伸缩式绝缘棒长度不够。(6) 验电器与电压等级不符。(7) 验电时，操作人使用绝缘棒的绝缘有效长度不够，造成人身触电。(8) 雨天操作，室外高压设备没有防雨罩，不穿绝缘靴。(9) 雷电时，进行倒闸操作	(1) 线路地线由调度掌控，必须按调度指令装设或拆除。(2) 现场自行装设的地线允许工作结束后，另行开操作票，自行拆除现场自行装设的地线。(3) 装设接地线前要先验电，验电前应在带电设备上验电器是否良好。(4) 验明设备无电压与装设有地线操作必须连续进行，中间不得有其他操作项目。地线接地端必须连接牢固。(5) 设备验电时，应使用相应电压等级而且合格的验电器、在验电设备或装设接地开关处对各相分别验电。(6) 高压验电必须戴绝缘手套。验电器的伸缩式绝缘棒必须拉足，超过护环，人体必须握在手柄处不得超过安全距离。(7) 雨天时不得进行室外直接验电。(8) 雨天操作室外高压设备时，绝缘电阻有防雨罩，还应穿绝缘靴，晴天作业接地网电阻不符合要求的，应穿绝缘靴。(9) 雷电时，一般不进行倒闸操作，禁止在就地进行倒闸操作

续表

操作票顺序	安规要求	其他相关规定	图片指示	操作位置及注意事项	风险分析	风险预控
243 在中先甲线线路入口引线上装设接地线号接地并三相短路一组	4.4.2 当验明设备确已无电压后，应立即装设接地线、合接地开关。验电后立即装设接地线，不得拖延。装设接地线应先接接地端，后接导体端，接地线应接触良好，连接可靠	《变电专业电气操作票技术规范》1.15.1 装设接地线时，应先接设备接地端，后接导体端，接地线应接触良好，连接可靠		66kV 高压室。先接接地体端，后接导体端	（1）装接地线时不使用绝缘手套和戴绝缘手套。 （2）带电合（拉）接地开关（接地线）。 （3）装设接地线必须先接导体端，后接接地端，程序错。 （4）拆接地线时，线夹脱落到有电设备一侧。 （5）接地线点不牢。 （6）接地线未装设或接地线缠绕或接触不良好。 （7）装接地线失去监护，导致人身触电，造成人身伤亡	（1）装设接地线必须先接接地端，后接导体端，接地线连接必须良好、可靠。拆接地线的顺序与此相反。 （2）装、拆接地线均应使用绝缘棒和戴绝缘手套。 （3）人体不得碰触接地线或接地的导线，以防止感应电触电。 （4）为检修工作提供安全保证

241

续表

操作票顺序	安规要求	其他相关规定	图片指示	操作位置及注意事项	风险分析	风险预控
244 在中先乙线线路入口引线上验电三相确认无电压	4.3.1 验电时，应使用相应电压等级、合格的接触式验电器，在装设接地线或合接地刀开关（装置）处对各相分别验电	《66kV变电站现场运行通用规程》5.3.12 验电前，应先在有电设备上进行试验，确认验电器良好；无法在有电设备上进行试验时，可用工频高压发生器等确认验电器良好		66kV高压室。确认验电器良好，然后在三相分别验电	(1) 不验电，装地线。 (2) 不在带电设备上试验验电器是否良好。 (3) 验电时，操作人不戴绝缘手套，造成人身触电。 (4) 操作验电器不与带电设备保持安全距离。 (5) 验电器的伸缩式绝缘棒长度不合格。 (6) 操作人使用与电压等级不相符的验电器，在带电设备上试验，造成人身触电。 (7) 雨天使用验电，操作人使用的绝缘棒的绝缘有效长度不够，手握的绝缘有效长度不够造成人身触电。 (8) 雨天操作室外高压设备时，绝缘棒没有防雨罩。 (9) 雷电时，进行倒闸操作	(1) 线路地线由调度指令掌握，现场必须按调度指令装设或拆除。 (2) 现场自行掌握的地线由现场人员在得到调度允许工作结束后方可自行装设；检修工作的指令后方可自行装设，自行拆除现场自行掌握的地线。 (3) 装设接地线前要先验电，验电前应在带电设备上验证验电器是否良好。 (4) 验明设备无电压后装设地线，中间不得有其他操作项目。地线接地端必须连接牢固。 (5) 设备验电，应使用相应电压等级而且合格的接触式验电器，在装设接地线或合接地刀闸处对各相分别验电。 (6) 高压验电必须戴绝缘手套，验电器的伸缩式绝缘棒必须拉足，验电时手必须握在手柄处不得超过护环，人体必须与验电设备保持安全距离。 (7) 雨雪天气时不得进行室外直接验电。 (8) 雨天操作室外高压设备时，绝缘棒应有防雨罩，还应穿绝缘靴。接地网电阻不符合要求时，晴天也应穿绝缘靴。 (9) 雷电时，一般不进行倒闸操作，禁止在就地进行倒闸操作

续表

操作顺序	安规要求	其他相关规定	图片指示	操作位置及注意事项	风险分析	风险预控
245 在中乙线路入口引线上装号接地线并三相短路一组	4.4.2 当验明设备确已无电压后，应立即将检修设备接地并三相短路	《变电专业电气操作票技术规范》1.15.1 装设接地线时，验电后立即装设接地线，不得间断。装设接地线应先接接地端，后接导体端，接地线应接触良好，连接可靠		66kV 高压室。先接接地端，后接导体端	(1) 装接地线不使用绝缘手套戴绝缘手套。(2) 带电(挂)接地线(接合地线)。(3) 装设接地线必须先接接地端，后接接地端程序错。(4) 装拆接地线时，线夹脱落到有电设备一侧。(5) 接地线缠绕或接地点不平。(6) 地线未装设良好。(7) 装接地线失去监护，导致人身触电，造成人身灼伤	装设接地线必须先接接地端，接接地线必须接触良好，拆接地线连接应可靠。拆接地线的顺序与此相反。(2) 装、拆接地线均应使用绝缘棒和戴绝缘手套。(3) 人体不得碰触接地线或未接地的导线，以防止感应电触电。(4) 为检修工作提供安全保证
246 检查 01 带电指示器确无带电指示	4.3.3 对无法进行直接验电的设备、高压直流输电设备和雨雪天气时的户外设备，可以进行间接验电	《国家电网公司变电运维管理规定 第 5 分册 开关柜运维细则》2.2.10 全封闭式开关柜无法进行直接验电的部分，应采取间接验电的方法进行判断		10kV 高压室。带电指示灯不亮	带电指示器有指示	(1) 对操作过的全部设备进行全面检查，确认操作已到位。(2) 联系调度，确认该线路已停电

续表

操作票顺序	安规要求	其他相关规定	图片指示	操作位置及注意事项	风险分析	风险预控
247 合上和接地开关01 接地并三相短路平线01	4.4.2 当验明设备确已无电压后，应立即将检修设备接地并三相短路	《国家电网公司变电运维管理规定 第5分册 开关柜运维细则》2.2.9 在确认配电线路上线路侧接地开关，该上线路侧接地电缆仓门才能打开		10kV 高压室。按下插孔挡板，将把手完全插入插孔，顺时针转动把手，合上隔离开关	（1）合接地开关不戴绝缘手套。（2）带电合接地开关	（1）合接地开关均应使用专用操作手柄和戴绝缘手套。（2）为检修工作提供安全保证
248 检查01接地开关在合位	2.3.6.5 电气设备操作后的位置检查以设备实际位置为准	《变电专业电气操作票技术规范》5.8.4 在操作后看不见接地开关的实际位置时，要检查接地开关操作后的实际位置		10kV 高压室。屏柜后窗，检查接地开关机械位置	接地开关合位不到位	（1）在手动操作小车隔离开关后，应检查其传动机构，接地开关分合位等，确认其操作到位。（2）接地开关检查失灵，应报明原因，汇报调度及检修人员处理，不得自行处理。（3）条件允许的改为表设接地线
249 检查02带电指示器确无带电指示	4.3.3 对无法进行直接验电的设备，高压直流输电设备和雨雪天气时的户外设备，可以进行间接验电	《国家电网公司变电运维管理规定 第5分册 开关柜运维细则》2.2.10 全封闭式开关柜无法进行直接验电的部分，应采取间接验电的方法进行判断		10kV 高压室。带电指示灯不亮	带电指示器有指示	（1）对操作过的全部设备进行全面检查，确认设备已操作到位。（2）联系调度，确认该线路已停电

续表

操作票顺序	安规要求	其他相关规定	图片指示	操作位置及注意事项	风险分析	风险预控
250 合上热力线02接地02接地开关	4.4.2 当验明设备确已无电压后，应立即将检修设备接地并三相短路	《国家电网公司变电运维管理规定 第5分册》2.2.9 在确认配电线路无电的情况下，才能合上线路侧接地开关，该接地开关和电缆仓门才能打开		10kV 高压室。按下插孔挡板，将把手完全插入插孔，顺时针转动把手，合上隔离开关	（1）合接地开关不戴绝缘手套。（2）带电合接地开关	（1）合接地开关均应使用专用操作手柄和戴绝缘手套。（2）为检修工作提供安全保证
251 检查02接地开关在位	2.3.6.5 电气设备操作后的位置检查应以设备实际位置为准	《变电专业电气操作票技术规范》5.8.4 在操作地点看不见接地开关实际位置时，要检查接地开关操作后的实际位置		10kV 高压室。屏柜后侧小窗，检查接地开关机械位置	接地开关合位不到位	（1）在手动操作小车隔离开关后，应通过其转动机构，后台机遥信变位等，确认其分合指示。（2）接地开关检修失灵，应查明原因，汇报调度及检修人员处理。（3）条件允许的改为装设接地线，不得自行处理。
252 检查 03 带电指示器确无带电指示	4.3.3 对无法进行直接验电的设备、高压直流输电设备和雨雪天气时的户外设备，可以进行间接验电	《国家电网公司变电运维管理规定 第5分册》2.2.10 全封闭式开关柜无法进行直接验电的部分，应采取间接验电的方法进行判断		10kV 高压室。带电指示灯不亮	带电指示器有带电指示	（1）对操作过的全部设备进行全面检查，确认设备已操作到位。（2）联系调度，确认该线路已停电

续表

操作票顺序	安规要求	其他相关规定	图片指示	操作位置及注意事项	风险分析	风险预控
253 合上甭坊线03接地开关 接地03接地开关在分相箱路	4.4.2 当验明设备确已无电压后，应立即将检修设备接地并三相短路	《国家电网公司变电运维管理规定 第5分册 开关柜运维细则》2.2.9 在确认配电线路无电的情况下，才能合上线路侧接地开关，该开关柜电缆仓门才能打开		10kV高压室。按下插孔挡板，将把手完全插入插孔，顺时针转动把手，合上隔离开关	(1) 合接地开关不戴绝缘手套 (2) 带电合接地开关	(1) 合接地开关均应使用专用操作手柄和戴绝缘手套。(2) 为检修工作提供安全保证
254 检查03甭坊线接地开关在合位	2.3.6.5 电气设备操作后的位置应以设备实际位置为准	《变电专业电气操作票技术规范》5.8.4 在操作接地开关不见接地开关的实际位置时，要检查接地开关操作后的实际位置		10kV高压室。屏柜后侧窗，检查后接地开关机械位置	接地开关合不到位	(1) 在手动操作小车移动隔离开关后，应通过检查其接地开关分合指示等，确认其操作到位。(2) 接地开关失灵，应查明原因，汇报调度及检修人员处理，不得自行处理。(3) 条件允许的改为投接地线
255 检查04带电指示器确无带电指示	4.3.3 对无法进行直接验电的设备、高压直流输电设备和雨雪天气时的户外设备，可以进行间接验电	《国家电网公司变电运维管理规定 第5分册 开关柜运维细则》2.2.10 全封闭式开关柜无法进行直接验电的部分，应采取间接验电的方法进行判断		10kV高压室。带电指示灯不亮	带电指示器有指示	(1) 对操作过的全部设备进行全面检查，确认设备已操作到位。(2) 联系调度，确认该线路已停电

续表

操作票顺序	安规要求	其他相关规定	图片指示	操作位置及注意事项	风险分析	风险预控
256 合上新春线04接地开关04接地开关	4.4.2 当验明设备确已无电压后，应立即将检修设备接地并三相短路	《国家电网公司变电运维管理规定 第5分册 开关柜运维细则》2.2.9 在确认配电线路无电的情况下，才能合上线路侧接地开关，该开关柜电缆仓门才能打开		10kV 高压室。按下插孔挡板，将把手完全插入插孔，顺时针转动把手，合上隔离开关	（1）合接地开关不戴绝缘手套。（2）带电合接地开关	（1）合接地开关均应使用专用操作手柄和戴绝缘手套。（2）为检修工作提供安全保证
257 检查04接地开关在合位	2.3.6.5 电气设备检查的位置应以设备实际位置为准	《变电专业电气操作票技术规范》5.8.4 在操作接地开关不见实际位置时，要检查接地开关操作后的实际位置		10kV 高压室。后柜后侧小窗，检查接地开关机械位置	接地开关合不到位	（1）在手动操作小车隔离开关后，应通过检查其隔离开关分合指示器，后台机遥信变位等，确认其操作到位。（2）接地开关失灵，应查明原因，汇报调度及检修人员处理，不得自行处理。（3）条件允许的改为装设接地线
258 检查仪器确无带电指示器无带电指示	4.3.3 对无法进行直接验电的设备、高压直流输电设备和雨雪天气时的户外设备，可以进行间接验电	《国家电网公司变电运维管理规定 第5分册 开关柜运维细则》2.2.10 全封闭开关柜无法进行直接验电的部分，应采取间接验电的方法进行判断		10kV 高压室。带电指示灯不亮	带电指示器有带电指示	（1）对操作过的全部设备进行全面检查，确认已操作到位。（2）联系调度，确认该线路已停电

续表

操作票顺序	安规要求	其他相关规定	图片指示	操作位置及注意事项	风险分析	风险预控
259 合上1号接地变压器05接地开关	4.4.2 当验明设备确已无电压后，应立即将检修设备接地并三相短路	《国家电网公司变电运维管理规定 第5分册 开关柜运维细则》2.2.9 在确认配电线路无电的情况下，才能合上线路侧接地开关，该开关柜电缆仓门才能打开		10kV 高压室。按下插孔挡板，将把手完全插入插孔，顺时针转动把手，合上隔离开关	(1) 合上接地开关不戴绝缘手套。(2) 带电合接地开关	(1) 合接地开关均应使用专用操作手柄和戴绝缘手套。(2) 为检修工作提供安全保证
260 检查05接地开关在合位	2.3.6.5 电气设备操作后的位置检查应以设备的实际位置为准	《变电专业电气操作票技术规范》5.8.4 在操作地点看不见接地开关的实际位置时，要检查接地开关后机械实际位置		10kV 高压室。屏柜后侧观察窗，检查接地开关机械位置	接地开关合不到位	(1) 在手动操作小车隔离开关后，应通过检查其传动机构、接地开关分合指示器、后台机遥信变位等，确认其操作到位。(2) 接地开关失灵，应查明原因，汇报调度及检修人员处理，不得自行处理。(3) 条件允许的改为表设接地线
261 检查06带电指示器确无带电指示	4.3.3 对无法进行直接验电的设备、高压直流输电设备和雨雪天气时的户外设备，可以进行间接验电	《国家电网公司变电运维管理规定 第5分册 开关柜运维细则》2.2.10 全封闭式开关柜无法进行直接验电的部分，应采取间接验电的方法进行判断		10kV 高压室。带电指示灯不亮	带电指示器有带电指示	(1) 对操作过的全部设备进行全面检查，确认设备已操作到位。(2) 联系调度，确认该线路已停电

续表

操作票顺序	安规要求	其他相关规定	图片指示	操作位置及注意事项	风险分析	风险预控
262 合上1号电容器06接地开关	4.4.2 当验明设备确已无电压后，应立即将检修设备接地并三相短路	《国家电网公司变电运维管理规定 第5分册》2.2.9 在确认配电线路上线路侧接地开关、该开关柜内接电缆仓门才能打开		10kV高压室。按下插孔挡板，将把手完全插入插孔，顺时针转动把手，合上隔离开关	(1)合接地开关不戴绝缘手套 (2)带电合接地开关	(1)合接地开关均应使用专用操作手柄和戴绝缘手套 (2)为检修工作提供安全保证
263 检查接地开关在合位	2.3.6.5 电气设备操作后的位置检查应以设备实际位置为准	《变电专业电气操作票技术规范》5.8.4 在操作点看不见接地开关作地的实际位置时，要检查接地开关分合操作后的实际位置		10kV高压室后柜侧小窗，检查接地开关机械位置	接地开关合不到位	(1)在手动操作小车动隔离开关后，应通过检查其转动机构、接地开关分合指示等，确认其操作到位 (2)接地开关失灵，应查明原因，汇报调度及检修人员处理，不得自行处理 (3)条件允许的改为装设接地线
264 检查07带电指示器无带电指示	4.3.3 对无法进行直接验电的设备，高压直流输电设备和雨雪天气时的户外设备，可以进行间接验电	《国家电网公司变电运维管理规定 第5分册》2.2.10 全封闭式开关柜无法进行直接验电的部分，应采取同接验电的方法进行判断		10kV高压室带电指示灯不亮	带电指示器有带电指示	(1)对操作过的全部设备进行全面检查，确认设备已操作到位 (2)联系调度，确认该线路已停电

续表

操作票顺序	安规要求	其他相关规定	图片指示	操作位置及注意事项	风险分析	风险预控
265 合上准河线07接地开关	4.4.2 当验明设备确已无电压后,应立即将检修设备接地并三相短路	《国家电网公司变电运维管理规定 第5分册 开关柜运维细则》2.2.9 在确认配电线路无电的情况下,才能合上线路侧接地开关,该开关柜侧接地开关,合开关柜电缆仓门才能打开		10kV 高压室。按下插孔挡板,将把手完全插入插孔,顺时针转动把手,合上隔离开关	(1)合接地开关关不到位。(2)带电合接地开关	(1)合接地开关时应使用专用操作手柄和戴绝缘手套。(2)为检修工作提供安全保证
266 检查07接地开关在合位	2.3.6.5 电气设备操作后的位置检查应以设备实际位置为准	《变电专业电气操作票技术规范》5.8.4 在操作点看不见设备的实际位置时,要检查接地开关操作后的实际位置		10kV 高压室。屏柜侧小窗,检查接地开关机械位置	接地开关合不到位	(1)在手动操作小车隔离开关后,应通过检查其转动机构、接地开关分合指示器、后台机遥信变位等,确认其操作到位。(2)接地开关失灵,应查明原因,汇报调度及检修人员处理,不得自行处理。(3)条件允许的改为装设接地线
267 检查带电指示器无带电指示	4.3.3 对无法进行直接验电的设备、高压直流输电设备和雨雪天气时的户外设备,可以进行间接验电	《国家电网公司变电运维管理规定 第5分册 开关柜运维细则》2.2.10 全封闭开关柜无法进行直接验电的部分,应采取间接验电的方法进行判断		10kV 高压室。带电指示灯不亮	带电指示器有带电指示	(1)对操作过的全部设备进行全面检查,确认设备已操作到位。(2)联系调度,确认该线路已停电

续表

操作票顺序	安规要求	其他相关规定	图片指示	操作位置及注意事项	风险分析	风险预控
268 合上辽河线 08 接地开关 08 接地并三相短路	4.4.2 当验明设备确已无电压后，应立即将检修设备接地并三相短路	《国家电网公司变电运维管理规定 第 5 分册》2.2.9 在确认配电线路无电的情况下，才能合上线路侧接地开关，该开关柜侧电缆仓门才能打开		10kV 高压室。按下插孔挡板，将手把完全插入插孔，顺时针转动把手，合上隔离开关	(1) 合接地开关不戴绝缘手套。(2) 带电合接地开关	(1) 合接地开关均应使用专用操作手柄和戴绝缘手套。(2) 为检修工作提供安全保证
269 检查 08 接地开关在合位	2.3.6.5 电气设备操作后的位置检查应以设备实际位置为准	《变电专业电气操作票技术规范》5.8.4 在操作点看不见接地开关的实际位置时，要检查接地开关操作后的实际位置		10kV 高压室。屏柜后侧窗，检查接地开关机械位置	接地开关合不到位	(1) 在手动操作小车隔离开关后，应通过检查其传动机构、接地开关分合指示变位等，确认其操作到位。(2) 接地开关失灵，应查明原因，汇报及检查人员处理，不得自行处理。(3) 条件允许的改为检查设备接地线
270 检查 11 带电指示器无带电指示	4.3.3 对无法进行直接验电的设备、高压直流输电设备和雨雪天气时的户外设备，可以进行间接验电	《国家电网公司变电运维管理规定 第 5 分册》2.2.10 全封闭式开关柜无法进行直接验电的部分，应采取同等接电的方法进行判断		10kV 高压室。带电指示灯不亮	带电指示器有电指示	(1) 对操作过的全部设备进行全面检查，确认设备已操作到位。(2) 联系调度，确认该线路已停电

续表

操作票顺序	安规要求	其他相关规定	图片指示	操作位置及注意事项	风险分析	风险预控
271 合上中龙甲线11接地开关	4.4.2 当验明设备确已无电压后，应立即将检修设备接地并三相短路	《国家电网公司变电运维管理规定 第5分册 开关柜运维细则》2.2.9 在确认配电线路无电的情况下，才能合上线路侧接地开关，该开关柜电缆仓门才能打开		10kV高压室。按下插孔挡板，将把手完全插入插孔，顺时针转动把手，合上隔离开关	(1) 合接地开关不戴绝缘手套 (2) 带电合接地开关	(1) 合接地开关均应使用专用操作手柄和戴绝缘手套 (2) 为检修工作提供安全保证
272 检查11接地开关关合在合位	2.3.6.5 电气设备操作后的位置检查应以设备实际位置为准	《变电专业电气操作票技术规范》5.8.4 在操作地点看不见接地开关的实际位置时，要检查接地开关操作后的实际位置		10kV高压室。屏柜后侧小窗，检查接地开关合不	接地开关合不到位	(1) 在手动操作查看其传动机构后，应通过查看其分合指示开关、确认其操作到位。(2) 接地开关失灵，应查明原因，汇报调度及检修人员处理，不得自行处理。(3) 条件允许的改为装设接地线
273 检查带电指示器有电指示	4.3.3 对无法进行直接验电的设备和高压直流输电设备和雨雪天气时的户外设备，可以进行间接验电	《国家电网公司变电运维管理规定 第5分册 开关柜运维细则》2.2.10 全封闭式开关柜无法进行直接验电的部分，应采取间接验电的方法进行判断	会新线12	10kV高压室。带电指示灯不亮	带电指示器有指示	(1) 对操作过的全部设备进行全面检查，确认全部设备已操作到位。(2) 联系调度，确认该线路已停电

续表

操作票顺序	安规要求	其他相关规定	图片指示	操作位置及注意事项	风险分析	风险预控
274 合上会新线12接地开关	4.4.2 当验明设备确已无电压后，应立即将检修设备接地并三相短路	《国家电网公司变电运维管理规定 第5分册 开关柜运维细则》2.2.9 在确认配电线路无电的情况下，才能合上线路侧接地开关，该开关柜电缆仓门才能打开		10kV高压室。按下插孔挡板，将把手完全插入插孔，顺时针转动把手，合上隔离开关	(1)合接地开关不戴绝缘手套。(2)带电合接地开关	(1)合接地开关均应使用专用操作手柄和戴绝缘手套。(2)为检修工作提供安全保证
275 检查12接地开关在合位	2.3.6.5 电气设备操作后的位置检查应以设备实际位置为准	《变电专业电气操作技术规范》5.8.4 在操作地点看不见接地开关的实际位置时，要检查接地开关操作后的实际位置		10kV高压室。屏柜后侧小窗，检查接地开关机械位置	接地开关合不到位	(1)在手动操作小车隔离开关后，应通过检查其转动机构、开关分合指示器等，确认其操作到位。(2)接地开关失灵，应查明原因，汇报及检修人员处理，不得自行处理。(3)条件允许的改为装设接地线
276 检查带电指示器无带电指示	4.3.3 对无法进行直接验电的设备、高压直流输电设备和雨雪天气时的户外设备，可以进行间接验电	《国家电网公司变电运维管理规定 第5分册 开关柜运维细则》2.2.10 全封闭式开关柜无法进行直接验电的部分，应采取间接验电方法进行判断		10kV高压室。带电指示灯不亮	带电指示器有带电指示	(1)对操作过程全部设备进行全面检查，确认设备已操作到位，确认该线路已停电。(2)联系调度

续表

操作票顺序	安规要求	其他相关规定	图片指示	操作位置及注意事项	风险分析	风险预控
277 合上佰乙线13接地开关	4.4.2 当验明设备确已无电压后，应立即将检修设备接地并三相短路	《国家电网公司变电运维管理规定 第5分册 开关柜运维细则》2.2.9 在确认配电线路无电的情况下，才能合上线路侧接地开关，该开关柜电缆仓门才能打开		10kV高压室。按下插孔挡板，将把手完全插入插孔，顺时针转动把手，合上隔离开关	(1) 合接地开关未戴绝缘手套。(2) 带电合接地开关	(1) 合接地开关均应使用专用操作手柄和戴绝缘手套。(2) 为检修工作提供安全保证
278 检查13接地开关在合位	2.3.6.5 电气设备操作后的位置检查应以设备实际位置为准	《变电专业电气操作票技术规范》5.8.4 在操作接地开关不见实际位置时，要检查接地开关操作后的实际位置		10kV高压室。屏柜后侧小窗，检查接地开关机械位置	接地开关合不到位	(1) 在手动操作小车隔离开关后，应通过检查指示器、开关分合指示等，确认其操作到位。(2) 接地开关合不到位，应检查明原因，汇报调度及检修人员处理，不得自行合。(3) 条件允许的改为装设接地线
279 检查14带电指示器确无电带电指示	4.3.3 对无法进行直接验电的设备、高压直流输电设备和雨雪天气时的户外设备，可以进行间接验电	《国家电网公司变电运维管理规定 第5分册 开关柜运维细则》2.2.10 全封闭式开关柜无法进行直接验电的部分，应采取间接验电的方法进行判断		10kV高压室。带电指示灯不亮	带电指示器有指示	(1) 对操作过的全部设备进行全面检查，确认设备已操作到位，确认该线路已停电。(2) 联系调度

续表

操作票顺序	安规要求	其他相关规定	图片指示	操作位置及注意事项	风险分析	风险预控
280 合上丽景线14接地开关	4.4.2 当验明设备确已无电压后，应立即将检修设备接地并三相短路	《国家电网公司变电运维管理规定 第5分册 开关柜运维细则》2.2.9 在确认配电线路无电的情况下，才能合上线路侧接地开关，该开关柜电缆仓门才能打开		10kV高压室。按下插孔挡板，将把手完全插入插孔，顺时针转动把手，合上隔离开关	（1）合接地开关不戴绝缘手套。（2）带电合接地开关	（1）合接地开关均应使用专用操作手柄和戴绝缘手套。（2）为检修工作提供安全保证
281 检查14接地开关在合位	2.3.6.5 电气设备作后的位置检查以设备实际位置为准	《变电专业电气操作票技术规范》5.8.4 在操作地点看不见实际位置时，要检查接地开关操作后的实际位置		10kV高压室。屏柜后侧小窗，检查接地开关机械位置	接地开关合不到位	（1）在手动操作小车隔离开关、接地开关分合转动机构、后台机遥信变位等，确认其操作到位。（2）接地开关失灵，应查检修人员汇报查明原因及处理，不得自行处理。（3）条件允许时的改为装设接地线
282 检查带电指示器无电带电指示器指示	4.3.3 对无法进行直接验电的设备、高压直流输电设备和雨雪天气时的户外设备，可以进行间接验电	《国家电网公司变电运维管理规定 第5分册 开关柜运维细则》2.2.10 全封闭式开关柜无法进行直接验电的部分，应采取间接验电的方法进行判断		10kV高压室。带电指示器灯不亮	带电指示器有电指示	（1）对操作过全部设备进行全面检查，确认设备已操作到位。（2）联系调度，确认该线路已停电

255

续表

操作票顺序	变规要求	其他相关规定	图片指示	操作位置及注意事项	风险分析	风险预控
283 合上泰海线21接地开关	4.4.2 当验明设备确已无电压后，应立即将检修设备接地并三相短路	《国家电网公司变电运维管理规定 第5分册 开关运维细则》2.2.9 在确认配电线路无电的情况下，才能合上线路侧接地开关，该开关柜电缆仓门才能打开		10kV 高压室。按下插孔挡板，将把手完全插入插孔，顺时针转动把手，合上隔离开关	（1）合接地开关不合位。（2）带电合接地开关	（1）合接地开关均应使用专用操作手柄和戴绝缘手套。（2）为检修工作提供安全保证
284 检查21接地开关确在合位	2.3.6.5 电气设备操作后的位置应以设备实际位置检查为准	《变电专业电气操作票技术规范》5.8.4 在操作地点看不见接地开关的实际位置时，要检查接地开关操作后的实际位置		10kV 高压室。屏柜后窗，检查接地开关机械位置	接地开关不合位	（1）在手动操作其传动机构、接地开关分合指示器等，确认其操作到位。（2）接地开关失灵，应查明原因，汇报调度及检修人员处理，不得自行处理。（3）条件允许的改为装设接地线
285 检查22带电指示器器无带电指示	4.3.3 对无法进行直接验电的设备、高压直流输电设备和雨雪天气时的户外设备，可以进行间接验电	《国家电网公司变电运维管理规定 第5分册 开关运维细则》2.2.10 全封闭式开关柜无法进行直接式开关柜内的部分，应采取间接验电的方法进行判断		10kV 高压室。带电指示灯不亮	带电指示器有指示	（1）对操作过的全部设备进行全面检查，确认设备已操作到位。（2）联系调度，确认该线路已停电

续表

操作票顺序	安规要求	其他相关规定	图片指示	操作位置及注意事项	风险分析	风险预控
286 合上中龙乙线22接地开关	4.4.2 当验明设备确已无电压后，应立即将检修设备接地并三相短路	《国家电网公司变电运维管理规定 第5分册》2.2.9 在确认配电线路开关无电的情况下，才能合上线路侧接地开关，该开关电缆仓门合后能打开		10kV高压室。按下插孔挡板，将把手完全插入插孔，顺时针转动把手，合上隔离开关	(1)合接地开关不戴绝缘手套。(2)带电合接地开关	(1)合接地开关均应使用专用操作手柄和戴绝缘手套。(2)为检修工作提供安全保证
287 检查22接地开关在合位	2.3.6.5 电气设备操作后的位置检查应以设备实际位置为准	《变电专业电气操作票技术规范》5.8.4 在操作地点看不见设备实际位置时，要检查设备接地开关操作后的实际位置		10kV高压室。后柜后侧小窗，检查接地开关机械位置	接地开关不到位	(1)在手动操作小车隔离开关后，应通过检查其传动机构、开关分合指示器等，确认其操作到位。(2)接地开关失灵及检修人员汇报调度及查明原因，不得自行处理。(3)条件允许的改为装设接地线
288 检查23带电指示器确无带电指示	4.3.3 对无法进行直接验电的设备、高压直流输电设备和雨雪天气时的户外设备，可以进行间接验电	《国家电网公司变电运维管理规定 第5分册》2.2.10 全封闭固定式开关柜无法进行直接验电的部分，应采取同接验电的方法进行判断		10kV高压室。带电指示灯不亮	带电指示器有带电指示	(1)对操作过的全部设备进行全面检查，确认设备已就位，确认该线路已停电。(2)联系调度

续表

操作票顺序	安规要求	其他相关规定	图片指示	操作位置及注意事项	风险分析	风险预控
289 合上建工线23接地开关	4.4.2 当验明设备确已无电压后,应立即将检修设备接地并三相短路	《国家电网公司变电运维管理规定 第5分册》2.2.9 在确认配电线路开关侧无电的情况下,才能合上线路侧接地开关,该开关合上后电缆柜电缆仓门才能打开		10kV 高压室。按下插孔挡板,将把手完全插入插孔,顺时针转动把手,合上隔离开关	(1)合接地开关不戴绝缘手套(2)带电合接地开关	(1)合接地开关均应使用专用操作手柄和戴绝缘手套(2)为检修工作提供安全保证
290 检查23接地开关在合位	2.3.6.5 电气设备操作后的位置检查应以设备的实际位置为准	《变电专业电气操作票技术规范》5.8.4 在操作地点看不见接地开关的实际位置时,要检查接地开关操作后的实际位置		10kV 高压室。屏柜后侧小窗,检查接地开关机械位置	接地开关不到位	(1)在手动操作小车隔离开关、接地开关后,应通过检查其传动机构、开关分合指示等,确认其操作到位。(2)接地开关失灵,应查明原因,汇报调度及检修人员处理,不得自行处理。(3)条件允许的改为装设接地线。
291 检查23带电指示器无指示	4.3.3 对无法进行直接验电的设备、高压直流输电设备和雨雪天气时的户外设备,可以进行间接验电	《国家电网公司变电运维管理规定 第5分册》2.2.10 全封闭式开关柜无法进行直接验电的部分,应采取间接验电的方法进行判断		10kV 高压室。带电指示灯不亮	带电指示器有指示	(1)对操作过的全部设备进行全面检查,确认设备已操作到位(2)联系调度,确认该线路已停电

续表

操作票顺序	安规要求	其他相关规定	图片指示	操作位置及注意事项	风险分析	风险预控
292　合上货场地线24接地开关并三相短路	4.4.2　当验明设备确已无电压后，应立即将检修设备接地并三相短路	《国家电网公司变电运维管理规定　第5分册　配电线路运维细则》2.2.9　在确认配电线路无电的情况下，才能合上线路侧接地开关，该开关柜电缆仓门才能打开		10kV高压室。按下插孔挡板，将把手完全顺时插入插孔，合针转动把手，合上隔离开关	（1）合接地开关不戴绝缘手套。（2）带电合接地开关	（1）合接地开关均应使用专用操作手柄和戴绝缘手套。（2）为检修工作提供安全保证
293　检查24接地开关在合位	2.3.6.5　电气设备操作后的位置检查应以设备实际位置为准	《变电专业电气操作票技术规范》5.8.4　在操作地点看不见实际接地开关位置时，要检查接地开关操作后的实际位置		10kV高压室后屏柜后侧小窗，检查接地开关机械位置	接地开关合位不到位	（1）在手动操作接地开关后，应通过检查其传动机构、开关分合指示器等，确认其操作到位。（2）接地开关失灵，应查明原因，汇报调度及检修人员处理。（3）条件允许的改为表设接地线行处理
294　检查货场地线24接地开关带电指示器确无带电指示	4.3.3　对无法进行直接验电的设备，高压直流输电设备和雨雪天气时的户外设备，可以进行间接验电	《国家电网公司变电运维管理规定　第5分册　配电线路运维细则》2.2.10　全封闭式开关柜无法进行直接验电的部分，应采取间接验电的方法进行判断		10kV高压室，带电指示灯不亮	带电指示器有指示	（1）对操作过的全部设备进行全面检查，确认设备已操作到位。（2）联系调度，确认该线路已停电

续表

操作票顺序	安规要求	其他相关规定	图片指示	操作位置及注意事项	风险分析	风险预控
295 合上化区线25接地开关	4.4.2 当验明设备确已无电压后，应立即将检修设备接地并三相短路	《国家电网公司变电运维管理规定 第5分册 开关柜运维细则》2.2.9 在确认配电线路无电的情况下，才能合上线路侧接地开关，该开关电缆仓门才能打开		10kV高压室。按下插孔挡板，将把手插入插孔，顺时针转动把手，合上隔离开关	(1) 合接地开关不戴绝缘手套。(2) 带电合接地开关	(1) 合接地开关均应使用操作手柄和戴绝缘手套。(2) 为检修工作提供安全保证
296 检查25接地开关在合位	2.3.6.5 电气设备操作后的位置检查应以设备实际位置为准	《变电专业电气操作票技术规范》5.8.4 在操作地点看不见接地开关的实际位置时，要检查接地开关操作后的实际位置		10kV高压室。屏柜后侧小窗，检查接地开关机械位置	接地开关不合到位	(1) 在手动操作小车隔离开关、接地开关分合传动机构，后台机遥信变位等，应通过检查其传动开关分合指示器，确认其操作到位。(2) 接地开关失灵，应查明原因，汇报调度及检修人员进行处理。(3) 条件允许时的改为装设接地线
297 检查带电指示器确无带电指示	4.3.3 对无法进行直接验电的设备、高压直流输电设备和雨雪天气时的户外设备，可以进行间接验电	《国家电网公司变电运维管理规定 第5分册 开关柜运维细则》2.2.10 全封闭式开关柜无法进行直接验电的部分，应采取间接验电的方法进行判断		10kV高压室。带电指示灯不亮	带电指示器有带电指示	(1) 对操作过的全部设备进行全面检查，确认设备已操作到位。(2) 联系调度，确认该线路已停电

续表

操作票顺序	安规要求	其他相关规定	图片指示	操作位置及注意事项	风险分析	风险预控
298 合上颜料线 26 接地开关接地并三相短路	4.4.2 当验明设备确已无电压后，应立即将检修设备接地并短路	《国家电网公司变电运维管理规定 第 5 分册 开关柜运维细则》2.2.9 在确认配电线路无电的情况下，才能合上线路侧接地开关，该开关柜侧电缆仓门才能打开		10kV 高压室。按下插孔挡板，将把手完全插入插孔，顺时针转动把手，合上隔离开关	（1）合接地开关不戴绝缘手套。（2）带电合接地开关	（1）合接地开关均应使用专用操作手柄和戴绝缘手套。（2）为检修工作提供安全保证
299 检查 26 接地开关在合位	2.3.6.5 电气设备操作后的位置检查应以设备实际位置为准	《变电专业规范》5.8.4 在操作点看不见实际接地开关的实际位置时，要检查接地开关操作后的实际接地位置		10kV 高压室。屏柜后侧小窗，检查接地开关机械位置	接地开关合不到位	（1）在手动操作小车隔离开关后，应通过检查其传动机构、接地开关分合指示器等，确认其操作到位。（2）接地开关失灵，应查明原因，汇报调度及检修人员处理，不得自行处理。（3）条件允许的改为装设接地线
300 检查指示器确无带电指示器带电指示	4.3.3 对无法进行直接验电的设备、高压直流输电设备和雨雪天气时的户外设备，可以进行间接验电	《国家电网公司变电运维管理规定 第 5 分册 开关柜运维细则》2.2.10 全封闭式开关柜无法进行直接验电的部分，应采取间接验电的方法以进行判断		10kV 高压室。带电指示灯不亮	带电指示器有带电指示	（1）对操作过的全部设备进行全面检查，确认设备已操作到位。（2）联系调度，确认该线路已停电

操作票顺序	安规要求	其他相关规定	图片指示	操作位置及注意事项	风险分析	风险预控
301 合上大赛线27接地开关 接地开关在合位指示	4.4.2 当验明设备确已无电压后，应立即将检修设备接地并三相短路	《国家电网公司变电运维管理规定 第5分册 开关柜运维细则》2.2.9 在确认配电线路无电的情况下，才能合上线路侧接地开关，该开关柜侧接地柜门能打开		10kV 高压室。按下捅孔挡板，将把手完全插入插孔，顺时针转动把手，合上隔离开关	（1）合接地开关不戴绝缘手套。（2）带电合接地开关	（1）合接地开关均应使用专用操作手柄和戴绝缘手套。（2）为检修工作提供安全保证
302 检查 27接地开关在合位	2.3.6.5 电气设备操作后的位置检查应以设备实际位置为准	《变电专业电气操作技术规范》5.8.4 在操作地点看不见设备的实际位置时，要检查接地开关操作后的实际位置		10kV 高压室。屏柜后侧小窗，检查接地开关机械位置	接地开关合不到位	（1）在手动操作小车隔离开关后，应通过检查隔离开关分合指示器，确认其操作变位等，确认其操作到位。（2）接地开关失灵，应查明原因，汇报调度及检修人员处理，不得自行处理。（3）条件允许的改为装接接地线
303 检查 28带电指示器无指示	4.3.3 对无法进行直接验电的设备、高压直流输电设备和雨雪天气时的户外设备，可以进行间接验电	《国家电网公司变电运维管理规定 第5分册 开关柜运维细则》2.2.10 全封闭式开关柜无法进行直接验电的部分，应采取间接验电的方法进行判断		10kV 高压室。带电指示灯不亮	带电指示器有指示	（1）对操作过的全部设备进行全面检查，确认设备已操作到位。（2）联系调度，确认该线路已停电

续表

操作票顺序	安规要求	其他相关规定	图片指示	操作位置及注意事项	风险分析	风险预控
304　合上一〇三线 28 接地开关	4.4.2 当验明设备确已无电压后，应立即将检修设备接地并三相短路	《国家电网公司变电运维管理规定 第 5 分册 开关柜运维细则》2.2.9 在确认配电线路无电的情况下，才能合上线路侧接地开关。该开关柜侧接地开关合上隔离开关后才能打开		10kV 高压室。按下插孔挡板，将把手完全插入插孔，顺时针转动把手，合上隔离开关	（1）合接地开关不戴绝缘手套。（2）带电合接地开关	（1）合接地开关均应使用专用操作手柄和戴绝缘手套。（2）为检修工作提供安全保证
305　检查 28 接地开关在合位	2.3.6.5 电气设备操作后的位置检查应以设备实际位置为准	《变电专业电气操作票技术规范》5.8.4 在操作地点看不见开关的实际位置时，要检查接地开关操作后的实际位置		10kV 高压室。屏柜后侧小窗，检查接地开关合不到位	接地开关合不到位	（1）在手动操作小车隔离开关、接地开关分合操作后，应通过检查责任隔离开关、接地开关分合指示器，后台机遥信变位等，确认其操作到位。（2）接地开关失灵，应查明原因，汇报调度及检修人员处理，不得自行处理。（3）条件允许时的改为装设接地线
306　检查带电指示器确无带电指示	4.3.3 对无法进行直接验电的设备、高压直流输电设备和雨雪天气时的户外设备，可以采取间接验电	《国家电网公司变电运维管理规定 第 5 分册 开关柜运维细则》2.2.10 全封闭开关柜无法进行直接验电的部分，应采取间接验电方法进行判断		10kV 高压室。带电指示不灯亮	带电指示器指示	（1）对操作过的全部设备进行全面检查，确认无误，确认设备已操作到位。（2）联系调度，确认该线路已停电

续表

操作票顺序	安规要求	其他相关规定	图片指示	操作位置及注意事项	风险分析	风险预控
307 合上2号接地变压器29接地开关	4.4.2 当验明设备确已无电压后，应立即将检修设备接地并三相短路	《国家电网公司变电运维管理规定 第5分册 开关柜运维细则》2.2.9 在确认配电线路无电的情况下，才能合上线路侧接地开关，该开关柜电缆仓门才能打开		10kV高压室。按下插孔挡板，将把手插入插孔，顺时针转动把手，合上隔离开关	(1)合接地开关不戴绝缘手套。(2)带电合接地开关	合接地开关均应使用专用操作手柄和戴绝缘手套。(1)合接地开关应戴绝缘手套作手柄和(2)为检修工作提供安全保证
308 检查29接地开关确在合位	2.3.6.5 电气设备检查应以设备实际位置为准	《变电专业电气操作票技术规范》5.8.4 在操作后看不见接地开关的实际位置时，要检查接地开关操作后的实际位置		10kV高压室。小屏柜后侧小窗，检查小车机械位置	接地开关合不到位	(1)在手动操作小车隔离开关后，应通过检查隔离开关分合指示器、接地机构、后台机遥信变位等。(2)接地开关失灵，应查明原因，汇报调度及检修人员进行处理。(3)条件允许的改为装设接地线，不得自行处理
309 检查30带电指示器确无带电指示指示	4.3.3 对无法进行直接验电的设备、高压直流输电设备和雨雪天气时的户外设备，可以采用间接验电方法进行判断	《国家电网公司变电运维管理规定 第5分册 开关柜运维细则》2.2.10 全封闭式开关柜无法进行直接验电的部分，应采取验电的方法进行判断		10kV高压室。带电指示灯不亮	带电指示器有带电指示	(1)对操作过的全部设备进行全面检查，确认设备已操作到位。(2)联系调度，确认该线路已停电

续表

操作票顺序	安规要求	其他相关规定	图片指示	操作位置及注意事项	风险分析	风险预控
310 合上2号电容器30接地开关	4.4.2 当验明设备确已无电压后,应立即将检修设备接地并三相短路	《国家电网公司变电运维管理规定 第5分册 运维细则》2.2.9 在确认配电线路无电的情况下,才能合上线路侧接地开关,该开关电缆仓门才能打开		10kV高压室。按下插孔挡板,将把手插入插孔,顺时针转动把手,合上隔离开关	(1) 合接地开关不戴绝缘手套。(2) 带合接地开关	(1) 合接地开关均应使用专用操作手柄和戴绝缘手套。(2) 为检修工作提供安全保证
311 检查2号接地开关确在合位	2.3.6.5 电气设备操作后的位置检查应以设备实际位置为准	《变电专业电气操作票技术规范》5.8.4 在操作点看不见实际接地开关的实际位置时,要检查接地开关操作后的实际位置		10kV高压室。屏柜后窗,检查接地开关机械位置	接地开关合不到位	(1) 在手动操作小车隔离开关、接地开关分合机构,接地开关分合指示器等,确认其操作到位。(2) 接地开关失灵,应查明原因,汇报调度及检修人员处理,不得自行处理。(3) 条件允许的改为装设接地线
312 检查带电指示器无带电指示	4.3.3 对无法进行直接验电的设备、高压直流输电设备和雨雪天气时的户外设备,可以采取间接验电的方法进行判断	《国家电网公司变电运维管理规定 第5分册 运维细则》2.2.10 对无法进行直接接验电的设备,全封闭开关柜,开关柜进行验电的部分,应采取间接验电已停的方法进行判断	信 甲 线 3 1	10kV高压室。带电指示灯不亮	带电指示器有指示	(1) 对操作过的全部设备进行全面检查,确认设备已操作到位,确认该线路已停电。(2) 联系调度

续表

操作票顺序	安规要求	其他相关规定	图片指示	操作位置及注意事项	风险分析	风险预控
313 合上信恒甲线31接地开关	4.4.2 当验明设备确已无电压后，应立即将检修设备接地并三相短路	《国家电网公司变电运维管理规定 第5分册》2.2.9 在确认配电线路无电的情况下，才能合接地开关，该开关的上线路侧接地开关及电缆仓门才能打开		10kV高压室。按下插孔挡板，将把手完全插入插孔，顺时针转动把手，合上隔离开关	(1) 合接地开关不戴绝缘手套。(2) 带电合接地开关	(1) 合接地开关均应使用专用操作手柄和戴绝缘手套。(2) 为检修工作提供安全保证
314 检查31接地开关在合位	2.3.6.5 电气设备操作后的位置检查应以设备的实际位置为准	《变电专业电气操作票技术规范》5.8.4 在操作地点看不见设备实际位置时，要检查设备接地开关操作后的实际位置		10kV高压室。屏柜后侧窗，检查接地开关机械位置	接地开关合不到位	(1) 在手动操作小车隔离开关后，应通过检查转动机构、接地开关分合指示器、后台机遥信变位等，确认其操作到位。(2) 接地开关失灵，应查明原因，汇报调度及检修人员处理，不得自行处理。(3) 条件允许的改为装设接地线
315 检查32带电指示器确无电指示	4.3.3 对无法进行直接验电的设备、高压直流输电设备和雨雪天气时的户外设备，可以进行间接验电	《国家电网公司变电运维管理规定 第5分册》2.2.10 全封闭式开关柜无法进行直接验电的部分，应采取间接验电的方法进行判断		10kV高压室。带电指示灯不亮	带电指示器有带电指示	(1) 对操作过的全部设备进行全面检查，确认操作已操作到位。(2) 联系调度，确认该线路已停电

续表

操作票顺序	安规要求	其他相关规定	图片指示	操作位置及注意事项	风险分析	风险预控
316 合上白桦林线32接地开关	4.4.2 当验明设备确已无电压后，应立即将检修设备接地并三相短路	《国家电网公司变电运维管理规定 第5分册 开关柜运维细则》2.2.9 在确认配电线路无电的情况下，才能合上线路侧接地开关，该开关柜电缆仓门才能打开		10kV高压室。按下插孔挡板，将把手完全插入插孔，顺时针转动把手，合上隔离开关	（1）合接地开关不戴绝缘手套。（2）带电合接地开关	（1）合接地开关均应使用专用操作手柄和戴绝缘手套。（2）为检修工作提供安全保证
317 检查32接地开关在合位	2.3.6.5 电气设备操作后的位置检查应以设备实际位置为准	《变电专业电气操作票技术规范》5.8.4 在操作点看不见接地开关的实际位置时，要检查接地开关操作后的实际位置		10kV高压室。屏柜后侧小窗，检查接地开关机械位置	接地开关合不到位	（1）在手动操作小车隔离开关后，应通过检查其传动机构、接地开关分合指示器等，确认其操作到位。（2）接地开关失灵，应查明原因，汇报调度及检修人员处理。（3）条件允许的改为装设接地线
318 检查带电指示器无带电指示	4.3.3 对无法进行直接验电的设备、高压直流输电设备和雨雪天气时的户外设备，可以进行间接验电	《国家电网公司变电运维管理规定 第5分册 开关柜运维细则》2.2.10 全封闭开关柜无法进行直接验电的部分，应采取间接验电的方法进行判断		10kV高压室。带电指示不亮	带电指示器有指示	（1）对操作过的全部设备进行全面检查，确认设备已操作到位。（2）联系调度，确认该线路已停电

267

续表

操作票顺序	安规要求	其他相关规定	图片指示	操作位置及注意事项	风险分析	风险预控
319 合上金融线34接地开关	4.4.2 当验明设备确已无电压后，应立即将检修设备接地并三相短路	《国家电网公司变电运维管理规定 第5分册》开关柜运维细则）2.2.9 在确认配电线路无电的情况下，才能合上线路侧接地开关，该开关柜电缆仓门才能打开		10kV高压室。按下插孔挡板，将把手完全插入插孔，顺时针转动把手，合上隔离开关	(1) 合接地开关不戴绝缘手套。(2) 带电合接地开关	(1) 合接地开关均应使用专用操作手柄和戴绝缘手套。(2) 为检修工作提供安全保证
320 检查34接地开关在合位	2.3.6.5 电气设备检查应以设备实际位置为准	《变电专业电气操作票技术规范》5.8.4 在操作地点看不见接地开关的实际位置时，要检查接地开关操作的实际位置		10kV高压室。屏柜后侧小窗，检查接地开关机械位置	接地开关合不到位	(1) 在手动操作小车隔离开关后，应通过检查传动机构、接地开关分合指示器、后台机遥信变位等，确认其操作到位。(2) 接地开关拒动、接地开关检修及检查人员原因，应查明原因，汇报调度及检修人员处理，不得自行处理。(3) 条件允许的改为装设接地线
321 在1号电容器10kV侧套管引线上验电各相确无电压	4.3.1 验电时，应使用相应电压等级、合格的接触式验电器，在装设接地线或合接地开关（装置）处对各相分别验电	《66kV变电站现场运行通用规程》5.3.12 验电接地操作1) 验电前，应先在有电设备上进行试验，确认验电设备良好；无法在有电设备上进行试验时，可用工频高压发生器等确认验电器良好		1号电容器室。确认验电器良好，然后在三相分别验电	验电器指示有点	(1) 对操作过的全部设备进行全面检查，确认设备已操作到位。(2) 联系调度，确认该线路已停电

续表

操作票顺序	安规要求	其他相关规定	图片指示	操作位置及注意事项	风险分析	风险预控
322　合上1号电容器接地开关电容器接地开关三相合位	4.4.2 当验明设备确已无电压后，应立即将检修设备接地并三相短路	《国家电网公司变电运维管理规定 第5分册 开关柜运维细则》2.2.9 在确认配电线路无电的情况下，才能合上线路侧接地开关，该接地开关操作后该柜电缆室门才能打开		1号电容器室，向上合上隔离开关	(1) 合接地开关不戴绝缘手套。(2) 带电合接地开关	(1) 合接地开关均应使用专用操作手柄和戴绝缘手套。(2) 为检修工作提供安全保证
323　检查1号电容器接地开关操作后位置以在合位	2.3.6.5 电气设备操作后的位置检查应以设备实际位置为准	《变电专业电气操作票技术规范》5.8.4 在操作地点看不见接地开关的实际位置时，要检查接地开关操作后的实际位置		1号电容器室，触头接触良好	接地开关合不到位	(1) 在手动操作小车隔离开关后，应通过检查其传动机构、接地开关分合指示器，等，确认其操作到位。(2) 接地开关失灵，应查明原因，汇报调度及检修人员处理，不得自行处理。(3) 条件允许的改为为装设接地线
324　在2号电容器 10kV 侧套管引线上验电三相确无电压	4.3.1 验电时，应使用相应电压等级、合格的接触式验电器，在装设接地线或合接地刀闸（装置）处对各相分别验电	《66kV 变电站现场运行通用规程》5.3.12 验电接地操作1）验电前，应先在有电设备上进行试验，确认验电器良好；无法在有电设备上进行试验时，可用工频高压发生器等确认验电器良好		2号电容器室，确认验电器有好，然后在三相分别验电	验电器指示有点	(1) 对操作过的全部设备进行全面检查，确认操作已操作到位。(2) 联系调度，确认该线路已停电

269

续表

操作票顺序	安规要求	其他相关规定	图片指示	操作位置及注意事项	风险分析	风险预控
325 合上 2 号电容器接地开关	4.4.2 当验明设备确已无电压后，应立即将检修设备接地并三相短路	《国家电网公司变电运维管理规定 第 5 分册 开关柜运维细则》2.2.9 在确认配电线路无电的情况下，才能合上线路侧接地开关，该开关柜电缆仓门才能打开		2 号电容器室，向上合上隔离开关	(1) 合接地开关。(2) 带电合接地开关	(1) 合接地开关均应使用专用操作手柄和戴绝缘手套。(2) 为检修工作提供安全保证
326 检查 2 号电容器接地开关操作后的位置确认在合位	2.3.6.5 电气设备操作时的位置检查应以设备实际位置为准	《变电专业电气操作票技术规范》5.8.4 在操作地开关时，要检查接地开关操作的实际位置		2 号电容器室，触头接触验电良好	接地开关合不到位	(1) 在手动操作小车隔离开关、接地开关分合指示器等，确认其操作变位等。(2) 接地开关失灵，应查明原因，汇报调度及检修人员处理，不得自行处理。(3) 条件允许的改为装接地线
327 在 2 号接地变压器 380V 侧套管引线上验电三相确无电压	4.3.1 验电时，应使用相应电压等级、合格的接触式验电器，在装设接地线或合接地开关（装置）处分别验电各相分别验电	《66kV 变电站现场运行通用规程》5.3.12 验电接地操作 1）验电前，应先在有电设备良好试验，确认验电器良好。无法在有电设备上进行试验时，可用工频高压发生器等验电器良好		2 号接地变压器室，确认验电器良好，然后分别验电	(1) 不验电，装地线。(2) 不在带电设备上验电器是否良好。(3) 验电时，操作人员不戴绝缘手套，造成人身触电。(4) 操作人员不与验电设备保持安全距离	(1) 线路地线由调度掌握，现场必须按命令装设或拆除。(2) 现场自行掌握的接地线由现场人员在得到值班调度允许工作结束后，另行开操作票，现场自行拆除的地线。(3) 装设接地线前要先验电，验电前应在带电设备上验证电器是否良好

270

续表

操作票顺序	安规要求	其他相关规定	图片指示	操作位置及注意事项	风险分析	风险预控
327 在2号接地变压器 380V 侧套管引线上验电，合格的接触式验电，在装设接地线或合接地开关（装置）处对电三相确无电压	4.3.1 验电时，应使用相应电压等级、合格的接触式验电器，在装设接地线或合接地开关（装置）处对各相分别验电	《66kV 变电站现场运行通用规程》5.3.12 验电前，应先在有电设备上进行试验，确认验电器良好；无法在有电设备上进行试验时，可用工频高压发生器等确认验电器良好		2 号接地变压器室，确认验电器良好，然后在三相分别验电	（5）验电器的伸缩式绝缘棒长度不合格。（6）操作人员使用电压等级不相符的验电器，在带电设备上试验，造成人身触电。（7）验电时，操作人员使用的绝缘棒的有效长度不够，手握的绝缘棒有效长度不够造成人身触电。（8）雨天操作时室外高压设备没有防雨罩，不穿绝缘靴。（9）雷电时，进行倒闸操作。	（4）验电设备无电压与装设地线操作必须连续进行，中间不得有其他操作。地线接地端必须连接牢固。（5）设备验电时，应使用相应电压等级的接触式验电器，在装设接地线或合接地开关处对各相分别验电。（6）高压验电必须戴绝缘手套。验电器的伸缩式绝缘棒长度必须拉足，验电时手必须握在手柄处且不得超过护环，人体应与带电设备保持安全距离。（7）雨雪天气时不得进行室外直接验电。（8）雨天操作室外高压设备时，绝缘棒应有防雨罩，还应穿绝缘靴。接地网电阻不符合要求的，晴天也应穿绝缘靴。（9）雷电时，一般不进行倒闸操作，禁止在就地进行倒闸操作。
328 在2号接地变压器 380V 侧套管引线上装设 3 号接地线一组	4.4.2 当验明设备确已无电压后，应立即装接地线、合接地开关，将检修设备接地并三相短路	《变电专业电气操作票技术规范》1.15.1 装设接地线后立即接电开关间断。装设接地线应先接接地端，后接导体端，接地线应接触接地良好，连接可靠		2 号接地变压器室，先接接地体端，后接导体端	（1）装设地线不使用绝缘棒和戴绝缘手套。（2）带电（挂）接地开关、接地线。（3）装设接地线必须先接接地端，后接接地体端，程序错。（4）装接地线时，线夹没落到有电设备一侧。	（1）装接地线必须先接接地端，接地线接地接触良好，连接应可靠，拆接地线的顺序与此相反。（2）带电合接地开关（接地线）。（3）装设接地线均应使用绝缘棒和戴绝缘手套。（3）人体不得碰接地线或未接地的导线，以防止感应电触电。（4）为检修工作提供安全保证。

续表

操作票顺序	安规要求	其他相关规定	图片指示	操作位置及注意事项	风险分析	风险预控
328 在2号接地变压器380V侧套管引线上装设3号接地线并三相短路一组	4.4.2 当验明设备确已无电压后,应立即将检修设备接地并三相短路	《变电专业电气操作票技术规范》1.15.1 装设接地线时,验电后立即装设接地线,不得间断。装设接地线应先接接地端,后接导体端,接地线应接触良好,连接可靠		2号接地变压器室。先接接地端,后接导体端	(5)接地线缠绕或接地点不平。(6)地线未装设良好。(7)装设接地线,导致人身失去监护,造成人身触电、身伤灼伤	(1)装设接地线必须先接地端,后接导体端,接地线必须连接良好,连接应可靠,拆接地线的顺序与此相反。(2)装、拆接地线均应使用绝缘棒和戴绝缘手套。(3)人体不得碰触接地线或未接地的导线,以防止感应电。(4)为检修工作提供安全保证
329 在1号接地变压器380V侧套管引线上验电确无电压三相各相分别验电	4.3.1 验电时,应使用相应电压等级、合格的接触式验电器,在装设接地线或合接地开关(装置)处对各相分别验电	《66kV变电站现场运行通用规程》5.3.12 验电接地操作前,应先在有电设备上进行试验,确认验电器良好;无法在有电设备上进行试验时,可用工频高压发生器等确认验电器良好		1号接地变压器室。确认验电器良好,然后在三相分别验电	同操作票顺序的第327项	同操作票顺序的第327项
330 在1号接地变压器380V侧套管引线上装设4号接地线并三相短路一组	4.4.2 当验明设备确已无电压后,应立即将检修设备接地并三相短路	《变电专业电气操作票技术规范》1.15.1 装设接地线时,验电后立即装设接地线,不得间断。装设接地线应先接接地端,后接导体端,接地线应接触良好,连接可靠		1号接地变压器室。先接接地端,后接导体端	同操作票顺序的第328项	同操作票顺序的第328项

续表

操作票顺序	安规要求	其他相关规定	图片指示	操作位置及注意事项	风险分析	风险预控
331 在 66kV I 段电压互感器二次空气断路器侧电压互感器侧端子上验电三相确无电压	4.3.1 验电时，应使用相应电压等级、合格的接触式验电器，在装设接地线或合接地刀开关（装置）处对各相分别验电	《66kV 变电站现场运行通用规程》5.3.12 验电接地操作1）验电前，应先在有电设备上进行试验，确认验电器良好；无法在有电设备上进行试验时，可用工频高压发生器等确认验电器良好		66kV 高压室：66kV I 段电压互感器端子箱。万用表测量确无电压	同操作票顺序的第 327 项	同操作票顺序的第 327 项
332 在 66kV I 段电压互感器二次空气断路器侧电压互感器侧端子上装设 8 号接地线一组	4.4.2 当验明设备确已无电压后，应立即将检修设备接地并三相短路	《变电专业电气操作票技术规范》1.15.1 装设接地线时，不得间断。装设接地线应先接接地端，后接导体端，连接应接触良好、连接可靠		66kV 高压室：66kV I 段电压互感器端子箱。先接接地端，后接导体端	同操作票顺序的第 328 项	同操作票顺序的第 328 项
333 在 66kV II 段电压互感器二次空气断路器侧电压互感器侧端子上验电三相确无电压	4.3.1 验电时，应使用相应电压等级、合格的接触式验电器，在装设接地线或合接地刀开关（装置）处对各相分别验电	《66kV 变电站现场运行通用规程》5.3.12 验电接地操作前，应先在有电设备上进行试验，确认验电器良好；无法在有电设备上进行试验时，可用工频高压发生器等确认验电器良好		66kV 高压室：66kV II 段电压互感器端子箱。万用表测量确无电压	同操作票顺序的第 327 项	同操作票顺序的第 327 项

续表

操作票顺序	安规要求	其他相关规定	图片指示	操作位置及注意事项	风险分析	风险预控
334 在 66kV Ⅱ段电压互感器二次空气断路器侧端子上装设 9 号接地线一组	4.4.2 当验明设备确已无电压后，应立即装设接地线。验电后应立即装设接地线，不得间断。装设接地线应先接接地端，后接导体端，接地线应接触良好，连接可靠	《变电专业电气操作票技术规范》1.15.1 装设接地线时，验电后应立即装设接地线，不得间断。装设接地线应先接接地端，后接导体端，接地线应接触良好，连接可靠		66kV 高压室：66kV Ⅱ段电压互感器端子箱。先接接地端，后接导体端。	同操作票顺序的第 328 项	同操作票顺序的第 328 项
335 拉开 Ⅰ段 1 号主变压器保护屏直流空气断路器		《变电专业电气操作票技术规范》1.17 设备检修时，要拉开其电源、直流、信号开关，动力电源和合闸电源，隔离隔离开关，隔离隔离开关合闸手应把手应锁住，确保不会送电		控保室：直流馈线柜。向下拉开空气断路器	(1) 误触直流电源，误操作带电设备，造成伤害。(2) 造成直流接地、短路。(3) 不戴好线手套，不穿长袖衣	(1) 电气设备检修前，为防止人员的伤害合断路器接地、短路电源以免误送电和误合断路器去操作电送电合断路器的发生，因此其断路器合断路器的操作直流应按要求及时拉开。(2) 如果不拉开操作直流，可以不拉开断路器和二次工作，另一人监护。(3) 必须由两人一起进行，一人监护，另一人操作，且穿长袖衣，戴好线手套，防止低触电
336 拉开 Ⅰ段 66kV 中先甲线保护屏直流空气断路器		1.18 停电时最后一项停操作直流断路器，送电时第一项操作断路器或空气断路器，停电时最后一项拉直流断路器		控保室：直流馈线柜。向下拉开空气断路器		

续表

操作票顺序	安规要求	其他相关规定	图片指示	操作位置及注意事项	风险分析	风险预控
337　拉开 10kV 控保 I 段 10kV 控保 I 柜保护直流空气断路器				控保室：直流馈线柜。向下拉开空气断路器	（1）误触直流电源，误触带电设备，造成伤害。（2）造成直流接地、短路。（3）不戴好线手套，不穿长袖衣	（1）电气设备检修前，为防止误合断路器和对检修人员的伤害及直流接地、短路的发生，去操作电源以免误送电和误合断路器的操作，使断路器失去操作电源，因此其合断路器直流应按要求及时拉开。（2）如果断路器和二次无工作，可以不拉开操作直流。（3）必须由两人一起进行，一人工作，另一人监护，戴好线手套，且穿长袖衣，防止低压触电
338　拉开 10kV 控保 I 段 10kV 控保 I 柜控制直流空气断路器	4.2.3 检修设备和可能来电侧的断路器、隔离开关应拉开其操作电源，信号直流、动力隔离开关和合闸电源、隔离开关把手应锁住，确保不会误送电	《变电专业电气操作票技术规范》1.17 设备检修时，要拉开其操作直流、信号隔离开关、熔断器或直流空气断路器。1.18 停电时最后拉开一项直流熔断器		控保室：直流馈线柜。向下拉开空气断路器		
339　拉开 10kV 控保 II 段 10kV 控保 II 柜保护直流空气断路器				控保室：直流馈线柜。向下拉开空气断路器		

续表

操作票顺序	安规要求	其他相关规定	图片指示	操作位置及注意事项	风险分析	风险预控
340 拉开 I 段 10kV 控保 II 柜控制直流空气断路器	4.2.3 检修设备和可能来电侧的断路器，隔离开关应断开控制电源和合闸电源，隔离开关操作把手应锁住，确保不会误送电	《变电专业电气操作票技术规范》1.17 设备检修时，要拉开关操作直流、信号直流、熔断器电源隔离开关、动力电源空气断路器。1.18 停电时最后一项拉开空气断路器或直流熔断器		控保室：直流馈线柜。向下拉开空气断路器	(1) 误触直流电源，误触带电设备，造成伤害。(2) 造成直流短路。(3) 不戴好线手套、不穿长袖衣	(1) 电气设备检修前，为防止误直流合断路器，短路以免误送电和误合断路器，使断路器失去操作电源的发生，因此其操作的操作直流应按要求及时拉开。(2) 如果断路器直流不拉开操作直流，可以不拉开操作直流。(3) 必须由两人一起进行，一人工作，另一人监护，戴好线手套，且身穿长袖衣，防止低压触电
341 中龙甲线保护直流空气断路器段中龙甲线保护控制直流空气断路器				控保室：直流馈线柜。向下拉开空气断路器		
342 拉开 I 段 10kV 中龙甲线控制直流空气断路器				控保室：直流馈线柜。向下拉开空气断路器		

续表

操作票顺序	安规要求	其他相关规定	图片指示	操作位置及注意事项	风险分析	风险预控
343　拉开 I 段 1 号主变压器保护屏控制直流空气断路器	4.2.3 检修设备和可能来电侧的断路器、隔离开关应拉开，信号电源和合闸电源，隔离开关操作把手应锁住，确保手操作不会误送电	《变电专业电气操作票技术规范》1.17 设备检修时，要拉开其操作直流、信号直流、动力电源隔离开关、熔断器或空气断路器。1.18 停电时最后一项拉开操作直流熔断器	10kV中龙甲线控制直流隔离开关　1号主变护屏控制直流隔离开关　某保直流开关	控保室：直流馈线柜。向下拉开空气断路器	（1）误触直流电源，误触带电设备，造成伤害。（2）造成直流短路、接地。（3）不戴好手套、不穿长袖衣	（1）电气设备检修前，为防止误合断路器和对检修人员的伤害及直流接地、短路的发生，去操作电源以免误送电和误合断路器失去断路器的操作直流应按要求及时拉开。（2）如果断路器和二次无工作，可以不拉开操作直流。（3）必须由两人一起进行，一人工作，另一人监护，且穿长袖衣，戴好手套，防止低压触电
344　拉开 I 段公共测控屏公共直流空气断路器				控保室：直流馈线柜。向下拉开空气断路器		
345　拉开 I 段 66kV I 段储能直流空气断路器				控保室：直流馈线柜。向下拉开空气断路器		

续表

操作票顺序	安规要求	其他相关规定	图片指示	操作位置及注意事项	风险分析	风险预控
346 拉开 I 段 10kV I 段储能直流空气断路器	4.2.3 检修设备和可能来电侧的断路器、隔离开关应断开控制电源和合闸电源，隔离开关操作把手应锁住，确保不会误送电	《变电专业电气操作票技术规范》1.17 设备检修时，要拉开关操作直流、信号直流、动力电源隔离开关、熔断器或空气断路器。1.18 停电时最后一项拉开操作直流熔断器		控保室：直流馈线柜。向下拉开空气断路器		(1) 电气设备检修前，为防止误合断路器、短路电源以免伤害及直流操作的发生，去操作电源送电和误合断路器失电的发生。因此其断路器的操作直流应按要求及时拉开。(2) 如果断路器操作和二次工作，可以不拉开操作开关。(3) 必须由两人一起进行，一人工作，另一人监护，戴好线手套，且穿长袖衣，戴好低压绝缘手套，防止低压触电
347 拉开 II 段 2 号主变压器保护屏乙直流空气断路器				控保室：直流馈线柜。向下拉开空气断路器	(1) 误触直流电源，误触带电设备，造成伤害。(2) 造成直流短路。(3) 不接地，不戴好线手套，不穿长袖衣	
348 拉开 II 段 66kV 中先乙线保护直流空气断路器				控保室：直流馈线柜。向下拉开空气断路器		

续表

操作票顺序	安规要求	其他相关规定	图片指示	操作位置及注意事项	风险分析	风险预控
349 拉开 II 段 10kV 控保Ⅲ 柜保护直流空气断路器				控保室：直流馈线柜。向下拉开空气断路器		
350 拉开 II 段 10kV 控保Ⅲ 柜控制直流空气断路器	4.2.3 检修设备和可能来电侧的断路器、隔离开关应能断开控制电源、合闸电源和隔离电源，隔离开关操作把手应锁住，确保无操作不会误送电	《变电专业电气操作票技术规范》1.17 设备检修时，要拉开其操作直流、信号直流、动力电源隔离开关、熔断路器或空气断路器。1.18 停电时最后一项拉开操作电时最后一项拉开操作直流熔断器		控保室：直流馈线柜。向下拉开空气断路器	(1) 误触直流电源、误触带电设备，造成伤害。(2) 造成直流接地、短路。(3) 不戴好手套、不穿长袖衣	(1) 电气设备检修前，为防止误合断路器和对检修人员的伤害，使断路器及直流接地、短路的发生，去操作电源以免误送电和误合断路器的操作直器应按要求及时拉开。(2) 如果断路器和二次无工作，可以不拉开操作直流。(3) 必须由两人一起进行，一人工作，另一人监护，且穿长袖衣，戴好手套，防止低压触电
351 拉开 II 段 10kV 控保Ⅳ 柜保护直流空气断路器				控保室：直流馈线柜。向下拉开空气断路器		

续表

操作票顺序	安规要求	其他相关规定	图片指示	操作位置及注意事项	风险分析	风险预控
352 拉开 10kV 控保Ⅳ段控制直流空气断路器柜				控保室：直流馈线柜，向下拉开空气断路器		
353 拉开 10kV 控保Ⅴ段控保护直流空气断路器柜	4.2.3 检修设备和可能来电侧的断路器，隔离开关应断开控制电源合闸和合闸电源、隔离开关手把操作不应锁住，确保不会误送电	《变电专业电气操作票技术规范》1.17 设备检修时，要拉开其操作直流、信号直流、动力电源隔离开关、熔断器合成空气断路器。1.18 停电时最后一项拉开操作直流熔断器		控保室：直流馈线柜，向下拉开断路器	(1) 误触直流电源，误触带电设备，造成伤害。(2) 造成直流接地、短路。(3) 不戴长袖线手套、不穿长袖衣	(1) 电气设备检修前，对断路器和短路接地，为防止误合断路器及直流操作人员的伤害发生，使断路器失去操作以免误送电和误合其断路器的操作直流应按要求及时拉开。(2) 如果不拉开操作断路器和二次无工作，可以不拉开操作直流。(3) 必须由两人一起进行工作，另一人监护，一人操作，且穿长袖衣，戴好线手套，防止低压触电
354 拉开 10kV 控保Ⅴ段控制直流空气断路器柜				控保室：直流馈线柜，向下拉开断路器		

续表

操作票顺序	安规要求	其他相关规定	图片指示	操作位置及注意事项	风险分析	风险预控
355 拉开Ⅱ段中龙乙线保护直流空气断路器	4.2.3 检修设备和可能未电侧的断路器、隔离开关应断开其控制电源和合闸电源。隔离开关操作把手应锁住，确保不会误送电	《变电专业电气操作票技术规范》1.17 设备检修时，要拉开其操作直流、信号直流、动力电源隔离开关、熔断器或空气断路器。1.18 停电时最后一项拉开操作直流熔断器		控保室：直流馈线柜。向下拉空气断路器	（1）误触带电设备，造成伤害。（2）造成直流短路。（3）不戴好线手套、不穿长袖衣	（1）电气设备和对检修人员的伤害及直接地，短路电源以免误送电和误合断路器失去操作电源的发生，因此其断路器的操作直流应按要求及时拉开。（2）如果不拉开操作直流，可以不拉开直流。（3）必须由两人一起进行，一人工作，另一人监护，戴好线手套、且穿长袖衣，防止低压触电
356 拉开Ⅱ段1、2号主变压器测控屏控制直流空气断路器				控保室：直流馈线柜。向下拉空气断路器		
357 拉开Ⅱ段10kV中龙乙线控制直流空气断路器				控保室：直流馈线柜。向下拉空气断路器		

续表

操作票顺序	安规要求	其他相关规定	图片指示	操作位置及注意事项	风险分析	风险预控
358 拉开Ⅱ段2号主变压器保护屏控制直流空气断路器				控保室：直流馈线柜。向下拉开空气断路器。		
359 拉开Ⅱ段公用测控屏直流控制直流空气断路器Ⅱ	4.2.3 检修设备和可能未电侧的断路器，隔离开关应断开共操作，隔离开关和合闸电源，隔离开关操作把手应锁住，确保不会误送电	《变电专业电气操作票技术规范》1.17 设备检修时，要拉开其操作直流、信号直流、动力电源隔离开关，熔断器或空气断路器。1.18 停电时最后一项拉开操作直流熔断器		控保室：直流馈线柜。向下拉开断路器	(1) 误触直流电源，误触带电设备，造成伤害。(2) 造成直流短路。(3) 不戴好线手套，不穿长袖衣	(1) 电气设备和对检修前，为防止误合断路器接地、短流以免送电及直去操作电源以免送电和误送电及误合断路器失器的发生，因此其合断路器送电直流应按要求及时拉开。(2) 如果不拉开操作直流，可以不拉开操作和二次无工作。(3) 必须由两人一起进行，一人工作，另一人监护，戴好线手套，且穿长袖衣，防止低压触电
360 拉开Ⅱ段66kVⅡ段储能直流空气断路器				控保室：直流馈线柜。向下拉开空气断路器		

续表

操作票顺序	安规要求	其他相关规定	图片指示	操作位置及注意事项	风险分析	风险预控
361　拉开Ⅱ段 10kV Ⅱ段储能直流空气断路器				控保室:直流馈线柜。向下拉开空气断路器	（1）误触直流电源,误触带电设备,造成伤害。（2）造成直流短路。接地、短路。（3）不戴好线手套,不穿长袖衣	（1）电气设备检修前,为防止误合断路器和对检修人员的伤害及短路的发生,去操作电源以免误送电合断路器,因此其断路器的操作直流应按要求及时拉开。（2）如果断路器合上二次无工作,可以不拉开操作直流。（3）必须由两人一起进行,一人工作,另一人监护,且穿长袖衣,戴好手套,防止低压触电
362　拉开Ⅱ段故障录波器直流空气断路器	4.2.3 检修设备和可能来电侧的断路器、隔离开关应拉开,要断开控制电源和合闸电源,两隔离开关操作把手应锁住,确保不会误送电	《变电专业电气操作票技术规范》1.17 设备检修时,要拉开其操作直流、信号直流、动力电源隔离开关、熔断器或空气断路器。1.18 停电时最后一项拉开操作直流熔断器或断路器		控保室:直流馈线柜。向下拉开空气断路器		
363　拉开 1 号交流屏 2 号有载调压电源空气断路器				控保室:1 号交流馈电柜。向下拉开空气断路器		

续表

操作票顺序	安规要求	其他相关规定	图片指示	操作位置及注意事项	风险分析	风险预控
364 拉开1号交流屏1号主变压器分电箱空气断路器				控保室:1号交流馈电柜，向下拉开空气断路器	（1）误触直流电源，误触带电设备，造成伤害。（2）造成直流接地，短路。（3）不戴好绝缘手套，不穿长袖衣	（1）电气设备和对断路器检修前，为防止误合断路器、短路的发生，去操作电源以免误送电和误合断路器的操作直流按要求及时拉开。（2）如果不拉开操作直流，可以断路器和二次无工作。（3）必须由两人一起进行工作，另一人监护，戴好绝缘手套，且穿长袖衣，防止低压触电
365 拉开2号交流屏1号有载调压电源空气断路器	4.2.3 检修设备和可能来电侧的断路器，隔离开关应断开，要拉开其操作电源和合闸电源、隔离开关操作把手应锁住，确保不会误送电	《变电专业电气操作票技术规范》1.17 设备检修时，信号直流、动力电源隔离开关、熔断器或空气断路器，1.18 停电时最后一项拉开操作直流熔断器		控保室:2号交流馈电柜，向下拉开空气断路器		
366 拉开2号交流屏2号主变压器分电箱空气断路器				控保室:2号交流馈电柜，向下拉开空气断路器		
367 汇报调度	—	—	—	地区调度：记录时间和调度姓名	—	—

19 66kV 变电站内拆除全部安全措施

操作票顺序	安规要求	其他相关规定	图片指示	操作位置及注意事项	风险分析	风险预控
1 拆除 66kV Ⅰ段电压互感器二次空气断路器电压互感器侧端子上 8 号接地线一组	4.4.9 装设接地线应先接接地端,后接导体端,接地线应可靠。拆除接地线的顺序与此相反	《变电专业电气操作票技术规范》1.15.1 装设接地线时,验电后立即装设接地线,不得间断。装设接地线应先接接地端,后接导体端,连接应牢固可靠。拆除接地线应接触良好、连接可靠。拆除接地线顺序与此相反		66kV 高压室 66kV Ⅰ段电压互感器端子箱。先拆导体端,后拆接地端	(1) 拆接地线时,线夹脱落到有电设备一侧。(2) 不按调度指令拆除地线	(1) 地线由调度掌握,按调度指令设或拆除。(2) 现场自行掌握的地线由现场检修人员在得到值班调度员允许后方可自行装设,检修工作结束后,另行开操作票,自行拆除现场自行掌握的地线
2 拆除 66kV Ⅱ段电压互感器二次空气断路器电压互感器侧端子上 9 号接地线一组	4.4.9 装设接地线应先接接地端,后接导体端,接地线应可靠。拆除接地线的顺序与此相反	《变电专业电气操作票技术规范》1.15.1 装设接地线时,验电后立即装设接地线,不得间断。装设接地线应先接接地端,后接导体端,连接应牢固可靠。拆除接地线应接触良好、连接可靠。拆除接地线顺序与此相反		66kV 高压室 66kV Ⅱ段电压互感器端子箱。先拆导体端,后拆接地端	(1) 拆接地线时,线夹脱落到有电设备一侧。(2) 不按调度指令拆除地线	(1) 地线由调度掌握,按调度指令设或拆除。(2) 现场自行掌握的地线由现场检修人员在得到值班调度员允许后方可自行装设,检修工作结束后,另行开操作票,自行拆除现场自行掌握的地线
3 拆除 1 号接地变压器 380V 侧套管引线上 4 号接地线一组	4.4.9 装设接地线应先接接地端,后接导体端,接地线应可靠。拆除接地线的顺序与此相反	《变电专业电气操作票技术规范》1.15.1 装设接地线时,验电后立即装设接地线,不得间断。装设接地线应先接接地端,后接导体端,连接应牢固可靠。拆除接地线应接触良好、连接可靠。拆除接地线顺序与此相反		1 号接地变压器室。先拆导体端,后拆接地端	(1) 拆接地线时,线夹脱落到有电设备一侧。(2) 不按调度指令拆除地线	(1) 地线由调度掌握,按调度指令设或拆除。(2) 现场自行掌握的地线由现场检修人员在得到值班调度员允许后方可自行装设,检修工作结束后,另行开操作票,自行拆除现场自行掌握的地线

续表

操作票顺序	安规要求	其他相关规定	图片指示	操作位置及注意事项	风险分析	风险预控
4 拆除2号接地变压器380V侧套管引线上3号接地线一组	4.4.9 装设接地线应先接接地端，后接导体端，接地线应接触良好，连接可靠。拆除接地线的顺序与此相反	《变电专业电气操作票技术规范》1.15.1 装设接地线时，验电后立即装设接地线，后接设备应先接接地端，后接导体端，连接接地线应接触良好，接地线应接触良好、连接可靠。拆除接地线应与此相反		2号接地变压器体侧，先拆接导体端，后拆接接地端	（1）拆接地线时，线夹脱落到电设备一侧。（2）不按调度指令拆除地线	（1）地线由调度指令装设或拆除，现场必须按调度指令装设或拆除。（2）现场自行掌握的地线由现场允许工作的检修人员在得到值班调度指令方可自行装设，自行开操作票，另行开操作结束后，自行掌握现场自行拆除的地线
5 检查3、4、8、9号共4组接地线确已拆除	4.4.12 每组接地线均应编号，并存放在固定地点。存放位置编号也应与接地线编号相一致，接地线号码与存放位置编号应一致。装、拆接地线，应做好记录，交接班时应交代清楚	《变电专业电气操作票技术规范》5.8.2 接地线拆除后可为一项总的检查项目，检查每拆除的一组接地线要在该接地线号上用红笔打"√"	—	核对地线编号，检查确已拆出	（1）带接地开关或接地合闸。（2）不认真核对地线	临时接地线全部拆除后，并检查确已拆除
6 拉开1号接地变压器05接地开关	—	《变电专业电气操作票技术规范》5.8.1 接地开关每拉开一组检查一组		10kV高压室。按下插孔挡板，将把手完全插入插孔，逆时针转动把手，拉开隔离开关	不按调度指令拉开接地开关	（1）地线由调度指令装设或拆除，现场必须按调度指令装设或拆除。（2）现场自行掌握的地线由现场允许工作的检修人员在得到值班调度指令方可自行装设，自行开操作票，另行开操作结束后，自行掌握现场自行拆除的地线
7 检查05接地开关确已拉开	—	《变电专业电气操作票技术规范》5.8.4 在操作点看不见接地开关的实际位置时，要检查接地开关操作后的实际位置		10kV高压室侧小屏柜，检查接地开关机械位置	接地开关分不到位	接地开关失灵，应查明原因，汇报调度及检修人员处理，不得自行处理

续表

操作票顺序	安规要求	其他相关规定	图片指示	操作位置及注意事项	风险分析	风险预控
8 拉开1号电容器06接地开关	—	《变电专业电气操作票技术规范》5.8.1 接地开关每拉开一组检查一组		10kV高压室。按下插孔挡板，将把手完全插入插孔，逆时针转动把手，拉开隔离开关	不按调度指令拉开接地开关	(1) 地线由调度掌握，现场必须按调度指令自行装设或拆除。(2) 现场自行掌握的地线由检修工作人员在得到值班员允许装设，检修工作结束后，指令方可自行操作票，另行开操作票，现场自行拆除现场自行掌握的地线
9 检查06接地开关确已拉开	—	《变电专业电气操作票技术规范》5.8.4 在操作地点看不见位置时，要检查接地开关操作后的实际位置		10kV高压室。屏柜后侧小窗，检查接地开关位置	接地开关分不到位	接地开关关灵，应查明原因，汇报调度及检修人员处理
10 拉开2号接地变压器29接地开关	—	《变电专业电气操作票技术规范》5.8.1 接地开关每拉开一组检查一组		10kV高压室。按下插孔挡板，将把手完全插入插孔，逆时针转动把手，拉开隔离开关	不按调度指令拉开接地开关	(1) 地线由调度掌握，现场必须按调度指令自行装设或拆除。(2) 现场自行掌握的地线由检修工作人员在得到值班员允许装设，检修工作结束后，指令方可自行操作票，另行开操作票，现场自行拆除现场自行掌握的地线
11 检查29接地开关确已拉开	—	《变电专业电气操作票技术规范》5.8.4 在操作地点看不见位置时，要检查接地开关操作后的实际位置		10kV高压室。屏柜后侧小窗，检查接地开关位置	接地开关分不到位	接地开关关灵，应查明原因，汇报调度及检修人员处理

续表

操作票顺序	安规要求	其他相关规定	图片指示	操作位置及注意事项	风险分析	风险预控
12 拉开2号电容器30接地开关	—	《变电专业电气操作票技术规范》5.8.1 接地开关每拉开一组检查一组		10kV高压室。按下插孔挡板，将把手完全插入插孔，逆时针转动把手，拉开隔离开关	不按调度指令拉开接地开关	（1）地线由调度指令掌握，现场必须按调度指令装设或拆除；（2）现场自行掌握的地线由现场工作人员在得到方可值班调度指令自行装设，检修工作结束后，另行开操作票，自行拆除现场自行掌握的地线
13 检查30接地开关确已拉开	—	《变电专业电气操作票技术规范》5.8.4 在操作接地开关不见地点的实际位置时，要检查接地开关操作后的实际位置		10kV高压室。屏后柜侧小窗，检查接地开关机械位置	接地开关分不到位	接地开关失灵，应查明原因，汇报检修人员处理，不得自行处理
14 拉开2号电容器接地开关	—	《变电专业电气操作票技术规范》5.8.1 接地开关每拉开一组检查一组		2号电容器室。向下拉隔离开关	不按调度指令拉开接地开关	（1）地线由调度指令掌握，现场必须按调度指令装设或拆除；（2）现场自行掌握的地线由现场工作人员在得到方可值班调度指令自行装设，检修工作结束后，另行开操作票，自行拆除现场自行掌握的地线

续表

操作票顺序	安规要求	其他相关规定	图片指示	操作位置及注意事项	风险分析	风险预控
15 检查2号电容器接地开关确已拉开	—	《变电专业电气操作票技术规范》5.8.4 在操作地点看不见接地开关的实际位置时，要检查接地开关操作后的实际位置		2号电容器室，触头确已分开	接地开关分不到位	接地开关失灵，应查明原因，汇报调度及检修人员处理，不得自行处理
16 拉开1号电容器接地开关	—	《变电专业电气操作票技术规范》5.8.1 接地开关每拉开一组要检查一组		1号电容器室，向下拉开隔离开关	不按调度指令拉开接地开关	（1）地线由调度指令掌握，现场必须按调度指令拆设或拆除。（2）现场自行掌握的地线调度员允许工作的人员在得到许可工作结束后才可自行装设。检修工作结束后，另行开操作票，现场自行掌握的地线
17 检查1号电容器接地开关确已拉开	—	《变电专业电气操作票技术规范》5.8.4 在操作地点看不见接地开关的实际位置时，要检查接地开关操作后的实际位置		1号电容器室，触头确已分开	接地开关分不到位	接地开关失灵，应查明原因，汇报调度及检修人员处理，不得自行处理

20 66kV 中先甲线、中先乙线 1、2 号主变压器及先锋变电站送电

操作票顺序	安规要求	其他相关规定	图片指示	操作位置及注意事项	风险分析	风险预控
1 联系调度	—	—	—	电话联系地区调度；记录时间和调度姓名	—	—
2 合上Ⅰ段1号主变压器保护屏保护直流空气断路器	—	《变电专业电气操作票技术规范》1.16操作顺序：停电时先拉开正极，后拉开负极；送电时先合上负极，后合上正极。1.17设备检修时，要拉开其操作直流、信号直流，动力电源隔离开关、熔断器或空气断路器。1.18送电时，第一项操作必须合上操作直流熔断器	控制导线 1号主变压器保护直流开关	控保室：直流馈线柜 向上合上空气断路器	(1)断路器（或保护）无操作电源，故障不能及时跳开断路器。(2)误触带电设备，造成伤害。(3)造成直流接地、短路。(4)不戴好线手套，不穿长袖衣	(1)电气设备操作过程中，因发生事故时能及时跳开断路器，因此其事故直流应按要求投入。(2)必须由两人一起进行，一人工作，另一人监护，戴好线手套，且穿长袖衣，防止低压触电。
3 合上Ⅰ段66kV中先甲线保护直流空气断路器	—		卫星楼时直流开关 66kV中先甲线保护直流开关 66kV中先乙线保护直流开关	控保室：直流馈线柜 向上合上空气断路器		
4 合上Ⅰ段10kV控保柜保护直流空气断路器	—		导线 10kV控保Ⅰ柜保护直流开关	控保室：直流馈线柜 向上合上空气断路器		

续表

操作票顺序	安规要求	其他相关规定	图片指示	操作位置及注意事项	风险分析	风险预控
5 合上 I 段10kV 控保 I 柜控制直流空气断路器	—	《变电专业电气操作票技术规范》1.16 操作顺序:停电时先拉开正极,后拉开负极;送电时先合负极,后合正极。1.17 设备检修时,要拉开其操作直流、动力电源或空气开关、熔断器或熔断路。1.18 送电时,第一项操作必须合上操作直流断路器		控保室:直流馈线柜。向上合上空气断路器	(1) 断路器 (或保护) 无操作电源,故障不能及时跳开断路器。(2) 误触带电设备,造成伤害。(3) 造成直流接地、短路。(4) 不戴好线手套,不穿长袖衣	(1) 电气设备操作过程中,因发生事故时能及时跳开断路器,因此其断路器操作直流应按要求投入。(2) 必须由两人一起进行,一人监护,另一人监护,戴好线手套,且穿长袖衣,防止低压触电
6 合上 I 段10kV 控保 II 柜保护直流空气断路器	—			控保室:直流馈线柜。向上合上空气断路器		
7 合上 I 段10kV 控保 II 柜控制直流空气断路器	—			控保室:直流馈线柜。向上合上空气断路器		

续表

操作票顺序	安规要求	其他相关规定	图片指示	操作位置及注意事项	风险分析	风险预控
8 合上 I 段中龙甲线保护直流空气断路器	—	《变电专业电气操作票技术规范》1.16 操作直流熔断器的操作顺序:停电时先拉开正极,后拉开负极;送电时先合负极,后合正极。1.17 设备检修时直流、动力电源或空气断路器,拉开其操作直流、信号直流、熔断器或空气断路器。1.18 送电时,第一项操作必须合上操作直流熔断器		控保室:直流馈线柜。向上合上空气断路器	(1) 断路器(或保护)无操作电源,故障不能及时跳开断路器。(2) 误触带电设备,造成伤害。(3) 造成直流接地、短路。(4) 不戴好线手套、不穿长袖衣	(1) 电气设备操作过程中,因发生事故时能及时跳开断路器,因此其断路器操作直流应按要求投入。(2) 必须由两人一起进行,一人监护、另一人操作,戴好线手套,且穿长袖衣,防止低压触电
9 10kV 中龙甲线控制直流空气断路器	—			控保室:直流馈线柜。向上合上空气断路器		
10 1 号主变压器保护屏控制直流空气断路器	—			控保室:直流馈线柜。向上合上空气断路器		

续表

操作票顺序	安规要求	其他相关规定	图片指示	操作位置及注意事项	风险分析	风险预控
11　合上 I 段公共测控屏直流空气断路器 I	—			控保室：直流馈线柜。向上合上空气断路器	（1）断路器（或保护）无操作电源，故障不能及时跳开断路器。（2）误触带电电源，造成伤害。（3）造成直流短路、接地。（4）不戴好线手套、不穿长袖衣	（1）电气设备操作过程中，因发生事故及时能及时跳开断路器，因此其断路器直流操作应按要求投入。（2）必须由两人一起进行，一人工作，另一人监护，戴好线手套，且穿长袖衣，防止低压触电
12　合上 I 段储能66kV I 段直流空气断路器	—	《变电专业电气操作票技术规范》1.16 操作直流熔断器的操作顺序：停电时先拉开正极，后拉开负极；送电时先合负极，后合正极。1.17 设备检修时，要拉开其操作直流、动力电源空气断路器或电源隔离开关。1.18 送电时，第一项操作必须合上直流空气断路器，第一项操作必须合上直流熔断器		控保室：直流馈线柜。向上合上空气断路器		
13　合上 I 段储能10kV I 段直流空气断路器	—			控保室：直流馈线柜。向上合上空气断路器		

续表

操作票顺序	安规要求	其他相关规定	图片指示	操作位置及注意事项	风险分析	风险预控
14 合上Ⅱ段2号主变压器保护屏直流空气断路器	—	《变电专业电气操作票技术规范》1.16 操作直流熔断器的操作顺序:停电时先拉开正极,后拉开负极;送电时先合上负极,后合上正极。1.17 设备检修时,信号直流、动力电源隔离开关、熔断器或空气断路器。1.18 送电时,第一项操作必须合上直流熔断器		控保室:直流馈线柜:向上合上空气断路器		
15 合上Ⅱ段66kV中先乙线保护直流空气断路器	—			控保室:直流馈线柜:向上合上空气断路器	(1)断路器(或保护)无操作电源、故障不能及时跳开断路器。(2)误触带电设备、电源,造成伤害。(3)造成直流接地、短路。(4)不戴手套、不穿长袖衣	(1)电气设备操作过程中,因发生事故时能及时跳开断路器,因此其断路器直流操作应按要求投入。(2)必须由两人一起进行,一人监护,另一人操作,戴好线手套,且穿长袖衣,防止低压触电
16 合上Ⅱ段10kV控保Ⅲ柜保护直流空气断路器	—			控保室:直流馈线柜:向上合上空气断路器		

续表

操作票顺序	安规要求	其他相关规定	图片指示	操作位置及注意事项	风险分析	风险预控
17 合上Ⅱ段10kV控保Ⅲ柜控制直流空气断路器	—	《变电专业电气操作票技术规范》1.16操作直流熔断器的操作顺序：停电时先拉开正极，后拉开负极；送电时先合负极，后合正极。1.17设备检修操作直流、拉开其操作直流、动力电源或空气断路器或熔断器。1.18送电时，第一项操作必须合上操作直流熔断器		控保室：直流馈线柜 向上合上空气断路器	（1）断路器（或保护）无操作电源，故障不能及时跳开断路器。（2）直流接触带电设备，造成伤害。（3）直流接地，造成短路。（4）不戴好直流手套，不穿长袖衣	（1）电气设备操作过程中，因发生事故时能及时跳开断路器，因此共断路器直流应按要求投入。（2）必须由两人一起进行，另一人监护，戴好线手套，且穿长袖衣，防止低压触电入
18 合上Ⅱ段10kV控保Ⅳ柜保护直流空气断路器	—			控保室：直流馈线柜 向上合上空气断路器		
19 合上Ⅱ段10kV控保Ⅳ柜控制直流空气断路器	—			控保室：直流馈线柜 向上合上空气断路器		

续表

操作票顺序	安规要求	其他相关规定	图片指示	操作位置及注意事项	风险分析	风险预控
20 合上Ⅱ段10kV控保Ⅴ柜保护直流空气断路器	—	《变电专业电气操作票技术规范》1.16 操作直流熔断器的操作顺序：停电时先拉开正极，后拉开负极；送电时先合负极，后合正极。1.17 设备检修时，要拉开其操作直流、信号直流、动力电源空气开关、熔断器或空气断路器。1.18 送电时，第一项操作必须合上操作直流熔断器		控保室：直流 馈线柜：向上合上空气断路器	(1) 断路器（或保护）无操作电源，故障不能及时跳开断路器。(2) 误触带电设备，造成伤害。(3) 造成直流接地、短路。(4) 不戴好线手套，不穿长袖衣	(1) 电气设备操作过程中，因发生事故时能及时跳开断路器，因此断路器操作直流应按要求投入。(2) 必须由两人一起进行，一人工作，另一人监护，戴好线手套，且穿长袖衣，防止低压触电
21 合上Ⅱ段10kV控保Ⅴ柜控制直流空气断路器	—			控保室：直流 馈线柜：向上合上空气断路器		
22 合上Ⅱ段中龙乙线保护直流空气断路器	—			控保室：直流 馈线柜：向上合上空气断路器		

续表

操作票顺序	安规要求	其他相关规定	图片指示	操作位置及注意事项	风险分析	风险预控
23 合上Ⅱ段1、2号主变压器测控屏控制直流空气断路器	—			控保室。馈线柜。向上合上空气断路器	（1）断路器（或保护）无操作电源，故障不能及时跳开断路器。（2）误触带电设备，造成伤害。（3）造成直流接地、短路。（4）不戴好线手套，不穿长袖衣	（1）电气设备操作过程中，因发生事故时能及时跳开断路器，因此共断路器直流操作应按要求投入。（2）必须由两人一起进行，一人监护，另一人操作，戴好线手套，且穿长袖衣，防止低压触电
24 合上Ⅱ段10kV中龙乙线控制直流空气断路器	—	《变电专业电气操作票技术规范》1.16 操作直流熔断器的操作顺序：停电时先拉开正极，后拉负极；送电时先合负极，后合正极。1.17 设备检修时，要拉开其操作直流、动力电源空气断路器或熔断器；送电时，第一项操作必须合上操作直流熔断器。1.18 送电时先合上操作直流熔断器		控保室。馈线柜。向上合上空气断路器		
25 合上Ⅱ段2号主变压器保护屏控制直流空气断路器	—			控保室。馈线柜。向上合上空气断路器		

续表

操作票顺序	安规要求	其他相关规定	图片指示	操作位置及注意事项	风险分析	风险预控
26 合上Ⅱ段公用测控屏直流空气断路器Ⅱ	—			控保室：直流馈线柜，向上合上空气断路器	（1）断路器（或保护）无操作电源，故障不能及时跳开断路器。（2）误触带电设备，误触带电设备，造成伤害。（3）造成直流接地，短路。（4）不戴好线手套，不穿长袖衣	（1）电气设备操作过程中，因发生事故时能及时跳开断路器，因此其断路器操作直流应按要求投入。（2）必须由两人一起进行工作，另一人监护，戴好线手套，且穿长袖衣，防止低压触电
27 合上Ⅱ段66kVⅡ段储能直流空气断路器Ⅱ	—	《变电专业电气操作票技术规范》1.16操作直流熔断器的操作顺序：停电时先拉开正极，后拉开负极；送电时先合上负极，后合上正极。1.17设备检修时拉开其操作直流、信号直流，动力电源隔离开关、熔断器或空气断路器。1.18送电时，第一项操作必须合上操作直流熔断器		控保室：直流馈线柜，向上合上空气断路器		
28 合上Ⅱ段10kVⅡ段储能直流空气断路器Ⅱ	—			控保室：直流馈线柜，向上合上空气断路器		

续表

操作票顺序	安规要求	其他相关规定	图片指示	操作位置及注意事项	风险分析	风险预控
29 合上Ⅱ段直流故障录波器空气断路器	—	《变电专业电气操作票技术规范》1.16 操作直流熔断器的操作顺序:停电时先拉开正极,后拉开负极;送电时先合负极,后合正极。1.17 设备检修时,要拉开其操作直流、动力电源或空气开关,熔断器或空气断路器。1.18 送电时,第一项操作必须合上操作直流熔断器		控保室:直流馈线柜。向上合上空气断路器	(1) 断路器(或保护)无操作电源,故障断路器跳开不能及时跳开断路器。 (2) 误触带电设备,造成伤害。 (3) 造成直流接地、短路。 (4) 不戴好线手套、不穿长袖衣	(1) 电气设备操作过程中,因发生事故时能及时对跳开断路器,因此其断路器操作直流应按要求投入。 (2) 必须由两人一起进行,一人工作,另一人监护,戴好线手套且穿长袖衣,防止低压触电
30 合上1号交流屏2号有载调压电源空气断路器	—			控保室:1号交流馈电柜。向上合上空气断路器		
31 合上1号交流屏1号主变压器分电箱电源空气断路器	—			控保室:1号交流馈电柜。向上合上空气断路器		

续表

操作票顺序	安规要求	其他相关规定	图片指示	操作位置及注意事项	风险分析	风险预控
32 合上2号主变压器分电箱电源空气断路器	—	《变电专业电气操作票技术规范》1.16操作直流熔断器的操作顺序:停电时先拉开正极,后拉开负极;送电时先合上负极,后合上正极。1.17设备检修时,要拉开其操作直流、动力电源隔离开关、熔断器或空气断路器。1.18送电时,第一项操作必须合上操作直流熔断器		控保室;2号交流馈电柜;向上合上空气断路器	(1)断路器(或保护)无操作电源、故障不能及时跳开断路器。(2)误触带电设备,造成伤害。(3)造成直流接地、短路。(4)不戴好手套,不穿长袖衣	(1)电气设备操作过程中,因发生事故时能及时跳开断路器,因此其断路器操作应按要求投入。(2)必须由两人一起进行,一人工作,另一人监护,且穿好长袖衣,戴好线手套,防止低压触电
33 合上2号有载调压电源空气断路器	—			控保室;2号交流馈电柜;向上合上空气断路器		
34 拆除中先甲线路入口引线上1号接地线一组	4.4.9 装设接地线应先接接地端,后接导体端;接地线连接应可靠。拆接地线的顺序与此相反	《变电专业电气操作票技术规范》1.15.1 装设接地线时,验电后立即装接地线,不得间断。装设接地线应先接接地端,后接导体端,连接良好、接触良好;拆接地线可按操作票,拆除接地线顺序与此相反		66kV高压室;先拆导体端,后拆接地端	(1)拆接地线时,关未脱落到有电设备一侧。(2)不按调度指令拆除接地线	(1)地线由调度掌握,按调度指令发设装拆除。(2)现场自行掌握的地线由现场工作结束后,另行开操作票,自行开操作现场自行掌握的地线

续表

操作票顺序	安规要求	其他相关规定	图片指示	操作位置及注意事项	风险分析	风险预控
35 拆除中先乙线线路入口引线上 2 号接地线一组	4.4.9 装设接地线应先接接地端，后接导体端，接接地线应接触良好，连接应可靠。拆接地线的顺序与此相反	《变电专业电气操作票技术规范》1.15.1 装设接地线时，验电后立即装设接地线，不得间断。装设接地线应先接接地端，后接导体端，拆接地线应先拆导体端，后拆接地端。拆除接地线顺序与此相反		66kV 高压室。先拆导体端，后拆接地端	(1) 拆接地线时，线夹脱落到有电设备一侧。(2) 不按调度指令拆除接地线	(1) 地线由调度指令掌握，现场必须按调度指令自行装设或拆除。(2) 现场自行掌握的地线由现场检修人员在得到班调度员允许后自行装设。检修工作结束后，自行开操作票，另行开操作票，自行拆除现场自行掌握的地线
36 检查 1、2 号共 2 组接地线确已拆除	4.4.12 每组接地线均应编号，并存放在固定地点，存放位置也应有编号，接地线号码与存放位置号码应一致。装、拆接地线，应做好记录，交接班时应交代清楚	《变电专业电气操作票技术规范》5.8.2 接地线拆除后可为一项总的检查项目，检查拆除的接地线在该接地线号上用红笔打"√"	—	核对地线编号，检查确已拆出	(1) 带接地开关或接地线合闸。(2) 不认真核对地线	临时地线全部拆除后，一并检查确认拆除
37 拉开和平乙线 01 接地开关	—	《变电专业电气操作票技术规范》5.8.1 接地开关每拉开一组检查一组		10kV 高压室。按下插孔板，将把手完全插入插孔，逆时针转动把手，拉开隔离开关	不按调度指令拉开接地开关	(1) 地线由调度指令掌握，现场必须按调度指令自行装设或拆除。(2) 现场自行掌握的地线由现场检修人员在得到班调度员允许后自行装设。检修工作结束后，另行开操作票，自行拆除现场自行掌握的地线

301

续表

操作票顺序	安规要求	其他相关规定	图片指示	操作位置及注意事项	风险分析	风险预控
38 检查 01 接地开关确已拉开	—	《变电专业电气操作票技术规范》5.8.4 在操作地点看不见接地开关的实际位置时，要检查接地开关操作后的实际位置		10kV 高压室。屏柜后侧小窗，检查接地开关机械位置	接地开关不到位	接地开关失灵，应查明原因，汇报检修人员处理，不得自行处理
39 拉开热力线 02 接地开关	—	《变电专业电气操作票技术规范》5.8.1 接地开关每检查一组		10kV 高压室。按下插孔挡板，将把手完全插入插孔，逆时针转动把手，拉开隔离开关	不按调度指令拉开接地开关	（1）地线由调度掌握，现场必须按调度指令方可装设或拆除。 （2）现场自行掌握的地线由现场人员在得到许可调度装设的指令后方可自行拆除，检修工作结束后，另行操作票，自行拆除现场自行掌握的地线
40 检查 02 接地开关确已拉开	—	《变电专业电气操作票技术规范》5.8.4 在操作地点看不见接地开关的实际位置时，要检查接地开关操作后的实际位置		10kV 高压室。屏柜后侧小窗，检查接地开关机械位置	接地开关不到位	接地开关失灵，应查明原因，汇报检修人员处理，不得自行处理

续表

操作票顺序	安规要求	其他相关规定	图片指示	操作位置及注意事项	风险分析	风险预控
41 拉开香坊线 03 接地开关	—	《变电专业电气操作票技术规范》5.8.1 接地开关每拉开一组检查一组	香坊线03接地开关插孔	10kV高压室。按下插孔板，将把手完全插入插孔，逆时针转动把手，拉开隔离开关	不按调度指令拉开接地开关	(1) 地线由调度掌握，现场必须按调度指令自行装设或拆除。(2) 现场自行掌握的地线由现场工作许可人允许装设。检修工作结束后，另行开操作票，自行拆除现场自行掌握的地线
42 检查 03 接地开关确已拉开	—	《变电专业电气操作票技术规范》5.4 在操作接地开关不见实际位置时，要检查接地开关操作后的实际位置		10kV高压室。屏柜后侧小窗，检查接地开关机械位置	接地开关分不到位	接地开关失灵，应查明原因，汇报调度及检修人员处理
43 拉开新春线 04 接地开关	—	《变电专业电气操作票技术规范》5.8.1 接地开关每拉开一组检查一组	新春线04接地开关插孔	10kV高压室。按下插孔板，将把手完全插入插孔，逆时针转动把手，拉开隔离开关	不按调度指令拉开接地开关	(1) 地线由调度掌握，现场必须按调度指令自行装设或拆除。(2) 现场自行掌握的地线由现场工作许可人允许装设。检修工作结束后，另行开操作票，自行拆除现场自行掌握的地线

续表

操作票顺序	安规要求	其他相关规定	图片指示	操作位置及注意事项	风险分析	风险预控
44 检查04接地开关已拉开	—	《变电专业电气操作票技术规范》5.8.4 在操作地点看不见接地开关位置时，要检查操作后的实际接地开关位置		10kV高压室，屏柜后窗，检查接地开关机械位置	接地开关分不到位	接地开关失灵，应查明原因，汇报调度人员处理，不得自行处理
45 拉开淮河线07接地开关	—	《变电专业电气操作票技术规范》5.8.1 接地开关每拉一组检查一组		10kV高压室，按下插孔挡板，将把手完全插入插孔，逆时针转动把手，拉开隔离开关	不按调度指令拉开接地开关	（1）地线由调度掌握，现场必须按调度指令装设或拆除。（2）现场到值班调度员允许自行操作的指令后方可自行装设、另行开操作结束后，自行拆除现场自行掌握的地线
46 检查07接地开关已拉开	—	《变电专业电气操作票技术规范》5.8.4 在操作地点看不见接地开关位置时，要检查操作后的实际接地开关位置		10kV高压室，屏柜后窗，检查接地开关机械位置	接地开关分不到位	接地开关失灵，应查明原因，汇报调度及检修人员处理，不得自行处理

续表

操作票顺序	安规要求	其他相关规定	图片指示	操作位置及注意事项	风险分析	风险预控
47　拉开辽河线08接地开关	—	《变电专业电气操作票技术规范》5.8.1接地开关每拉开一组检查一组		10kV高压室。按下插孔挡板，将把手完全插入插孔，逆时针转动把手，拉开隔离开关	不按接地开关拉开接地开关	（1）地线由调度指令掌握，现场必须按调度指令装设或拆除。（2）现场自行掌握的地线由现场工作人员在得到值班员允许工作的指令后方可自行装设。检修工作结束后，另行操作票，自行拆除现场自行掌握的地线
48　检查08接地开关确已拉开	—	《变电专业电气操作票技术规范》5.8.4在操作地开关不见接地点的实际位置时，要检查接地开关操作后的实际位置		10kV高压室后侧小屏柜，检查接地开关机械位置	接地开关到位	接地开关失灵，应查明原因，汇报检修及检查人员处理
49　拉开中龙甲线11接地开关	—	《变电专业电气操作票技术规范》5.8.1接地开关每拉开一组检查一组		10kV高压室。按下插孔挡板，将把手完全插入插孔，逆时针转动把手，拉开隔离开关	不按接地开关拉开接地开关	（1）地线由调度指令掌握，现场必须按调度指令装设或拆除。（2）现场自行掌握的地线由现场工作人员在得到值班员允许工作的指令后方可自行装设。检修工作结束后，另行操作票，自行拆除现场自行掌握的地线

续表

操作票顺序	安规要求	其他相关规定	图片指示	操作位置及注意事项	风险分析	风险预控
50 检查11接地开关确已拉开	—	《变电专业电气操作票技术规范》5.8.4 在操作地点看不见接地开关的实际位置时，要检查接地开关操作后的实际位置		10kV 高压室。屏柜后侧小窗，检查接地开关机械位置	接地开关未分不到位	接地开关关失灵，应查明原因，汇报调度及检修人员处理
51 拉开会新线12接地开关	—	《变电专业电气操作票技术规范》5.8.1 接地开关每组检查一组		10kV 高压室。按下插孔挡板，将把手完全插入插孔，逆时针转动把手，拉开隔离开关	不按调度指令拉开接地开关	（1）地线由调度掌握，按调度指令投设或拆除。（2）现场自行掌握的地线由现场值班人员在得到调度指令方可自行装设。检修工作结束后，另行开操作票，拆除现场自行掌握的地线
52 检查12接地开关确已拉开	—	《变电专业电气操作票技术规范》5.8.4 在操作地点看不见接地开关的实际位置时，要检查接地开关操作后的实际位置		10kV 高压室。屏柜后侧小窗，检查接地开关机械位置	接地开关未分不到位	接地开关关失灵，应查明原因，汇报调度及检修人员处理

续表

操作票顺序	安规要求	其他相关规定	图片指示	操作位置及注意事项	风险分析	风险预控
53 拉开信耦乙线13接地开关	—	《变电专业电气操作票技术规范》5.8.1 接地开关每拉开一组检查一组		10kV 高压室。按下插孔挡板，将把手完全插入插孔，逆时针转动把手，拉开隔离开关	不按调度指令拉开接地开关	（1）地线由调度指令掌握，现场必须按调度指令自行装设或拆除。（2）现场自行掌握的地线由现场人员在得到值班调度员允许工作结束后，另行开操作票，自行拆除现场自行掌握的地线
54 检查13接地开关确已拉开	—	《变电专业电气操作票技术规范》5.8.4 在操作接地开关时，地点看不见接地开关的实际位置时，要检查接地开关后操作的实际位置		10kV 高压室。屏柜后侧小窗，检查接地开关机械位置	接地开关不到位	接地开关失灵，应查明原因，汇报检修及检修人员处理
55 拉开丽景线14接地开关	—	《变电专业电气操作票技术规范》5.8.1 接地开关每拉开一组检查一组		10kV 高压室。按下插孔挡板，将把手完全插入插孔，逆时针转动把手，拉开隔离开关	不按调度指令拉开接地开关	（1）地线由调度指令掌握，现场必须按调度指令自行装设或拆除。（2）现场自行掌握的地线由现场人员在得到值班调度员允许工作结束后，另行开操作票，自行拆除现场自行掌握的地线

续表

操作票顺序	安规要求	其他相关规定	图片指示	操作位置及注意事项	风险分析	风险预控
56 检查14接地开关确已拉开	—	《变电专业电气操作票技术规范》5.8.4 在操作点看不见接地开关的实际位置时，要检查接地开关操作后的实际位置		10kV高压室，屏柜后侧小窗，检查接地开关机械位置	接地开关分不到位	接地开关失灵，应查明原因，汇报调度及检修人员处理，不得自行处理
57 拉开泰每线21接地开关	—	《变电专业电气操作票技术规范》5.8.1 接地开关每拉开一组检查一组		10kV高压室，按下插孔挡板，将把手完全插入插孔，逆时针转动把手，拉开隔离开关	不按调度指令拉开接地开关	（1）地线由调度掌握，按调度指令方可装设或拆除。（2）现场自行掌握的地线由现场人员在得到值班调度员允许后方可自行装设。检修工作结束后，另行开操作票，自行拆除现场自行掌握的地线
58 检查21接地开关确已拉开	—	《变电专业电气操作票技术规范》5.8.4 在操作点看不见接地开关的实际位置时，要检查接地开关操作后的实际位置		10kV高压室，屏柜后侧小窗，检查接地开关机械位置	接地开关分不到位	接地开关失灵，应查明原因，汇报调度及检修人员处理，不得自行处理

续表

操作票顺序	安规要求	其他相关规定	图片指示	操作位置及注意事项	风险分析	风险预控
59 拉开中龙乙线22接地开关	—	《变电专业电气操作票技术规范》5.8.1 接地开关每拉开一组检查一组		10kV高压室。按下插孔挡板，将把手完全插入插孔，逆时针转动把手，拉开隔离开关	不按调度指令拉开接地开关	（1）地线由调度掌握，现场必须按调度指令装设或拆除。（2）现场自得到值班调度员允许自行装设，检修工作结束后，另行开操作票，自行拆除现场自行掌握的地线
60 检查22接地开关确已拉开	—	《变电专业电气操作票技术规范》5.8.4 在操作地点看不见实际位置时，要检查接地开关操作后的实际位置		10kV高压室后屏柜侧小窗，检查接地开关机械位置	接地开关分不到位	接地开关关灵，应查明原因，汇报检修及检修人员处理
61 拉开建工线23接地开关	—	《变电专业电气操作票技术规范》5.8.1 接地开关每拉开一组检查一组		10kV高压室。按下插孔挡板，将把手完全插入插孔，逆时针转动把手，拉开隔离开关	不按调度指令拉开接地开关	（1）地线由调度掌握，现场必须按调度指令装设或拆除。（2）现场自得到值班调度员允许自行装设，检修工作结束后，另行开操作票，自行拆除现场自行掌握的地线

续表

操作票顺序	安规要求	其他相关规定	图片指示	操作位置及注意事项	风险分析	风险预控
62 检查23接地开关确已拉开	—	《变电专业电气操作票技术规范》5.8.4 在操作地点看不见接地位置时，要检查后操作的实际接地开关操作后的实际位置		10kV 高压室。屏柜后侧小窗，检查接地开关机械位置	接地开关分不到位	接地开关关失灵，应查明原因，汇报调度及检修人员处理
63 拉开货场线24接地开关每拉开一组	—	《变电专业电气操作票技术规范》5.8.1 接地开关每拉开一组检查一组		10kV 高压室。按下插孔挡板，将把手完全插入插孔，逆时针转动把手，拉开隔离开关	不按调度指令拉开接地开关	（1）地线由调度指令掌握，现场必须按调度指令装设或拆除。现场自行掌握的地线由现场工作许可人员在得到方可自行指令调度班结束后，另行开操作票，自行拆除现场自行掌握的地线。（2）现场自行掌握的地线由检修人员自行装设。检修工作结束后，另行开操作票，自行拆除现场自行掌握的地线
64 检查24接地开关确已拉开	—	《变电专业电气操作票技术规范》5.8.4 在操作地点看不见接地位置时，要检查后操作的实际接地开关操作后的实际位置		10kV 高压室。屏柜后侧小窗，检查接地开关机械位置	接地开关分不到位	接地开关关失灵，应查明原因，汇报调度及检修人员处理

续表

操作票顺序	安规要求	其他相关规定	图片指示	操作位置及注意事项	风险分析	风险预控
65 拉开化区线25接地开关	—	《变电专业电气操作票技术规范》5.8.1 接地开关每拉开一组检查一组		10kV 高压室。按下插孔挡板，将把手完全插入插孔，逆时针转动把手，拉开隔离开关	不按调度指令拉开接地开关	（1）地线由调度指令掌握，现场必须按调度指令自行装设或拆除。（2）现场自行掌握的地线由现场允许工作的人员在得到调度员方可自行装设。检修工作结束后，另行操作票，自行拆除现场自行掌握的地线
66 检查25接地开关确已拉开	—	《变电专业电气操作票技术规范》5.8.4 在操作地点看不见接地开关的实际位置时，要检查接地开关操作后的实际位置		10kV 高压室。后侧小屏柜后侧窗，检查接地开关机械位置	接地开关分不到位	接地开关拉不灵，应查明原因，汇报调度及检修人员处理
67 拉开颜料线26接地开关	—	《变电专业电气操作票技术规范》5.8.1 接地开关每拉开一组检查一组		10kV 高压室。按下插孔挡板，将把手完全插入插孔，逆时针转动把手，拉开隔离开关	不按调度指令拉开接地开关	（1）地线由调度指令掌握，现场必须按调度指令自行装设或拆除。（2）现场自行掌握的地线由现场允许工作的人员在得到调度员方可自行装设。检修工作结束后，另行操作票，自行拆除现场自行掌握的地线

续表

操作票顺序	安规要求	其他相关规定	图片指示	操作位置及注意事项	风险分析	风险预控
68 检查 26 接地开关确已拉开	—	《变电专业电气操作票技术规范》5.8.4 在操作地点看不见接地开关的实际位置时，要检查接地开关操作后的实际位置		10kV 高压室屏柜后侧小窗，检查接地开关机械位置	接地开关分不到位	接地开关失灵，应查明原因，汇报调度及检修人员处理，不得自行处理
69 拉开大赛线 27 接地开关	—	《变电专业电气操作票技术规范》5.8.1 接地开关每拉开一组检查一组	十载闸 触触触关插孔	10kV 高压室，按下插孔挡板，将把手完全插入插孔，逆时针转动把手，拉开隔离开关	不按调度指令拉开接地开关	(1) 地线由调度掌握，现场必须按调度指令接设或拆除。(2) 现场自行掌握的地线，检修人员在得到许可方可自行装设，检修工作结束后，另行开操作票，自行拆除现场自行掌握的地线
70 检查 27 接地开关确已拉开	—	《变电专业电气操作票技术规范》5.8.4 在操作地点看不见接地开关的实际位置时，要检查接地开关操作后的实际位置		10kV 高压室屏柜后侧小窗，检查接地开关机械位置	接地开关分不到位	接地开关失灵，应查明原因，汇报调度及检修人员处理，不得自行处理

续表

操作票顺序	安规要求	其他相关规定	图片指示	操作位置及注意事项	风险分析	风险预控
71　拉开—0三线28接地开关	—	《变电专业电气操作票技术规范》5.8.1 接地开关每拉开一组检查一组		10kV高压室。按下插孔挡板，将把手完全插入插孔，逆时针转动把手，拉开隔离开关	不按调度指令拉开接地开关	(1) 地线由调度指令装设或拆除，现场必须按调度指令掌握。(2) 现场自行掌握的地线在得到值班调度员允许装设、检修工作结束后方可自行拆除，另行操作票，自行掌握现场自行掌握的地线
72　检查28接地开关确已拉开	—	《变电专业电气操作票技术规范》5.8.4 在操作地点看不见地开关的实际位置时，要检查接地开关操作后的实际位置		10kV高压室。屏后侧小窗，检查接地开关机械位置	接地开关分不到位	接地开关分闸不灵，应查明原因，汇报调度及检修人员处理
73　拉开信恒甲线31接地开关	—	《变电专业电气操作票技术规范》5.8.1 接地开关每拉开一组检查一组		10kV高压室。按下插孔挡板，将把手完全插入插孔，逆时针转动把手，拉开隔离开关	不按调度指令拉开接地开关	(1) 地线由调度指令装设或拆除，现场必须按调度指令掌握。(2) 现场自行掌握的地线在得到值班调度员允许装设、检修工作结束后方可自行拆除，另行操作票，自行掌握现场自行掌握的地线

续表

操作票顺序	安规要求	其他相关规定	图片指示	操作位置及注意事项	风险分析	风险预控
74 检查31接地开关确已拉开	—	《变电专业电气操作票技术规范》5.8.4 在操作地点看不见位置时，要检查接地开关操作后的实际位置		10kV高压室。屏柜后侧小窗，检查接地开关机械位置	接地开关分不到位	接地开关失灵，应查明原因，汇报调度及检修人员处理，不得自行处理
75 拉开白桦林线32接地开关		《变电专业电气操作票技术规范》5.8.1 接地开关每拉开一组接地开关一组		10kV高压室。按下插孔挡板，将把手完全插入插孔，逆时针转动把手，拉开隔离开关	不按调度指令拉开接地开关	（1）地线由调度掌握，现场必须按调度指令装设或拆除 （2）现场自行掌握的地线由现场人员在得到调度员允许方可合闸。检修工作结束后，另行开操作票，拆除现场自行掌握的地线
76 检查32接地开关确已拉开	—	《变电专业电气操作票技术规范》5.8.4 在操作地点看不见位置时，要检查接地开关操作后的实际位置		10kV高压室。屏柜后侧小窗，检查接地开关机械位置	接地开关分不到位	接地开关失灵，应查明原因，汇报调度及检修人员处理，不得自行处理

续表

操作票顺序	安规要求	其他相关规定	图片指示	操作位置及注意事项	风险分析	风险预控
77 拉开金融线34接地开关	—	《变电专业电气操作票技术规范》5.8.1 接地每拉开一组开关每拉开一组		10kV高压室。按下插孔挡板，将把手完全插入插孔，逆时针转动把手，拉开隔离开关	不按调度指令拉开接地开关	（1）地线由调度指令掌握，现场必须按调度指令装设或拆除。（2）现场自行掌握的地线由调度指令自行装设到特值班调度员允许后方可拆设，检修后方可自行装设。检修工作结束后，另行操作票，自行拆除现场自行掌握的地线
78 检查34接地开关确已拉开	—	《变电专业电气操作票技术规范》5.8.4 在操作地点看不见接地开关的实际位置时，要检查接地开关操作后的实际接地位置		10kV高压室。屏柜后侧小窗，检查接地开关机械位置	接地开关分不到位	接地开关分合不灵，应查明原因，汇报调度及检修人员处理
79 联系调度	—	—	—	电话联系地区调度：记录时间和调度姓名	—	—
80 检查送电范围内设备无异常，接地线（接地开关）已拆除	2.3.4.3（5）设备检修后合闸送电前，检查送电范围内接地开关（装置）已拉开，接地线已拆除	《变电专业电气操作票技术规范》5.7.2 检查送电范围内接地线（接地开关）确已拆除，可列为一项总的检查项目。术语：检查送电范围内设备无异常，接地线（接地开关）已拆除	—	—	（1）带接地线或接地开关合闸。（2）不认真审核	（1）操作中，各级运维人员要紧密配合，凡停电设备送电时，必须确认所有作业组、作业人员全部撤离现场，地线全部拆除后方可进行送电操作。（2）检查送电范围内设备无异常，地线（接地开关）已拆除，防止带地线合闸事故的发生

315

续表

操作顺序	安规要求	其他相关规定	图片指示	操作位置及注意事项	风险分析	风险预控
81 将 66kV I 段母线电压互感器 1237 小车隔离开关推至合位	—	《66kV 变电站现场运行通用规程》5.3.7（a）电压互感器操作注意事项 (1) 电压互感器检修时，必须从高、低压侧分别断开电压互感器，防止反送电。(2) 电压互感器退出时，应先断开二次侧断路器，后拉开高压侧隔离开关；投入时顺序相反		66kV 高压室。注意隔离开关把手下方卡扣方向。反复拉动把手至合位，直至小车送到合位	(1) 带负荷合隔离开关。(2) 电弧灼伤。(3) 操作中隔离开关绝缘子断裂，引线放电。(4) 走错间隔，而误拉不应停电的隔离开关。(5) 传动机构故障出现拒分。(6) 隔离开关触头分合不到位。(7) 隔离开关卡涩时强拉强合损坏设备。(8) 防误闭锁程序装置失灵。(9) 设备倒塌伤人	66kV TV 送电先合一次侧隔离开关、后合二次侧隔离断路器或熔断器
82 合上 66kV I 段母线电压互感器二次空气断路器	—	《66kV 变电站现场运行通用规程》5.3.7（a）电压互感器操作注意事项 (1) 电压互感器检修时，必须从高、低压侧分别断开电压互感器，防止反送电。(2) 电压互感器退出时，应先断开二次侧断路器，后拉开高压侧隔离开关；投入时顺序相反		66kV 高压室。66kV I 段电压互感器端子箱。向合上空气断路器	(1) 误触交流电源，误触带电设备，造成伤害。(2) 造成交流短路。(3) 不戴好线手套，不穿长袖衣。(4) 母线 TV 送电顺序错，反充电。(5) 二次保护失压	66kV TV 送电先合一次侧隔离开关、后合二次侧隔离断路器或熔断器

续表

操作票顺序	安规要求	其他相关规定	图片指示	操作位置及注意事项	风险分析	风险预控
83　检查 1236 断路器在开位	2.3.4.3（3）进行停、送电操作时，在拉合开关或隔离开关前，手车式开关拉出、推入前，检查断路器确在分闸位置	《变电专业电气操作票技术规范》1.4 断路器停、送电和并、解列操作前后，必须检查断路器实际位置和表计指示		66kV 高压室，操动机构的分合闸指示器在分闸指示位置	(1) 断路器未拉开。(2) 防止带负荷拉合隔离开关。(3) 操作、监护人不进行实际检查断路器实际位置或检查位置不到位，导致断路器位置不对应	(1) 此项是操作隔离开关前的检查项，防止出现断路器尚未拉开，先拉带负荷造成带负荷拉隔离开关。万一发生了错合隔离器短路，光弧短路，也应立即操作断路器来切断负荷。(2) 首先检查相应回路的断路器在断开位置，防止带负荷拉合隔离开关（规程规定的情况下除外）
84　将 1 号主变压器 66kV 侧 1236 小车隔离开关推至合位	2.3.6.1 停电拉闸操作应按照断路器—负荷侧隔离开关—电源侧隔离开关的顺序依次进行，送电合闸操作应按与上述相反的顺序进行。禁止带负荷拉合隔离开关	《国家电网公司变电运维管理规定 第 4 分册 运维检修规则》2.5.5 隔离开关操作过程中，应严格监视隔离开关动作情况，如有机构卡涩、顶卡、动触头不能插入静触头等现象，应停止操作并查明原因，严禁强行操作		66kV 高压室，注意隔离开关把手下方卡扣方向，反复拉动把手，直至小车达到合位	(1) 带负荷合隔离开关。(2) 传动机构故障出现拒合。(3) 小车隔离开关触头合不到位。(4) 隔离开关卡涩时强拉合损坏设备。(5) 防误闭锁程序装置失灵	(1) 错合隔离开关，不准再拉开隔离开关，因为带负荷拉隔离开关时，将会造成三相弧光短路。万一发生三相弧光短路，也应立即发生误操作。(2) 合隔离开关时，三相同期且接触良好，确保隔离开关动作正确。(3) 合闸时，三相隔离开关动作后，要将防误闭锁装置锁好，以防止发生误操作。(4) 手动合小车隔离开关时，先慢而重慎，按照操作指示先轻动操作把手，看机构和连杆动作是否正确。(5) 合闸操作时，合闸速度不可用力过猛。(6) 合闸终了时不可用力过猛。合闸结束后应检查隔离开关的触头是否紧密。(7) 当防误闭锁程序装置失灵时，应查明原因，并经逐级上报后处理，不得自行解锁。(8) 操作人、监护人在站应选择合适的站位。(9) 戴好安全帽，监护人应能够充分观察隔离开关活动的位置

续表

操作票顺序	安规要求	其他相关规定	图片指示	操作位置及注意事项	风险分析	风险预控
85 将 66kV Ⅱ段母线电压互感器 1235 小车隔离开关推至合位	—	同操作票顺序第 81 项		66kV 高压室。注意隔离开关下方卡扣方向，反复拉动把手，直至小车达到合位	同操作票顺序第 81 项	同操作票顺序第 81 项
86 合上 66kV Ⅱ段母线电压互感器二次空气断路器	—	《66kV 变电站操作运行通用规程》5.3.7（a）电压互感器操作注意事项（1）电压互感器送电时，必须从高、低压侧分别断开开关，低压侧防止反送电。（2）电压互感器退出时，应先断开二次空气断路器，后拉开高压侧隔离开关；投入时顺序相反		66kV 高压室。66kV Ⅱ段电压互感器端子箱或合上空气断路器	（1）误触交流电源，误碰带电设备，造成触电。（2）造成交流短路。（3）不戴好线手套，不穿好袖口。（4）母线TV送电顺序错，反充电。（5）二次保护失压	66kV TV 送电先合一次侧隔离器，后合二次侧隔离器或熔断器
87 检查 1238 断路器在分位	2.3.4.3（3）进行停、送电操作时，在拉合隔离开关、手车式断路器拉出、推入前，检查断路器确在分闸位置	《变电专业电气操作票技术规范》1.4 断路器停、送电操作和并、解列操作前后，必须检查断路器实际指示和表计指示		66kV 高压室。操作动机构的合闸指示器在分间位置	（1）断路器未分开。（2）防止带负荷拉合隔离开关。（3）操作人、监护人不进行实际位置检查或导致断路器不到位，导致断路器实际位置与指示位置不对应	（1）此项是操作隔离开关前的检查项，防止出现隔离开关尚未拉开，先拉隔离器或负荷拉隔离开关。（2）首先检查相应回路的断路器在断开位置，防止带负荷拉隔离开关（规程规定的情况下除外）
88 将 2 号主变压器 66kV 侧 1238 小车隔离开关推至合位	2.3.6.1 停电拉闸操作应按照断路器、负荷侧隔离开关、母线侧隔离开关的顺序依次进行，送电合闸操作应按上述相反的顺序进行。禁止带负荷拉合隔离开关	《国家电网公司变电运维管理规定 第 4 分册》2.5.5 隔离开关操作过程中，应严格监视隔离开关动作情况，如有机构卡涩、动触头不能插入静触头等现象时，应停止操作，检查原因并上报，严禁强行操作		66kV 高压室。注意隔离开关下方卡扣方向，反复拉动把手，直至小车达到合位	同操作票顺序第 84 项	同操作票顺序第 84 项

续表

操作票顺序	安规要求	其他相关规定	图片指示	操作位置及注意事项	风险分析	风险预控
89　检查 51 断路器在分位	2.3.4.3（3）进行停、送电操作时，在拉合隔离开关、推入手车式开关拉出、推入手车之前，检查断路器确在分闸位置	《国家电网公司变电运维管理规定 第 5 分册 开关柜运维细则》2.2.7 拉出、推入手车柜前应检查断路器在分闸位置		10kV 高压室，合闸红灯灭，分闸绿灯亮，操动机构的分合闸指示器在分闸位置	（1）断路器未拉开。（2）防止带负荷拉合隔离开关。（3）操作人、监护人进行检查断路器位置或检查不到位，导致断路器与实际位置不对应	（1）此项是操作隔离开关前的检查项，防止出现断路器尚未拉开，先拉隔离开关造成带负荷拉隔离开关。（2）首先检查相应回路的断路器在断开位置，防止带负荷拉隔离开关（规程规定的情况下除外）
90　将 1 号主变压器 10kV 侧 51 小车隔离开关推至合位	2.3.6.1 停电拉闸操作应按照断路器—负荷侧隔离开关—电源侧隔离开关的顺序依次进行，送电合闸操作按与上述相反的顺序进行。禁止带负荷拉合隔离开关	《国家电网公司变电运维管理规定 第 5 分册 开关柜运维细则》2.2.3 操作前，应将车体位置摆正，认真检查正确方可进行操作；禁止强行操作	 小车摇把插孔	10kV 高压室，将摇把完全插入插孔，顺时针旋转摇把，直至工作位置红灯亮	（1）带负荷合隔离开关。（2）传动机构出现拒合。（3）小车隔离开关触头不到位。（4）隔离开关卡涩时强拉合导致设备损坏。（5）防误闭锁程序装置失灵	（1）错合隔离开关时，不准再拉开，因为带负荷拉隔离开关时，将会造成三相弧光短路，万一发生了错合隔离开关未切断的情况，也应立即操作断路器来切断负荷。（2）合闸时，三相同期且接触良好，确保隔离开关合到位。（3）操作装置锁好，闭锁装置良好，以防止发生误操作。（4）手动合小车隔离开关先要慢而谨慎，按照操作指示先看见轻变动操作把手，看见机构和连接动作是否正确。（5）合闸操作时，都必须迅速果断，在合闸终了时不可用力过猛。（6）当防误闭锁程序失灵时，应查明原因，并经逐级上报后处理。（7）当防误闭锁装置失灵时，不得自行解锁。（8）操作时，操作人、监护人应选择合适的站位。（9）戴安全帽，监护人站在能够无伤观察隔离开关活动的位置

319

续表

操作票顺序	安规要求	其他相关规定	图片指示	操作位置及注意事项	风险分析	风险预控
91 检查 52 断路器在分位	2.3.4.3（3）进行停送电操作时，在拉合开关、手车式开关拉出、推入断路器之前，检查断路器确在分闸位置	《国家电网公司变电运维管理规定 第5分册 开关柜运维细则》2.2.7 拉出、推入手车之前应检查断路器在分闸位置		10kV 高压室。合闸红灯亮，分闸绿灯亮，操动机构的分合闸指示器在分闸位置	(1)断路器未拉开。(2)防止带负荷拉合隔离开关。(3)操作人、监护人不进行检查断路器安装位置不到位，导致检查断路器与实际位置不对应	(1)此项是操作隔离开关前的检查项，防止出现断路器尚未分开，先拉隔离开关而造成带负荷拉隔离开关。(2)首先检查相应回路的断路器在断开位置，防止出现带负荷拉隔离开关（规程规定的情况下除外）
92 将 2 号主变压器 10kV 侧 52 小车隔离开关推至合位	2.3.6.1 停电拉闸操作应按照隔离开关、负荷侧隔离开关、电源侧隔离开关的顺序依次进行，送电合闸应按与上述相反的顺序进行。禁止带负荷拉合隔离开关	《国家电网公司变电运维管理规定 第5分册 开关柜运维细则》2.2.3 操作前，应将车体位置摆正，认真检查锁定位置正确方可进行操作；械联锁正确方可进行操作；禁止强行操作	小车摇把插孔	10kV 高压室。将摇把完全插入摇把插孔，顺时针旋转摇把，直至工作位置红灯亮	(1)带负荷拉合隔离开关。(2)传动机构故障出现卡拉合。(3)小车隔离开关未合到位。(4)隔离开关卡涩时强合损坏设备。(5)防误闭锁程序置失灵	(1)错合隔离开关时，不准再拉隔离开关，因为带负荷合隔离开关时，一发生了错合隔离开关，将会造成三相短路。万一发生三相灭弧光的情况，也应立即操作灭弧开关来切断负荷。(2)合闸时，三相同期且接触良好，确保隔离开关动作正确。(3)操作隔离开关好后，要将防误闭锁装置锁闭，以防止发生误操作。(4)手动操作要轻缓而谨慎，按照操作小车隔离开关把手动作，看机构和连杆动作是否正确。(5)合闸操作时，都必须迅速果断，在合闸终了时不可用力过猛。(6)合闸后应检查隔离开关的触头是否完全合上，接触是否严密。(7)当防误闭锁程序失灵时，应查明原因，并经逐级上报后处理，不得自行解锁。(8)操作时，操作人应选择合适的站位。(9)戴车安全帽，监护人站在能够充分观察隔离开关活动的位置

续表

操作票顺序	安规要求	其他相关规定	图片指示	操作位置及注意事项	风险分析	风险预控
93 检查 01 断路器开关在分位	2.3.4.3（3）进行停、送电操作时，在拉合隔离开关、手车式开关拉出、推入前，检查断路器确在分闸位置	《国家电网公司变电运维管理规定 第5分册 开关柜运维细则》2.2.7 拉出、推入手车之前应检查断路器在分闸位置		10kV 高压室，合闸红灯灭、分闸绿灯亮，操动机构的分合闸指示器在分闸指示位置	（1）断路器未拉开。（2）防止带负荷拉合隔离开关。（3）操作人进行检查或监护人不进行检查断路器实际位置，导致检查断路器不到位或实际位置与实际断路器不对应	（1）此项是操作隔离开关前的检查项，防止出现断路器尚未拉开，先拉隔离开关造成带负荷拉隔离开关的情况下除外）。（2）首先检查相应回路的断路器在断开位置，防止带负荷拉合隔离开关（规程规定的情况下除外）
94 将和平线 01 小车隔离开关推至合位	2.3.6.1 停电拉闸操作应按照断路器—负荷侧隔离开关—电源侧隔离开关的顺序依次进行，送电合闸操作应按与上述相反的顺序进行。禁止带负荷拉合隔离开关	《国家电网公司变电运维管理规定 第5分册 开关柜运维细则》2.2.3 操作前，应将检查车体位置摆正，认真检查机械联锁位置正确方可进行操作；禁止强行操作	小车摇把插孔	10kV 高压室，将摇把完全插入插孔，顺时针旋转摇把，直至工作位置红灯亮	（1）带负荷拉合隔离开关。（2）传动现拒合。（3）小车隔离开关触头合不到位。（4）隔离开关卡涩时错误强拉合损坏设备。（5）防闭锁程序装置失灵	（1）错合隔离开关时，不准再拉开隔离开关，因为负荷拉隔离开关时，将会造成电弧光先短路。万一发生了错合隔离开关的情况，也应立即操作将负荷来切断负荷。（2）合闸时，三相应同期且接触良好，确保隔离开关动作正确。（3）操作隔离开关好，以防止发生误操作。闭锁装置必须良好，要将防误闭锁装置锁好，要将防误闭锁装置锁好。（4）手动合隔离开关时，应先慢而速连慢，按照操作指示先轻而动作把手，看准机构和连杆动作是否正确。（5）合闸操作时，都必须迅速果断，在合闸终了时不可用力过猛。（5）合闸后应检查隔离开关是否合上，接触是否严密。（6）防误闭锁程序装置失灵，应查明原因，并经逐级上报后处理，不得自行解锁。（7）当防误闭锁程序装置失灵时，应查明原因，并经逐级上报后处理，不得自行解锁。（8）操作时，操作人、监护人应选择合适的站位。（9）戴好安全帽，监护人应站在能够充分观察隔离开关活动的位置

续表

操作票顺序	安规要求	其他相关规定	图片指示	操作位置及注意事项	风险分析	风险预控
95 检查02断路器在分位	2.3.4.3（3）进行停、送电操作时，在停电操作时，手拉式开关，隔离开关拉出、推入前，检查断路器应在分闸位置	《国家电网公司变电运维管理规定 第5分册》2.2.7拉出、推入手车之前应检查断路器在分闸位置		10kV高压室，合闸红灯灭，分闸绿灯亮，操动机构的分合闸指示器在分闸位置	（1）断路器未分开。（2）防止带负荷拉合隔离开关。监护人不进行检查位置，操作人、监护人对断路器实际位置检查不到位，导致检查断路器位置与实际不对应	（1）此项是操作隔离开关前的检查项，防止出现断路器尚未拉开，先拉隔离开关会造成带负荷拉隔离开关。（2）首先检查相应回路的断路器在断开位置，防止带负荷拉隔离开关（规程规定的情况下除外）
96 将热力线02隔离开关推至合位	2.3.6.1停电拉闸操作应按照负荷侧隔离开关—电源侧隔离开关的顺序依次进行，送电合闸操作应按与上述相反的顺序进行；禁止带负荷拉合隔离开关	《国家电网公司变电运维管理规定 第5分册》2.2.3操作前针对操作摆正位置摆正，锁联锁位置正确方可进行操作；禁止强行操作	小车摇把插孔	10kV高压室，将摇把完全插入插孔，顺时针旋转摇把，直至工作位置红灯亮	（1）带负荷合隔离开关。（2）传动机构出现卡阻。（3）小车隔离开关卡头不到位。（4）隔离开关强拉合损坏设备。（5）防误闭锁程序装置失灵	（1）错合隔离开关时，不准再拉开隔离开关，将合带负荷隔离开关时，因为带负荷拉合隔离开关会造成三相电弧光短路，万一发生了错合隔离操作把三相光未切断的情况，也应立即切断三相负荷。（2）合闸时，确保隔离开关动作正确。（3）操作隔离开关好，要将防误闭锁装置锁好，以防止发生误操作。（4）手动合小车隔离开关时，按照操作指示先轻见动操作把手，看机构和连杆动作是否正确。（5）合闸操作时，都必须迅速果断，在合闸终了时不可用力过猛。（6）合闸后应检查隔离开关的触头是否紧密，三相是否合上。（7）当防误闭锁程序装置失灵时，应查明原因，并经逐级上报后方可进行自行解锁。（8）操作时，操作人、监护人应戴安全帽，监护人站在能够充分观察隔离开关活动的位置。（9）选择合适的站位

续表

操作票顺序	安规要求	其他相关规定	图片指示	操作位置及注意事项	风险分析	风险预控
97 检查03断路器在分间位置	2.3.4.3（3）进行停、送电操作时，在拉合隔离开关、推入或拉出手车式开关前，应检查断路器确在分间位置	《国家电网公司变电运维管理规定 第5分册》2.2.7 拉出、推入手车之前应检查断路器在分间位置		10kV高压室，合间红灯灭，分间绿灯亮，操动机构的分合间指示器在分间位置	（1）断路器未拉开。（2）防止带负荷拉合隔离开关。（3）操作人、监护人进行检查断路器实际位置或实际位置与实际断路器位置不对应，导致断路器查不到位	（1）此项是操作隔离开关前的检查项，防止出现断路器尚未拉开，先拉隔离开关造成带负荷拉隔离开关（规程规定的情况下除外）。（2）首先检查相应回路的断路器在断开位置，防止带负荷拉隔离开关
98 将香坊线03小车隔离开关推至合位	2.3.6.1 停电拉闸操作应按照断路器一负荷侧隔离开关一电源侧隔离开关的顺序依次进行，送电合闸操作应按与上述相反的顺序进行。禁止带负荷拉合隔离开关	《国家电网公司变电运维管理规定 第5分册》2.2.3 操作手车前，应将车体位置摆正，认真检查正确位置，机械联锁锁位置正确后方可进行操作；禁止强行操作	小车摇把插孔	10kV高压室，将摇把完全插入插孔，顺时针旋转摇把，直至手车工作位置红灯亮	（1）带负荷合隔离开关。（2）传动机构故障出现拒合。（3）小车隔离开关触头合不到位。（4）隔离开关卡生引强拉强合损坏设备。（5）防误闭锁程序装置失灵	（1）错合隔离开关时，不准再拉开隔离开关，因为带负荷拉隔离开关时，将会造成三相短路，一发生了错合隔离开关应立即操作指示先轻，也应立即操作。（2）合闸时，三相同期且接触良好，确保隔离开关动作正确。（3）操作隔离开关后，要将防误闭锁装置锁好，以防止发生误操作。（4）手动合小车隔离开关时，按照操作把手，看机构和连杆动作动是否正确。（5）合闸操作时，都必须迅速果断，在合闸终了时不可用力过猛，接触是否紧密。（6）合闸后应检查隔离开关的触头是否完全合上。（7）当防误闭锁程序装置失灵时，应查明原因，并经逐级上报后处理，不得自行解锁。（8）操作人、监护人应戴安全帽，选择合适的站位。（9）充分观察隔离开关活动的位置

续表

操作顺序	安规要求	其他相关规定	图片指示	操作位置及注意事项	风险分析	风险预控
99 检查 04 断路器确在分闸位置	2.3.4.3（3）进行停、送电操作时，在拉合隔离开关、手车式开关拉出、推入前，检查断路器确在分闸位置	《国家电网公司变电运维管理规定 第5分册》2.2.7 拉出、推入手车之前应检查断路器在分闸位置		10kV 高压室。合闸红灯灭，分闸绿灯亮，操动机构的分合闸指示器在分闸位置	（1）断路器未拉开。（2）防止带负荷拉合隔离开关。（3）操作人、监护人进行检查位置不到位，导致检查断路器实际位置与实际路器位置不对应	（1）此项是操作隔离开关前的检查项，防止出现断路器尚未拉开，先拉隔离开关造成带负荷拉隔离开关。（2）首先检查相应回路的断路器在断开位置，防止带负荷拉隔离开关（规程规定的情况下除外）
100 将新春线 04 小车隔离开关推至合位	2.3.6.1 停电拉闸操作应按照断路器、负荷侧隔离开关、电源侧隔离开关的顺序依次进行，送电合闸操作应按与上述相反的顺序进行。禁止带负荷拉合隔离开关	《国家电网公司变电运维管理规定 第5分册》2.2.3 操作前，应将车体位置摆正，认为摆锁位置正确方可进行操作；禁止强行操作	小车摇把插孔	10kV 高压室。将摇把完全插入插孔，顺时针旋转摇把，直至工作位置红灯亮	（1）隔离开关合闸。（2）传动机构故障出现拒合。（3）小车隔离开关触头未合到位。（4）隔离开关未合环验证时强拉时强拉损坏设备。（5）防误闭锁程序装置失灵	（1）错合隔离开关时，不准再拉开隔离开关，因为带负荷拉开隔离开关时，将会造成三相弧光短路。万一发生了错合隔离开关的情况，也应立即将断路器切断负荷。（2）合闸同期且接触良好，确保隔离开关动作正确。（3）操作隔离开关好，闭锁装置锁好，以防止发生误操作。（4）手动合小车隔离开关时，按照操作指示先轻轻动操作把手，看机构和连杆动作是否正确。（5）合闸操作时，都必须迅速果断，在合闸终了时不可用力过猛。（6）合闸后应检查隔离开关是否合上，接触是否严密。（7）当防误闭锁程序装置失灵时，应查明原因，并经逐级上报后处理，不得自行解锁。（8）操作人、监护人应选择合适的站位。（9）戴车安全帽，监护人站在能够充分观察隔离开关活动的位置

续表

操作票顺序	安规要求	其他相关规定	图片指示	操作位置及注意事项	风险分析	风险预控
101 合上 10kV I 段计量电压互感器一次熔断器	—	《变电专业电气操作票技术规范》1.11.2 电压互感器二次并列时,二次必须一次先并列、二次后并列;防止电压互感器二次对一次进行反充电,造成二次熔断器熔断或二次空气断路器跳闸		10kV 高压室。先合负极,后合正极	(1)误触交流电源、误触带电设备,造成伤害。(2)造成交流短路。(3)母线 TV 停电,反充电。(4)二次保护失压	母线 TV 停电,先停二次断路器或熔断器,后停一次隔离开关顺序。送电顺序与此相反
102 将 10kV I 段电压互感器 91 小车隔离开关推至合位	2.3.6.1 停电拉闸操作应按照隔离开关一负荷侧隔离开关一电源侧隔离开关的顺序依次进行,送电合闸操作应按与上述相反的顺序进行。禁止带负荷拉合隔离开关	《国家电网公司变电运维管理规定 第 5 分册 开关柜运维细则》2.2.3 操作前,应将检查体位置摆正,认真检查机械联锁位置正确方可进行操作;禁止强行操作	小车摇把插孔	10kV 高压室。将摇把完全插入插孔,顺时针旋转摇把,直至工作位置红灯亮	(1)带负荷拉合隔离开关。(2)传动机构故障出现拒合。(3)小车隔离开关头合不到位。(4)隔离开关卡涩时强拉强合剪坏设备。(5)防误闭锁程序装置失灵	(1)错合隔离开关时,不准再拉开隔离开关,因为带负荷拉隔离开关时,将会造成三相弧光短路,万一发生了错合隔离开关断路器来切断负荷,也应立即将断路器断开。(2)合闸同期且接触良好,确保隔离开关动作正确。(3)操作装置锁闭好,要防止发生误操作。(4)手动合小车隔离开关指示先轻见先慢而谨慎,按照操作把手,看机构和连杆动作是否正确。(5)合闸操作时,都必须迅速果断,在合闸终了时不可用力过猛。(6)接触后应检查隔离开关的触头是否合完全合上,在合闸终了不得自行解锁。(7)当防误闭锁程序装置失灵时,应查明原因,并逐级上报后处理,不得自行解锁。(8)操作时,操作人、监护人应选择合适的站位。(9)戴好安全帽、监护人站在能够充分观察隔离开关活动的位置

续表

操作票顺序	安规要求	其他相关规定	图片指示	操作位置及注意事项	风险分析	风险预控
103 合上10kV I段计量电压互感器二次空气断路器	—	《变电专业电气操作票技术规范》1.11.2 电压互感器二次先并列，必须一次先并列、二次后并列，防止一次对一次二次进行反充电，造成二次熔断器或二次空气断路器跳闸		10kV 高压室。10kV I 段计量电压互感器 91 电压互感器二次空气开关柜向上合上空气断路器	(1)误触交流电源，误碰带电设备，造成伤害。(2)造成交流短路。(3)不戴好线手套，不穿长褙衣。(4)母线 TV 停电顺序错，反充电。(5)二次保护失压	母线 TV 停电，先停二次熔断器或熔断器，后停一次空气断路器的顺序。送电顺序与此相反
104 合上10kV I段保护电压互感器二次空气断路器	—	《变电专业电气操作票技术规范》1.11.2 电压互感器二次先并列，必须一次先并列、二次后并列，防止一次对一次二次进行反充电，造成二次熔断器或二次空气断路器跳闸		10kV 高压室。先合负极、后合正极	(1)误触交流电源，误碰带电设备，造成伤害。(2)造成交流短路。(3)不戴好线手套，不穿长褙衣。(4)母线 TV 停电顺序错，反充电。(5)二次保护失压	母线 TV 停电，先停二次熔断器或熔断器，后停一次空气断路器的顺序。送电顺序与此相反
105 将 10kV I段保护 81 小车隔离开关推至合位	2.3.6.1 停电拉闸操作应按照隔离开关一负荷侧隔离开关一电源侧隔离开关的顺序依次进行，送电合闸依上述相反的顺序进行；禁止带负荷拉合隔离开关	《国家电网公司变电运维管理规定 第5分册》2.2.3 操作前，认真检查车体机械联锁位置方可进行操作；位置摆正，直至工作位置红灯亮；禁止强行操作	小车摇把插孔	10kV 高压室。将摇把完全插入插孔，顺时针旋转摇把，直至工作位置红灯亮	(1)带负荷合上隔离开关。(2)传动机构故障出现卡涩。(3)小车隔离开关触头未卡到位。(4)隔离开关卡涩时无法验证时未卡到位。(5)防误闭锁程序装置失灵	(1)错合隔离开关时，不准再合隔离开关，因为造成带负荷拉隔离开关。方一发生了错合隔离开关来切断负荷，也应立即操作正确。(2)合闸时，三相同期且接触良好，确保隔离开关动作正确。(3)操作隔离开关后，要将防误闭锁装置锁好，以防止发生误操作。(4)手动合小车隔离开关时，应先慢而重慎，按照操作指示先轻起动连操作把手，看机构和连杆动作是否正确

续表

操作票顺序	安规要求	其他相关规定	图片指示	操作位置及注意事项	风险分析	风险预控
105 将 10kV I 段保护电压互感器 81 小车隔离开关推至合位	2.3.6.1 停电拉闸操作应按照隔离开关一负荷侧隔离开关的顺序依次进行；送电合闸操作应按与上述相反的顺序进行。禁止带负荷拉合隔离开关	《国家电网公司变电运维管理规定 第5分册 开关柜运维细则》2.2.3 操作前，应将车体位置摆正，认真检查机械联锁位置正确方可进行操作；禁止强行操作	小车摇把插孔	10kV 高压室。将摇把完全插入插孔，顺时针旋转摇把，直至工作位置红灯点亮	(1) 带负荷拉合隔离开关。(2) 传动机构出现拒合。(3) 小车隔离开关合不到位。(4) 隔离开关卡涩时强拉强合损坏设备。(5) 防误闭锁程序装置失灵	(5) 合闸操作时，都必须迅速果断，在合闸终了时不可用力过猛。(6) 合闸后应检查合上，接触是否严密。头是否完全合上。(7) 当防误闭锁程序装置失灵时，应查明原因，并经逐级上报后处理，不得自行解锁。(8) 操作时，操作人、监护人站在能够充分观察隔离开关活动的位置。(9) 戴牢安全帽，选择合适的站位
106 合上 10kV I 段保护电压互感器二次空气断路器	—	《变电专业电气操作票技术规范》1.11.2 电压互感器二次并列时，必须一次先并列，二次后并列；防止电压互感器二次对一次反充电，造成二次熔断器熔断或二次空气断路器跳闸	照明 断路器跳跃闭锁 A B C	10kV 高压室。10kV I 段保护电压互感器 81 开关柜。向上合上空气断路器	(1) 误触交流电源，误碰带电设备，造成伤害。(2) 造成交流短路。(3) 母线 TV 停电顺序错，反充电。(4) 二次保护失压	母线 TV 停电，先停二次空气断路器或熔断器，后停一次隔离开关的顺序与此相反
107 检查 05 断路器确在分位	2.3.4.3 (3) 进行停、送电操作时，在拉合隔离开关、手车式开关拉出、推入前，检查断路器确在分、合闸位置	《国家电网公司变电运维管理规定 第5分册 开关柜运维细则》2.2.7 拉出、推入手车之前应检查断路器分、合闸指示位置	1 号 接 地 变 05	10kV 高压室。合闸红灯灭，分闸绿灯亮。操作机构的分、合闸指示器在分闸位置	(1) 断路器未拉开。(2) 防止带负荷拉合隔离开关。(3) 操作人、监护人不进行检查断路器实际位置，或检查不到位，致断路器位置与实际位置不对应	(1) 此项是操作隔离开关前的检查项，防止出现断路器尚未拉开，先拉隔离开关造成带负荷拉隔离开关。(2) 应首先检查各相应回路的断路器在断开位置，防止带负拉隔离开关（规程规定的情况下除外）

续表

操作票顺序	安规要求	其他相关规定	图片指示	操作位置及注意事项	风险分析	风险预控
108 将 1 号接地变压器 05 小车隔离开关推至合闸位置	2.3.6.1 停电拉闸操作应按照断路器—负荷侧隔离开关—电源侧隔离开关的顺序依次进行，送电合闸操作按上述相反的顺序进行。禁止带负荷拉合隔离开关	《国家电网公司变电运维管理规定 第 5 分册 开关柜运维细则》2.2.3 操作前，应将车体位置摆正，认真检查机械联锁是否完好可进行操作；禁止强行操作	小车摇把插孔	10kV 高压室，将摇把完全插入插孔，顺时针旋转摇把，直至工作位置红灯亮	(1) 带负荷拉合隔离开关。(2) 传动机构拒合。(3) 小车隔离开关合不到位。(4) 隔离开关卡涩时强拉合损环设备。(5) 防误闭锁程序装置失灵	(1) 错合隔离开关时，不准再拉开隔离开关，因为带负荷拉隔离开关，方一发生即将造成三相短路的情况，也应立即将操作来切断负荷。(2) 合闸时，三相同期且接触良好，确保隔离开关动作正确。(3) 操作装置锁好，以防止发生误操作。(4) 手动合小车隔离开关时，应先慢而谨慎，按照操作指示先经晃动操作把手，看机构和连杆动作是否正确。(5) 合闸操作时，在合闸终了时不可用力过猛，应查明原因，并经逐级上报后处理。(6) 当防误闭锁序程失灵时，应查明原因，并经逐级后经密，不得自行解锁。(7) 操作时，接触头是否完全密合。(8) 操作人、操作人、监护人应选择合适的站位。(9) 戴车安全帽，监护人站在能够充分观察隔离开关活动的位置
109 检查 06 断路器在开位	2.3.4.3 (3) 进行停、送电操作时，手车式开关拉出、推入前，检查断路器确在分闸位置	《国家电网公司变电运维管理规定 第 5 分册 开关柜运维细则》2.2.7 拉出、推入手车之前应检查断路器或断路器分合间指示器在分闸位置	1 号 电 容 器 06	10kV 高压室，分闸红灯灭，合闸绿灯亮，监视开关动机构的分合间指示器在分合间位置	(1) 断路器未拉开。(2) 防止带负荷拉合隔离开关。(3) 操作人、监护人不进行检查断路器实际位置或断路器检查不到位，导致断路器位置与实际位置不对应	(1) 此项是操作隔离开关前的检查项，查现，先拉出现断路器尚未拉开，先拉隔离开关会造成带负荷拉隔离开关。(2) 首先检查各相回路的断路器在断闸位置，防止带负荷拉隔离开关（规程规定的情况下除外）

续表

操作票顺序	安规要求	其他相关规定	图片指示	操作位置及注意事项	风险分析	风险预控
110 将1号电容器06小车隔离开关推至合位	2.3.6.1 停电拉闸操作应按照断路器—负荷侧隔离开关—电源侧隔离开关的顺序依次进行，送电合闸操作应按与上述相反的顺序进行；禁止带负荷合拉隔离开关	《国家电网公司变电运维管理规定 第5分册 开关柜运维细则》2.2.3 操作前，应将车体位置摆正，认真检查机构连锁位置正确方可进行操作	小车摇把插孔	10kV高压室。将摇把完全插入插孔，顺时针旋转摇把，直至工作位置红灯亮	(1)带负荷拉合隔离开关。(2)传动机构出现拒合障碍。(3)小车隔离开关触头合不到位。(4)隔离开关卡阻合环设备。(5)防误闭锁程序装置失灵	(1)错合隔离开关时，不准再拉开隔离开关，因为带负荷拉隔离开关时，将会造成三相弧光短路，万一发生了错合操作断路器来切断负荷的情况，也应立即接通断路器来切断负荷。(2)合闸时，三相同期目视动作正确。(3)操作装置锁好，以防止发生误操作。(4)手动而谨慎，按照操作指示先轻见动操作把手，看机构和连杆动作是否正确。(5)合闸操作时，都必须迅速果断，在合闸终了时不可用力过猛。接触良好，合不紧程序触及是否严密。(6)戴手套合闸操作，在合闸后应检查隔离开关的触头合不合紧。(7)当明误闭锁程序装置失灵时，应查明原因，并经逐级上报后处理，不得自行解锁。(8)操作人、监护人应选择合适的站位。(9)充分观察隔离开关活动的位置
111 检查07断路器在开位	2.3.4.3 (3)进行停、送电操作时，在拉合隔离开关、推入手车式断路器拉出、推入手车前，检查断路器确在分闸位置	《国家电网公司变电运维管理规定 第5分册 开关柜运维细则》2.2.7 拉出、推入手车之前应检查断路器在分闸位置	淮 河 线 07	10kV高压室。合闸红灯灭，分闸绿灯亮，操动机构的分合闸指示器在分闸位置	(1)断路器未拉开。(2)防止带负荷拉合隔离开关。(3)操作人、监护人不进行检查或检查不到位，导致断路器查不到位，导致断路器与实际位置不对应	(1)此项是操作隔离开关前的检查项，防止出现断路器尚未拉开，先拉隔离开关造成带负荷拉断路器。(2)首先检查相应回路的断路器在断开位置，防止带负荷拉断路器(规程规定的情况下除外)

续表

操作票顺序	安规要求	其他相关规定	图片指示	操作位置及注意事项	风险分析	风险预控
112 将淮河线 07 小车隔离开关推至合位	2.3.6.1 停电拉操作应按照断路器一负荷侧隔离开关一电源侧隔离开关的顺序依次进行，送电合闸操作顺序应与上述相反的顺序进行。禁止带负荷拉合隔离开关	《国家电网公司变电运维管理规定 第 5 分册 开关柜运维细则》2.2.3 操作前，应将车体检查摆正，认真检查机械联锁位置正确方可进行操作；禁止强行操作	小车摇把插孔	10kV 高压室，将摇把完全插入插孔，顺时针旋转摇把，直至工作位置红灯亮	(1) 带负荷拉合隔离开关。(2) 传动机构出现拒合。(3) 小车隔离开关触头不合到位。(4) 隔离开关卡涩时强拉合损坏设备。(5) 防误闭锁程序装置失灵	(1) 错合隔离开关时，不准再拉开隔离开关，因为带负荷拉开隔离开关时，将会造成三相弧光短路。万一发生了错合隔离器的情况，也应立即即操作断路器未切断负荷。(2) 合闸时，三相同期且接触良好，要确保三相隔离开关动作正确。(3) 操作闭锁装置锁好，以防止发生误操作。(4) 手动合小车隔离开关时，应先查看动操作把手，看机构和连杆动作是否正确。(5) 合闸操作时，都必须迅速合闸，在合闸终了时不可用力过猛，合闸完毕后应检查两隔离开关的触头是否合严，接触是否紧密。(6) 当防误闭锁程序失灵时，应查明原因，并经逐级上报后处理，不得自行解锁。(7) 操作终了时，接触适的站位。(8) 操作人、监护人应选择合适的站位。(9) 戴牢安全帽，并在站上能够充分观察隔离开关活动的位置
113 检查淮河线 08 断路器在开位	2.3.4.3 (3) 进行停、送电操作时，在拉合隔离开关、手车式开关拉出、推入前，检查断路器在分闸位置	《国家电网公司变电运维管理规定 第 5 分册 开关柜运维细则》2.2.7 拉出、推入手车之前应检查断路器在分闸位置	辽河线 08	10kV 高压室，合闸绿灯亮，分闸红灯灭，操动机构的分合闸指示在分闸位置	(1) 断路器未拉开。(2) 防止带负荷拉合隔离开关。(3) 操作人、监护人不进行检查断路器实际位置，导致检查不到位	(1) 此项是操作隔离开关前的检查项，防止出现断路器尚未拉开，先合隔离开关造成带负荷拉隔离开关。(2) 首先检查相应回路的断路器在断开位置，防止带负荷拉隔离开关（规程规定的情况下除外）。(3) 断路器实际分合位置与实际位置不对应

续表

操作票顺序	安规要求	其他相关规定	图片指示	操作位置及注意事项	风险分析	风险预控
114　将辽河甲线08小车隔离开关推至合位	2.3.6.1 停电拉闸操作应按照断路器一负荷侧隔离开关一电源侧隔离开关的顺序依次进行，送电合闸操作应按与上述相反的顺序进行。禁止带负荷拉合隔离开关	《国家电网公司变电运维管理规定 第5分册 开关柜运维细则》2.2.3 操作前，应将车体位置摆正，认真检查机械联锁与位置正确方可进行操作；禁止强行操作	小车摇把插孔	10kV 高压室。将摇把完全插入插孔，顺时针旋转摇把，直至工作位置红灯亮	(1) 带负荷拉合隔离开关。(2) 传动机构故障出现拒合。(3) 小车隔离开关合不到位。(4) 隔离开关卡合损坏设备。(5) 防误强合闭锁装置失灵	(1) 错合隔离开关时，不准再拉开隔离开关，因为带负荷拉隔离开关时，将会造成三相隔离开关光弧。万一发生了错合隔离开关的情况，也应立即操作断路器来切断负荷。(2) 合闸时，三相隔离开关同期且接触良好，确保隔离开关动作正确。(3) 操作隔离开关后，要将防误闭锁装置锁好，以防止发生误操作。(4) 手动合小车隔离开关时，按照操作指示牌轻动操作把手，看机构和连杆动作是否正确。(5) 合闸操作时，都必须迅速果断，在合闸终了时不可用力过猛。(6) 合闸后应检查隔离开关的触头是否完全合上，接触是否严密。(7) 当防误闭锁程序失灵时，应查明原因，并经逐级上报后处理，不得自行解锁。(8) 操作时，操作人、监护人应选择适当的站位。(9) 戴牢安全帽，监护人站在能够充分观察隔离开关活动的位置
115　检查断路器在开位	2.3.4.3 (3) 进行停、送电操作时，在拉合隔离开关、手车式开关推入前，检查断路器确在分闸位置	《国家电网公司变电运维管理规定 第5分册 开关柜运维细则》2.2.7 拉出、推入手车之前应检查断路器在分闸位置	中龙甲线 1 1	10kV 高压室。合闸红灯灭，分闸绿灯亮，操动机构的分合闸指示器在分位置	(1) 断路器未拉开。(2) 防止出带负荷拉合隔离开关。(3) 操作人、监护人不进行检查断路器实际位置或检查位置不到位，导致断路器位置与实际位置不对应	(1) 此项是操作隔离开关前的检查项，防止出现断路器尚未拉开，先拉合隔离开关造成带负荷拉合隔离开关。(2) 首先检查相应回路的断路器在断开位置，防止带负荷拉合隔离开关（规程规定的情况下除外）

续表

操作票顺序	安规要求	其他相关规定	图片指示	操作位置及注意事项	风险分析	风险预控
116 将中龙甲线11小车隔离开关推至合位	2.3.6.1 停电拉闸操作应按照断路器一负荷侧隔离开关一电源侧隔离开关的顺序依次进行，送电合闸顺序与上述相反的顺序进行；禁止带负荷拉合隔离开关	《国家电网公司变电运维管理规定 第5分册 开关柜运维细则》2.2.3 操作前，应将车体位置摆正，认真检查机械联锁锁定正确方可进行操作；禁止强行操作	 小车摇把插孔	10kV 高压室。将摇把完全插入插孔，顺时针旋转摇把，直至工作位置红灯亮	(1) 带负荷拉合隔离开关。(2) 传动机构故障出现拒合。(3) 小车隔离开关合不到位。(4) 隔离开关卡涩时强合成合损坏设备。(5) 防误闭锁程序装置失灵	(1) 错合隔离开关时，不准再拉开隔离开关，因为带负荷拉隔离开关，将会造成三相隔离开关弧光短路。万一发生了错操作即应立即将隔离开关来切断负荷，也应立即合闸操作正确。(2) 合闸时，三相同期且接触良好，确保隔离开关动作正确。(3) 操作装置锁好，以防止发生误操作。(4) 手动合隔离开关时，应先慢而谨慎，按照操作指示先轻轻动操作把手，看机构和连杆动作是否正确。(5) 合闸操作时，都必须迅速，接触头是否合上，接触是否严密。(6) 合闸终了时不可用力过猛。(7) 当防误闭锁程序失灵时，应查明原因，并经逐级上报后处理，不得自行解锁。(8) 操作时，操作人、监护人站在能够充分观察隔离开关活动的位置。(9) 戴安全帽，选择合适的站位。
117 检查断路器在开位	2.3.4.3 (3) 进行停送电操作时，在拉合隔离开关、手车式开关拉出、推入前，检查断路器确在分闸位置	《国家电网公司变电运维管理规定 第5分册 开关柜运维细则》2.2.7 拉出、推入手车之前应检查断路器在分闸位置	 金新线 1 2	10kV 高压室。合闸红灯灭，分闸绿灯亮，合闸动机构的分合闸指示器在分位置	(1) 断路器未拉开。(2) 防止带负荷拉合隔离开关。(3) 操作人、监护人不进行检查实际位置或断路器检查实际位置不到位，导致断路器与实际位置不对应	(1) 此项是操作隔离开关前的检查项，防止出现断路器尚未拉开，隔离开关造成带负荷拉隔离开关。(2) 首先检查相应回路的断路器在断开位置，防止带负荷拉隔离开关（规程规定的情况下除外）

续表

操作票顺序	安规要求	其他相关规定	图片指示	操作位置及注意事项	风险分析	风险预控
118 将会新离线12 小车隔离开关推至合位	2.3.6.1 停电拉闸操作应按照断路器一负荷侧隔离开关一电源侧隔离开关的顺序依次进行，送电合闸操作应按与上述相反的顺序进行。禁止带负荷拉合隔离开关	《国家电网公司变电运维管理规定 第5分册 开关柜运维细则》2.2.3 操作前，认真检查机构位置摆正，合闸操作位置正确；被联锁的，位置正确方可进行操作；禁止强行操作	小车摇把插孔	10kV 高压室。将摇把完全插入插孔，顺时针旋转摇把，直至工作位置红灯亮	(1) 带负荷合隔离开关。(2) 传动机构故障出现拒合。(3) 小车隔离开关触头不到位。(4) 隔离开关卡涩时强拉合损坏设备。(5) 防误闭锁程序装置失灵	(1) 错合隔离开关时，不准再拉开隔离开关，因为带负荷拉隔离开关时，将会造成三相弧光短路。万一发生了错合隔离开关且接触负荷，也应立即将三相隔离开关拉开。(2) 合闸时，三相同期且接触良好，确保隔离开关动作正确。(3) 操作隔离开关后，要将防误闭锁装置锁好，以防止发生误操作。(4) 手动合小车隔离开关时，应先慢而谨慎，按照操作指示轻轻动操作把手，看机构和连杆动作是否正确。(5) 合闸操作时，都必须迅速果断，在合闸了电不可用力过猛。(6) 合闸终了应检查隔离开关的触头是否紧密。(7) 当防误闭锁程序失灵时，应查明原因，并经逐级上报后处理，不得自行解锁。(8) 操作时，操作人、监护人应选择合适的站位。(9) 戴安全帽，能够充分观察隔离开关活动的位置
119 检查13断路器在开位	2.3.4.3 (3) 进行停、送电操作时，在拉合隔离开关、手车式开关前，检查断路器确在分闸位置	《国家电网公司变电运维管理规定 第5分册 开关柜运维细则》2.2.7 拉出、推入手车之前应检查断路器在分间位置	信 恒 乙线 1 3	10kV 高压室。合闸红灯亮，分闸绿灯亮，操动机构的分合闸指示器在分间位置	(1) 断路器未拉开。(2) 防止带负荷拉合隔离开关。(3) 操作人、监护人不进行检查断路器实际位置，导致检查不到位，导致断路器位置与实际不对应	(1) 此项是操作隔离开关前的检查项，防止出现断路器尚未拉开，带负荷拉合隔离开关。(2) 首先检查相应回路的断路器在断开位置，防止断路器负荷拉隔离开关（规程规定的情况下除外）

续表

操作票顺序	安规要求	其他相关规定	图片指示	操作位置及注意事项	风险分析	风险预控
120 将信恒乙线13小车隔离开关推至合位	2.3.6.1 停电拉闸操作应按照断路器—负荷侧隔离开关—电源侧隔离开关的顺序依次进行，送电合闸操作应按与上述相反的顺序进行。禁止带负荷拉合隔离开关	《国家电网公司变电运维管理规定 第5分册 运维细则》2.2.3 操作摆正，应将车体位置摆正，认真检查机械联锁位置正确方可进行操作；禁止强行操作	小车摇把插孔	10kV 高压室，将摇把完全插入插孔，顺时针旋转摇把，直至工作位置红灯亮	(1) 带负荷拉合隔离开关。 (2) 传动机构故障出现拒合。 (3) 小车隔离开关合不到位。 (4) 隔离开关卡涩时合闸不到位。 (5) 防误闭锁程序装置失灵	(1) 错合隔离开关时，不准再拉开隔离开关，因为带负荷拉隔离开关时，将会造成三相隔离开关弧光短路。万一发生了错合隔离开关的情况，也应立即操作断路器来切断负荷。 (2) 合闸时，确保隔离开关正确。 (3) 操作隔离开关后，要将操作隔离开关防误闭锁装置锁好，以防止发生误操作。 (4) 手动合小车隔离开关时，应先慢后谨慎，按照小车隔离操作把手，看倒操作连杆动作是否正确。 (5) 合闸操作时，都必须迅速果断，在合闸终了时不可用力过猛。 (6) 合闸后应检查隔离开关的触头是否接触严密。 (7) 当发现误合闭锁程序失灵时，应查明原因，并经逐级上报后处理，不得自行解锁。 (8) 操作时，操作人、监护人应选择合适的站位。 (9) 戴安全帽，监护人站在能够充分观察隔离开关活动的位置
121 检查14断路器在开位	2.3.4.3 (3) 进行停、送电操作时，在拉合隔离开关、手车式开关拉出、推入前，检查断路器确在分闸位置	《国家电网公司变电运维管理规定 第5分册 运维细则》2.2.7 拉出、推入手车之前应检查断路器在分闸位置		10kV 高压室，合闸红灯灭，分闸绿灯亮，操动机构的分合闸指示器在分闸位置	(1) 断路器未拉开。 (2) 防止带负荷拉合隔离开关。 (3) 操作人、监护人不进行检查断路器实际位置，导致检查不到位，断路器与实际位置不对应	(1) 此项是操作隔离开关前的检查项，防止出现断路器尚未拉开，先拉隔离开关而造成带负荷拉隔离开关。 (2) 应首先检查相应回路的断路器在断开位置，防止带负荷拉隔离开关（规程规定的情况下除外）

续表

操作票顺序	安规要求	其他相关规定	图片指示	操作位置及注意事项	风险分析	风险预控
122 将丽景线 14 小车隔离开关推至合位	2.3.6.1 停电拉闸操作应按照断路器—负荷侧隔离开关—电源侧隔离开关的顺序依次进行，送电合闸操作应按与上述相反的顺序进行。禁止带负荷拉合隔离开关	《国家电网公司变电运维管理规定 第 5 分册 开关柜运维细则》2.2.3 操作前，应将车体位置摆正，认真检查机械联锁位置正确方可进行操作；禁止强行操作	小车摇把插孔	10kV 高压室。将摇把完全插入插孔，顺时针旋转摇把，直至工作位置红灯亮	(1) 带负荷拉合隔离开关。(2) 传动机构故障出现拒合。(3) 小车隔离开关触头合不到位。(4) 隔离开关卡合损坏设备。(5) 防误强制验证装置闭锁失灵	(1) 错合隔离开关时，不准再拉开隔离开关，因为带负荷拉隔离开关会造成三相弧光短路。万一发生了错合隔离开关来切断负荷，也应立即操作断路器来切断负荷。(2) 合闸时，三相隔离开关接触良好，确保三相隔离开关动作正确。(3) 操作前要置好闭锁装置，以防止发生误操作。先慢而谨慎，按照操作指示先轻要动操作把手，看其隔离开关和连杆动作是否正确。(5) 合闸操作时，都必须迅速果断，在合闸终了时不可用力过猛。(6) 合闸后应检查隔离开关的触头是否完全合上，接触是否严密。当发生误操作序装置失灵时，应查明原因，并经逐级上报后处理，不得自行解锁。(8) 操作时，操作人、监护人应选择适当的站位。(9) 戴牢安全帽，操作人、监护人站在能够充分观察隔离开关活动的位置
123 检查 50 断路器在分位	2.3.4.3 (3) 进行停、送电操作时，在合闸状态时，手车式开关拉出、推入前，检查断路器确在分位置	《国家电网公司变电运维管理规定 第 5 分册 开关柜运维细则》2.2.7 拉出、推入手车之前应检查断路器在分闸位置	10kV 分段 50	10kV 高压室。合闸红灯灭，分闸绿灯亮，操动机构的分合指示器在分位置	(1) 断路器未分开。(2) 防止带负荷拉合隔离开关。(3) 操作人、监护人不进行检查位置或检查不到位，导致断路器位置与实际位置不对应	(1) 此项是操作隔离开关前的检查项，防止出现断路器尚未拉开，先拉隔离开关造成带负荷拉隔离开关。(2) 首先检查相应回路的断路器安措实际位置，防止带负荷拉隔离开关在断开状态（规程规定的情况下除外）

续表

操作票顺序	安规要求	其他相关规定	图片指示	操作位置及注意事项	风险分析	风险预控
124 将10kV分段隔离开关小车隔离开关至合位	2.3.6.1 停电拉闸操作应按照断路器—负荷侧隔离开关的顺序依次进行，送电合闸操作应按与上述相反的顺序进行。禁止带负荷拉合隔离开关	《国家电网公司变电运维管理规定 第5分册 开关柜运维细则》2.2.3 操作前，应将车体位置摆正，认真检查机械联锁锁位置正确方可进行操作；禁止强行操作	小车摇把插孔	10kV高压室。将摇把完全插入插孔，顺时针旋转摇把，直至工作位置红灯亮	(1)带负荷拉合隔离开关。(2)传动机构故障出现拒合。(3)小车隔离开关合头合不到位。(4)隔离开关误合拉合。(5)防误强拉合锁程序装置失灵	(1)错合隔离开关，不准再拉开隔离开关，因为带负荷拉开隔离开关时，将造成三相隔离弧光短路。万一发生即操作立即操作断路器来切断负荷，也应立即操作断路器来切断负荷。(2)合闸时，三相同期且接触良好，确保隔离开关动作正确。(3)操作装置锁好，以防止发生误操作。(4)手动谨慎填，按照操作小车隔离开关，看机构和连杆动作是否正确。(5)合闸完了时不可用力过猛，在合闸后应检查隔离开关的触头是否完全合上，接触是否严密。(6)合闸后拉合隔离开关头是否合上。(7)当发生误合闭锁程序时经闭锁，应查明原因，并经逐级上报后处理，不得自行解锁。(8)操作人、监护人应选择合适的站位。(9)戴安全帽，监护人站在能够充分观察隔离开关活动的位置
125 将10kV分段隔离开关小车隔离开关至合位	2.3.6.1 停电拉闸操作应按照断路器—负荷侧隔离开关的顺序依次进行，送电合闸操作应按与上述相反的顺序进行。禁止带负荷拉合隔离开关	《国家电网公司变电运维管理规定 第5分册 开关柜运维细则》2.2.3 操作前，应将车体位置摆正，认真检查机械联锁锁位置正确方可进行操作；禁止强行操作	小车摇把插孔	10kV高压室。将摇把完全插入插孔，顺时针旋转摇把，直至工作位置红灯亮	(1)带负荷拉合隔离开关。(2)传动机构故障出现拒合。(3)小车隔离开关合头合不到位。(4)隔离开关误合损坏。(5)防误强拉合锁程序装置失灵	(1)错合隔离开关，不准再拉开隔离开关，因为带负荷拉开隔离开关时，将造成三相隔离弧光短路。万一发生即操作立即操作断路器来切断负荷，也应立即操作断路器来切断负荷。(2)合闸时，三相同期且接触良好，确保隔离开关动作正确。(3)操作装置锁好，以防止发生误操作。(4)手动谨慎填，按照操作小车隔离开关指示轻见看活动作把手，作把手和连杆动作是否正确

续表

操作票顺序	安规要求	其他相关规定	图片指示	操作位置及注意事项	风险分析	风险预控
125 将 10kV 分段小车隔离开关推至合位	2.3.6.1 停电拉闸操作应按照隔离断路器—负荷侧隔离开关的顺序依次进行，送电合闸顺序与上述相反的方向进行；禁止带负荷拉合隔离开关	《国家电网公司变电运维管理规定 第 5 分册》2.2.3 操作前，应将柜体开关摆正，认真检查机械联锁位置正确方可进行强行操作；禁止强行操作	小车摇把插孔	10kV 高压室，将摇把完全插入插孔，顺时针旋转摇把，直至工作位置绿灯亮	(1) 带负荷拉合隔离开关。(2) 传动机构故障出现隔离开关拒合。(3) 小车隔离开关触头合不到位。(4) 隔离开关卡涩时强拉强合损坏设备。(5) 防误闭锁程序装置失灵	(5) 合闸操作时，在合闸终了时不可用力过猛。(6) 合闸后应检查隔离开关的触头是否紧密，接触是否合上。(7) 当防误闭锁程序装置失灵，应查明原因，并经逐级上报后处理，不得自行解锁。(8) 操作时，操作人、监护人应戴牢安全帽，选择合适的站位。(9) 监护人站在能够充分观察隔离开关活动的位置
126 检查 21 断路器在开位	2.3.4.3（3）进行停、送电操作时，在拉合合闸式开关，手车式开关拉出、推入之前，检查断路器确在分间位置	《国家电网公司变电运维管理规定 第 5 分册》2.2.7 拉出、推入手车之前应检查断路器在分间位置	泰海线 21	10kV 高压室，合闸红灯灭，分闸绿灯亮，操动机构的分合间指示器在分位置	(1) 断路器未拉开。(2) 防止带负荷拉合隔离开关。(3) 操作人、监护人不进行检查断路器实际位置或将断路器在断开位置，导致路器与实际位置不对应	(1) 此项是操作隔离开关前的检查项，防止出现断路器尚未拉开，先拉隔离开关造成带负荷拉隔离开关。(2) 首先检查相应回路的断路器在断开位置，防止带负荷拉断路器的情况下除外）
127 将泰海线 21 小车隔离开关推至合位	2.3.6.1 停电拉闸操作应按照隔离断路器—负荷侧隔离开关的顺序依次进行，送电合闸顺序与上述相反的方向进行；禁止带负荷拉合隔离开关	《国家电网公司变电运维管理规定 第 5 分册》2.2.3 操作前，应将柜体开关摆正，认真检查机械联锁位置正确方可进行强行操作；禁止强行操作	小车摇把插孔	10kV 高压室，将摇把完全插入插孔，顺时针旋转摇把，直至工作位置红灯亮	(1) 带负荷拉合隔离开关。(2) 传动机构出现隔离开关拒合。(3) 小车隔离开关触头合不到位。(4) 隔离开关卡涩时强拉强合损坏设备。(5) 防误闭锁程序装置失灵	(1) 错合隔离开关时，不准再拉开隔离开关，因为合隔离开关时将造成负荷开关短路。万一发生了错合隔离开关的情况，也应立即合三相断路器来切断负荷。(2) 合闸时，三相隔离开关目视动作正确，确保隔离开关卡好。(3) 操作隔离开关后，以防止发生误操作，要将防误操作闭锁装置锁好。(4) 手动合隔离开关时，应先慢而谨慎，按照小车摇把先轻摇动操作把手，看机构和连杆动作是否正确

续表

操作票顺序	安规要求	其他相关规定	图片指示	操作位置及注意事项	风险分析	风险预控
127 将秦海线21小车隔离开关推至合位	2.3.6.1 停电拉合闸操作应按照隔离开关—断路器—负荷侧隔离开关的顺序依次进行，送电合闸操作应按与上述相反的顺序进行。禁止带负荷拉合隔离开关	《国家电网公司变电运维管理规定 第5分册》2.2.3 操作前，应将车体位置摆正，认真检查机械联锁位置正确方可进行操作；禁止强行操作	小车摇把插孔	10kV高压室，将摇把完全插入插孔，顺时针旋转摇把，直至工作位置红灯亮	(1)带负荷拉合隔离开关。(2)传动机构故障拒动。(3)小车触头未触到位。(4)隔离开关拉合不到位，导致强行拉合损坏设备。(5)防误闭锁程序装置失灵	(5)合闸操作时，都必须迅速果断，在合闸终了时不可用力过猛，在合闸完全合上后应检查触头是否合上，接触是否紧密。(6)合闸终了应检查隔离开关的触头是否完全合上，接触是否紧密。(7)当防误闭锁程序装置失灵时，应查明原因，并逐级上报后处理，不能自行解锁。(8)操作时，操作人、监护人选择合适的站位。(9)戴安全帽，监护人应站在能够充分观察隔离开关活动的位置
128 检查22断路器在开位	2.3.4.3 (3) 进行停、送电操作时，在拉合闸操作、手车式开关拉出、推入前，检查断路器角在分间位置	《国家电网公司变电运维管理规定 第5分册》2.2.7 拉出、推入手车之前应检查断路器在分间位置	中龙乙线22	10kV高压室，合间红灯灭，分间绿灯亮，操动机构的分合间指示器在分间位置	(1)断路器未拉开。(2)防止带负荷拉合隔离开关。(3)操作人、监护人不进行检查断路器实际位置或检查不到位，导致断路器位置与实际不对应	(1)此项是操作隔离开关前的检查项，防止出现断路器尚未拉开，先拉合隔离开关造成带负荷拉隔离开关
129 将中龙乙线22小车隔离开关推至合位	2.3.6.1 停电拉合闸操作应按照隔离开关—断路器—负荷侧隔离开关的顺序依次进行，送电合闸操作应按与上述相反的顺序进行。禁止带负荷拉合隔离开关	《国家电网公司变电运维管理规定 第5分册》2.2.3 操作前，应将车体位置摆正，认真检查机械联锁位置正确方可进行操作；禁止强行操作	小车摇把插孔	10kV高压室，将摇把完全插入插孔，顺时针旋转摇把，直至工作位置红灯亮	(1)错合隔离开关。(2)传动机构故障出现拒动。(3)小车触头未触到位。(4)隔离开关拉合不到位，导致强行拉合损坏设备。(5)防误闭锁程序装置失灵	(1)错合隔离开关时，不准再拉开隔离开关，因为带负荷拉隔离开关，万一发生了电弧光短路，也应立即将负荷开关切断。(2)合闸同期，三相隔离开关合良好，确保隔离开关合到位。(3)操作装置误操作后，要将防误闭锁装置锁住，以防止发生误操作。(4)手动合小车隔离开关后，应按照操作指示先轻轻动操作把手，看合机构和连杆操作是否正确

续表

操作票顺序	安规要求	其他相关规定	图片指示	操作位置及注意事项	风险分析	风险预控
129 将中龙乙线22小车隔离开关推至合位	2.3.6.1 停电拉合闸操作应按照隔离断路器—负荷侧隔离开关的顺序依次进行，送电合闸操作应按与上述相反的顺序进行。禁止带负荷拉合隔离开关	《国家电网公司变电运维管理规定 第5分册》2.2.3 操作前，应将车体位置摆正，认真检查机械联锁位置正确方可进行操作；禁止强行操作	 小车摇把插孔	10kV高压室。将摇把完全插入插孔，顺时针旋转摇把，直至工作位置红灯亮	(1)带负荷拉合隔离开关。(2)传动机构故障出现拒合。(3)小车隔离开关卡不到位。(4)隔离开关卡合损坏设备。(5)防误闭锁程序装置失灵	(5)合闸操作时，都必须迅速果断，在合闸终了时不可用力过猛，头是否完全合上；接触是否严密。(6)合闸后应检查隔离开关的触头是否完全合上；接触是否严密。(7)当防误闭锁程序失灵时，应查明原因，并经逐级上报后处理，不得自行解锁。(8)操作时，操作人、监护人应选择合适的站位。(9)戴好安全帽，监护人站在能够充分观察隔离开关活动的位置
130 检查23断路器在开位	2.3.4.3 (3)进行停、送电操作时，在拉合隔离开关、手车式开关拉出、推入之前应检查断路器在分闸位置	《国家电网公司变电运维管理规定 第5分册》2.2.7 拉出、推入车体前应检查断路器在分间位置		10kV高压室。合闸红灯灭，分闸绿灯亮，操动机构的分合间指示器在分间位置	(1)断路器未分开。(2)防止带负荷拉合隔离开关。(3)操作人、监护人不到位检查断路器实际位置，导致断路器位置与实际位置不对应	(1)此项是操作隔离开关前的检查项，防止出现断路器尚未拉开，先拉隔离开关造成带负荷拉隔离开关。(2)首先检查相应回路的断路器在断开位置，防止带负荷拉合隔离开关（规程规定的情况下除外）
131 将建工线23小车隔离开关推至合位	2.3.6.1 停电拉合闸操作应按照隔离断路器—负荷侧隔离开关的顺序依次进行，送电合闸操作应按与上述相反的顺序进行。禁止带负荷拉合隔离开关	《国家电网公司变电运维管理细则 第5分册》2.2.3 操作前，应将车体位置摆正，认真检查机械联锁位置正确方可进行操作；禁止强行操作	 小车摇把插孔	10kV高压室。将摇把完全插入插孔，顺转摇把，直至工作位置红灯亮	(1)错合隔离开关。(2)传动机构故障出现拒合。(3)小车隔离开关卡不到位。(4)隔离开关卡合损坏设备。(5)防误闭锁程序装置失灵	(1)错合隔离开关时，不准再合开关，因为带负荷合短路。万一发生了错合隔离开关的情况，也应立即将隔离开关来切断负荷。(2)合闸前检查三相隔离开关接触良好，确保隔离开关动作正确。(3)操作装置锁好，以防止发生误操作。(4)手动合小车隔离开关时，要慎而谨慎，按照操作指示先轻轻动操作把手，看机构和连杆动作是否正确

续表

操作票顺序	安规要求	其他相关规定	图片指示	操作位置及注意事项	风险分析	风险预控
131 将建工线23小车隔离开关推至合位	2.3.6.1 停电拉闸操作应按照断路器一负荷侧隔离开关的顺序依次进行，送电合闸操作顺序与上述相反的顺序进行。禁止带负荷拉合隔离开关	《国家电网公司变电运维管理规定 第5分册 开关柜运维细则》2.2.3 操作手车前，应将车体位置摆正，认真检查机械联锁位置正确方可进行操作；禁止强行操作	小车摇把插孔	10kV高压室 将摇把完全插入插孔，顺时针旋转摇把，直至工作位置红灯亮	(1) 带负荷拉合隔离开关。(2) 传动机构出现拒动。(3) 小车隔离开关触头合不到位。(4) 隔离开关卡涩时强拉合损坏设备。(5) 防误闭锁程序装置失灵	(5) 合闸操作时，在合闸合上都必须迅速果断，合闸了时不可用力过猛；(6) 合闸终了后应检查隔离开关的触头是否完全合上，接触是否严密。(7) 当发现误闭锁程序装置失灵时，应查明原因，并经逐级上报后处理，不得自行解锁。(8) 操作人、监护人应选择适当的站位，戴好安全帽，监护人应站在能够充分观察隔离开关活动的位置
132 检查24断路器在分开位	2.3.4.3 (3) 进行停、送电操作时，在投合开关、手车式开关隔离开关、手车式开关拉出、推入前，检查断路器确在分间位置	《国家电网公司变电运维管理规定 第5分册 开关柜运维细则》2.2.7 拉出、推入手车之前应检查断路器在分间位置	货场线 2 4	10kV高压室 合闸红灯灭，分闸绿灯亮，操动机构的分合闸指示器在分间位置	(1) 断路器未分开。(2) 防止带负荷拉合隔离开关。(3) 操作人、监护人不进行检查断路器安装不到位或检查错不到位，导致断路器与实际位置不对应	(1) 此项是操作隔离开关前的检查项，防止出现断路器尚未拉开，先拉合隔离开关造成带负荷拉隔离开关。(2) 首先检查相同回路的断路器在断开位置，防止带负荷拉合隔离开关（规程规定的情况下除外）
133 将货场线24小车隔离开关推至合位	2.3.6.1 停电拉闸操作应按照断路器一负荷侧隔离开关的顺序依次进行，送电合闸操作顺序与上述相反的顺序进行。禁止带负荷拉合隔离开关	《国家电网公司变电运维管理规定 第5分册 开关柜运维细则》2.2.3 操作手车前，应将车体位置摆正，认真检查机械联锁位置正确方可进行操作；禁止强行操作	小车摇把插孔	10kV高压室 将摇把完全插入插孔，顺时针旋转摇把，直至工作位置红灯亮	(1) 带负荷拉合隔离开关。(2) 传动机构出现拒动。(3) 小车隔离开关触头合不到位。(4) 隔离开关卡涩时强拉合损坏设备。(5) 防误闭锁程序装置失灵	(1) 错合隔离开关时，不准再拉隔离开关，将带负荷合隔离开关时，因为带负荷隔离开关，一发生了三相隔离弧光短路，万应立即停操作切断负荷，也确保三相同期目检触良好、确保隔离开关合正确。(2) 合闸时，三相隔离开关合正确。(3) 操作时防止发生误闭锁装置锁好，以防止带负荷隔离开关，要将防误操作，看照按照小合隔离开关时，应先慢而且慎，要照操作指示先轻重手动合小车隔离开关后，看机构连杆动作是否正确

续表

操作票顺序	安规要求	其他相关规定	图片指示	操作位置及注意事项	风险分析	风险预控
133 将货场线24 小车隔离开关推至合位	2.3.6.1 停电拉闸操作应按照断路器—负荷侧隔离开关—电源侧隔离开关的顺序依次进行，送电合闸操作应按与上述相反的顺序进行。禁止带负荷拉合隔离开关	《国家电网公司变电运维管理规定 第5分册》2.2.3 操作摆正，认真检查机械联锁位置正确方可操作；禁止强行操作	小车摇把插孔	10kV 高压室。将摇把完全插入插孔，顺时针旋转摇把，直至工作位置红灯亮	(1) 带负荷拉合隔离开关。(2) 传动机构拒合。(3) 小车隔离开关触头合不到位。(4) 隔离开关卡涩时强拉强合损坏设备。(5) 防误闭锁程序装置失灵	(5) 合闸操作时，都必须迅速果断，在合闸终了时不可用力过猛。(6) 合闸后应检查合闸是否完全合上，接触是否严密。(7) 当防误闭锁程序装置失灵时，应查明原因，并经逐级上报后处理，不得自行解锁。(8) 操作时，操作人、监护人应适当的站位。(9) 戴着安全帽，监护人站在能够充分观察隔离开关活动的位置
134 检查25 线断路器在开位	2.3.4.3 (3) 进行停、送电操作时，在拉合闸式手车隔离开关拉出、推入手车之前应检查断路器确在分间位置	《国家电网公司变电运维管理规定 第5分册》2.2.7 拉出、推入手车前应检查断路器在分间位置	化区线 25	10kV 高压室。合闸红灯灭，分闸绿灯亮，操动机构的分合闸指示器在分闸位置	(1) 断路器未拉开。(2) 防止带负荷拉合隔离开关。(3) 操作人、监护人不进行检查断路器实际位置或检查断路器实际位置与实际位置不对应	(1) 此项是操作隔离开关前的检查项，防止出现断路器尚未拉开，先拉隔离开关造成带负荷拉隔离开关。(2) 首先检查相应回路的断路器在断开位置，防止带负荷拉合隔离开关（规程规定的情况下除外）
135 将化区线25 小车隔离开关推至合位	2.3.6.1 停电拉闸操作应按照断路器—负荷侧隔离开关—电源侧隔离开关的顺序依次进行，送电合闸操作应按与上述相反的顺序进行。禁止带负荷拉合隔离开关	《国家电网公司变电运维管理细则》2.2.3 操作前，应将车体摆正，认真检查机械联锁位置正确方可进行操作；禁止强行操作	小车摇把插孔	10kV 高压室。将摇把完全插入插孔，顺时针旋转摇把，直至工作位置红灯亮	(1) 带负荷拉合隔离开关。(2) 传动机构拒合。(3) 小车隔离开关合头不到位。(4) 隔离开关卡涩时强拉强合损坏设备。(5) 防误闭锁程序装置失灵	(1) 错合隔离开关，不准再拉开隔离开关，因为带负荷拉隔离开关时，将合上隔离开关断开负荷，万一发生了错合隔离开关的情况，也应立即操作将断路器断开负荷。(2) 合闸操作时，三相隔离开关动作正确，要确保三相合到位。(3) 操作前机械联锁装置锁好，以防止发生误操作。(4) 手动合隔离开关时，应先慢而谨慎，按照操作指示先轻拉动操作把手，看机构和连杆动作是否正确

续表

操作票顺序	安规要求	其他相关规定	图片指示	操作位置及注意事项	风险分析	风险预控
135 将化区线25 小车隔离开关推至合位	2.3.6.1 停电拉闸操作应按照断路器—负荷侧隔离开关—电源侧隔离开关的顺序依次进行，送电合闸操作应按与上述相反的顺序进行。禁止带负荷拉合隔离开关	《国家电网公司变电运维管理规定 第5分册 开关柜运维细则》2.2.3 操作前，应将车体位置摆正，认真检查机械联锁位置正确方可进行操作；禁止强行操作	小车摇把插孔	10kV 高压室。将摇把完全插入插孔，顺时针旋转摇把，工作位置红灯亮	(1) 带负荷拉合隔离开关。(2) 传动机构故障出现拒合。(3) 小车隔离开关触头合不到位。(4) 隔离开关卡涩时强拉合造成损坏。(5) 防误闭锁程序装置失灵	(5) 合闸操作时，都必须用力过猛，在合闸终了时不可用力过猛。(6) 合闸后应检查隔离开关的触头是否完全合上，接触是否严密。(7) 当发现误闭锁装置失灵时，应查明原因，并经逐级上报后处理，不得自行解锁。(8) 操作时，操作人、监护人应选择适当的站位。(9) 戴安全帽，监护人在能够充分观察隔离开关活动的位置
136 检查26 断路器在开位	2.3.4.3 (3) 进行停、送电操作时，在拉合刀闸开关、手车式开关拉出、推入前，检查断路器确在分闸位置	《国家电网公司变电运维管理规定 第5分册 开关柜运维细则》2.2.7 拉出、推入车之前应检查断路器在分闸位置	颜料26线	10kV 高压室。合闸红灯灭，分闸绿灯亮，操作机构的分合闸指示器在分闸位置	(1) 断路器未拉开。(2) 防止带负荷拉合隔离开关。(3) 操作人、监护人不进行检查断路器实际位置，导致断路器位置与实际位置不对应	(1) 此项是操作隔离开关前的检查项，防止出现断路器尚未拉开，先拉隔离开关造成带负荷拉隔离开关。
137 将预料26线 小车隔离开关推至合位	2.3.6.1 停电拉闸操作应按照断路器—负荷侧隔离开关—电源侧隔离开关的顺序依次进行，送电合闸操作应按与上述相反的顺序进行。禁止带负荷拉合隔离开关	《国家电网公司变电运维管理规定 第5分册 开关柜运维细则》2.2.3 操作前，应将车体位置摆正，认真检查机械联锁位置正确方可进行操作；禁止强行操作	小车摇把插孔	10kV 高压室。将摇把完全插入插孔，顺时针旋转摇把，工作位置红灯亮	(1) 带负荷拉合隔离开关。(2) 传动机构故障出现拒合。(3) 小车隔离开关触头合不到位。(4) 隔离开关卡涩时强拉合造成损坏。(5) 防误闭锁程序装置失灵	(1) 错合隔离开关时，不准再合隔离开关，因为带负荷拉合隔离开关，将会造成三相隔离开关短路。万一发生了错合操作的情况，也应立即停止操作。(2) 合闸时，三相隔离开关应同期且接触良好，确保断路器合闸正确。(3) 操作隔离开关后，要防止发生误操作。(4) 手动合闸装置，应先检查小车隔离开关到完全合位。手动操作把手，慢而谨慎，按照操作指示先轻轻动触把手，看隔离开关和连杆动作是否正确

续表

操作票顺序	安规要求	其他相关规定	图片指示	操作位置及注意事项	风险分析	风险预控
137 将预料线 26 小车隔离开关相反推至合位	2.3.6.1 停电拉断路器操作应按照隔离开关一负荷侧隔离开关一电源侧隔离开关的顺序依次进行，送电合闸操作应按与上述相反的顺序进行。禁止带负荷拉合隔离开关	《国家电网公司变电运维管理规定 第 5 分册 开关柜运维细则》2.2.3 操作摆正，认真检查机构联锁位置正确方可进行操作；禁止强行操作	小车摇把插孔	10kV 高压室。将摇把完全插入插孔，顺时针旋转摇把，直至工作位置红灯亮	(1) 带负荷拉合隔离开关。(2) 传动机构拒合。(3) 小车隔离开关卡涩不到位。(4) 隔离开关卡合时强拉强合损坏设备。(5) 防误闭锁程序装置失灵	(5) 合闸操作时，都必须迅速果断，在合闸终了时和用力过猛。(6) 合闸后应检查隔离开关的触头是否严密、接触是否完全合上。(7) 当防误闭锁程序装置失灵时，应查明原因，并逐级上报后处理，不得自行解锁。(8) 操作人、监护人站在能选择适当的站位。(9) 戴有安全帽，选择能够无论观察隔离开关活动的位置
138 检查 27 线断路器在开位	2.3.4.3 (3) 进行停、送电操作时，在合上隔离开关，手车式开关推入前，检查断路器确在分闸位置	《国家电网公司变电运维管理规定 第 5 分册 开关柜运维细则》2.2.7 拉出、推入手车之前应检查断路器在分闸位置	大寨 线 2 7	10kV 高压室。合闸红灯灭，分闸绿灯亮，操动机构的分合闸指示器在分闸位置	(1) 断路器未合开。(2) 防止带负荷拉合隔离开关。(3) 操作人、监护人不检查实际位置或断路器实际不到位，导致断路器位置与实际位置不对应	(1) 此项是操作隔离开关前的检查项，防止出现隔离开关尚未拉开，先拉隔离开关造成带负荷拉隔离开关。(2) 首先检查各相隔离开关实际位置，防止带负荷的情况下除外）。(3) 确保隔离开关在断开位置（规程规定的位置）
139 将大寨线 27 小车隔离开关相反推至合位	2.3.6.1 停电拉断路器操作应按照隔离开关一负荷侧隔离开关一电源侧隔离开关的顺序依次进行，送电合闸操作应按与上述相反的顺序进行。禁止带负荷拉合隔离开关	《国家电网公司变电运维管理规定 第 5 分册 开关柜运维细则》2.2.3 操作摆正，认真检查机构联锁位置正确方可进行操作；禁止强行操作	小车摇把插孔	10kV 高压室。将摇把完全插入插孔，顺时针旋转摇把，直至工作位置红灯亮	(1) 错合隔离开关。(2) 传动机构拒合。(3) 小车隔离开关卡合不到位。(4) 小车隔离开关卡涩时强拉强合损坏设备。(5) 防误闭锁程序装置失灵	(1) 错合隔离开关时，不准再拉开隔离开关，因为有荷拉隔离开关时，将造成三相弧光短路。万一发生了错操作隔离开关来切断负荷，也应立即将弧光切断。(2) 合闸时，三相应同期目接触良好，确保三相隔离开关正确。(3) 操作装置锁好，以防止发生误操作。(4) 手动小车隔离开关时，要将防误闭锁装置锁好，按照隔离操作先看手柄连杆机构是否正确。(5) 手动操作先轻动作缓慢而谨慎，看手柄连杆机构动作是否正确

续表

操作票顺序	安规要求	其他相关规定	图片指示	操作位置及注意事项	风险分析	风险预控
139 将大寨27线小车隔离开关推至合位	2.3.6.1 停电拉闸操作应按照断路器一负荷侧隔离开关的顺序依次进行，送电合闸操作按与上述相反的顺序进行。禁止带负荷拉合隔离开关	《国家电网公司变电运维管理规定 第5分册》开关柜运维细则 2.2.3 操作摆正，认真检查机构位置正确，禁止强行操作	小车摇把插孔	10kV 高压室 将摇把把完全插入插孔，顺时针旋转摇把，直至工作位置红灯亮	(1)带负荷拉合隔离开关。(2)传动机构故障出现拒合。(3)小车触头合不到位。(4)隔离开关卡涩时强合至合损坏设备。(5)防误闭锁程序装置失灵	(5)合闸操作时，都必须迅速果断，在合闸终了时不可用力过猛。(6)合闸时应检查隔离开关头是否完全合上，接触是否严密。(7)当发现误闭锁程序装置失灵时，应查明原因，并经逐级上报处理，不得自行解锁。(8)操作时，操作人、监护人选择合适的站位。(9)戴好安全帽，监护人应能够充分观察隔离开关活动的位置
140 检查大寨27线小车断路器在开位	2.3.4.3 (3)进行停送电操作时，在拉合隔离开关、手车式开关拉出、推入断路器之前应检查断路器在分闸位置	《国家电网公司变电运维管理规定 第5分册》开关柜运维细则 2.2.7 拉出、推入手车之前应检查断路器在分闸位置	三线 28	10kV 高压室 合闸红灯灭，分闸绿灯亮，操动机构的分合指示器在分闸位置	(1)断路器未拉开。(2)防止带负荷拉合隔离开关。(3)操作人、监护人进行检查断路器实际位置，导致断路器位置不对应	(1)此项是操作隔离开关前的检查项，防止出现断路器尚未拉开，先拉隔离开关造成带负荷拉隔离开关。(2)首先检查相应回路的断路器在断开位置，防止带负荷拉合隔离开关（规程规定的情况下除外）
141 将大寨28三线隔离开关推至合位	2.3.6.1 停电拉闸操作应按照断路器一负荷侧隔离开关的顺序依次进行，送电合闸操作按与上述相反的顺序进行。禁止带负荷拉合隔离开关	《国家电网公司变电运维管理规定 第5分册》开关柜运维细则 2.2.3 操作摆正，认真检查机构位置正确，禁止强行操作	小车摇把插孔	10kV 高压室 将摇把把完全插入插孔，顺时针旋转摇把，直至工作位置红灯亮	(1)带负荷拉合隔离开关。(2)传动机构出现拒合。(3)小车隔离开关合不到位。(4)隔离开关卡涩时强合至合损坏设备。(5)防误闭锁程序装置失灵	(1)错合隔离开关时，不准再拉开隔离开关。因为带负荷拉合隔离开关，将会造成合隔离开关短路。万一发生了错合隔离开关的情况，也应立即将隔离开关切断负荷。(2)合闸时，确保三相隔离开关接触良好，确保三相隔离开关同时合。(3)操作隔离开关防误，以防止发生误操作。(4)手动合小车隔离开关时，应先慢而谨操作把手，按照隔离操作指示先轻晃动操作连杆机构，看操作把手是否正确

续表

操作票顺序	安规要求	其他相关规定	图片指示	操作位置及注意事项	风险分析	风险预控
141 将一O三线28 小车隔离开关推至合位	2.3.6.1 停电拉闸操作应按照断路器—负荷侧隔离开关的顺序依次进行，送电合闸操作应按与上述相反的顺序进行。禁止带负荷拉合隔离开关	《国家电网公司变电运维管理规定 第5分册 开关柜运维细则》 2.2.3 操作前，应将车体位置摆正，认真检查机械联锁位置正确方可进行操作；禁止强行操作	小车摇把插孔	10kV 高压室。将摇把完全插入插孔，顺时针旋转摇把，直至工作位置红灯亮	(1) 带负荷拉合隔离开关。(2) 防止传动机构现拒合。(3) 小车隔离开关合头不到位。(4) 隔离开关拉合损坏设备。(5) 防误闭锁时强合涩程序装置失灵	(5) 合闸操作时，都必须用力迅速果断，在合闸终了时不可用力过猛，合闸后应检查隔离开关的触头是否完全合上，接触是否严密。(7) 当防误闭锁程序装置失灵时，应查明原因，并经逐级上报后处理，不得自行解锁。(8) 操作人、监护人应站在能够充分观察隔离开关活动的位置。(9) 戴好安全帽，选年合适的站位
142 检查 29 断路器在分位	2.3.4.3 (3) 进行停、送电操作时，在拉合隔离开关、手车式开关拉出、推入前，检查断路器确在分闸位置	《国家电网公司变电运维管理规定 第5分册 开关柜运维细则》 2.2.7 拉出、推入手车之前应检查断路器在分闸位置	2 号变 29 接地	10kV 高压室。合闸红灯灭，分闸绿灯亮，操动机构的分合闸指示器在分闸位置	(1) 断路器未拉开。(2) 防止带负荷拉合隔离开关。(3) 操作人、监护人不进行实际位置检查，断路器实际位置或检查不到位，致断路器位置与实际位置不对应	(1) 此项是操作隔离开关前的检查项，防止出现断路器尚未拉开，先拉隔离开关造成带负荷拉离开关。(2) 首先检查相应回路的断路器在断开位置，防止发生误操作（规程规定下述以外）
143 将2号接地变压器断路器29 隔离开关推至合位	2.3.6.1 停电拉闸操作应按照断路器—负荷侧隔离开关的顺序依次进行，送电合闸操作应按与上述相反的顺序进行。禁止带负荷拉合隔离开关	《国家电网公司变电运维管理规定 第5分册 开关柜运维细则》 2.2.3 操作前，应将车体位置摆正，认真检查机械联锁位置正确方可进行操作；禁止强行操作	小车摇把插孔	10kV 高压室。将摇把完全插入插孔，顺时针旋转摇把，直至工作位置红灯亮	(1) 带负荷拉合隔离开关。(2) 传动机构现拒合。(3) 小车隔离开关合头不到位。(4) 隔离开关拉合损坏设备。(5) 防误闭锁时强合涩程序装置失灵	(1) 错合离开关，因为带负荷合隔离开关时，一发生了错误操作隔离开关来切断负荷，也应立即恢复原状，万不准再拉隔离开关。(2) 合闸同期，三相隔离开关切合良好，确保三相隔离开关切合良好。(2) 操作隔离开关时，要确保防误闭锁操作正确。(3) 操作隔离闭锁锁好，以防止发生误操作。(4) 手动合小车隔离开关时，应先慢而谨慎，按照操作指示先轻要动操作把手，看机构和连杆动作是否正确。

续表

操作票顺序	安规要求	其他相关规定	图片指示	操作位置及注意事项	风险分析	风险预控
143 将2号接地变压器29小车隔离开关推至合位	2.3.6.1 停电拉闸操作应按照隔离开关的顺序依次进行,送电合闸操作应按与上述相反的顺序进行。禁止带负荷拉合隔离开关	《国家电网公司变电运维管理规定 第5分册 运维细则》2.2.3 操作前,应将车体位置摆正,认真检查机械联锁位置正确方可进行操作;禁止强行操作	小车摇把插孔	10kV高压室。将摇把完全插入插孔,顺时针旋转摇把,直至工作位置红灯亮	(1) 带负荷拉合隔离开关。(2) 传动机构拒合。(3) 小车隔离开关卡涩合不到位。(4) 隔离开关强拉强合损坏设备。(5) 防误闭锁程序装置失灵	(5) 合闸操作,都必须迅速果断,在合闸终了时不可用力过猛。(6) 合闸后应检查隔离开关的触头是否严密。(7) 当防误闭锁程序装置失灵,应查明原因,并经值班级上报后处理,不得自行解锁。(8) 操作时,操作人、监护人应选准操作的站位。(9) 戴平安帽观察隔离开关活动的位置能够充分观察隔离开关活动的位置
144 合上10kV II段计量电压互感器一次熔断器	—	《变电专业电气操作票技术规范》1.11.2 电压互感器二次并列时,必须一次侧并列,二次侧并列,防止电压互感器二次对一次进行反充电,造成二次熔断器熔断或二次空气断路器跳闸		10kV高压室。先合负极,后合正极	(1) 误触交流电源、误碰带电设备,造成伤害。(2) 造成交流短路。(3) 母线TV停电序号错,反充电。(4) 二次保护失压	母线TV停电,先停一次气断路器或熔断器,后停一次隔离开关。送电一次隔离开关的顺序与此相反
145 将10kV II段电压互感器92小车隔离开关推至合位	2.3.6.1 停电拉闸操作应按照隔离开关的顺序依次进行,送电合闸操作应按与上述相反的顺序进行。禁止带负荷拉合隔离开关	《国家电网公司变电运维管理规定 第5分册 运维细则》2.2.3 操作前,应将车体位置摆正,认真检查机械联锁位置正确方可进行操作;禁止强行操作	小车摇把插孔	10kV高压室。将摇把完全插入插孔,顺时针旋转摇把,直至工作位置红灯亮	(1) 带负荷拉合隔离开关。(2) 传动机构拒合。(3) 小车隔离开关卡涩合不到位。(4) 隔离开关强拉强合损坏设备。(5) 防误闭锁程序装置失灵	(1) 错合隔离开关时,不准再拉开隔离开关。因为带负荷拉隔离开关,万一发生了错合隔离开关的情况,也应立即操作断路器来切断负荷。(2) 合闸时,三相同期目检查正确。(2) 操作装置锁好,确保隔离开关防误闭锁操作,以防止发生误操作。(3) 手动合闸操作,要谨慎,按照操作示先轻便动操作把手,看清机构和操作是否正确

续表

操作票顺序	安规要求	其他相关规定	图片指示	操作位置及注意事项	风险分析	风险预控
145　将 10kV Ⅱ段电压互感器 92 小车隔离开关推至冷位	2.3.6.1 停电拉闸操作应按照隔离开关一负荷侧隔离开关一电源侧隔离开关的顺序依次进行;送电合闸操作应按与上述相反的顺序进行。禁止带负荷拉合隔离开关	《国家电网公司变电运维管理规定 第5分册 开关柜运维细则》2.2.3 操作前,应将车体位置摆正,认真检查机械联锁位置正确方可进行操作;禁止强行操作	小车摇把插孔	10kV 高压室。将摇把完全插入插孔,顺时针旋转摇把,直至工作位置红灯亮	(1) 带负荷拉合隔离开关。(2) 传动机构故障出现拒合。(3) 小车隔离开关触头不到位。(4) 隔离开关卡涩时强拉合造成损坏设备。(5) 防误闭锁程序装置失灵	(5) 合闸操作时,都必须迅速果断,在合闸终了时不可用力过猛。(6) 合闸后应检查隔离开关是否触头是否完全合上,接触是否严密。(7) 当防误闭锁程序装置失灵时,应查明原因,并经逐级上报后处理。不得自行解锁。(8) 操作时,操作人、监护人应选择合适的站位。(9) 藏年观察隔离开关活动的位置能够充分观察隔离开关活动的位置
146　合上 10kV Ⅱ段计量电压互感器二次空气断路器	—	《变电专业电气操作票技术规范》1.11.2 电压互感器二次并列,必须一次先并列,二次后并列;防止电压互感器二次对一次进行反充电,造成二次熔断器或二次空气断路器跳闸		10kV高压室: 10kV Ⅱ段计量电压互感器 92 开关柜,向上合上空气断路器	(1) 误触交流电源,误碰带电设备,造成伤害。(2) 造成交流短路。(3) 不戴好线手套,不穿长袖衣。(4) 母线 TV 停电顺序错,反充电。(5) 二保护失压	母线 TV 停电,先停二次空气断路器或熔断器,后停一次隔离开关的顺序。送电顺序与此相反
147　合上 10kV Ⅱ段保护电压互感器一次熔断器	—	《变电专业电气操作票技术规范》1.11.2 电压互感器二次并列,必须一次先并列,二次后并列;防止电压互感器二次对一次进行反充电,造成二次熔断器或二次空气断路器跳闸		10kV高压室。先合负极,后合正极	(1) 误触交流电源,误碰带电设备,造成伤害。(2) 造成交流短路。(3) 不戴好线手套,不穿长袖衣。(4) 母线 TV 停电顺序错,反充电。(5) 二保护失压	母线 TV 停电,先停二次空气断路器或熔断器,后停一次隔离开关的顺序。送电顺序与此相反

续表

操作票顺序	安规要求	其他相关规定	图片指示	操作位置及注意事项	风险分析	风险预控
148 将 10kV Ⅱ段保护电压互感器 82 小车隔离开关推至合位	2.3.6.1 停电拉闸操作应按照断路器—负荷侧隔离开关—电源侧隔离开关的顺序依次进行，送电合闸操作应按与上述相反的顺序进行。禁止带负荷拉合隔离开关	《国家电网公司变电运维管理规定 第5分册 开关柜运维细则》2.2.3 操作前，应将车体位置摆正，认真检查机械联锁位置正确方可进行操作；禁止强行操作	小车摇把插孔	10kV 高压室。将摇把完全插入插孔，顺时针旋转摇把，直至工作位置红灯亮	(1) 带负荷拉合隔离开关。(2) 传动机构拒合。(3) 小车隔离开关合不到位。(4) 隔离开关卡合卡涩时强拉合闭锁程序。(5) 防误装置灵	(1) 错合隔离开关时，因为带负荷拉开隔离开关，将产生电弧光，一旦发生了错合操作，应立即用断路器来切断负荷，也应立即操作，不准再拉开隔离开关；三相隔离开关合上后，要确保隔离开关接触良好。(2) 合闸时，三相同期目测动作正确。(3) 操作装置锁好，以防止发生误操作。(4) 手动小车隔离开关时，先慢而谨慎，操作把手，看操作指示先轻轻动作是否正确。(5) 合闸操作时，都必须迅速果断，在合闸终了时不可用力过猛。(6) 合闸时应检查隔离开关的触头是否完全合上，接触是否紧密，不得自行解锁。(7) 当发生误闭锁程序失灵时，应查明原因，并逐级上报后处理。(8) 操作人、监护人应选择合适的站位。(9) 戴安全帽，监护人站在能够充分观察隔离开关活动的位置
149 合上 10kV Ⅱ段保护电压互感器二次空气断路器	一	《变电专业电气操作票技术规范》1.11.2 电压互感器二次并列时，必须一次先并列，二次后并行；防止电压互感器二次对一次进行反充电，造成二次熔断器熔断或二次空气断路器跳闸	照明开关　电压互感器A B C	10kV 高压室：10kV Ⅱ段保护电压互感器82开关柜，向上合上二次断路器	(1) 误触交流电源，误触带电设备，造成伤害。(2) 造成交流短路。(3) 母线 TV 停电顺序错，反充电。(4) 二次保护失压	母线 TV 停电，先停二次空气断路器或熔断器，后停一次隔离开关。送电的顺序与此相反

续表

操作票顺序	安规要求	其他相关规定	图片指示	操作位置及注意事项	风险分析	风险预控
150　检查30号断路器在开位	2.3.4.3（3）进行停、送电操作时，在拉合隔离开关、手车式开关拉出、推入手车之前，检查断路器确在分闸位置	《国家电网公司变电运维管理规定　第5分册　开关柜运维细则》2.2.7拉出、推入手车前应检查断路器在分闸位置		10kV高压室，合闸红灯灭，分闸绿灯亮，操动机构的分合闸指示器在分闸位置	（1）断路器未拉开。（2）防止带负荷拉合隔离开关。（3）操作人、监护人不进行检查，导致断路器实际位置或实际检查不到位，导致断路器位置不对应	（1）此项是操作隔离开关前的检查项，防止出现断路器尚未拉开，先拉隔离开关造成带负荷拉隔离开关。（2）首先检查相应回路的断路器在断开位置，防止带负荷拉隔离开关（规程规定除外）
151　将2号电容器30小车隔离开关推至合位	2.3.6.1 停电拉闸操作应按照断路器一负荷侧隔离开关一电源侧隔离开关的顺序依次进行，送电合闸操作应按与上述相反的顺序进行。禁止带负荷拉合隔离开关	《国家电网公司变电运维管理规定　第5分册　开关柜运维细则》2.2.3操作前，应将车体位置摆正，认真检查机械联锁位置正确方可进行操作；操作按钮位置正确无误时，直至工作位置红灯亮；禁止强行操作	小车摇把插孔	10kV高压室，将摇把完全插入插孔，顺时针旋转摇把，直至工作位置红灯亮	（1）错合隔离开关。（2）转动机构故障出现拒合。（3）小车隔离开关触头合不到位。（4）隔离开关卡涩时强拉合损坏设备。（5）防误闭锁程序装置失灵	（1）错合隔离开关时，不准再拉开隔离开关，因为带负荷拉开关时，将会造成三相短路。万一发生了错合隔离开关未经发现，也应立即操作带切断负荷。（2）合闸时，三相同期且接触良好，确保隔离开关动作正确。（3）操作隔离开关后，要将防误闭锁装置锁好，以防止发生误操作。（4）手动合隔离开关时，应先慢而后速，按照操作指示先经判动操作把手，看机构和连杆动作是否正确。（5）合闸操作时，都必须迅速，在合闸着了时不可用力过猛。（6）合闸后应检查隔离开关的触头是否完全合上，接触是否严密。（7）当防误闭锁程序装置失灵时，应查明原因，并经逐级上报后处理，不得自行解锁。（8）操作人、监护人应戴牢安全帽，操作人站在能选择合适的站位。（9）能够充分观察隔离开关活动的位置

续表

操作票顺序	安规要求	其他相关规定	图片指示	操作位置及注意事项	风险分析	风险预控
152 检查 31 断路器在开位	2.3.4.3（3）进行停、送电操作时，在拉合隔离开关、推入手车式断路器前，检查断路器确在分闸位置	《国家电网公司变电运维管理规定 第 5 分册 开关柜运维细则》2.2.7 拉出、推入手车之前应检查断路器在分闸位置		10kV 高压室，合闸红灯灭、分闸绿灯亮，操动机构的分合闸指示器在分闸位置	（1）断路器未拉开。（2）防止带负荷拉合隔离开关。（3）操作人不进行检查位置，导致检查不到位，导致断路器位置与实际不对应	（1）此项是操作隔离开关前的检查项，防止出现断路器尚未拉开，先拉隔离开关造成带负荷拉隔离开关。（2）首先检查相应回路的断路器在断开位置，防止带负荷的情况下断开（规程规定的情况下除外）
153 将信恒甲线 31 小车隔离开关推至合位	2.3.6.1 停电拉闸操作应按照隔离开关、断路器侧隔离开关一电源侧隔离开关的顺序依次进行，送电合闸操作应按与上述相反的顺序进行；禁止带负荷拉合隔离开关	《国家电网公司变电运维管理规定 第 5 分册 开关柜运维细则》2.2.3 操作前，应检查车体位置摆正，认真检查机械闭锁位置正确方可进行操作	小车摇把插孔	10kV 高压室，将摇把完全插入插孔，顺时针旋转摇把，直至工作位置红灯亮	（1）带负荷拉合隔离开关。（2）传动机构故障出现拒合。（3）小车隔离开关触头合不到位。（4）隔离开关卡合损坏。（5）防误闭锁程序装置失灵	（1）错合隔离开关时，不准再拉开隔离开关，因为带负荷拉隔离开关，将会造成三相合隔离开关弧光短路。万一发生了错合隔离开关未切断负荷，也应立即操作予以切断负荷。（2）合闸时，三相同期且接触良好，确保三相合隔离开关动作正确。（3）操作置锁好，以防止发生误操作。（4）手动合小车隔离开关时，先慢而谨慎，按照隔离开关指示轻见动操作把手，看机构和连杆动作是否正确。（5）合闸操作时，都必须迅速果断，在合闸终了时不可用力过猛。（6）合闸后应检查隔离开关是否完全合上。（7）当防误闭锁程序装置失灵时，应查明原因，并经逐级上报后处理，不得自行解锁。（8）操作时，操作人、监护人应选择适当的站位。（9）戴好安全帽，监护人站在能够观察分闸隔离开关活动的位置

续表

操作票顺序	安规要求	其他相关规定	图片指示	操作位置及注意事项	风险分析	风险预控
154 检查 32 断路器在开关位	2.3.4.3（3）进行停、送电操作时，在拉合隔离开关、手车式开关拉出、推入前，检查断路器确在分闸位置	《国家电网公司变电运维管理规定 第 5 分册 运维细则》2.2.7 拉出、推入手车之前应检查断路器在分闸位置		10kV 高压室，合闸红灯灭，分闸绿灯亮，操动机构的分合闸指示器在分闸位置	（1）断路器未拉开。（2）防止带负荷拉合隔离开关。（3）操作人、监护人不进行检查位置或检查不到位，导致检查断路器与实际位置不对应	（1）此项是操作隔离开关前的检查项，防止出现断路器尚未拉开，先拉隔离开关造成带负荷拉隔离开关。（2）首先检查相应回路的断路器在断开位置，防止带负荷拉隔离开关（规程规定的情况下除外）
155 将白桦线 32 小车隔离开关推至合位	2.3.6.1 停电拉闸操作应按照隔离开关的顺序依次进行，送电合闸操作应按上述相反的顺序进行；禁止带负荷拉合隔离开关	《国家电网公司变电运维管理规定 第 5 分册 运维细则》2.2.3 操作前，应将车体位置摆正，认真检查机械联锁锁定位置正确方可进行操作；禁止强行操作	小车摇把插孔	10kV 高压室，将摇把完全插入插孔，顺时针旋转摇把，直至工作位置红灯亮亮	（1）带负荷拉合隔离开关。（2）防止隔离开关机构故障出现拒拍合。（3）小车隔离开关合头合不到位。（4）隔离开关合不紧或涩时强合不到位设备。（5）防误闭锁程序装置失灵	（1）错合隔离开关时，不准再拉开隔离开关，因为带负荷拉合隔离开关会造成三相短路，隔离开关电弧光有的情况，万一发生了错合隔离开关操作也应立即操作断路器切断负荷。（2）合闸时，三相同期且接触良好，确保隔离开关动作正确。（3）操作隔离开关后，要将防误闭锁装置锁好，以防止发生误操作。（4）手动合小车隔离开关时，按照操作指示先轻起动摇把，看清机构和连杆动作是否正确。（5）合闸操作后，在合闸了时不可用力过猛。（6）合闸完全合上，接触隔离开关的触头是否完全严密。（7）当防误闭锁程序装置失灵时，应查明原因，并经逐级上报后处理，不得自行解锁。（8）操作时，操作人、监护人应选择合适的站位。（9）戴车安全帽，监护人应站在能够充分观察隔离开关活动的位置

续表

操作票顺序	安规要求	其他相关规定	图片指示	操作位置及注意事项	风险分析	风险预控
156 检查 34 断路器在开位	2.3.4.3（3）进行停、送电操作时，在拉合隔离开关、手车式开关拉出、推入手车之前，检查断路器确在分闸位置	《国家电网公司变电运维管理规定 第5分册 开关柜运维细则》2.2.7 拉出、推入手车前应检查断路器在分闸位置		10kV高压室，合闸红灯灭，分闸绿灯亮，操动机构的分合闸指示器在分闸位置	（1）断路器未拉开。（2）防止带负荷拉合隔离开关，监护人不进行检查，导致检查断路器实际位置与实际位置不对应	（1）此项是操作隔离开关前的检查项，防止出现断路器尚未拉开，先拉开隔离开关，将会造成带负荷拉隔离开关。（2）首先检查各相回路的断路器在断开位置，防止带负荷拉隔离开关（规程规定的情况下除外）
157 将金融线 34 小车隔离开关推至合位	2.3.6.1 停电拉闸操作应按照隔离开关的操作顺序依次进行，送电合闸顺序应按与上述相反的顺序进行；禁止带负荷拉合隔离开关	《国家电网公司变电运维管理规定 第5分册 开关柜运维细则》2.2.3 操作前，应将车体位置摆正，认真检查机械联锁位置正确方可进行操作；禁止强行操作		10kV高压室，将摇把完全插入插孔，顺时针旋转摇把，直至工作位置红灯亮	（1）带负荷合隔离开关。（2）传动机构故障出现拒动。（3）小车隔离开关触头不到位。（4）隔离开关卡涩时强拉合损坏设备。（5）防误闭锁程序装置失灵	（1）错合隔离开关时，不推再拉开隔离开关。因为带负荷拉开隔离开关时，将会造成三相电弧短路。万一发生了错合操作，也应立即操作拉断路器来切断负荷。（2）合闸同时，三相同期且接触良好，确保隔离开关动作正确。（3）操作装置锁好，以防止发生误操作。按照合小车隔离开关时，先慢而后谨慎，动操作把手，看机构和连杆动作是否正确。（5）合闸操作时，都必须迅速果断，在合闸终了时不可用力过猛。（6）合闸后应检查隔离开关的触头是否完全合上，接触是否严密。（7）当防误闭锁程序失灵时，应查明原因，并经逐级上报后处理，不得自行解锁。（8）操作时，操作人、监护人应站在站位。（9）戴穿安全帽，监护人在站能够充分观察隔离开关活动的触头的位置

续表

操作票顺序	安规要求	其他相关规定	图片指示	操作位置及注意事项	风险分析	风险预控
158　联系调度	—	—	—	地区调度：记录时间和调度姓名	—	—
159　将1号主变压器66kV侧断路器控制方式开关由远方位置切至远方就地位置	—	《66kV变电站现场运行通用规程》5.3.13 遥控操作 c）正常运行时，受控站所有运行或热备用状态的断路器应选择方式切换把手应置于"远方"位置		控保室：66kV 1、2号主变压器柜测控屏。逆时针旋转至就地位置	—	(1) 合控制开关，不得用力过猛或操作过快，以免合不上闸。 (2) 拧动控制开关，不得用力过猛或操作过快，以免操作失灵。 (3) 操作前，断路器分位置指示正确。操作后，合位置指示灯对的变化。 (4) 远方手动合闸，以免合入故障回路，带电手动合闸，以免合入故障回路，使断路器损坏或爆炸。 (5) 断路器合闸送电或重合现场，送电时，人员应尽量远离现场，避免因带故障合闸或合入故障回路造成断路器损坏，人员发生意外。 (6) 断路器控制把手切至合闸位置，红灯亮，现场检查机构位置指示器应处在合闸位置。 (7) 合闸操作之前，首先要检查该断路器是否已完全从冷备用进入到热备用状态。它包括断路器所在的小车隔离开关均已在合好位置，断路器的各继电保护装置已按规定已投入，合闸电源和操作电源均已投入，各位置指示号各位置指示号正确。 (8) 操作断路器控制把手时应注意用力适度。控制把手切至合闸位置，观察仪表指示出现瞬间冲击，等待充电和轻合闸后红灯亮，不能因返回红灯亮而导致合闸后可返回。既不能因电源后即合闸失败，也不能因合闸时间过长而过快导致合闸线圈
160　合上1号主变压器66kV侧1236断路器	—	《国家电网公司变电运维管理规定（五）》第六十七条（五）3. 远方操作一次设备前，应对现场人员发出提示信号，提醒现场人员远离操作设备		控保室：66kV 1、2号主变压器柜测控屏。顺时针将把手拧到预合位置后，再将把手拧到合闸点合位置，待红灯亮后再松开，把手自动复归到合后位置	(1) 经人工操作的断路器由分闸位置转为合闸位置，未合上，断路器操作把手失灵。 (2) 传动机构实际未合上。 (3) 误合断路器，误操作。 (4) 带接地线合闸或接地线合闸	

续表

操作票顺序	安规要求	其他相关规定	图片指示	操作位置及注意事项	风险分析	风险预控
161 检查1236表计指示正确	2.3.4.3（4）在进行倒负荷或解、并列操作前后，送电和并，检查相关电源运行及负荷分配情况	《变电专业电气操作票技术规范》1.4 断路器合闸、送电，解列操作前后，必须检查断路器实际位置和表计指示		控保室：后台机。电流指示数值	操作断路器合闸后，做出良好的正确判断	(1) 断路器合闸后，应立即检查有关信号和测量仪表。(2) 操作过程中，应同时监视（实时显示）有关电压、电流、功率等表计正常的变化，以及断路器控制把手。(3) 断路器送电操作把手切至合闸位置有电力表应指示对的变化。(4) 断路器控制把手切至合闸位置红灯亮
162 将1号主变压器66kV侧断路器控制方式开关由就地位置切至远方位置	—	《66kV变电站现场运行通用规程》5.3.13 遥控操作 c）正常运行时，受控站所有设备用状态的断路器热备用方式切换把手应选择方式置于"远方"位置		控保室：66kV 1、2号主变压器测控柜。顺时针旋转转至远方位置		同操作票顺序第160项
163 将2号主变压器66kV侧断路器控制方式开关由远方位置切至就地位置	—	《66kV变电站现场运行通用规程》5.3.13 遥控操作 c）正常运行时，受控站所有设备用状态的断路器热备用方式切换把手应选择方式置于"远方"位置		控保室：66kV 1、2号主变压器测控柜。逆时针旋转转至就地位置	(1) 经人工操作的断路器由合闸位置转为分闸位置，未合上，断路器操作把手失灵。(2) 传动机构故障，造成回路实际未合上。	

续表

操作票顺序	安规要求	其他相关规定	图片指示	操作位置及注意事项	风险分析	风险预控
164 合上 2 号主变压器 66kV 侧 1238 断路器	—	《国家电网公司变电运维管理规定（五）》第六十七条（五）3. 远方操作一次设备前，应对现场人员发出提示信号，提醒现场人员远离操作设备		控保室：66kV 1、2 号主变压器测控柜。顺时针将把手拧到预合位置后，再将把手拧到合闸终点位置，待红灯亮后再松手，把手自动复归到合后位置	（3）误合检修中的断路器，误操作的断路器。（4）带接地线合闸或接地线合闸	同操作票顺序第 160 项
165 检查 1238 表计指示正确	2.3.4.3 (4) 在进行倒负荷或解、并列操作前后，检查相关电源运行及负荷分配情况	《变电专业电气操作票技术规范》1.4 断路器合、送电和并，解列操作前后，必须检查断路器实际位置和表计指示		控保室：后台机。电流指示数值	操作断路器合闸后，做出良好的正确判断	（1）断路器合闸后，应立即检查有关信号和测量仪表。（2）操作过程中，应同时监视有关电压、电流、功率等等表计（实时显示）正常，以及断路器控制把手指示灯的变化。（3）断路器送电操作后电力表切至合闸位置有指示。（4）断路器控制把手切至合闸位置红灯亮
166 将 2 号主变压器66kV 侧断路器控制方式开关由就地位置切至远方位置	—	《66kV 变电站现场运行通用规程》5.3.13 遥控操作 c) 正常运行时，受控站所有断路器的断路器应选择方式切换把手位置于"远方"位置		控保室：66kV 1、2 号主变压器测控柜。顺时针旋转至远方位置		
167 检查 1236 断路器在合位	2.3.6.5 电气设备操作后的位置检查应以设备实际位置为准	《变电专业电气操作票技术规范》1.4 断路器合、送电和并，解列操作前后，必须检查断路器实际位置和表计指示		66kV 高压室。操作动机构的分合闸回路实际在合闸位置	（1）断路器未合上。（2）操作人、监护人不进行检查断路器实际位置，或检查不到位，导致断路器位置与实际不对应	（1）断路器经合闸后，应到现场检查其实际位置，以免传动机构故障，造成回路实际未合上而引起的误操作。（2）现场检查机构位置指示器与实际合闸位置处在合闸位置

续表

操作票顺序	安规要求	其他相关规定	图片指示	操作位置及注意事项	风险分析	风险预控
168 检查 1238 断路器在合位	2.3.6.5 电气设备操作后的位置检查应以设备实际位置为准	《变电专业电气操作票技术规范》1.4 断路器停、送电和并、解列操作前后，必须检查断路器实际位置和表计指示		66kV 高压室，监视机构动机构的分合闸指示器在合闸指示位置	(1) 断路器未合上。(2) 操作人、监护人不进行检查或检查不到位，导致断路器实际位置与实际不对应	(1) 断路器经合闸后，应到现场检查其实际位置，以免传动机构故障，造成回路未合上而引起的误操作。(2) 现场检查机构位置应在合闸位置
169 检查 51 断路器在开位	2.3.6.5 电气设备操作后的位置检查应以设备实际位置为准	《变电专业电气操作票技术规范》1.4 断路器停、送电和并、解列操作前后，必须检查断路器实际位置和表计指示		10kV 高压室，合闸红灯亮，分闸绿灯灭，操动机构的分合闸指示器在分闸指示位置	(1) 断路器未合上。(2) 操作人、监护人不进行检查或检查不到位，导致断路器实际位置与实际不对应	(1) 断路器经合闸后，应到现场检查其实际位置，以免传动机构故障，造成回路未合上而引起的误操作。(2) 现场检查机构位置应在合闸位置
170 将 1 号主变压器 10kV 侧断路器控制方式开关由远方位置切至就地位置	—	《66kV 变电站现场运行通用规程》5.3.13 遥控操作 c) 正常运行时，受控站所有的断路器热备用运行或冷备用运行的断路器应选择方式切换把手至"远方"位置		控保室：66kV 1、2 号主变压器测控屏，逆时针旋转把手至就地位置	(1) 经人工操作的断路器由分合闸位置，转为合闸位置，断路器操作手失灵。(2) 传动机构故障，造成回路合不上	(1) 合控制开关，不得用力过猛或操作过快，以免合不上闸。(2) 扳动控制开关，不得用力过猛或操作过快，以免操作手失灵。(3) 操作前、断路器分闸后，合闸指示把手指示正确。(4) 远方操作把手指示正确，不允许带电手动合闸，以免合入故障或爆炸。(5) 断路器合闸送电成跳闸后，应尽量远离现场，避免因带故障或过量合闸回路送电时，人员应尽量远离现场，避免因带故障或过量合入故障回路造成断路器损坏，人员发生意外。(6) 操作之前应检查和考虑保护投入情况。

续表

操作票顺序	安规要求	其他相关规定	图片指示	操作位置及注意事项	风险分析	风险预控
171　合上1号主变压器10kV侧51断路器	—	《国家电网公司变电运维管理规定》第六十七条（五）3. 远方操作一次设备前，应对现场人员发出提示信号，提醒现场人员远离操作设备		控保室：66kV 1、2号主变压器测控柜。顺时针将把手拧到预合合闸位置后，再将把手拧到合闸终点位置，待红灯亮后再松开，把手自动复归到合闸位置	（3）误合检修中的断路器，误操作（4）带接地线合闸或带地线合闸	（7）断路器控制把手切至合闸位置，红灯亮，现场检查合闸位置指示器应处在合闸位置。（8）合闸操作之前，首先要检查断路器是否已完备地从冷备用状态到热备用状态：它包括：断路器的小车隔离开关均已在合闸位置，断路器的各继电保护和操作电源均已投入，各位置信号指示正确。（9）操作断路器控制把手时应注意用力适度，控制把手拧出瞬间冲击（实时充电和轻负荷线路合闸间冲击），等待红灯亮即可返回。既不能因返回过快而导致合闸失败，也不能因操作时间过长而烧毁合闸线圈
172　检查51测计指示正确	2.3.4.3（4）在进行倒负荷或解、并列操作前，检查相关电源运行方式及负荷分配情况	《变电专业电气操作票技术规范》1.4 断路器停、送电和并、解列操作前，必须检查断路器实际位置和表计指示		控保室：后台机。电流指示数值	操作断路器合闸后，做出良好的正确判断	（1）断路器合闸后，应立即检查有关信号和测量仪表。（2）操作过程中，应同时监视有关电压、电流、功率等等实时显示值。（3）正常，实时的指示
173　将1号主变压器10kV侧断路器控制方式切换开关由就地位置切至远方位置	—	《66kV变电站现场运行通用规程》5.3.13 遥控操作c）正常运行时，受控站所有运行或热备用状态的断路器控制方式选择把手应选择在"远方"位置		控保室：66kV 1、2号主变压器测控柜。顺时针旋转把手至远方位置		（3）断路器送电操作后电力表应有指示。（4）断路器控制把手切至合闸位置红灯亮

357

续表

操作票顺序	安规要求	其他相关规定	图片指示	操作位置及注意事项	风险分析	风险预控
174 检查 10kV I 段母线电压表指示正确	2.3.4.3（4）在进行倒负荷或解、并列操作前后，检查相关电源运行及负荷分配情况	《变电专业电气操作票通用规范》1.4 断路器停、送电操作前，必须检查断路器实际位置和表计指示		控保室：后台机。电压指示数值	操作断路器合闸后，做出良好的正确判断	（1）断路器合闸后，应立即检查有关信号和测量仪表。（2）操作过程中，应同时监视有关电压、电流、功率等表计（实时显示）正常的变化。（3）断路器送电操作后电力表应指示正常。（4）断路器控制把手切合至合闸位置红灯亮
175 检查 10kV I 段母线充电良好	—	《变电专业电气操作票通用规范》1.10 用母线联断路器操作 1.10.1 用母联断路器对母线充电，必须带快速保护。母线充电后对充电母线进行检查。充电良好后，停用快速保护	—	10kV 高压室：母线充电良好		
176 将 2 号主变压器 10kV 侧断路器控制方式开关由远方就地位置切至就地位置	—	《66kV 变电站现场运行通用规程》5.3.13 遥控操作 c）正常运行时，受控站所有运行或备用状态的断路器，其控制方式选择开关应置于"远方"位置		控保室：66kV 测控柜 1、2 号主变压器逆时针旋转把手至就地位置	（1）经人工操作的断路器由分闸位置转为合闸位置，未合上，断路器操作失灵。（2）传动机构故障，造成回路实际未合上。	（1）合控制开关，不得用力过猛或操作过快，以合不上间。（2）拧动控制开关，不得用力过猛或操作过快，以免操作失灵。（3）操作前、操作中，合闸指示正确。断路器分位置指示灯的变化。（4）远方操作的断路器，不允许入合环回路，使断路器损坏或爆炸。（5）断路器合闸送电或跳闸时，人员应尽量远离现场，避免因带故障合闸或故障回路造成断路器损坏、人员发生意外。（6）操作之前应检查和考虑保护投入情况。

操作票顺序	安规要求	其他相关规定	图片指示	操作位置及注意事项	风险分析	风险预控
177　合上2号主变压器10kV侧52断路器	—	《国家电网公司变电运维管理规定（五）》第六十七条 3. 远方操作一次设备前，应对现场人员发出提示信号，提醒现场人员远离操作设备		控保室：66kV测控柜。1、2号主变压器顺序针将把手拧到预合位置，再将把手拧到合闸终点位置，待红灯亮，把手松开，把手自动复归到合位置	（3）误合检修中的断路器，误操作。（4）带接地线合闸或接地开关合闸	（7）断路器控制把手切至合闸位置，红灯亮，现场检查合闸位置指示器应处在合闸位置。（8）合闸操作之前，首先要检查该断路器是否已完备好；它包括断路器从冷备用进入到热备用状态。小车隔离开关已按规定投入到各继电保护和操作控制电源均已投入，各位置信号指示正确。（9）操作断路器控制把手切至合闸位置时应注意用力适度，观察仪表轻击间冲击变化，既不能因返回冲击红灯亮后即可返回。等待红灯亮后即可返回合闸过快而导致合闸无效失败，也不能因合闸时间过长过快合闸线圈
178　检查52断路器合闸、电气表计指示正确	2.3.4.3（4）在进行倒负荷或解、并列操作前后，检查相关电源运行及负荷分配情况	《变电专业电气操作票技术规范》1.4 断路器停、送电和并、解列操作前后，必须检查断路器实际位置和表计指示		控保室：后台机。电流指示数值	操作断路器合闸后，做出良好的正确判断	（1）断路器合闸后，应立即检查有关信号和测量仪表。（2）操作过程中，应同时监视有关电压、电流、功率等表计（实时显示）正常，以反断路器操作把手指示的变化。（3）断路器送电操作把手后电力表应有指示。（4）断路器控制把手切至合闸位置红灯亮
179　检查10kV II段母线电压表指示正确	2.3.4.3（4）在进行倒负荷或解、并列操作前后，检查相关电源运行及负荷分配情况	《变电专业电气操作票技术规范》1.4 断路器停、送电和并、解列操作前后，必须检查断路器实际位置和表计指示		控保室：后台机。电压指示数值		

续表

操作票顺序	安规要求	其他相关规定	图片指示	操作位置及注意事项	风险分析	风险预控
180 检查 10kV Ⅱ段母线充电良好	—	《变电专业电气操作票技术规范》1.10 母联操作 1.10.1 用母联断路器对母线充电，必须带快速母线保护。母线充电良好后，停用快速母线保护	—	10kV 高压室。母线充电良好	操作断路器合闸后，做出良好的正确判断	(1) 断路器合闸后，应立即检查有关信号和测量仪表。(2) 操作过程中，应同时监视（实时）电流、电压、功率等表计正常，以及断路器电力表显示的变化。(3) 断路器送电操作把手切至合闸位有指示。(4) 断路器控制把手切至合闸位置红灯亮
181 将 2 号主变压器 10kV 侧断路器控制方式开关由就地位置切至远方位置	—	《66kV 变电站运行通用规程》5.3.13 遥控操作 c）正常运行时，受控站所有运行或热备用状态的断路器应选择方式切换把手于"远方"位置		控保室：66kV 测控柜。1、2 号主变压器测控把手顺时针旋转把手至远方位置		
182 检查 51 断路器在合位	2.3.6.5 电气设备操作后的位置的检查以设备实际位置为准	《变电专业电气操作票技术规范》1.4 断路器停、送电和并、解列操作前后，必须检查断路器实际位置和表计指示		10kV 高压室。分闸红灯灭，合闸绿灯亮，操动机构的分合闸指示器在合闸位置	(1) 断路器未合上。(2) 操作人、监护人不进行检查断路器实际位置，或检查不到位，导致断路器位置不对应	(1) 断路器实际位置，应到现场检查其实际位置，以免传动误操作，造成回路未合上而引起的误操作。(2) 现场检查机构位置指示器应处在合闸位置
183 检查 52 断路器在合位	2.3.6.5 电气设备操作后的位置的检查以设备实际位置为准	《变电专业电气操作票技术规范》1.4 断路器停、送电和并、解列操作前后，必须检查断路器实际位置和表计指示		10kV 高压室。分闸红灯灭，合闸绿灯亮，操动机构的分合闸指示器在合闸位置	(1) 断路器未合上。(2) 操作人、监护人不进行检查断路器实际位置，或检查不到位，导致断路器位置不对应	(1) 断路器实际位置，应到现场检查其实际位置，以免传动误操作，造成回路未合上而引起的误操作。(2) 现场检查机构位置指示器应处在合闸位置

续表

操作票顺序	安规要求	其他相关规定	图片指示	操作位置及注意事项	风险分析	风险预控
184　联系调度	—	—	—	地区调度：记录时间和调度姓名	—	—
185　将1号接地变压器断路器控制方式由远方就地位置切换开关切至就地位置	—	《66kV变电站现场运行通用规程》5.3.13 遥控操作 c）正常运行时，受控站所有状态的断路器应选择用方式切换把手置于"远方"位置		控保室：10kV 控保Ⅴ柜：顺时针旋转把手至就地位置	(1) 经人工操作的断路器由分闸位置转为合闸位置，未合上，断路器操作把手失灵。(2) 传动机构故障，造成回路失灵	同操作票顺序第176项
186　合上1号接地变压器05断路器	—	《国家电网公司变电运维管理规定》第六十七条（五）3. 远方操作一次设备，送电前，应对现场人员发出提示信号，提醒现场人员远方操作设备		控保室：10kV 控保Ⅰ柜：顺时针将把手拧到预合合闸位置后，再将把手拧到合闸终点位置，待红灯亮后再松开，把手自动复归到合闸位置	(3) 误合检修中的断路器，误操作。(4) 带接地线合闸或接地线未拆	操作断路器合闸前，做出良好的正确判断
187　检查05接地变压器05断路器表计指示正确	2.3.4.3 (4) 在进行倒负荷或解、并列操作前，检查相关电源运行及负荷分配情况	《变电专业电气操作票技术规范》1.4 断路器停、送电合并，操作前后，必须检查断路源实际位置和表计指示		控保室：后台机。电流指示数值	操作断路器合闸后，相关信号和表计显示正常，正确判断	(1) 断路器合闸后，应立即检查有关信号和测量仪表。(2) 操作过程中，应同时监视有关电压、电流、功率等表计（实时）正常，以及断路器控制把手切换后电力表应有指示。(3) 断路器送电操作后电力表应有指示的变化。(4) 断路器控制把手切至合闸位置红灯亮

361

续表

操作票顺序	安规要求	其他相关规定	图片指示	操作位置及注意事项	风险分析	风险预控
188 将1号接地变压器断路器控制方式开关由就地位置切至远方位置	—	《66kV变电站现场运行通用规程》5.3.13 遥控操作 c）正常运行时，受控站所有断路器或热备用状态的断路器应选择用方式切换把手置于"远方"位置		控保室：10kV 控保Ⅴ柜。逆时针旋转把手至远方位置	（1）断路器未合上。（2）操作人、监护人不进行检查或检查断路器实际位置不到位，致断路器位置与实际位置不对应	（1）断路器经合闸后，应到现场检查其实际位置，以免传动回路故障，造成回路未合上而引起的误操作。（2）现场检查机构位置指示器应处在合闸位置
189 将2号接地变压器控制方式开关由远方位置切至就地位置	—	《66kV变电站现场运行通用规程》5.3.13 遥控操作 c）正常运行时，受控站所有断路器或热备用状态的断路器应选择用方式切换把手置于"远方"位置		控保室：10kV 控保Ⅴ柜。顺时针旋转把手至就地位置	（1）经人工操作的断路器由合位置转为分位置，未合上。（2）传动的机构回路故障，造成回路实际未合上。（3）误合断路器，误中的操作。（4）带接地开关或带地线合闸	同操作票顺序第176项
190 合上2号接地变压器29断路器	—	《国家电网公司变电运维管理规定》第六十七条（五）3. 远方操作一次设备前，应对现场人员发出提示信号，提醒现场人员远离操作设备		控保室：10kV 控保Ⅴ柜。顺时针将手扭到预合位置后，再将把手扭到合位置，待红灯亮点后，把合闸手开，把手自动复归到后位置		

续表

操作票顺序	安规要求	其他相关规定	图片指示	操作位置及注意事项	风险分析	风险预控
191 检查 29 表计指示正确	2.3.4.3（4）在进行倒负荷或并列操作前后，检查相关电源运行方式及负荷分配情况	《变电专业电气操作票技术规范》1.4 断路器合闸、送电和并、解列操作前后，必须检查断路器实际位置和表计指示		控保室：后台机。电流指示数值	操作断路器合闸后，做出良好的正确判断	（1）断路器合闸后，应立即检查有关信号和测量仪表。（2）操作过程中，应同时监视有关电压、电流、功率表计（实时显示）正常，以及断路器控制把手显示指示灯的变化。（3）断路器送电操作后电力表应有指示。（4）断路器控制把手切至合闸位置红灯亮
192 将 2 号接地变压器断路器控制方式开关由就地方式切至远方方位置	—	《66kV 变电站现场运行通用规程》5.3.13 遥控操作 c）正常运行时，受控站所有运行的或热备用状态的断路器应选择方式切换把手至"远方"位置		控保室：10kV 控保 V 柜。逆时针旋转把手至远方位置	（1）断路器未合上。（2）操作人、监护人不进行检查断路器实际位置，或检查不到位，导致断路器位置与实际不对应	（1）断路器经合闸后，应到现场检查其实际位置，以免传动机构故障，造成回路实际合上而引起的误操作。（2）现场检查机构位置指示器应处在合闸位置
193 合上交流进线屏 1 号接地变压器 380V 侧断路器	—	《变电专业电气操作技术规范》1.12.1 所用变停电时，先停低压侧，再停高压侧。送电时与此相反。必要时应执行逐级停送电的原则，即停电时，先停负荷，最后停所用变；送电时，先送所用变，后逐一送出负荷		交流进线屏。向上合上断路器	经人工操作的断路器由分闸位置转为合闸位置，未合上，断路器操作把手失灵。同操作票顺序第 6 项	（1）合制断路器，不得用力过猛或操作，以免合不上进。（2）拧动控制断路器，过猛或操作过快，不得用力，以免操作失灵。（3）操作指示正确，断路器合位置指示灯同操作票顺序第 6 项

续表

操作票顺序	安规要求	其他相关规定	图片指示	操作位置及注意事项	风险分析	风险预控
194 检查 1 号接地变压器 380V 侧表计指示正确	—	《变电专业电气操作票技术规范》1.4 断路器停、送电和并, 操作前后, 必须检查断路器实际位置和表计指示		交流进线屏。电流指示示数值	操作断路器合闸后, 做出良好的正确判断	(1) 断路器合闸后, 应立即检查有关信号和测量仪表。(2) 操作过程中, 应同时监视有关电压、电流、功率等表计(实时显示)正常的变化。(3) 断路器分位后电力表应置合闸位指示。(4) 断路器控制把手切至合闸位置红灯亮
195 检查 1 号接地变压器 380V 断路器在合位	—	《变电专业电气操作票技术规范》1.4 断路器停、送电和并, 操作前后, 必须检查断路器实际位置和表计指示		交流进线屏。红色指示灯亮起		
196 合上交流进线屏 2 号接地变压器 380V 侧断路器	—	《变电专业电气操作票技术规范》1.12.1 所用变停电时, 先停低压侧, 再停高压侧。送电时与此相反。必要时应执行逐级停送电的原则, 即停电时先停负荷, 最后停所用变; 送电时, 先送所用变, 后逐一送出负荷		交流进线屏。合上合上断路器	经人工操作后断路器由合闸位置转为合闸位置, 未合上, 断路器操作把手失灵, 同操作票顺序第 6 项	(1) 合控制断路器, 不得用力猛或操作过快, 以免合不上闸。(2) 拧动控制断路器过猛或操作过快, 以免操作失灵。(3) 操作前, 断路器合位指示正确, 合闸后, 断路器控制把手指示灯亮同操作票顺序第 6 项
197 检查 2 号接地变压器 380V 侧表计指示正确	—	《变电专业电气操作票技术规范》1.4 断路器停、送电和并, 操作前后, 必须检查断路器实际位置和表计指示		交流进线屏。电流指示示数值	操作断路器合闸后, 做出良好的正确判断	(1) 断路器合闸后, 应立即检查有关信号和测量仪表。(2) 操作过程中, 应同时监视有关电压、电流、功率等表计(实时显示)正常的变化。(3) 断路器送电操作后断路器控制把手切至合闸位置红灯亮

续表

操作票顺序	安规要求	其他相关规定	图片指示	操作位置及注意事项	风险分析	风险预控
198 检查2号接地变压器380V断路器在合位	—	《变电专业电气操作票技术规范》1.4 断路器合闸、送电和并、解列操作前后，必须检查断路器实际位置和表计指示		交流进线屏。红色指示灯亮起	操作断路器合闸后，做出良好的断出断正确判断	(1) 断路器合闸后，应立即检查有关信号和测量仪表。(2) 操作过程中，应同时监视有关电压、电流，以及断路器控制把手等等表计（实时显示）指示灯的变化。(3) 断路器送电操作后电力切至合闸位有指示。(4) 断路器控制把手切至合闸位置红灯亮
199 将交流进线屏1号主/备投切换断路器由手动位置切至自动位置	—	《66kV变电站现场运行通用规程》5.3.11 继电保护及安全自动装置操作 (c) 凡一次操作过程中涉及继电保护装置可能误动时，应先将可能误动的保护退出，操作完毕后，正常方式投入。凡一次操作过程中涉及继电保护装置可能误动时，应先将可能误动的保护退出，操作完毕后，按正常方式投入		交流进线屏。逆时针旋转把手至自动位置	(1) 误投、漏投压板。(2) 不误保护，易造成保护动作后，跳不了此断路器。(3) 保护压板接触不良	(1) 电气设备不允许无保护运行，设备送电前，其继电保护及自动装置应按要求投入。(2) 因电气设备操作过程中，因发生事故时能及时断开断路器及自动装置，因此要求继电保护及自动装置应在一次设备操作前按要求投入。(3) 在倒闸操作过程中，如果预料有可能引起某些保护失去正确配合，误动或装置将采取措施或将其停用
200 将交流进线屏2号主/备投切换断路器由手动位置切至自动位置	—			交流进线屏。逆时针旋转把手至自动位置		

续表

操作票顺序	安规要求	其他相关规定	图片指示	操作位置及注意事项	风险分析	风险预控
201 将和平线断路器控制方式由远方切换至就地位置	—	《66kV变电站现场运行通用规程》5.3.13 遥控操作 c）正常运行时，受控站所有断路器热备用状态的断路器应选择切换方式切换把手应置于"远方"就地位置		控保室：10kV 控保Ⅰ柜。顺时针旋转把手至就地位置	（1）经人工操作的断路器由分闸位置转为合闸位置，未合上，断路器操作把手失灵。（2）传动回路故障，造成回路操作未合上。	同操作票顺序第176项
202 合上和平线01断路器	—	《国家电网公司变电运维管理规定》第六分册运维细则（五）3. 远方操作七条（五）3. 远方操作前，应对现场一次设备送出信号，提醒现场人员远离操作设备		控保室：10kV 控保Ⅰ柜。顺时针将把手拧到预合位置后，再将把手拧到合闸终点，待红灯亮后松开，把手自动复归到合后位置	障，造成回路实际未合上。（3）误合检修中的断路器，误操作。（4）带地线合闸或带接地开关合闸	（1）断路器合闸后，应立即检查有关信号和测量仪表。（2）操作过程中，应同时监视有关电压、电流，功率等表计（实时）显示的变化。（3）断路器送电操作后电力表应有指示灯亮（4）断路器控制把切至合闸位置红灯亮
203 检查正确表计指示正确	2.3.4.3 （4）在进行倒负荷或解、并列操作前后，检查相关电源运行及负荷分配情况	《变电专业电气操作票技术规范》1.4 断路器操作、送电操作并、解列操作前后，必须检查断路器实际位置和表计指示		控保室：后台机。电流指示示数值	操作断路器合闸后，做出良好的正确判断	
204 将和平线断路器控制方式由就地开关切换至远方位置	—	《66kV变电站现场运行通用规程》5.3.13 遥控操作 c）正常运行时，受控站所有运行或热备用状态的断路器应选择切换方式切换把手应置于"远方"位置		控保室：10kV 控保Ⅰ柜。逆时针旋转把手至远方位置	（1）断路器未合上。（2）操作人、监护人不进行实际检查断路器实际位置检查不到位，导致断路器实际与位置不对应	（1）断路器经合闸后，应到现场检查其实际合闸位置，以免传动机构故障，造成回路实际未合上而引起的误操作。（2）现场检查机构位置指示器应处在合闸位置

续表

操作票顺序	安规要求	其他相关规定	图片指示	操作位置及注意事项	风险分析	风险预控
205 将热力线断路器控制方式开关由远方位置切至就地位置	—	《66kV变电站现场运行通用规程》5.3.13 遥控操作 c）正常运行时，受控站所有运行的断路器热备用状态方式切换把手应选择方式切换把手应置于"远方"位置		控保室：10kV 控保Ⅰ柜。顺时针旋转把手至就地位置	（1）经人工操作的断路器由合闸位置转为分闸位置，未合上，断路器操作把手失灵。（2）传动机构故障，造成回路实际未合上	同操作票顺序第176项
206 合上热力线02断路器	—	《国家电网公司变电运维管理规定（五）》第六十七条3. 远方操作一次设备，应对现场人员发出提示信号，提醒现场人员远离操作设备		控保室：10kV 控保Ⅰ柜。顺时针将把手拧到预合位置后，再将把手拧到合闸位置，待红灯亮后再松开，把手自动复归到合后位置	（3）误合检修中的断路器、误操作的断路器。（4）带接地开关或接地线合闸	
207 检查02断路器表计指示正确	2.3.4.3（4）在进行倒负荷或解、并列操作前，检查相关电源停、送电和并，解列操作前后，必须检查断路器实际位置和表计指示情况	《变电专业电气操作票技术规范》1.4 解列、送电和并、解列操作前后，应对现场路器实际位置指示		控保室：后台机。电流指示数值	操作断路器合闸后，做出良好的正确判断	（1）断路器合闸后，有关信号和测量仪表应立即检查应有显示。（2）电压、功率等表计显示正常的变化。（3）断路器送电电力表应有指示。（4）断路器控制把手切合闸后置红灯亮
208 将热力线断路器控制方式开关由正常运行位置切至远方位置	—	《66kV变电站现场运行通用规程》5.3.13 遥控操作 c）正常运行时，受控站所有运行的断路器热备用状态方式切换把手应选择方式切换把手应置于"远方"位置		控保室：10kV 控保Ⅰ柜。逆时针旋转把手至远方位置	（1）断路器未合上。（2）操作人、监护人不进行检查断路器实际位置或检查不到位，致使断路器位置与实际位置不对应	（1）断路器经合闸后，检查其实际位置，以免传动机构故障，造成机构未合上而引起的误操作。（2）现场检查机构位置指示应处在合闸位置

续表

操作票顺序	安规要求	其他相关规定	图片指示	操作位置及注意事项	风险分析	风险预控
209 将香坊线断路器控制方式开关由远方位置切至就地位置	—	《66kV变电站现场运行通用规程》5.3.13 遥控操作 c）正常运行时，受控站所有的断路器应热备用或运行或备用方式切换把手应选择方式切换把手应置于"远方"位置		控保室：10kV控保 I 柜。顺时针旋转把手至就地位置	(1) 经人工操作的断路器由分闸位置转为合闸上，未合上，断路器操作把手失灵。(2) 传动机构故障，造成回路实际未合上。	同操作票顺序第176项
210 合上香坊线03断路器	—	《国家电网公司变电运维管理规定》第六十七条（五）3. 应对现场一次设备、远方操作人员发出提示信号，提醒现场人员远方操作设备		控保室：10kV控保 I 柜。顺时针将把手拧到预合位置后，再将把手拧到合闸位置，待红灯亮点后，再松开，把手自动归复到合闸后位置	(3) 合上检修中的断路器，误操作。(4) 带接地线合闸或带地开关合闸	
211 检查03断路器合上正确，表计指示正确	2.3.4.3 (4) 在进行倒负荷或解、并列操作前后，检查相关电源运行方式及负荷分配情况	《变电专业电气操作票技术规范》1.4 断路器停、送电和并、解列操作前后，必须检查断路器实际位置和表计指示		控保室：后台机。电流指示数值	操作断路器合闸后，做出良好的正确判断	(1) 断路器合闸后，应立即检查有关信号和测控仪表。(2) 操作过程中，应同时监视有关电压、电流、功率表计（实时表计）显示正常的变化，以及断路器控制把手指示灯的变化有指示。(3) 断路器送电操作后电力表应有指示。(4) 断路器控制把手切至合闸位置红灯亮

续表

操作票顺序	安规要求	其他相关规定	图片指示	操作位置及注意事项	风险分析	风险预控
212 将香坊线断路器控制方式由就地方式开关切至远方位置	—	《66kV变电站现场运行通用规程》5.3.13 遥控操作 c) 正常运行时，受控站所有运行或热备用状态的断路器应选择方式切换把手置于"远方"位置		控保室：10kV 控保Ⅰ柜。逆时针旋转把手至远方位置	(1) 断路器未合上。(2) 操作人、监护人不进行检查或断路器实际位置，或检查不到位，导致检查断路器与实际位置不对应	(1) 断路器经合闸后，应到现场检查其实际位置，以免传动机构故障，造成回路实际上而引起的误操作。(2) 现场检查机构位置指示器应处在合闸位置
213 将新春线断路器控制方式由远方位置开关切至就地位置	—	《66kV变电站现场运行通用规程》5.3.13 遥控操作 c) 正常运行时，备用运行或热备用状态的断路器应选择方式切换把手置于"远方"位置		控保室：10kV 控保Ⅰ柜。顺时针旋转把手至就地位置	(1) 经人工操作的断路器由分闸位置转为合闸位置，未合上，断路器操作把手失灵。(2) 传动机构故障，造成回路实际或未合上。	同操作票顺序第176项
214 合上新春线04断路器	—	《国家电网公司变电运维管理规定（五）》第六十七条（五）3. 远方操作前，应到现场一次设备发出信号，提醒现场人员远离操作设备		控保室：10kV 控保Ⅰ柜。顺时针将把手拧到预合位置后，再将把手拧到合闸终点位置，待红灯亮后再松开，把手自动复归到合后位置	(1) 误合检修中的断路器。(2) 误合接地刀闸，误操作的断路器。(3) 误操作的断路器。(4) 带接地线合闸	(1) 断路器合闸量后，应立即检查有关信号和测控仪表。(2) 操作过程中，应同时监视有关电压、电流、功率等表计显示（实时表计正常的变化）。(3) 断路器送电操作后电力表应有指示。(4) 断路器控制把手切至合闸位置红灯亮
215 检查04春线断路器表计指示正确	2.3.4.3（4）在进行倒负荷或解、并列操作前后，检查相关电源运行及负荷分配情况	《变电专业电气操作票技术规范》1.4 断路器停、送电操作前后，必须检查断路器实际位置和表计指示		控保室：后台机。电流指示数值	操作断路器合闸后，做出良好的正确判断	

续表

操作票顺序	安规要求	其他相关规定	图片指示	操作位置及注意事项	风险分析	风险预控
216 将新春线断路器控制方式开关由就地位置切至远方位置	—	《66kV 变电站现场运行通用规程》5.3.13 遥控操作 c）正常运行时，受控站所有的断路器热备用状态的断路器切换把手应选择方式切换把手置于"远方"位置		控保室：10kV 控保Ⅰ柜。逆时针旋转把手至远方位置	（1）断路器未合上。（2）操作人、监护人不进行检查断路器实际到位或检查断路器实际位置，导致断路器实际位置不对应	（1）断路器经合闸后，应到现场检查其实际位置，以免传动机构未合上而引起的回路操作，造成回路实际不到位。（2）现场检查机构位置指示器应处在合闸位置
217 将淮河线断路器控制方式开关由就地位置切至远方位置	—	《66kV 变电站现场运行通用规程》5.3.13 遥控操作 c）正常运行时，受控站所有的断路器热备用状态的断路器切换把手应选择方式切换把手置于"远方"位置		控保室：10kV 控保Ⅰ柜。顺时针旋转把手至就地位置	（1）经人工操作的断路器由分合闸位置转为合闸位置，未合上，断路器操作把手失灵。（2）传动机构故障，造成回路实际未合上	同操作票顺序第 176 项
218 合上淮河线07断路器	—	《国家电网公司变电运维管理规定（五）》第六十七条 3. 远方操作一次设备前，应对现场人员发出提示信号，提醒现场人员远离操作设备		控保室：10kV 控保Ⅰ柜。顺时针将预合把手打到合上位置后，再将把手打到合位置，待红灯亮点后再自动合上，把手松开，把手自动复归到合后位置	（1）设备检修中，误操作。（2）误合断路器，误操作。（3）合上检修的断路器，误操作。（4）带接地合闸或误接地线合闸	

续表

操作票顺序	安规要求	其他相关规定	图片指示	操作位置及注意事项	风险分析	风险预控
219　检查 07 表计指示正确	2.3.4.3（4）在进行并列操作停、送电或或解、倒负荷前后，检查相关电源运行及负荷分配情况	《变电专业电气操作票技术规范》1.4 断路器操作前后，必须检查断路器实际位置和表计指示		后台机。电流指示数值	操作断路器合闸后，做出良好的正确判断	(1) 断路器合闸后，应立即检查有关信号和测量仪表。(2) 操作过程中，应同时监视有关电流、电压、功率等表计（实时显示）正常，以及断路器控制把手指示灯的变化。(3) 断路器送电操作后电力表应有指示。(4) 断路器控制把手切至合闸位置红灯亮
220　将准河线断路器控制方式开关由就地位置切至远方位置	—	《66kV变电站现场运行通用规程》5.3.13 遥控操作 c）正常运行时，受控站所有运行或热备用状态的断路器选择方式切换转把应置于"远方"位置		控保室：10kV控保Ⅰ柜。逆时针旋转转把至远方位置	(1) 断路器未合上。(2) 操作人、监护人不进行检查断路器实际位置或检查不到位，导致断路器与实际位置不对应	(1) 断路器经合闸后，应现场检查其实际位置，以免传动机构回路未合上而引起的误操作。(2) 现场检查机构位置指示器应处在合闸位置
221　将辽河线断路器控制方式开关由远方位置切至就地位置	—	《66kV变电站现场运行通用规程》5.3.13 遥控操作 c）正常运行时，受控站所有运行或热备用状态的断路器选择方式切换转把应置于"远方"位置		控保室：10kV控保Ⅰ柜。顺时针旋转转把至就地位置	(1) 经人工操作的断路器由合闸位置转为分闸位置，未合上，断路器把手操作把手失灵。(2) 传动机构故障，造成回路实际未合上。	同操作票顺序第 176 项

续表

操作票顺序	安规要求	其他相关规定	图片指示	操作位置及注意事项	风险分析	风险预控
222 合上辽河线 08 断路器	—	《国家电网公司变电运维管理规定》第六十七条（五）3. 远方操作一次设备前，应对现场人员发出提示信号，提醒现场人员远离操作设备		控保室：10kV控保 I 柜。顺时针将把手拧到预合位置后，再将把手拧到合闸终点位置，待红灯亮后再松开，把手自动复归到合后位置	（3）误合检修中的断路器、误操作的断路器。（4）带接地开关或接地线合闸	同操作票顺序第 176 项
223 检查 08 断路器表计指示正确	2.3.4.3（4）在进行倒负荷或解、并列操作后，检查相关电源运行及负荷分配情况	《变电专业电气操作票技术规范》1.4 断路器操作停、送电和并、解列操作前后，必须检查断路器实际位置和表计指示		控保室：10kV控保 I 柜。电流指示数值	操作断路器合闸后，做出良好的正确判断	（1）断路器合闸后，有关信号和测量仪表。（2）操作过程中，应同时监视有关电压、电流、功率表计（实时显示）正常，以及断路器控制把手指示灯有变化的指示。（3）断路器送电操作后电力表应有指示。（4）断路器控制把手切至合闸位置红灯亮
224 将辽河线断路器控制方式开关由就地位置切至远方位置	—	《66kV 变电站现场运行通用规程》5.3.13 遥控操作 c）正常运行时，受控站所有运行或热备用状态的断路器应选择用方式切换把手至"远方"位置		控保室：10kV控保 I 柜。逆时针旋转把手至远方位置	（1）断路器未合上。（2）操作人、监护人不进行检查或断路器实际位置检查不到位，导致断路器位置与实际不对应	（1）断路器经合闸后，应到现场检查其实际位置，以免传动机构故障，造成回路实际未合上而引起的断路器误操作。（2）检查断路器实际位置与实际不对应时现场检查机构位置指示器应处在合闸位置

续表

操作票顺序	安规要求	其他相关规定	图片指示	操作位置及注意事项	风险分析	风险预控
225 将中龙甲线断路器控制方式开关由远方位置切至就地位置	—	《66kV变电站现场运行通用规程》5.3.13 遥控操作 c) 正常运行时，受控站所有运行或热备用状态的断路器应选择用方式切换把手至"远方"位置		控保室：10kV 中龙甲乙线转把保室。逆时针旋转把手至就地位置	(1)经人工操作的断路器由分闸位置转为合闸位置，未合上，断路器操作把手失灵。(2)传动机构路实际故障，造成回路未合上。	同操作票顺序第 176 项
226 合上中龙甲线11断路器	—	《国家电网公司变电运维管理规定》第六十七条（五）3. 远方操作一次设备前，应对现场人员发出提示信号，提醒现场人员远离设备		控保室：10kV 中龙甲乙线控保室。顺时针将把手拧到合闸终点位置，待红灯亮后，把手再松开，把手自动复归到合闸位置	(3)误合检修中的断路器，误操作。(4)带接地线合闸或接地开关合闸	
227 检查中龙甲线11断路器表计指示正确	2.3.4.3 (4) 在进行倒负荷或解、并列操作前后，检查相关电源运行及负荷分配情况	《变电专业电气操作票技术规范》1.4 断路器停、送电操作前后，必须检查断路器实际位置和表计指示		控保室：后合上机。电流指示后数值	操作断路器合闸后，做出正确判断	(1)断路器合闸后，应立即检查有关信号和测量仪表。(2)操作过程中，应同时监视有关电压、电流、功率表等等仪表显示。(3)断路器送电操作后电力表应有指示。(4)断路器控制把手切至合闸位置红灯亮

续表

操作票顺序	安规要求	其他相关规定	图片指示	操作位置及注意事项	风险分析	风险预控
228 将中龙甲线断路器控制方式开关由就地位置切至远方位置	—	《66kV变电站现场运行通用规程》5.3.13 遥控操作 c）正常运行时，受控站所有运行或热备用状态的断路器应选择用方式切换把手至"远方"位置		控保室：10kV 中龙甲乙线控保柜。顺时针旋转把手至远方位置	（1）断路器未合上。（2）操作人、监护人不进行检查断路器实际位置或检查不到位，导致实际断路器与实际位置不对应	（1）断路器经合闸后，应现场检查其实际位置，以免传动回路未合上而引起的机构故障，造成回路实际未合回位误操作。（2）现场检查机构位置指示器应处在合闸位置
229 将会新线断路器控制方式开关由远方位置切至就地位置	—	《66kV变电站现场运行通用规程》5.3.13 遥控操作 c）正常运行时，受控站所有运行或热备用状态的断路器应选择用方式切换把手至"远方"位置		控保室：10kV 控保Ⅱ柜。顺时针旋转把手就地位置	（1）经人工操作的断路器由合闸转为分闸位置，未合上，断路器操作把手失灵。（2）传动回路故障，造成回路实际未合回位。（3）误合检修中的断路器、误操作。（4）带接地线合闸或接接地线合闸	同操作票顺序第176项
230 合上会新线12断路器	—	《国家电网公司变电运维管理规定（五）》第六十七条（五）3. 远方操作一次设备前，应对现场人员发出提示信号，提醒现场人员远离操作设备		控保室：10kV 控保Ⅱ柜。顺时针将手柄拧到预合位置，再将把手拧到合闸终点位置，待红灯亮后再松开，把手自动复归到合闸后位置		

续表

操作票顺序	安规要求	其他相关规定	图片指示	操作位置及注意事项	风险分析	风险预控
231 检查 12 表计指示正确	2.3.4.3（4）在进行倒负荷或解并、送电和并、解列操作前后，检查相关电源运行及负荷分配情况	《变电专业电气操作票技术规范》1.4 断路器操作前，必须检查断路器实际位置及表计指示		控保室：后台机。电流指示数值	操作断路器合闸后，做出良好的正确判断	(1) 断路器合闸后，应立即检查有关信号和测量仪表。(2) 操作过程中，应同时监视有关电压、电流、功率表计（实时显示）以及断路器控制把手等指示的变化。(3) 断路器送电操作后电力表应有指示。(4) 断路器控制把手切至合闸位置红灯亮
232 将会新线断路器控制方式开关由就地位置切至远方位置	—	《66kV 变电站现场运行通用规程》5.3.13 遥控操作 c）正常运行时，受控站所有运行或热备用状态的断路器应选择方式切换把手置于"远方"位置		控保室：10kV 控保Ⅱ柜。逆时针旋转把手至远方位置	(1) 断路器未合上。(2) 操作人、监护人不进行检查断路器实际位置，导致断路器位置与实际位置不对应	(1) 断路器经合闸检查其实际位置，以免回路故障，造成回路误操作。(2) 现场检查机构位置实际处在合闸位置
233 将信恒乙线断路器控制方式开关由远方位置切至就地位置	—	《66kV 变电站现场运行通用规程》5.3.13 遥控操作 c）正常运行时，受控站所有运行或热备用状态的断路器应选择方式切换把手置于"远方"位置		控保室：10kV 控保Ⅱ柜。顺时针旋转把手至就地位置	(1) 经人工操作的断路器由合闸位置转为分闸位置，未合上，断路器操作把手失灵。(2) 传动操作机构故障，造成回路实际未合上。	同操作票顺序第 176 项

375

续表

操作票顺序	安规要求	其他相关规定	图片指示	操作位置及注意事项	风险分析	风险预控
234 合上信恒乙线13断路器	—	《国家电网公司变电运维管理规定》第六十七条（五）3. 远方操作一次设备前，应对现场人员发出信号，提醒现场人员远离操作设备		控保室：10kV控保Ⅱ柜。顺时针将预合把手拧到预合位置，再将把手拧到合闸终点位置，待红灯亮后再松开，把手自动复归到合后位置	（3）误合检修中的断路器、误操作 （4）带接地线合闸或接地线未拆	同操作票顺序第176项
235 检查13表计指示正确	2.3.4.3（4）在进行倒负荷或解、并列操作前后，检查相关电源运行及负荷分配情况	《变电专业电气操作票技术规范》1.4 断路器停、送电操作前后，必须检查断路器实际位置和表计指示		控保室：后合合机。电流指示数值	操作断路器合闸后，做出良好的正确判断	（1）断路器合闸后，应立即检查有关信号和测量仪表。（2）操作过程中，应同时监视有关电流、功率表计（实时显示）正常，以及断路器控制把手指示对的变化。（3）断路器送电操作后电力表应有指示。（4）断路器控制把手切合闸至合位置红灯亮
236 将信恒乙线断路器控制方式开关由就地位置切至远方位置	—	《66kV变电站现场运行通用规程》5.3.13 遥控操作 c）正常运行时，受控站所有的断路器、热备用状态切换把手应选择方式切换把手"远方"位置		控保室：10kV控保Ⅱ柜。逆时针将转换把手至远方位置	（1）断路器未合上。（2）操作人、监护人不进行检查实际到位，断路器检查位置实际位置与实际不对应，导致检查回路位置与实际不对应	（1）断路器经合闸后，应到现场检查其实际位置，以免传动机构故障，造成回路未合上而引起的误操作。（2）现场检查机构位置指示器应处在合闸位置

续表

操作票顺序	安规要求	其他相关规定	图片指示	操作位置及注意事项	风险分析	风险预控
237 将丽景线开关断路器控制方式由远方位置切至就地位置	—	《66kV变电站现场运行通用规程》5.3.13 遥控操作时，受控站所有运行或热备用状态的断路器应选择用方式切换把手至"近方"位置		控保室：10kV 控保Ⅱ柜。顺时针旋转把手至就地位置	(1)经人工操作的断路器由分闸位置转为合闸位置，未合上，断路器操作把手失灵。(2)传动机构故障，造成回路实际未合上。(3)合上检修中的断路器，误操作。(4)带接地线合闸或接地线未拆开	同操作票顺序第176项
238 合上丽景线14断路器	—	《国家电网公司变电运维管理规定》第六十七条（五）3. 远方操作一次设备前，应对现场人员发出提示信号，提醒现场人员远离操作设备		控保室：10kV 控保Ⅱ柜。顺时针将预合把手拧到位后，再将把手拧到合闸终点位置，合闸灯亮后，把手松开，把手自动复归到合闸后位置		
239 检查14断路器表计指示正确	2.3.4.3（4）在进行倒负荷或解、并列操作前后，检查相关电源运行及负荷分配情况	《变电专业电气操作票技术规范》1.4 断路器停、送电操作前后，必须检查断路器实际位置和表计指示		控保室：后台机。电流指示数值	操作断路器合闸后，做出良好的正确判断	(1)断路器合闸后，应立即检查有关信号和测量仪表。(2)操作过程中，应同时监视有关电压、电流、功率等表计（实时显示）正常。(3)断路器送电操作后电力表应有指示。(4)断路器控制把手切至合闸位置红灯亮

续表

操作票顺序	安规要求	其他相关规定	图片指示	操作位置及注意事项	风险分析	风险预控
240 将丽景线断路器控制方式开关由就地位置切至远方位置	—	《66kV变电站现场运行通用规程》5.3.13 遥控操作 c）正常运行时，受控站所有状态的断路器热备用方式切换把手应选择在"远方"位置		控保室：10kV 控保Ⅱ柜。逆时针旋转把手至远方位置	（1）断路器未合上。（2）操作人、监护人不进行检查断路器实际位置，导致检查不到位或断路器实际位置与实际不对应	（1）断路器经合闸后，应到现场检查其实际位置，以免传动机构故障，造成回路实际手上而引起的误操作。（2）现场检查机构位置指示器应处在合闸位置
241 将泰海线断路器控制方式开关由远方位置切至就地位置	—	《66kV变电站现场运行通用规程》5.3.13 遥控操作 c）正常运行时，受控站所有状态的断路器热备用方式切换把手应选择在"远方"位置		控保室：10kV 控保Ⅳ柜。顺时针旋转把手至就地位置	（1）经人工操作的断路器由分间位置转为合闸上，未合上，断路器操作把手失灵。（2）传动机构故障，造成回路实际未合上。（3）误检修中的断路器，误操作。（4）带接地线合闸	同操作票顺序第176项
242 合上泰海线21断路器	—	《国家电网公司变电运维管理规定》第六十七条（五）3. 远方操作人员发出提示信号，提醒现场人员远方操作设备		控保室：10kV 控保Ⅳ柜。顺时针将把手拧到预合位置后，再将把手拧到合闸终点位置，待红灯亮后再松开，把手自动归复到合后位置		

续表

操作票顺序	安规要求	其他相关规定	图片指示	操作位置及注意事项	风险分析	风险预控
243　检查 21 中龙乙线表计指示正确	2.3.4.3 (4) 在进行倒负荷或解、并列操作前后，检查相关电源运行及负荷分配情况	《变电专业电气操作票技术规范》1.4 断路器停、送电和并、解列操作前后，必须检查断路器实际位置和表计指示		控保室：后台机。电流指示数值	操作断路器合闸后，做出良好的正确判断	(1) 断路器合闸后，应立即检查有关信号和测量仪表。 (2) 操作过程中，应同时监视有关电压、电流、功率等表计（实时显示），以及断路器操作后电力表计指示灯的变化。 (3) 断路器送电操作后电力表计应有指示。 (4) 断路器控制手柄切至合闸位置红灯亮
244　将泰海线断路器控制方式开关由就地位置切至远方位置	—	《66kV 变电站现场运行通用规程》5.3.13 遥控操作 c）正常运行时，受控站所有运行或热备用状态的断路器选择方式切换把手应置于"远方"位置		控保室：10kV 控保 IV 柜。逆时针旋转把手至远方位置	(1) 断路器未合上。 (2) 操作人、监护人不进行检查断路器实际位置或检查断路器实际位置与实际不对应致断路器位置不对应	(1) 断路器经合闸后，检查其实际位置，以免传动机构故障，造成回路实际未合误操作。 (2) 现场机构位置指示器应处在合闸位置
245　将中龙乙线断路器控制方式由远方就地位置切至就地位置	—	《66kV 变电站现场运行通用规程》5.3.13 遥控操作 c）正常运行时，受控站所有运行或热备用状态的断路器选择方式切换把手应置于"远方"位置		控保室：10kV 中龙甲乙线控保柜。逆时针旋转把手至就地位置	(1) 经人工操作的断路器由合闸位置转为分闸位置，未合上。断路器操作把手失灵。 (2) 传动机构故障，造成回路实际未合上。	同操作票顺序第 176 项

续表

操作票顺序	安规要求	其他相关规定	图片指示	操作位置及注意事项	风险分析	风险预控
246 合上中龙乙线22断路器	—	《国家电网公司变电运维管理规定（五）》第六十七条（五）3. 远方操作一次设备前，应对现场人员发出提示信号，提醒现场人员远离操作设备		控保室：10kV中龙甲乙线控保柜。顺时针将把手拧到终点位置，待红灯亮后再松开，把手自动复归到合位位置	(3)误合检修中的断路器，误操作的断路器。(4)带接地线合闸或接地开关合闸	同操票顺序第176项
247 检查22断路器表计指示正确	2.3.4.3（4）在进行倒负荷或解、并列操作前后，检查相关电源运行及负荷分配情况	《变电专业电气操作票技术规范》1.4 断路器停、送电合并，解列操作前后，必须检查断路器实际位置和表计指示		控保室：后台机。电流指示数值	操作断路器合闸后，做出良好的正确判断	(1)断路器合闸后，有关信号和测量仪表。(2)操作过程中，功率等表计（实时显示）正常，电流、电压，以及断路器控制把手送电操作后电力表应有指示。(3)断路器送电操作后电力表应有指示。(4)断路器控制把手切至合闸位置红灯亮
248 将中龙乙线断路器控制方式开关由就地位置切至远方位置	—	《66kV变电站现场运行通用规程》5.3.13 遥控操作 c）正常运行时，受控站所有运行或热备用状态的断路器选择方式切换把手应选择方式切换把手至"远方"位置		控保室：10kV中龙甲乙线控保柜。顺时针将把手转把手至远方方位置	(1)断路器未合上。(2)操作人、监护人不进行检查实际位置或检查不到位致断路器实际位置与断路器位置不对应	(1)断路器经合置，检查其实际位置，以免传动机构故障，造成回路实际未合引起的误操作。(2)现场检查机构位置指示器应处在合闸位置

续表

操作票顺序	安规要求	其他相关规定	图片指示	操作位置及注意事项	风险分析	风险预控
249 将建工线断路器控制方式开关由远方位置切至就地位置	—	《66kV 变电站现场运行通用规程》5.3.13 遥控操作 c）正常运行时，受控站所有运行或热备用状态的断路器选择方式切换把手应置于"远方"位置		控保室：10kV 控保Ⅲ柜。顺时针旋转把手至断路器就地位置	（1）经人工操作的断路器由分闸位置转为合闸位置，未合上，断路器操作把手失灵。（2）传动机构故障，造成回路复位未合上。	同操作票顺序第 176 项
250 合上建工线 23 断路器	2.3.4.3（4）在进行倒负荷或解列操作前后，检查相关电源运行及负荷分配情况	《国家电网公司变电运维管理规定》第六十七条（五）3. 远方操作一次设备前，应向现场人员发出提示信号，提醒现场人员远离操作设备		控保室：10kV 控保Ⅲ柜。顺时针将把手拧到预合位置后，再将把手拧到合闸位置，待红灯亮后再松开，把手自动复归到合后位置	（3）误合保修中的断路器，误操作。（4）带接地线合闸或接地刀合闸	
251 检查 23 断路器表计指示正确	—	《变电专业电气操作票技术规范》1.4 断路器停、送电和并、解列操作前后，必须检查断路器实际位置和表计指示		控保室：后台机。电流指示数值正确判断	操作断路器合闸后，做出良好的正确判断	（1）断路器合闸后，应立即检查有关信号和测量仪表。（2）操作过程中，应同时监视有关电压、电流，功率等表计显示，以及断路器控制把手指示灯的变化。（3）断路器送电操作后电力表应有指示。（4）断路器控制手切至合闸位置红灯亮

续表

操作票顺序	安规要求	其他相关规定	图片指示	操作位置及注意事项	风险分析	风险预控
252 将建工线断路器控制方式开关由就地位置切至远方位置	—	《66kV变电站现场运行通用规程》5.3.13 遥控操作 c）正常运行时，受控站所有运行或热备用状态的断路器选择方式切换把手应置于"远方"位置		控保室：10kV 控保Ⅲ柜。逆时针旋转把手至远方位置	（1）断路器未合上。（2）操作人、监护人不进行检查断路器各实际位置，致断路器位置不对应	（1）断路器经合闸位置后，应到现场检查其实际位置，以免传动机构故障，造成回路实际未合上而引起的误操作。（2）现场检查机构合闸位置指示器应处在合闸位置
253 将货场线断路器控制方式开关由远方切至就地位置	—	《66kV变电站现场运行通用规程》5.3.13 遥控操作 c）正常运行时，受控站所有运行或热备用状态的断路器选择方式切换把手应置于"远方"位置		控保室：10kV 控保Ⅲ柜。顺时针旋转把手至就地位置	（1）经人工操作的断路器由分闸位置转为合闸位置，未合上，断路器操作把手失灵。（2）传动回路实际机构故障，造成回路实际未合上。（3）误合上中的断路器、误的操作。（4）带接地线开关或误接地合闸	同操作票顺序第176项
254 合上货场线24断路器	—	《国家电网公司变电运维管理规定（五）》第六十七条（五）3. 远方操作一次设备前，应向现场人员发出提示信号，提醒现场人员远离操作设备		控保室：10kV 控保Ⅲ柜。顺时针将把手拧到预合位置后，再将把手拧到合闸位置，待红灯亮点后再合闸终点，把手松开，把手自动复归到合闸后自动位置		

续表

操作票顺序	安规要求	其他相关规定	图片指示	操作位置及注意事项	风险分析	风险预控
255　检查 24 表计指示正确	2.3.4.3 (4) 在进行倒负荷或解、并列电器停、送电和并、解列操作前后,检查相关电源及负荷分配操作前后,必须检查断路器实际位置和表计指示	《变电专业电气操作票技术规范》1.4 断路器操作或或或, 检查前后必须检查断路器实际位置和表计指示		控保室:后台机,电流指示数值	操作断路器合闸后,做出良好的正确判断	(1) 断路器合闸后,应立即检查有关信号和测量仪表。 (2) 操作过程中,应同时监视有关电压、电流、功率等表计(实时显示)正常的变化,以及断路器控制把手指示。 (3) 断路器送电操作后电力表应有指示。 (4) 断路器控制把手切至合闸位置红灯亮
256　将货场线断路器控制方式开关由就地位置切至远方位置	—	《66kV 变电站现场运行通用规程》5.3.13 遥控操作 c) 正常运行时,受控站所有运行或断路器的断路器应热备用方式切换转把选择至"远方"位置		控保室:10kV 控保Ⅲ柜,逆时针旋转把手至远方位置	(1) 断路器未合上。 (2) 操作人、监护人不进行实际位置断路器实际到位,或检查断路器实际与实际位置不对应	(1) 断路器经合闸位置,检查其实际位置是否合到位,以免传动机构实际合上而引起的误操作。 (2) 现场检查机构位置实际处在合闸位置
257　将化区线断路器控制方式开关由远方就地位置切至就地位置	—	《66kV 变电站现场运行通用规程》5.3.13 遥控操作 c) 正常运行时,受控站所有运行或断路器的断路器应热备用方式切换转把选择至"远方"位置		控保室:10kV 控保Ⅲ柜,顺时针旋转把手至就地位置	(1) 经人工操作的断路器由合闸位置转为分闸位置,未合上,断路器操作把手失灵。 (2) 传动机构故障,造成回路实际未合上。	同操作票顺序第 176 项

续表

操作票顺序	安规要求	其他相关规定	图片指示	操作位置及注意事项	风险分析	风险预控
258 合上化区线 25 断路器	—	《国家电网公司变电运维管理规定》第六十七条（五）3. 远方操作一次设备前，应对现场人员发出提示信号，提醒现场人员远离操作设备		控保室：10kV 控保Ⅲ柜。顺时针将把手拧到预合位置后，再将把手拧到合闸终点位置，待红灯亮后再松开，把手自动归到合后位置	（3）误合检修中的断路器，误操作（4）带接地开关或接地线合闸	同操作票顺序第 176 项
259 检查 25 断路器电流表计指示正确	2.3.4.3（4）在进行倒负荷或解、并列操作前，检查相关电源运行及负荷分配情况	《变电专业电气操作票技术规范》1.4 断路器操作步、解列，必须检查断路器实际位置和表计指示		控保室：后台机。电流指示数值	操作断路器合闸后，做出良好的断路正确判断	（1）断路器合闸后，应立即检查有关信号和测量仪表。（2）操作过程中，应同时监视有关电压、电流、功率等表计（实时显示）正常，以及断路器控制把手指示灯的变化。（3）断路器送电操作后电力表应有指示。（4）断路器合闸后指示灯红灯亮
260 将化区线断路器控制方式开关由就地位置切至至远方位置	—	《66kV 变电站现场运行通用规程》5.3.13 遥控操作 c) 正常运行时，受控站所有运行或热备用状态的断路器应选择切换把手选择方式位置于"远方"位置		控保室：10kV 控保Ⅲ柜。逆时针将转把手至至远方位置	（1）断路器未合上。（2）操作人、监护人不进行检查或检查不到位，导致检查断路器实际位置与实际致断路器位置不对应	（1）断路器合闸后，应到现场检查其实际位置，以免传动机构故障，造成回路未合上而引起的误操作。（2）现场检查机构位置处在合闸位置

续表

操作票顺序	安规要求	其他相关规定	图片指示	操作位置及注意事项	风险分析	风险预控
261 将颜料线断路器控制方式开关由就地方式切换至远方位置	一	《66kV变电站现场运行通用规程》5.3.13 遥控操作 c）正常运行时，受控站所有断路器应备用状态的断路器应热备用方式切换把手选择方式切换把手至"远方"位置		控保室：10kV 控保Ⅲ柜。顺时针旋转把手至就地位置	（1）经人工操作的断路器由分闸位置转为合闸位置，未合上，断路器操作把手失灵。（2）传动机构故障，造成回转手未合入。	同操作票顺序第176项
262 合上颜料线26断路器	一	《国家电网公司变电运维管理规定》第六十七条（五）3. 远方操作一次设备前，应对现场人员发出提示信号，提醒现场人员远离操作设备		控保室：10kV 控保Ⅲ柜。顺时针将把手拧到预合位置后，再将把手拧到合闸终点位置，待红灯亮后，把手自动复归到合闸位置	（3）误合检修中的断路器、误操作。（4）带接地线合闸或未拆接地线合闸	
263 检查26颜料线26断路器表计指示正确	2.3.4.3 （4）在进行倒负荷或解、并列操作前后，检查相关电源运行及负荷分配情况	《变电专业电气操作票技术规范》1.4 断路器停、送电和并、解列操作前后，必须检查断路器实际位置和表计指示		控保室：后台机。电流指示数值	操作断路器合闸后，做出良好的正确判断	（1）断路器合闸后，应立即检查有关信号和测量仪表。（2）操作过程中，应同时监视有关电压、电流、功率等表计显示）正常表计（安时以及断路器控制把手指示灯的变化。（3）断路器送电后电力表应有指示。（4）断路器控制把手切至合闸后红灯亮位置红灯亮

续表

操作票顺序	安规要求	其他相关规定	图片指示	操作位置及注意事项	风险分析	风险预控
264 将颜料科线断路器控制方式开关由就地位置切至远方位置	—	《66kV变电站现场运行通用规程》5.3.13 遥控操作时，受控站所有运行的设备用状态的断路器或热备用方式切换把手应选择置于"远方"位置		控保室：10kV 控保Ⅲ柜。逆时针旋转把手至远方位置	(1)断路器未合上。(2)操作人、监护人不进行检查断路器实际位置或检查不到位，致断路器位置与实际路线位置不对应	(1)断路器经合闸位置，应到现场实际位置，以免传动机构未合上而引起的断路器故障，造成回路实际操作、误操作。(2)现场检查机构位置指示器应处在合闸位置
265 将大寨线断路器控制方式开关由远方位置切至就地位置	—	《66kV变电站现场运行通用规程》5.3.13 遥控操作时，受控站所有运行的设备用状态的断路器或热备用方式切换把手应选择置于"远方"位置		控保室：10kV 控保Ⅲ柜。顺时针旋转把手至就地位置		同操作票顺序第176项
266 合上大寨线27断路器	—	《国家电网公司变电运维管理规定》第六十七条（五）3.远方操作一次设备前，应对现场人员发出提示信号，提醒现场人员远离操作设备		控保室：10kV 控保Ⅲ柜。顺时针预合将手拧到位置，再将把手拧到合闸终点位，待红灯亮后再松开，把手自动复归到合闸后位置	(1)经人工操作的断路器由分闸位置转为合闸位置，未合上，断路器操作把手失灵。(2)传动回路实际机构故障，造成回路未合上。(3)误合空载修中的断路器，误操作。(4)带接地开关或接地线合闸	

续表

操作票顺序	安规要求	其他相关规定	图片指示	操作位置及注意事项	风险分析	风险预控
267 检查 27 表计指示正确	2.3.4.3（4）在进行倒负荷或解、并列操作前后，检查相关电源运行及负荷分配情况	《变电专业电气操作票技术规范》1.4 断路器停、送电和并、解列操作前后，必须检查断路器实际位置和表计指示		控保室：后台机。电流指示数值	操作断路器合闸后，做出良好的正确判断	(1) 断路器合闸后，应立即检查有关信号和测量仪表。(2) 操作过程中，应同时监视有关电流、电压、功率等表计（实时显示）正常的变化，以及断路器控制把手指示灯的变化。(3) 断路器送电操作后电力表应有指示。(4) 断路器控制把手切至合闸位置红灯亮
268 将大赛三线断路器控制方式开关由就地位置切至远方位置	—	《66kV变电站现场运行通用规程》5.3.13 遥控操作 c）正常运行或受控站所有运行的断路器热备用状态的断路器应选择方式切换把手置于"远方"位置		控保室：10kV控保Ⅲ柜。逆时针旋转把手至远方位置	(1) 断路器未合上。(2) 操作人、监护人不进行检查断路器实际位置或检查不到位，导致断路器位置与实际位置不对应	(1) 断路器经置合后，应到现场检查其实际位置，以免传动机构故障，造成回路误操作。(2) 现场检查机构位置应处在合闸位置
269 将一O三线断路器控制方式开关由远方位置切至就地位置	—	《66kV变电站现场运行通用规程》5.3.13 遥控操作 c）正常运行或受控站所有运行的断路器热备用状态的断路器应选择方式切换把手置于"远方"位置		控保室：10kV控保Ⅲ柜。顺时针旋转把手至就地位置	(1) 经人工操作的断路器由分闸位置转为合闸位置，未合上，断路器操作把手失灵。(2) 传动机构故障，造成回路实际未合上。	同操作票顺序第176项

387

续表

操作票顺序	安规要求	其他相关规定	图片指示	操作位置及注意事项	风险分析	风险预控
270 合上一〇三线 28 断路器	—	《国家电网公司变电运维管理规定》第六十七条（五）3. 远方操作一次设备前，应对现场人员发出提示信号，提醒现场人员远离操作设备		控保室：10kV 控保Ⅲ柜。顺时针将控制把手拧到预合位置后，再将把手拧到合闸位置，待红灯亮后再松开，把手自动复归到合后位置	（3）误合检修中的断路器，误操作。（4）带接地开关或接地线合闸	同操作票顺序第 176 项
271 检查 28 断路器表计指示正确	2.3.4.3（4）在进行倒负荷或解、并列操作前后，检查相关配电源运行及负荷分配情况	《变电专业电气操作票技术规范》1.4 断路器停、送电和并、解列操作前后，必须检查断路器实际位置指示		控保室：后台机。电流指示数值	操作断路器合闸后，做出良好的正确判断	（1）断路器经合闸后，应同时监视有关信号和测量仪表。（2）操作过程中，应立即检视电压、电流、功率表计（实时）显示）正常，以及断路器合闸后电力表应有指示。（3）断路器送电操作后，指示灯的变化。（4）断路器控制把手切合闸位置红灯亮
272 将一〇三线断路器控制方式开关由就地方位置切至远方位置	—	《66kV 变电站现场运行通用规程》5.3.13 遥控操作 c）正常运行时，受控站所有运行或热备用状态的断路器或隔离开关所用转换把手选择方式切换把手置于"远方"位置		控保室：10kV 控保Ⅲ柜。逆时针旋转把手至远方位置	（1）断路器未合上。（2）操作人、监护人不进行检查或检查不到位，致断路器实际位置与断路器位置不对应	（1）断路器经合闸后，应到现场检查其实际位置，以免传动回路故障，造成回路未合上而引起的误操作。（2）现场检查机构位置指示器应处在合闸位置

续表

操作票顺序	安规要求	其他相关规定	图片指示	操作位置及注意事项	风险分析	风险预控
273 将信控断路器控制甲线开关方式由远方位置切至就地位置	—	《66kV变电站现场运行通用规程》5.3.13 遥控操作 c) 正常运行或就地运行时，受控站所有的断路器应选择用状态方式切换把手热备用方式切换把手至"远方"位置		控保室：10kV控保Ⅳ柜。顺时针旋转把手至就地位置	(1) 经人工操作的断路器由合闸位置转为分闸位置，未合上，断路器操作把手失灵。(2) 传动机构故障，造成回路实际未合上。	同操作票顺序第176项
274 合上信控甲线31断路器	—	《国家电网公司变电运维管理规定》第六十七条（五）3. 远方操作一次设备前，应对现场人员发出提示信号，提醒现场人员远离操作设备		控保室：10kV控保Ⅳ柜。顺时针将把手拧到合位后，再将把手拧到合闸终点位置，待红灯亮完后再松开，把手归到复位自动复位置	(3) 误合检修中的断路器，误操作。(4) 带接地线合闸或带接地地线合闸	
275 检查31断路器合上信控甲线31断路器表计指示正确	2.3.4.3 (4) 在进行倒负荷或解、检查相关电源运行及负荷分配操作前后，并列操作前后，检查相关电源运行及负荷分配情况	《变电专业电气操作票技术规范》1.4 断路器停、送电或和并、解列操作前后，必须检查断路器实际位置和表计指示		控保室：后台机。电流指示数值	操作断路器合闸后，做出良好的正确判断	(1) 断路器合闸后，应立即检查有关信号和测量仪表。(2) 操作过程中，应同时监视有关电压、电流、功率等表计（实时显示）正常，以及断路器控制把手指示的变化。(3) 断路器送电操作后电力方表应有指示。(4) 断路器控制把手切至合闸位置红灯亮

续表

操作票顺序	安规要求	其他相关规定	图片指示	操作位置及注意事项	风险分析	风险预控
276 将恒信甲线断路器控制方式开关由就地位置切至远方位置	—	《66kV 变电站现场运行通用规程》5.3.13 遥控操作 c）正常运行时，受控站所有运行或备用状态的断路器热备用方式切换把手应选择方式切换把手置于"远方"位置		控保室：10kV控保Ⅳ柜。逆时针旋转把手至远方位置	（1）断路器未合上。（2）操作人、监护人不进行检查断路器实际位置或设备不到位，号致断路器位置与实际位置不对应	（1）断路器经合闸后，应到现场检查其实际位置，以免传动机构未合上而引起的造成回路实际位置误操作。（2）现场检查机构位置指示器应处在合闸位置
277 将白桦林线断路器控制方式开关由远方位置切至就地位置	—	《66kV 变电站现场运行通用规程》5.3.13 遥控操作 c）正常运行时，受控站所有运行或备用状态的断路器热备用方式切换把手应选择方式切换把手置于"远方"位置		控保室：10kV控保Ⅳ柜。顺时针旋转把手至就地位置	（1）经人工操作的断路器由分闸位置转为合闸上，未合上，断路器操作把手失灵。（2）传动机构故障，造成回路实际未合上	
278 合上白桦林线 32 断路器	—	《国家电网公司变电运维管理规定》第六十七条（五）3. 远方操作一次设备前，应对现场人员发出提示信号，提醒现场人员远离操作设备		控保室：10kV控保Ⅳ柜。顺时针将预合手柄拧到预合位置后，再将把手拧到合闸终点亮后，待红灯亮后再松开，把手自动复归到合后位置	（1）误合检修中的断路器、误操作。（3）误合断路器、误操作。（4）带接地线合闸或带地线合闸	同操作票顺序第 176 项

续表

操作票顺序	安规要求	其他相关规定	图片指示	操作位置及注意事项	风险分析	风险预控
279 检查 32 林表计指示正确	2.3.4.3 （4）在进行倒负荷或解列、并列相关电操作前后，检查相关电源运行及负荷分配情况	《变电专业电气操作票技术规范》1.4 断路器合闸、送电和并、解列操作前后，必须检查断路器实际位置和表计指示		控保室：后台机。电流指示数值	操作断路器合闸后，做出良好的正确判断	（1）断路器合闸后，应立即检查有关信号和测量仪表。（2）操作过程中，应同时监视有关电压、电流、功率等表计（实时显示）正常，以及断路器把手指示灯的变化。（3）断路器送电操作后电力表应有指示。（4）断路器控制把手切至合闸位置红灯亮
280 将白桦林线断路器控制方式开关由就地位置切至远方位置	—	《66kV变电站现场运行通用规程》5.3.13 遥控操作 c）正常运行时，受控站所有运行或热备用状态的断路器应选择方式切换把手置于"远方"位置		控保室：10kV 控保Ⅳ柜。逆时针旋转把手至远方位置	（1）断路器未合上。（2）操作人、监护人不进行检查置断路器实际位，或检查不到位，导致断路器位置与实际不应	（1）断路器实际位置，应到现场检查其实际位置，以免传动机构故障，造成回路实际未合上而引起的误操作。（2）现场检查机构位置指示器处在合闸位置
281 将金融线断路器控制方式开关由就地位置切至远方位置	—	《66kV变电站现场运行通用规程》5.3.13 遥控操作 c）正常运行时，受控站所有运行或热备用状态的断路器应选择方式切换把手置于"远方"位置		控保室：10kV 控保Ⅳ柜。顺时针旋转把手至就地位置	（1）经人工操作的断路器由合闸位置转为分闸位置，未合上。（2）传动机构故障，造成回路实际未合上。	同操作票顺序第176项

续表

操作票顺序	安规要求	其他相关规定	图片指示	操作位置及注意事项	风险分析	风险预控
282 合上金融线34断路器	—	《国家电网公司变电运维管理规定（五）》第六十七条 3. 远方操作一次设备前，应对现场人员发出提示信号，提醒现场人员远离操作设备		控保室：10kV控保IV柜。顺时针将合闸把手拧到预合位置，再将把手拧到合闸终点位置，待红灯亮后再松开，把手自动归到合后位置	(3) 误合检修的断路器，误操作 (4) 带接地线合闸或接地线合闸	同操作票顺序第176项
283 检查34金融线表计指示正确	2.3.4.3 (4) 在进行倒负荷或解、并列操作前后，检查相关电源运行及负荷分配情况	《变电专业电气操作票技术规范》1.4 断路器停、送电和并、解列操作前后，必须检查断路器实际位置和表计指示		控保室：后台机。电流指示指示数值	操作断路器合闸后，做出良好的正确判断	(1) 断路器合闸后，应立即检查有关信号和测量仪表。(2) 操作过程中，应同时监视有关电压、电流、功率等表计（实时显示）正常的变化。(3) 断路器送电操作后电力表应有指示。(4) 断路器控制把手切至合闸后位置红灯亮
284 将金融线断路器控制方式开关由就地位置切至远方位置	—	《66kV 变电站现场运行通用规程》5.3.13 遥控操作 c）正常运行时，受控站所有运行或备用状态的断路器热备用方式切换把手应选择于"远方"位置		控保室：10kV控保IV柜。逆时针旋转把手至远方位置	(1) 断路器未合上。(2) 操作人、监护人不进行检查断路器实际位置或检查不到位，导致断路器位置与实际位置不对应	(1) 断路器经合闸后，应检查其实际位置，以免传动机构故障，造成回路未合上而引起的误操作。(2) 现场检查机构位置指示器应处在合闸位置

续表

操作票顺序	安规要求	其他相关规定	图片指示	操作位置及注意事项	风险分析	风险预控
285 检查 34 断路器在合位	2.3.6.5 电气设备操作后的位置检查应以设备实际位置为准	《变电专业电气操作票技术规范》1.4 断路器停、送电和并、解列操作前后，必须检查断路器实际位置到位，导致检查位置和表计指示		10kV 高压室。分闸绿灯灭，合闸红灯亮，操动机构的分合闸指示器在合闸位置		
286 检查 32 断路器在合位	2.3.6.5 电气设备操作后的位置检查应以设备实际位置为准	《变电专业电气操作票技术规范》1.4 断路器停、送电和并、解列操作前后，必须检查断路器实际位置到位，导致检查位置和表计指示		10kV 高压室。分闸绿灯灭，合闸红灯亮，操动机构的分合闸指示器在合闸位置	(1) 断路器未合上。(2) 操作人、监护人不进行检查或检查断路器实际位置不到位，导致检查位置与实际断路器位置不对应	(1) 断路器经合闸后，应到现场检查其实际位置，以免传动机构故障，造成回路未合上引起的误操作。(2) 现场检查机构位置应处在合闸位置
287 检查 31 断路器在合位	2.3.6.5 电气设备操作后的位置检查应以设备实际位置为准	《变电专业电气操作票技术规范》1.4 断路器停、送电和并、解列操作前后，必须检查断路器实际位置到位，导致检查位置和表计指示		10kV 高压室。分闸绿灯灭，合闸红灯亮，操动机构的分合闸指示器在合闸位置		

续表

操作票顺序	安规要求	其他相关规定	图片指示	操作位置及注意事项	风险分析	风险预控
288 检查断路器在合位	2.3.6.5 电气设备操作后的位置检查应以设备实际位置为准	《变电专业电气操作票技术规范》1.4 断路器停、送电和并、解列操作前后，必须检查断路器实际位置和表计指示		10kV 高压室。分闸绿灯灭，合闸红灯亮，操动机构的分合闸位置指示器在合闸位置	(1) 断路器未合上。(2) 操作人、监护人不进行检查或断路器实际位置检查不到位，导致断路器位置与实际位置不对应	(1) 断路器经合合后，应到现场检查其实际位置，以免传动回路实际未合上而引起的故障，造成回路误操作。(2) 现场检查机构位置指示器应处在合闸位置
289 检查断路器在合位	2.3.6.5 电气设备操作后的位置检查应以设备实际位置为准	《变电专业电气操作票技术规范》1.4 断路器停、送电和并、解列操作前后，必须检查断路器实际位置和表计指示		10kV 高压室。分闸绿灯灭，合闸红灯亮，操动机构的分合闸位置指示器在合闸位置	(1) 断路器未合上。(2) 操作人、监护人不进行检查或断路器实际位置检查不到位，导致断路器位置与实际位置不对应	(1) 断路器经合合后，应到现场检查其实际位置，以免传动回路实际未合上而引起的故障，造成回路误操作。(2) 现场检查机构位置指示器应处在合闸位置
290 检查断路器在合位	2.3.6.5 电气设备操作后的位置检查应以设备实际位置为准	《变电专业电气操作票技术规范》1.4 断路器停、送电和并、解列操作前后，必须检查断路器实际位置和表计指示		10kV 高压室。分闸绿灯灭，合闸红灯亮，操动机构的分合闸位置指示器在合闸位置	(1) 断路器未合上。(2) 操作人、监护人不进行检查或断路器实际位置检查不到位，导致断路器位置与实际位置不对应	(1) 断路器经合合后，应到现场检查其实际位置，以免传动回路实际未合上而引起的故障，造成回路误操作。(2) 现场检查机构位置指示器应处在合闸位置

续表

操作票顺序	安规要求	其他相关规定	图片指示	操作位置及注意事项	风险分析	风险预控
291 检查 25 断路器在合位	2.3.6.5 电气设备操作后的位置检查应以设备实际位置为准	《变电专业电气操作票技术规范》1.4 断路器停、送电和并、解列操作前后,必须检查断路器实际位置和表计指示	化 区 线 2 5	10kV 高压室。分闸绿灯灭,合闸红灯亮,操动机构的分合闸指示器在合闸位置	(1) 断路器未合上。(2) 操作人、监护人不进行检查位置或检查断路器实际位置不到位,导致检查断路器与实际位置不对应	(1) 断路器经合闸后,应到现场检查其实际位置,以免回路实际未合引起的断路器故障,造成回路操作误操作。(2) 现场检查机构位置指示器应处在合闸位置
292 检查 24 断路器在合位	2.3.6.5 电气设备操作后的位置检查应以设备实际位置为准	《变电专业电气操作票技术规范》1.4 断路器停、送电和并、解列操作前后,必须检查断路器实际位置和表计指示	货 场 线 2 4	10kV 高压室。分闸绿灯灭,合闸红灯亮,操动机构的分合闸指示器在合闸位置		
293 检查 23 断路器在合位	2.3.6.5 电气设备操作后的位置检查应以设备实际位置为准	《变电专业电气操作票技术规范》1.4 断路器停、送电和并、解列操作前后,必须检查断路器实际位置和表计指示	建 工 线 2 3	10kV 高压室。分闸绿灯灭,合闸红灯亮,操动机构的分合闸指示器在合闸位置		

续表

操作票顺序	安规要求	其他相关规定	图片指示	操作位置及注意事项	风险分析	风险预控
294 检查 22 断路器在合位	2.3.6.5 电气设备操作后的位置检查应以设备实际位置为准	《变电专业电气操作票技术规范》1.4 断路器停、送电和并、解列操作前后，必须检查断路器实际位置和表计指示		10kV 高压室，分闸绿灯灭，合闸红灯亮，操动机构的分合闸指示器在合闸位置	(1) 断路器未合上。(2) 操作人、监护人不进行检查断路器实际位置或检查实际不到位致断路器与实际位置不对应	(1) 断路器经合位置后，应到现场检查其实际位置，以免传动回路实际位置未合上而引起的故障，造成回路误操作。(2) 现场检查机构位置指示器应处在合闸位置
295 检查 21 断路器在合位	2.3.6.5 电气设备操作后的位置检查应以设备实际位置为准	《变电专业电气操作票技术规范》1.4 断路器停、送电和并、解列操作前后，必须检查断路器实际位置和表计指示		10kV 高压室，分闸绿灯灭，合闸红灯亮，操动机构的分合闸指示器在合闸位置		
296 检查 14 断路器在合位	2.3.6.5 电气设备操作后的位置检查应以设备实际位置为准	《变电专业电气操作票技术规范》1.4 断路器停、送电和并、解列操作前后，必须检查断路器实际位置和表计指示		10kV 高压室，分闸绿灯灭，合闸红灯亮，操动机构的分合闸指示器在合闸位置		

续表

操作票顺序	安规要求	其他相关规定	图片指示	操作位置及注意事项	风险分析	风险预控
297 检查合位 断路器在合位13	2.3.6.5 电气设备操作后的位置检查应以设备实际位置为准	《变电专业电气操作票技术规范》1.4 断路器停、送电和并、解列操作前后，必须检查断路器实际位置和表计指示	信恒乙线13	10kV 高压室。分闸绿灯灭，合闸红灯亮，操动机构的分合闸位指示器在合闸位置	(1) 断路器未合上。(2) 操作人、监护人不进行检查断路器实际位置，导致检查不到位或实际与断路器位置不对应	(1) 断路器经合闸后，应检查其实际位置，以免传动机构合闸未合到位而引起的假合，造成回路实际未合上的误操作。(2) 现场检查机构位置指示器应处在合闸位置
298 检查合位 断路器在合位12	2.3.6.5 电气设备操作后的位置检查应以设备实际位置为准	《变电专业电气操作票技术规范》1.4 断路器停、送电和并、解列操作前后，必须检查断路器实际位置和表计指示	会新线12	10kV 高压室。分闸绿灯灭，合闸红灯亮，操动机构的分合闸位指示器在合闸位置		
299 检查合位 断路器在合位11	2.3.6.5 电气设备操作后的位置检查应以设备实际位置为准	《变电专业电气操作票技术规范》1.4 断路器停、送电和并、解列操作前后，必须检查断路器实际位置和表计指示	中龙甲线11	10kV 高压室。分闸绿灯灭，合闸红灯亮，操动机构的分合闸位指示器在合闸位置		

续表

操作票顺序	安规要求	其他相关规定	图片指示	操作位置及注意事项	风险分析	风险预控
300 检查 08 断路器在合位	2.3.6.5 电气设备操作后的位置检查应以设备实际位置为准	《变电专业电气操作票技术规范》1.4 断路器停、送电和并、解列操作前后，必须检查断路器实际位置和表计指示		10kV 高压室，分闸红灯灭，合闸绿灯亮，操动机构的分合闸指示器在合闸位置	（1）断路器未合上。（2）操作人、监护人不进行检查或断路器实际位置不到位，致断路器与实际位置不对应	（1）断路器经合闸后，应到现场检查其实际位置，以免传动回路实际未合上而引起的断路器故障，造成回路误操作。（2）现场检查机构位置指示器应处在合闸位置
301 检查 07 断路器在合位	2.3.6.5 电气设备操作后的位置检查应以设备实际位置为准	《变电专业电气操作票技术规范》1.4 断路器停、送电和并、解列操作前后，必须检查断路器实际位置和表计指示		10kV 高压室，分闸红灯灭，合闸绿灯亮，操动机构的分合闸指示器在合闸位置		
302 检查 04 断路器在合位	2.3.6.5 电气设备操作后的位置检查应以设备实际位置为准	《变电专业电气操作票技术规范》1.4 断路器停、送电和并、解列操作前后，必须检查断路器实际位置和表计指示		10kV 高压室，分闸红灯灭，合闸绿灯亮，操动机构的分合闸指示器在合闸位置		

续表

操作票顺序	安规要求	其他相关规定	图片指示	操作位置及注意事项	风险分析	风险预控
303 检查 03 断路器在合位	2.3.6.5 电气设备操作后的位置检查应以设备实际位置检查为准	《变电专业电气操作票技术规范》1.4 断路器停、送电和并、解列操作前后，必须检查断路器实际位置和表计指示		10kV 高压室。分间绿灯灭，合间红灯亮，操动机构的分合间指示器在合闸位置	(1) 断路器未合上。(2) 操作人、监护人不进行检查位置或检查实际位置不到位，导致检查断路器位置与实际不对应	(1) 断路器经合闸后，应到现场检查其实际位置，以免传动机构未合上而引起的误操作。(2) 现场检查回路实际位置处在合闸位置
304 检查 02 断路器在合位	2.3.6.5 电气设备操作后的位置检查应以设备实际位置检查为准	《变电专业电气操作票技术规范》1.4 断路器停、送电和并、解列操作前后，必须检查断路器实际位置和表计指示		10kV 高压室。分间绿灯灭，合间红灯亮，操动机构的分合间指示器在合闸位置	(1) 断路器未合上。(2) 操作人、监护人不进行检查位置或检查实际位置不到位，导致检查断路器位置与实际不对应	(1) 断路器经合闸后，应到现场检查其实际位置，以免传动机构未合上而引起的误操作。(2) 现场检查回路实际位置处在合闸位置
305 检查 01 断路器在合位	2.3.6.5 电气设备操作后的位置检查应以设备实际位置检查为准	《变电专业电气操作票技术规范》1.4 断路器停、送电和并、解列操作前后，必须检查断路器实际位置和表计指示		10kV 高压室。分间绿灯灭，合间红灯亮，操动机构的分合间指示器在合闸位置	(1) 断路器未合上。(2) 操作人、监护人不进行检查位置或检查实际位置不到位，导致检查断路器位置与实际不对应	(1) 断路器经合闸后，应到现场检查其实际位置，以免传动机构未合上而引起的误操作。(2) 现场检查回路实际位置处在合闸位置

续表

操作票顺序	安规要求	其他相关规定	图片指示	操作位置及注意事项	风险分析	风险预控
306 投入大聚线重合闸压板 6-1CLP2	—			控保室：10kV 控保Ⅲ柜。拧松下端螺栓，将压板压在垫片中间并拧紧上下螺栓		
307 投入一0三线重合闸压板 5-1CLP2	—	《66kV变电站现场运行通用规程》5.3.11 继电保护及安全自动装置操作 (c) 凡一次操作过程中及继电保护装置可能误动时，应先将可能误动的保护退出，操作完毕后，按正常方式投入。(d) 一次设备处于运行状态、热备用状态时，保护装置出口压板、功能压板均应按要求投入。(e) 当一次设备（母线除外）处于冷备用状态时，跳闸重合置出口压板应退出，跳重合闸压板和功能压板可投入		控保室：10kV 控保Ⅲ柜。拧松下端螺栓，将压板压在垫片中间并拧紧上下螺栓	(1) 误投、漏投压板。(2) 保护压板接触不良。	(1) 检查重合闸灯应亮（或微机保护CD：显示为1，表示重合闸投入）。(2) 向线路充电前应先将该线路重合闸停用、线路送电成功后再投入重合闸。(3) 在倒闸操作过程中，如果预料有可能引起某些保护配合，误动或失去正确配合，要提前采取措施或将其停用。(4) 线路装置失电，重合断路器后，重合断路器送电，从而保证手动合闸瞬时合闸压板上（重合闸压板误投）重故障线路断路器合闸也不能动作。(5) 线路送电后，再将重合闸压板投入，使重合闸装置投入运行
308 投入颜料线重合闸压板 4-1CLP2	—			控保室：10kV 控保Ⅲ柜。拧松下端螺栓，将压板压在垫片中间并拧紧上下螺栓		
309 投入化区线重合闸压板 3-1CLP2	—			控保室：10kV 控保Ⅲ柜。拧松下端螺栓，将压板压在垫片中间并拧紧上下螺栓		

续表

操作票顺序	安规要求	其他相关规定	图片指示	操作位置及注意事项	风险分析	风险预控
310 投入货场线重合闸压板 2-1CLP2	—	《66kV 变电站现场运行通用规程》5.3.11 继电保护及安全自动装置操作 (c) 凡一次继电电保护过程中涉及继电保护装置可能误动时，应先将该装置的保护退出，操作完毕后，按正常方式投入。(d) 一次设备处于运行状态、热备用状态时，保护装置出口压板、功能压板均应按要求投入。		控保室：10kV 控保Ⅲ柜。拧松下端压板压在上端、将压板中间并拧紧上下螺栓		(1) 检查重合闸灯应亮（或微机保护 CD：显示为 1，表示重合闸投入）。(2) 向线路无电前应先将该线路重合闸停用，线路送电成功后投入重合闸。(3) 在倒闸操作过程中，如果预料有可能引起某些保护误动或自动装置误动或失去正确配合，要提前采取措施或解除其停用。(4) 线路送电需经过 15～25s 才能充满重合闸间装置电，从而保证合闸于断路器重合闸时手动瞬时合闸线路（重合闸压板误投）重合也不能动作。(5) 线路送电后，再将重合闸压板投入，使重合闸装置投入运行
311 投入新春线重合闸压板 4-1CLP2	—			控保室：10kV 控保Ⅰ柜。拧松下端压板压在上端、将压板中间并拧紧上下螺栓	(1) 误投、漏投压板。(2) 保护压板接触不良	
312 投入香坊线重合闸压板 3-1CLP2	—			控保室：10kV 控保Ⅰ柜。拧松下端压板压在上端、将压板中间并拧紧上下螺栓		

续表

操作票顺序	安规要求	其他相关规定	图片指示	操作位置及注意事项	风险分析	风险预控
313 投入热力线重合闸压板2-1CLP2	—	（e）当一次设备（母线除外）处于冷备用状态时，保护装置退出，跳闸压板和功能压板可投入。		控保室：10kV 控保 I 柜，拧松下端压板压栓，将压板压在中间并拧紧上下螺栓	（1）误投、漏投压板。（2）保护压板接触不良	（1）检查重合闸灯应亮（或微机保护CD：显示为1，表示该线路重合闸投入）。（2）向线路充电前应先将该线路重合闸停用，线路送电成功后投入。（3）在倒闸操作过程中，如果预料有可能引起某些保护误动或装置配合，要提前采取措施或将其停用。（4）线路送电合闸瞬时合断路器后，重合闸装置需经过15～25s才能充满电，如果此时手动重合故障线路上，（重合闸投以）重合闸也不能动作。（5）线路送电后，再将重合闸压板投入，使重合闸装置投以运行
314 投入10kV分段备自投投入压板31KLP2	—	《66kV变电站现场运行通用规程》5.3.11继电保护及安全自动装置操作（c）凡一次操作过程中可能误动时的保护，应先将可能误动的保护退出，操作完毕后，按正常方式投入。		控保室：-10kV 控保 V 柜，拧松下端压板压栓，将压板压在中间并拧紧上下螺栓	（1）误停保护。（2）保护误动作，引起运行设备误跳间	（1）在倒闸操作过程中，如果预料有可能引起某些保护误动或装置配合，要提前采取措施或将其停用。（2）为避免因公共保护投入在合位，由于检修断路器操作为配合断路器同时跳间，而造成检修人员的人身安全的保护停用。
315 投入10kV分段备自投跳1号主变压器10kV侧断路器压板31CLP1	—	（d）一次设备处于运行状态、热备用状态时，保护装置出口压板、功能压板均应按要求投入。		控保室：-10kV 控保 V 柜，拧松下端压板压栓，将压板压在中间并拧紧上下螺栓	（1）不停保护。（2）保护误动作，引起运行设备误跳间	（1）在检修断路器操作过程中，正赶上检修断路器在合位，由于检修断路器操作为配合断路器同时跳间，应停用影响检修人员的人身安全的保护。（2）为避免因公共保护投入在合位，由于检修断路器操作为配合断路器同时跳间，而造成检修人员的人身安全，仍会引起运行设备跳间时，也应将有关保护停用，例如：启动失灵保护等。

续表

操作票顺序	安规要求	其他相关规定	图片指示	操作位置及注意事项	风险分析	风险预控
316 投入10kV分段备自投跳2号主变压器压10kV侧断路器压板31CLP3	—			控保室：-10kV 控保V柜。拧松下螺栓，将上端压板在垫片中间并拧紧上下螺栓		
317 投入10kV分段备自投合10kV I、II段分段断路器压板31CLP5	—	(e) 当一次设备（母线除外）处于冷备用状态时，保护装置合闸压板应退出，跳闸压板和功能压板可投入		控保室：-10kV 控保V柜。拧松下螺栓，将上端压板在垫片中间并拧紧上下螺栓	(3) 不停保护，保护动作造成人员伤害	(4) 电气设备停电后，应将有关保护停用，特别是进行保护的维护和校验时，其失灵保护一定要停用。(5) 检修或停电的设备跳断路器间的各个保护应停用。如220kV断路器失灵保护屏的启动失灵保护压板应在断路器拉开后停用
318 投入10kV分段备自投联切中龙甲线压板31LP1	—			控保室：10kV 控保V柜。拧松下螺栓，将上端压板垫片中间并拧紧上下螺栓		
319 投入10kV分段备自投联切中龙乙线压板31LP2	—			控保室：-10kV 控保V柜。拧松下螺栓，将上端压板在垫片中间并拧紧上下螺栓		

续表

操作票顺序	安规要求	其他相关规定	图片指示	操作位置及注意事项	风险分析	风险预控
320 将 66kV 1、2 号主变压器投入无功优化系统	—	《66kV变电站现场运行通用规程》5.3.11 继电保护及安全自动装置操作 (c) 凡一次操作过程中涉及继电保护装置可能误动作的,应先将可能误动的保护退出,操作完毕后,按正常方式投入。(d) 一次设备处于运行状态、热备用状态时,保护装置出口压板、功能压板均应投入。(e) 当一次设备(除外)处于冷备用状态、线路停运状态时,保护装置应退出,跳闸压板退出,功能压板可投入。	—	电话联系监控中心调整无功优化	(1) 误停保护。 (2) 不停保护,引起保护误动作后,引起设备误行设备误跳闸。 (3) 不停保护,保护动作后造成人员伤害。	(1) 在倒闸操作过程中,如果预料有可能引起某些保护自动装置误动或失去正确配合,要提前采取措施或将其停用。 (2) 为避免因公共保护动作,正赶上检修断路器在合位,由于检修断路器操作在合造成检修断路器直流的人身安全,而影响检修人员的停用。公共保护跳检修断路器后,应停用该设备的压板。 (3) 设备且任保护,如保护动作(包括校验、传动),也将有关运行设备断路器跳闸间,压板断开。 (4) 电气设备停电,特别是在进行保护的维护中和校验时,其失灵保护要停用。例如:启动失灵保护等。 (5) 检修或停电的设备的保护动作,引起停用的相关保护应停用。如220kV断路器跳闸引起启动失灵保护屏各个保护压板应在断路器拉开后停用。
321 汇报调度	—	—	—	地区调度;记录时间和调度姓名	—	—